农业转基因生物安全标准

2015 版

（上册）

农业部科技发展中心　编

中 国 农 业 出 版 社

图书在版编目（CIP）数据

农业转基因生物安全标准：2015 版/农业部科技发展中心编．—北京：中国农业出版社，2015.12
ISBN 978-7-109-21302-9

Ⅰ.①农…　Ⅱ.①农…　Ⅲ.①作物—转基因技术—安全标准—中国　Ⅳ.①S33-65

中国版本图书馆 CIP 数据核字（2015）第 307844 号

中国农业出版社出版
（北京市朝阳区麦子店街 18 号楼）
（邮政编码 100125）
责任编辑　刘　伟　杨晓改

中国农业出版社印刷厂印刷　　新华书店北京发行所发行
2016 年 1 月第 1 版　　2016 年 1 月北京第 1 次印刷

开本：880mm×1230mm　1/16　　总印张：67
总字数：2 110 千字
总定价：580.00 元

编 委 会

前　　言

随着现代生物技术的迅猛发展，转基因生物产业化步伐不断加快。为了加强农业转基因生物安全管理，保障人体健康和动植物、微生物安全，保护生态环境，促进农业转基因生物技术研究，2001年国务院发布了《农业转基因生物安全管理条例》（简称《条例》）。之后，农业部陆续出台配套管理办法。作为《条例》及配套管理办法实施的重要技术保障，转基因生物安全检测技术标准也受到高度重视。2004年，农业部成立了全国农业转基因生物安全管理标准化技术委员会，组织制定农业转基因生物安全标准。截至目前，农业部已发布实施产品成分、环境安全、食用安全等检测和规范151项，在我国转基因生物安全检测、监测、评价、监管和研发中发挥了重要的作用。为宣传和贯彻转基因生物安全标准，现将农业部发布现行有效的151项标准汇编成《农业转基因生物安全标准　2015版》，以供相关单位和人员借鉴参考。

本书按照标准或规范的类型，分为产品成分检测、环境安全检测、食用安全检测、标准制定规范、检测实验室要求、标准物质制备、评价和监控7大类。为了便于查阅，每一类中各部分内容按时间顺序进行编排。

特别声明：本着尊重原著的原则，除明显差错外，对标准中所涉及的有关量、符号、单位和编写体例均未做统一改动。

由于编者水平有限，书中难免存在疏漏或不妥之处，敬请读者批评指正。

编　者

2015年12月

目　录

第四部分　玉米

下　　册

第二类　环境安全检测

第三类　食用安全检测

第七类　评价和监控

第一类

产品成分检测

第一部分　通用标准

ICS 65.020.99
B 20

中华人民共和国农业行业标准

NY/T 672—2003

转基因植物及其产品检测
通用要求

Detection of genetically modified plant organisms and derived products—General requirements

2003-04-01 发布　　　　2003-05-15 实施

中华人民共和国农业部 发布

前　　言

本标准由农业部科技教育司提出。

本标准起草单位:中国农业科学院植物保护研究所、中国农业科学院生物技术所、农业部科技发展中心、中国农业大学。

本标准主要起草人:彭于发、王锡锋、李宁、张大兵、罗云波、黄昆仑、汪其怀、贾士荣。

本标准首次发布。

转基因植物及其产品检测
通用要求

1 范围

本标准规定了转基因植物及其产品检测的通用要求及转基因植物 PCR 检测实验室的操作规范。

本标准适用于转基因植物及其产品中转基因成分的检测。

2 规范性引用文件

下列文件中的条款通过本标准的引用而成为本标准的条款。凡是注日期的引用文件，其随后所有的修改单（不包括勘误的内容）或修订版均不适用于本标准，然而，鼓励根据本标准达成协议的各方研究是否可使用这些文件的最新版本。凡是不注日期的引用文件，其最新版本适用于本标准。

GB/T 15481—2000 检测和校准实验室能力的通用要求

GB/T 6682 分析实验室用水规格和试验方法

NY/T 673 转基因植物及其产品检测 抽样

NY/T 674 转基因植物及其产品检测 DNA 提取和纯化

NY/T 675 转基因植物及其产品检测 大豆定性 PCR 方法

3 术语和定义

下列术语和定义适用于本标准。

3.1 一般术语 general terms

3.1.1

转基因生物 genetically modified organism(GMO)

通过基因工程技术改变基因组构成的生物。包括转基因植物、动物和微生物。

3.1.2

转基因植物 genetically modified plant organism(GMP), transgenic plant

通过基因工程技术改变基因组构成的植物，是转基因生物的一类。

3.1.3

定性检测极限 detection limit

以转基因生物（如种子）提取的 DNA 或标准双链 DNA 分子作为 PCR 反应的模板，所能检测到的脱氧核糖核酸（DNA）的极限（需要确保阳性样品的纯度，才能达到本标准检测方法的灵敏度）。

3.2 与 DNA 提取和纯化相关的术语 terms relative to extraction and purification of DNA

3.2.1

DNA 提取 DNA extraction

将 DNA 从一个样品的多种组分中分离出来。

3.2.2

DNA 纯化 DNA purification

获得不含 PCR 反应抑制因子的 DNA。

3.3 与 DNA 扩增和 PCR 技术相关的术语 terms relative to DNA amplification and to the PCR tech-

nique

3.3.1

DNA 扩增　DNA amplification

体外放大 DNA 分子拷贝数的生物学方法，如 PCR。

3.3.2

扩增子　amplicon

由 PCR 等 DNA 扩增方法产生的 DNA 片段。

3.3.3

聚合酶链式反应(PCR)　polymerase chain reaction

模板 DNA 经高温变性为单链，在 DNA 聚合酶和适宜温度下，两条引物分别与模板 DNA 两条链上的一段互补序列发生退火，并在 DNA 聚合酶的催化下以四种 dNTP(deoxyribonucleoside triphosphate，脱氧核苷三磷酸)为底物，使退火引物延伸从而合成 DNA，如此变性、退火和合成 DNA 反复循环，使位于两段已知序列之间的 DNA 片段呈几何倍数扩增。

3.3.4

引物　primer

一定长度和顺序的寡核苷酸链。

3.3.5

筛查检测法　detection by screening

用多种转基因植物共有的标记基因、表达调控序列等通用元件对被检产品中是否含有转基因成分进行 PCR 检测的方法。

3.3.6

身份检测法　detection by identification

与标准品比较确定 GMO 身份的检测方法。

3.3.7

靶序列(目的 DNA)　target sequence(target DNA)

PCR 反应中检测特异性扩增的 DNA 序列。

3.3.8

旁邻片段(边界序列)　border fragment(border region，border sequence)

插入在染色体上的外源基因序列和宿主生物基因组片段连接的 DNA 片段。

3.3.9

终点法分析　endpoint analysis

一种定性、定量的分析方法，如 ELISA-PCR，可对 PCR 反应的扩增子进行定性和定量分析。

3.3.10

实时分析　real-time analysis

一种贯串 PCR 反应过程，对 PCR 扩增效率、扩增情况及数据进行监控的定量 PCR 分析方法，如荧光探针的杂交过程的监控。

3.3.11

连接片段　junction fragment

两个不同功能基因序列之间的连接序列或片段。

3.4　**与对照相关的术语　terms relative to controls**

3.4.1

GMO 阳性对照　GMO positive control

用于 PCR 扩增的标准目的 DNA 或转基因植物源材料的 DNA 分子。

3.4.2

GMO 阴性对照　GMO negative control

用于 PCR 扩增的标准非转基因植物材料的 DNA 分子。

3.4.3

PCR 内部对照　PCR internal control

加入一种无关的 DNA 序列到纯化 DNA 的样品中，然后再进行 PCR 扩增，以检测是否存在 PCR 反应的抑制物质。

3.4.4

阳性 PCR 对照　positive PCR control

用含有目的序列的样品 DNA 进行 PCR 扩增。

3.4.5

阴性 PCR 对照　negative PCR control

用不含有目的序列的样品 DNA 进行 PCR 扩增。

3.4.6

PCR 空白对照　PCR blank, negative reagent control

以水或不含目的 DNA 试剂进行 PCR 反应，以验证 PCR 反应过程中不被污染。

3.4.7

阴性假定对照　negative premise control

在样品检测整个操作过程中，敞开 PCR 反应体系，以证明检测的操作环境中不含有目的基因片段的污染。

3.4.8

阴性提取对照　negative extraction control

以水作为材料提取 DNA，以证明 DNA 的抽提和制备过程中是否发生污染。

3.5　与探针相关的术语　terms relative to probes

3.5.1

探针　probe

在引物之间的与目的片段特异性杂交的 15 bp～30 bp 寡核谷苷酸链。

3.5.2

内部探针　internal probe

标记的内部探针。

3.5.3

内标准基因(内源参照基因)　endogenous reference gene

具有植物物种专一性且拷贝数恒定、不显示等位基因变化的保守 DNA 序列。可用于对基因组中某一目的基因进行定量分析和验证 PCR 反应体系中是否存在抑制物质。

4　原则

转基因生物及其产品的定性和定量 PCR 检测通常包括四个步骤：

——抽样：在一批物品中抽取具有代表性的材料，用于检测分析。

——样品 DNA 提取和纯化：样品 DNA 提取和纯化一般包括样品组织破碎、DNA 释放和 DNA 从其他化合物中纯化等几个步骤。

——DNA 扩增：对目的序列进行 PCR 扩增，得到 PCR 扩增产物。

——结果分析：对 PCR 产物进行定性或定量分析，确定试验样品是否含有转基因成分或确定转基因成分的含量。

5 实验室通用要求

5.1 一般要求

转基因植物及其产品检测实验室一般要求按 GB/T 15481—2000 执行。

5.2 特殊要求

转基因植物及其产品检测实验室分为三个区。

5.2.1 前 PCR 区

前 PCR 区专门用于准备各种 PCR 反应体系，此区域应保持清洁干净，而且没有来自分子克隆和样品准备的污染源，前 PCR 区的试剂、设备和正压活塞式移液器应是专用的。

5.2.2 样品准备区

样品准备区专门用于样品的制备，在制备和操作用于核酸提取的试剂时应采取以下预防措施：

a) PCR 产物和带有要扩增的序列的 DNA 克隆不在该区域进行；

b) 检测的样品都带入样品准备间处理，根据需要提取 DNA；

c) DNA 样品用专门防护或正压活塞式移液器操作，防止在吸取样品时有气溶胶遗留；

d) 大体积样品用单独包装的无菌一次性移液管吸取。

任何时候都应穿实验服和戴手套，手套要经常更换，尤其在提取 DNA 过程中每一步之间都要更换。实验服要专门用于样品准备间，经常清洗。

5.2.3 PCR 区

PCR 区专门用于 PCR 反应和反应后样品的处理，该区使用的所有试剂、一次性器材和仪器都是专用的。由于 PCR 实验室所遇到的主要污染源是前一次 PCR 过程的产物，因此前 PCR 区和 PCR 区之间试剂和人员不能混杂，实验室的交通方向是单向的，永远从“净区”到“脏区”。

6 试剂

6.1 通用要求

6.1.1 用水应符合 GB/T 6682 中一级水的规格。

6.1.2 所有化学试剂如果没有特别说明，应没有 DNA 和核酸酶的污染，应不含 PCR 抑制剂。

6.1.3 所有试剂应按照说明书要求进行保存。

6.2 DNA 提取和纯化试剂

按 NY/T 674 执行。

6.3 DNA 扩增试剂

按 NY/T 675 执行。

7 仪器和设备

7.1 通用设备按 GB/T 15481—2000 执行。

7.2 所有仪器设备应避免植物 DNA 和核酸酶的污染。

7.3 所有仪器设备，尤其取样器等与试验样品接触的器具，应清洁、不对样品造成污染。

7.4 盛装样品的容器或包装袋应为一次性使用的，以避免交叉污染。

8 操作程序

8.1 通用要求

应设可以检测或分析下列情况的对照：

——假阳性；

——假阴性；

——存在干扰分析的物质；

——分析物质降解；

——降低检测方法的灵敏度；

——降低分析物质回收率。

8.2 抽样

8.2.1 按照 NY/T 673 的方法抽样。

8.2.2 抽取的样品应具有代表性。

8.2.3 取样过程中应避免样品散落，防止转基因植物及其产品扩散。

8.3 实验室样品和试验样品的准备与储存

8.3.1 样品的制备方法视样品的状态和特性而定。固态样品的制备宜先粉碎至满足 DNA 提取的技术要求，或用液氮研磨至 DNA 充分释放并满足 DNA 抽提的技术要求。液态样品的制备宜用缓冲液或水充分洗涤，直至其中的 DNA 完全溶于缓冲液或水中为止。

8.3.2 在接收时应注明并记录样品重量、生产和包装条件。

8.3.3 样品在测试前后应放置在密闭的容器内，防止交互污染。

8.3.4 样品应在保持组分不发生变化的条件下储存。

8.3.5 易腐烂的样品在分析前应根据需要在 4℃、－20℃或－80℃储存，如有特殊需要应在无氧条件下储存。

8.3.6 应记载储藏条件和时间。

8.3.7 存查样品应妥善保存 3 个月。检测为 GMO 的样品应妥善保存 6 个月，以备复验。保存期满后，需经无害化处理。

8.4 DNA 提取和纯化

DNA 提取和纯化按照 NY/T 674 的方法。

8.5 定性 PCR 检测

8.5.1 定性 PCR 检测按照我国或国际认可的方法。

8.5.2 定性 PCR 检测对象包括转基因的目的基因、启动子、终止子、标记基因等外源基因和元件。检测时应设阳性对照、阴性对照、试剂空白对照和提取空白对照，同时应检测内源基因。

8.6 以蛋白质为基础的检测

以蛋白质为基础的检测按照我国或国际认可的方法。

9 通用质量保证措施

9.1 检测物品的处置按 GB/T 15481—2000 执行。

9.2 检测结果质量的保证按 GB/T 15481—2000 中的 5.9 执行。

10 结果分析与表述

10.1 通用要求

检测结果不宜表述为分析样品不含转基因生物。

10.2 结果分析

10.2.1 通用要求

以下情况认为样品含有转基因植物DNA：

——扩增片段的特异性通过酶切图谱、测序、Southern杂交、PCR-ELISA、点杂交或实时PCR反应进行了验证。用上述方法该特异性未发生改变，片段大小也一致，而且与阳性对照相同，不含GMO的非GMO对照不存在任何相似大小的扩增片段。

——所有对照和标准品都显示正常结果。

2个平行样品的检测结果应一致。出现不一致的，应重做2个平行样品，最终结果以多数结果为准。

10.2.2 定性PCR检测结果的表述

10.2.2.1 在模板DNA的量超过被测物种基因组（内标准基因）DNA量20 000倍的情况下，按下列方式表述结果：

——对于阴性结果："该样品未检出×××基因"；

——对于阳性结果："该样品检出×××基因"。

10.2.2.2 在模板DNA的量低于被测物种基因组（内标准基因）DNA量20 000倍的情况下，按下列方式表述结果：

——对于阴性结果："该样品中DNA含量不足，建议对样品做定量分析以确定所用检测方法的灵敏度"；

——对于阳性结果："该样品检出×××基因"。

11 检验报告

检验报告应包括下列内容：

——鉴定样品所需的所有信息；

——引用的标准和方法，并说明是定性还是定量方法及灵敏度；

——应用哪种定量方法（终点法或实时PCR）；

——接收样品和分析样品的大小；

——样品的接收日期；

——样品的分析日期；

——测试样品的大小；

——检测结果；

——测试中观察到的任何特殊情况；

——对结果可能产生影响的任何其他异常情况。

ICS 65.020.01
B 04

中 华 人 民 共 和 国 国 家 标 准

农业部 1485 号公告—4—2010
代替 NY/T 674—2003

转基因植物及其产品成分检测
DNA 提取和纯化

Detection of genetically modified plants and derived products—DNA extraction and purification

2010-11-15 发布　　　　2011-01-01 实施

中华人民共和国农业部　发布

前　　言

本标准按照 GB/T 1.1—2009 给出的规则起草。

本标准代替 NY/T 674—2003《转基因植物及其产品检测　DNA 提取和纯化》。本标准与 NY/T 674—2003 相比，除编辑性修改外主要技术变化如下：

——修改了“规范性引用文件”(见 2，2003 年版的 2)；

——修改了“原理”中的相关表述(见 3，2003 年版的 3)；

——修改了“试剂与溶液”，将有关的内容移入附录 A(见 4、附录 A，2003 年版的 4)；

——增加了“凝胶成像系统或照相系统”(见 5.6)；

——修改了“仪器和设备”的相关表述(见 5.1、5.2、5.7 和 2003 年版的 5.1、5.2、5.3)；

——增加了“试样的制备”(见 6.1)；

——修改了“DNA 的提取与纯化”，将 DNA 提取与纯化方法移入附录 A(见 6.3、附录 A，2003 年版的 6.2)；

——修改了 DNA 的浓度和质量测定以及 DNA 溶液保存的规定(见 6.4、6.5，2003 年版的 6.3)；

——增加了规范性附录 A。

本标准由农业部科技教育司提出。

本标准由全国农业转基因生物安全管理标准化技术委员会(SAC/TC 276)归口。

本标准起草单位：农业部科技发展中心、中国农业科学院生物技术研究所、中国农业科学院植物保护研究所、上海交通大学、中国农业大学。

本标准主要起草人：金芜军、沈平、张秀杰、彭于发、宋贵文、黄昆仑、张大兵、宛煜嵩。

本标准于 2003 年 4 月首次发布，本次为第一次修订。

转基因植物及其产品成分检测　DNA 提取和纯化

1　范围

本标准规定了转基因植物及其产品中 DNA 提取和纯化的方法和技术要求。

本标准适用于转基因植物及其产品中 DNA 的提取和纯化。

2　规范性引用文件

下列文件对于本文件的应用是必不可少的。凡是注日期的引用文件，仅注日期的版本适用于本文件。凡是不注日期的引用文件，其最新版本(包括所有的修改单)适用于本文件。

GB/T 6682　分析实验室用水规格和试验方法

NY/T 672　转基因植物及其产品检测　通用要求

NY/T 673　转基因植物及其产品检测　抽样

3　原理

通过物理和化学方法使 DNA 从样品的不同组分中分离出来。利用不同的纯化方法，弃除样品中的蛋白质、脂肪、多糖、其他次生代谢物以及 DNA 提取过程中加入的氯仿、异戊醇、异丙醇等化合物，获得纯化的 DNA。

4　试剂和溶液

见附录 A。

5　仪器和设备

5.1　高速冷冻离心机。

5.2　高速台式离心机。

5.3　紫外分光光度计。

5.4　磁力搅拌器。

5.5　高压灭菌锅。

5.6　凝胶成像系统或照相系统。

5.7　其他相关仪器和设备。

6　分析步骤

6.1　试样的制备

按 NY/T 673 和 NY/T 672 规定的要求执行。

6.2　试样的预处理

6.2.1　固态试样

待检测的固体试样研磨成颗粒状，颗粒直径大小在 2 mm 以下。

6.2.2　非油脂类液态试样

如面酱等黏稠状食品可直接用于 DNA 的提取。酱油、豆奶、番茄酱等液态加工品可取 50 mL 以上试样(根据不同试样和不同检测要求，可以适当增加试样量)，经 10 000 *g* 离心 10 min，弃去上清液，保留沉淀用于 DNA 的抽提;或者 80℃加热蒸发水分后,取干物质用于 DNA 提取;或者在冷冻干燥后,取干物质用于 DNA 提取。

6.2.3 油脂类液态试样

不需要预处理。

6.3 DNA 的提取与纯化

固态试样及非油脂类液态试样经预处理并充分混匀后,取 2 份相同的测试样进行 DNA 提取和纯化。每份测试样 0.1 g~0.5 g。对于 DNA 含量较低的样品,可适当增加测试样的量,但不宜超过2.0 g。油脂类试样 DNA 提取的测试样按 A.5 执行。应根据测试样量的改变,按比例改变 DNA 提取与纯化过程中溶液和试剂的用量。

DNA 提取与纯化方法见附录 A。应根据试样的不同,选择适当的方法提取 DNA。

在试样 DNA 提取和纯化的同时,应设置阴性提取对照。

6.4 DNA 的浓度和质量

将 DNA 适当稀释或浓缩,使其 OD_{260}值在 0.1~0.8 的区间内,测定并记录其在 260 nm 和 280 nm 的吸光度。以 1 个 OD_{260}值相当于 50 mg/L DNA 浓度来计算纯化 DNA 的浓度,并进行 DNA 凝胶电泳检测 DNA 完整性。DNA 溶液 OD_{260}/OD_{280}值应在 1.7~2.0 之间,或质量能符合检测要求。

6.5 DNA 溶液的稀释和保存

依据测得的浓度将 DNA 溶液用 0.1×TE 溶液或水稀释到 25 mg/L~50 mg/L,分装成多管,−20℃保存。需要使用时,取出融化后立即使用。

附　录　A
(规范性附录)
DNA 提取与纯化方法

A.1　CTAB 法

A.1.1　范围

应用于实验室常规 DNA 制备。适用于富含多糖的植物及其粗加工测试样品 DNA 提取和纯化，如植物叶片、种子及粗加工材料等。

A.1.2　试剂和材料

除非另有说明，仅使用分析纯试剂和重蒸馏水或符合 GB/T 6682 规定的二级水。

A.1.2.1　α-淀粉酶(1 500 U/mg～3 000 U/mg)。

A.1.2.2　氯仿($CHCl_3$)。

A.1.2.3　乙醇(C_2H_5OH)，体积分数为 95%：−20℃保存备用。

A.1.2.4　二水乙二铵四乙酸二钠盐($C_{10}H_{14}N_2O_8Na_2 \cdot 2H_2O$，$Na_2EDTA \cdot 2H_2O$)。

A.1.2.5　十六烷基三甲基溴化铵($C_{19}H_{42}BrN$，CTAB)。

A.1.2.6　盐酸(HCl)，体积分数为 37%。

A.1.2.7　异丙醇[$CH_3CH(OH)CH_3$]。

A.1.2.8　蛋白酶 K(>20 U/mg)。

A.1.2.9　无 DNA 酶的 RNA 酶 A(>50 U/mg)。

A.1.2.10　氯化钠(NaCl)。

A.1.2.11　氢氧化钠(NaOH)。

A.1.2.12　三羟甲基氨基甲烷($C_4H_{11}NO_3$，Tris)。

A.1.2.13　异硫氰酸胍(CH_5N_3HSCN)。

A.1.2.14　曲拉通 100[$C_{14}H_{22}O(C_2H_4O)_n$]。

A.1.2.15　10 g/L α-淀粉酶溶液：称取 10 mg α-淀粉酶，溶解于 1 mL 无菌水中。不可高压灭菌。分装成数管后于−20℃保存，避免反复冻融。

A.1.2.16　1 mol/L 三羟甲基氨基甲烷—盐酸溶液(pH 7.5)：称取 121.1 g 三羟甲基氨基甲烷(Tris)溶解于约 800 mL 水中，用盐酸溶液调 pH 至 7.5，加水定容至1 000 mL，在 103.4 kPa、121℃条件下，灭菌 15 min 后使用。

A.1.2.17　1 mol/L 三羟甲基氨基甲烷—盐酸溶液(pH 6.4)：称取 121.1 g 三羟甲基氨基甲烷(Tris)溶解于约 800 mL 水中，用盐酸溶液调 pH 至 6.4，加水定容至1 000 mL，在 103.4 kPa、121℃条件下，灭菌 15 min 后使用。

A.1.2.18　10 mol/L 氢氧化钠溶液：在约 160 mL 水中加入 80.0 g 氢氧化钠(NaOH)，溶解后加水定容至 200 mL。

A.1.2.19　0.5 mol/L 乙二铵四乙酸二钠溶液(pH 8.0)：称取 18.6 g 乙二铵四乙酸二钠($Na_2EDTA \cdot 2H_2O$)，加入约 70 mL 水中，再加入适量氢氧化钠溶液(A.1.2.18)，加热至完全溶解后，冷却至室温，用氢氧化钠溶液(A.1.2.18)调 pH 至 8.0，加水定容至 100 mL，在 103.4 kPa、121℃条件下，灭菌 15 min

后使用。

A.1.2.20 CTAB 提取缓冲液(pH 8.0):在约 600 mL 水中加入 81.7 g 氯化钠(NaCl),20 g 十六烷基三甲基溴化铵(CTAB),充分溶解后,加入 100 mL 三羟甲基氨基甲烷—盐酸溶液(A.1.2.16)和 40 mL 乙二铵四乙酸二钠溶液(A.1.2.19),用盐酸或氢氧化钠溶液(A.1.2.18)调 pH 至 8.0,加水定容至 1 000 mL,在 103.4 kPa、121℃条件下,灭菌 15 min 后使用。

A.1.2.21 70%乙醇溶液:量取 737 mL95%乙醇,加水定容至 1 000 mL。

A.1.2.22 20 g/L 蛋白酶 K 溶液:称取 20 mg 蛋白酶 K,溶解于 1 mL 无菌水中。不可高压灭菌。分装成数管后于−20℃保存,避免反复冻融。

A.1.2.23 10 g/L RNA 酶 A 溶液:称取 10 mg 无 DNA 酶的 RNA 酶 A,溶解于 1 mL 无菌水中,在 100℃沸水中温浴 15 min~20 min,冷却至室温后,分装成数管后于−20℃保存,避免反复冻融。

A.1.2.24 3 mol/L 乙酸钾溶液(pH 5.2):在约 60 mL 水中加入 29.4 g 乙酸钾,充分溶解,用冰乙酸调 pH 至 5.2,加水定容至 100 mL。不要高压灭菌。必要时,使用 0.22 μm 微孔滤膜过滤除菌。

A.1.2.25 TE 缓冲液(pH 8.0):在约 800 mL 水中依次加入 10 mL 三羟甲基氨基甲烷—盐酸溶液(A.1.2.16)和 2 mL 乙二铵四乙酸二钠溶液(A.1.2.19),用盐酸或氢氧化钠溶液(A.1.2.18)调 pH 至 8.0,加水定容至 1 000 mL,在 103.4 kPa、121℃条件下,灭菌 15 min 后使用。

A.1.2.26 过柱缓冲液:在约 600 mL 水中加入 590.8 g 异硫氰酸胍,充分溶解后加入 50 mL 三羟甲基氨基甲烷—盐酸溶液(A.1.2.17),20 mL 乙二铵四乙酸二钠溶液(A.1.2.19),1 mL 曲拉通 100,用盐酸或氢氧化钠溶液(A.1.2.18)调 pH 至 6.4,加水定容至 1 000 mL。

A.1.2.27 洗脱缓冲液Ⅰ:在约 600 mL 水中加入 590.8 g 异硫氰酸胍,充分溶解后,加入 10 mL 三羟甲基氨基甲烷—盐酸溶液(A.1.2.17),用盐酸或氢氧化钠溶液(A.1.2.18)调 pH 至 6.4,加水定容至 1 000 mL。

A.1.2.28 洗脱缓冲液Ⅱ:称取 2.9 g 氯化钠(NaCl),加入约 100 mL 水中充分溶解后,加入 10 mL 三羟甲基氨基甲烷—盐酸溶液(A.1.2.16),737 mL 95%乙醇,加水定容至 1 000 mL。

A.1.2.29 离心柱:硅胶膜 DNA 离心吸附柱,其硅胶膜饱和 DNA 吸附效率不低于 800 $\mu g/m^2$。

A.1.3 操作步骤

A.1.3.1 称取 0.1 g 待测样品(依试样的不同,可适当增加待测样品量,并在提取过程中相应增加试剂及溶液用量),在液氮中充分研磨成粉末后转移至离心管中(不需研磨的试样直接加入)。

A.1.3.2 加入 1.0 mL 预热至 65℃的 CTAB 提取缓冲液,充分混合、悬浮试样(依试样不同,可适当增加缓冲液的用量)。加入 10 μL α-淀粉酶溶液(依试样不同,可不加),10 μL RNA 酶 A 溶液,并轻柔混合。65℃温浴 30 min,期间每 3 min~5 min 颠倒混匀一次(依试样不同可不加 RNA 酶- A 溶液,或在 A.1.3.7 步骤获得的 DNA 溶液中加入)。

A.1.3.3 加入 10 μL 蛋白酶 K 溶液,轻柔混合,并于 65℃温浴 30 min,期间每 3 min~5 min 颠倒混匀一次。依试样不同,可略过此步骤直接进行 A.1.3.4。

A.1.3.4 12 000 *g* 离心 15 min。转移上清至一新离心管,加入 0.7 倍~1 倍体积氯仿,充分混合。12 000 *g* 离心 15 min。转移上清至一新离心管中。

A.1.3.5 加入 0.6 倍体积异丙醇、0.1 倍体积的乙酸钾溶液,轻柔颠倒混合,室温放置 20 min。12 000 *g* 离心 15 min。弃上清。

A.1.3.6 加入 500 μL 70%乙醇溶液,并颠倒混合数次。12 000 *g* 离心 10 min。弃上清。

A.1.3.7 干燥 DNA 沉淀。加 100 μL 水或 TE 缓冲液溶解 DNA。必要时,可按 A.1.3.8 至 A.1.3.16 步骤对 DNA 进行纯化。

A.1.3.8 加 300 μL 过柱缓冲液,上下颠倒 10 次,充分混匀。

A. 1. 3. 9　将离心柱放置在 2 mL 的配套管上，将 DNA 溶液加入到离心柱中，放置 2 min。

A. 1. 3. 10　将离心柱和套管一起用 8 000 *g* 离心 30 s，弃去套管中的溶液，在离心柱中加入 200 μL 洗脱缓冲液Ⅰ，8 000 *g* 离心 30 s，弃去套管中的溶液。

A. 1. 3. 11　在离心柱中加入 200 μL 洗脱缓冲液Ⅰ，8 000 *g* 离心 30 s，弃去溶液。

A. 1. 3. 12　在离心柱中加入 200 μL 洗脱缓冲液Ⅱ，8 000 *g* 离心 30 s，弃去溶液。

A. 1. 3. 13　在离心柱中加入 200 μL 洗脱缓冲液Ⅱ，8 000 *g* 离心 30 s，弃去溶液。

A. 1. 3. 14　12 000 *g* 离心 30 s，以除去离心柱中痕量残余溶液。

A. 1. 3. 15　将离心柱放置在一个新的 2 mL 离心管中，在离心柱底部中央小心加入 50 μL TE 缓冲液或水，37℃放置 2 min，12 000 *g* 离心 30 s；若需提高 DNA 得率，可吸取离心管中 DNA 溶液再次加入到离心柱底部中央，37℃放置 2 min，12 000 *g* 离心 30 s。

A. 1. 3. 16　离心管中的溶液即为 DNA 溶液。

A. 2　改良 CTAB 法

A. 2. 1　范围

适用于植物深加工样品 DNA 提取和纯化，如饼干、挂面、爆米花、淀粉和膨化食品等。

A. 2. 2　试剂和材料

除非另有说明，仅使用分析纯试剂和重蒸馏水或符合 GB/T 6682 规定的二级水。

A. 2. 2. 1　氯化钠（NaCl）。

A. 2. 2. 2　氯化钾（KCl）。

A. 2. 2. 3　磷酸氢二钠（Na_2HPO_4）。

A. 2. 2. 4　磷酸二氢钠（NaH_2PO_4）。

A. 2. 2. 5　山梨醇（$C_6H_{14}O_6$）。

A. 2. 2. 6　三羟甲基氨基甲烷（$C_4H_{11}NO_3$，Tris）。

A. 2. 2. 7　二水乙二铵四乙酸二钠盐（$C_{10}H_{14}N_2O_8Na_2 \cdot 2H_2O$，$Na_2EDTA \cdot 2H_2O$）。

A. 2. 2. 8　十六烷基三甲基溴化铵（$C_{19}H_{42}BrN$，CTAB）。

A. 2. 2. 9　十二烷基肌氨酸钠[$CH_3(CH_2)_{10}CON(CH_3)CH_2COONa$]。

A. 2. 2. 10　氢氧化钠（NaOH）。

A. 2. 2. 11　盐酸（HCl），体积分数为 37%。

A. 2. 2. 12　乙醇（C_2H_5OH），体积分数为 95%；－20℃保存备用。

A. 2. 2. 13　氯仿（$CHCl_3$）。

A. 2. 2. 14　异丙醇[$CH_3CH(OH)CH_3$]。

A. 2. 2. 15　平衡酚（0. 1 mol/L Tris 饱和，pH 8. 0）。

A. 2. 2. 16　平衡酚—氯仿溶液（1＋1）。

A. 2. 2. 17　10 mol/L 氢氧化钠溶液：在约 160 mL 水中加入 80. 0 g 氢氧化钠（NaOH），溶解后加水定容至 200 mL。

A. 2. 2. 18　0. 5 mol/L 乙二铵四乙酸二钠溶液（pH 8. 0）：称取 18. 6 g 乙二铵四乙酸二钠（$Na_2EDTA \cdot 2H_2O$），加入约 70 mL 水中，再加入适量氢氧化钠溶液（A. 2. 2. 17），加热至完全溶解后，冷却至室温，用盐酸或氢氧化钠溶液（A. 2. 2. 17）调 pH 至 8. 0，加水定容至 100 mL，在 103. 4 kPa、121℃条件下，灭菌 15 min 后使用。

A. 2. 2. 19　1 mol/L 三羟甲基氨基甲烷—盐酸溶液（pH 8. 0）：称取 121. 1 g 三羟甲基氨基甲烷（Tris）溶

解于约 800 mL 水中，用盐酸溶液调 pH 至 8.0，加水定容至 1 000 mL，在 103.4 kPa、121℃条件下，灭菌 15 min 后使用。

A.2.2.20 PBS 缓冲液：在约 800 mL 水中加入 8.0 g 氯化钠（NaCl）、0.2 g 氯化钾（KCl）、2.98 g 磷酸氢二钠（Na_2HPO_4）和 0.22 g 磷酸二氢钠（NaH_2PO_4），充分溶解后用盐酸调 pH 至 7.4，加水定容至 1 000 mL，在 103.4 kPa、121℃条件下，灭菌 15 min 后使用。

A.2.2.21 提取缓冲液：在约 800 mL 水中加入 63.77 g 山梨醇、12.1 g 三羟甲基氨基甲烷（Tris）、1.68 g乙二铵四乙酸二钠（$Na_2EDTA \cdot 2H_2O$），充分溶解后加水定容至 1 000 mL，在 103.4 kPa、121℃条件下，灭菌 15 min 后使用。

A.2.2.22 裂解缓冲液Ⅰ：在约 500 mL 水中加入 117.0 g 氯化钠（NaCl）、20 g 十六烷基三甲基溴化铵（CTAB），充分溶解后，加入 200 mL 三羟甲基氨基甲烷—盐酸溶液（A.2.2.19），100 mL 乙二铵四乙酸二钠溶液（A.2.2.18），加水定容至 1 000 mL，在 103.4 kPa、121℃条件下，灭菌 15 min 后使用。

A.2.2.23 裂解缓冲液Ⅱ：在约 800 mL 水中加入 50 g 十二烷基肌氨酸钠，充分溶解后，加水定容至 1 000 mL，在 103.4 kPa、121℃条件下，灭菌 15 min 后使用。

A.2.2.24 3 mol/L 乙酸钾溶液（pH 5.2）：在约 60 mL 水中加入 29.4 g 乙酸钾，充分溶解，用冰乙酸调 pH 至 5.2，加水定容至 100 mL。不要高压灭菌。必要时，使用 0.22 μm 微孔滤膜过滤除菌。

A.2.2.25 TE 缓冲液（pH 8.0）：在约 800 mL 水中依次加入 10 mL 三羟甲基氨基甲烷—盐酸溶液（A.2.2.19）和 2 mL 乙二铵四乙酸二钠溶液（A.2.2.18），用盐酸或氢氧化钠溶液（A.2.2.17）调 pH 至 8.0，加水定容至 1 000 mL，在 103.4 kPa、121℃条件下，灭菌 15 min 后使用。

A.2.2.26 70%乙醇溶液：量取 737 mL 95%乙醇，加水定容至 1 000 mL。

A.2.3 操作步骤

A.2.3.1 称取 0.1 g 待测样品（依试样的不同，可适当增加待测样品量，加工程度高的淀粉类样品，可最多增加至 2.0 g，并在提取过程中相应增加试剂及溶液用量），充分研磨成粉末后转移至离心管中（不需研磨的试样直接加入）。

A.2.3.2 加入 1.0 mL PBS 缓冲液，充分混匀，20℃，12 000 *g* 离心 10 min，弃上清。

A.2.3.3 加入 1.0 mL 提取缓冲液，充分混匀，20℃，12 000 *g* 离心 15 min，弃上清（依样品的不同，可略过 A.2.3.2 及 A.2.3.3，直接转入 A.2.3.4）。

A.2.3.4 加入 1.0 mL 裂解缓冲液Ⅰ和 0.4 mL 裂解缓冲液Ⅱ，充分混匀，65℃温浴 40 min。

A.2.3.5 20℃，12 000 *g* 离心 15 min，吸取上清到另一新的离心管中。

A.2.3.6 加入等体积平衡酚—氯仿溶液，轻轻混匀，20℃，12 000 *g* 离心 10 min，吸取上清到另一新的离心管中。

A.2.3.7 加入等体积氯仿，轻缓混匀，20℃，12 000 *g* 离心 10 min，吸取上清到另一新的离心管中。

A.2.3.8 加入 0.6 倍体积异丙醇、0.1 倍体积的乙酸钾溶液，轻轻颠倒混匀，−20℃静置 2 h 以上，12 000 *g* 离心 10 min，弃上清。

A.2.3.9 加入 0.5 mL～1.0 mL 70%乙醇溶液，颠倒混合。12 000 *g* 离心 10 min，弃上清。

A.2.3.10 干燥 DNA 沉淀。加 100 μL 水或 TE 缓冲液溶解 DNA。必要时，可按 A.1.3.8 至 A.1.3.16 对 DNA 进行纯化。

A.3 SDS 法

A.3.1 范围

适用于蛋白含量较高的植物及其粗加工测试样品 DNA 提取和纯化，如大豆、豆粕等。

A.3.2 试剂和材料

除非另有说明，仅使用分析纯试剂和重蒸馏水或符合 GB/T 6682 规定的二级水。

A.3.2.1 乙醇(C_2H_5OH)，体积分数为 95%，−20℃保存备用。

A.3.2.2 冰醋酸(CH_3COOH)。

A.3.2.3 乙酸钾($C_2H_3O_2K$)。

A.3.2.4 盐酸(HCl)，体积分数为 37%。

A.3.2.5 异戊醇[$(CH_3)_2CHCH_2CH_2OH$]。

A.3.2.6 氯仿($CHCl_3$)。

A.3.2.7 三羟甲基氨基甲烷($C_4H_{11}NO_3$，Tris)。

A.3.2.8 二水乙二铵四乙酸二钾盐($C_{10}H_{14}N_2O_8K_2 \cdot 2H_2O$，$K_2EDTA \cdot 2H_2O$)。

A.3.2.9 氢氧化钾(KOH)。

A.3.2.10 十二烷基磺酸钠($C_{12}H_{25}O_4SNa$，SDS)。

A.3.2.11 蛋白酶 K(>20 U/mg)。

A.3.2.12 无 DNA 酶的 RNA 酶 A(>50 U/mg)。

A.3.2.13 平衡酚(0.1 mol/L Tris 饱和，pH 8.0)。

A.3.2.14 氯仿—异戊醇溶液(24+1)。

A.3.2.15 平衡酚—氯仿—异戊醇溶液(25+24+1)。

A.3.2.16 10 mol/L 氢氧化钾溶液：在约 160 mL 水中加入 112.2 g 氢氧化钾(KOH)，溶解后加水定容至 200 mL。

A.3.2.17 1 mol/L 三羟甲基氨基甲烷—盐酸溶液(pH 8.0)：称取 121.1 g 三羟甲基氨基甲烷(Tris)溶解于约 800 mL 水中，用盐酸溶液调 pH 至 8.0，加水定容至 1 000 mL，在 103.4 kPa、121℃条件下，灭菌 15 min 后使用。

A.3.2.18 0.5 mol/L 乙二铵四乙酸二钾溶液(pH 8.0)：称取 20.2 g 乙二铵四乙酸二钾($K_2EDTA \cdot 2H_2O$)，加入约 70 mL 水中，再加入适量氢氧化钾溶液(A.3.2.16)，加热至完全溶解后，冷却至室温，用氢氧化钾溶液(A.3.2.16)调 pH 至 8.0，用水定容至 100 mL，在 103.4 kPa、121℃条件下，灭菌 15 min 后使用。

A.3.2.19 提取/裂解缓冲液：在约 600 mL 水中加入 30 g 十二烷基磺酸钠(SDS)，充分溶解后，加入 50 mL三羟甲基氨基甲烷—盐酸溶液(A.3.2.17)，100 mL 乙二铵四乙酸二钾溶液(A.3.2.18)，用盐酸或氢氧化钾溶液(A.3.2.16)调 pH 至 8.0，加水定容至 1 000 mL，在 103.4 kPa、121℃条件下，灭菌 15 min后使用。

A.3.2.20 TE 缓冲液(pH 8.0)：在约 800 mL 水中依次加入 10 mL 三羟甲基氨基甲烷—盐酸溶液(A.3.2.17)，2 mL 乙二铵四乙酸二钾溶液(A.3.2.18)，用盐酸或氢氧化钾溶液(A.3.2.16)调 pH 至 8.0，加水定容至 1 000 mL，在 103.4 kPa、121℃条件下，灭菌 15 min 后使用。

A.3.2.21 20 g/L 蛋白酶 K 溶液：称取 20 mg 蛋白酶 K，溶解于 1 mL 无菌水中。不可高压灭菌。分装成数管后于−20℃保存，避免反复冻融。

A.3.2.22 10 g/L RNA 酶 A 溶液：称取 10 mg 无 DNA 酶的 RNA 酶 A，溶解于 1 mL 无菌水中，在 100℃沸水中温浴 15 min～20 min，冷却至室温后，分装成数管后于−20℃保存，避免反复冻融。

A.3.2.23 70%乙醇溶液：量取 737 mL 95%乙醇，加水定容至 1 000 mL。

A.3.2.24 3 mol/L 乙酸钾溶液(pH 5.2)：在约 60 mL 水中加入 29.4 g 乙酸钾，充分溶解，用冰乙酸调 pH 至 5.2，加水定容至 100 mL。不要高压灭菌。必要时，使用 0.22 μm 微孔滤膜过滤除菌。

A.3.3 操作步骤

A.3.3.1　称取 0.1 g 待测样品(依试样的不同,可适当增加待测样品量,并在提取过程中相应增加试剂及溶液用量),在液氮中充分研磨成粉末后转移至离心管中(不需研磨的试样直接加入)。

A.3.3.2　加入 1.0 mL 提取/裂解缓冲液,加 50 μL 蛋白酶 K 溶液,60℃～70℃温浴 30 min～2 h。

A.3.3.3　加入 RNA 酶 A 溶液至终浓度为 100 mg/L,37℃放置 30 min,12 000 *g* 离心 15 min,转移上清至一新离心管中(依试样不同可不加 RNA 酶- A 溶液,或在 A.3.3.9 步骤获得的 DNA 溶液中加入)。

A.3.3.4　加入 1 倍体积平衡酚,轻缓颠倒混匀。12 000 *g* 离心 10 min,转移上层水相至一新离心管中。

A.3.3.5　加入 1 倍体积平衡酚—氯仿—异戊醇溶液,轻缓颠倒混匀,12 000 *g* 离心 10 min,转移上层水相至一新离心管中。重复此步骤,直到相间界面清洁。

A.3.3.6　加入 1 倍体积氯仿—异戊醇溶液,轻缓颠倒混匀,12 000 *g* 离心 10 min,转移上层水相至一新离心管中。如有必要,需重复此步骤直到相间界面清洁。

A.3.3.7　加入 0.1 倍体积乙酸钾溶液和 2 倍体积 95％乙醇,充分混合。液氮中放置 5 min,或－80℃放置 30 min,或－20℃放置 1 h。12 000 *g*,离心 10 min 后小心倾倒上清。

A.3.3.8　加入 500 μL 70％乙醇溶液小心洗涤 DNA 沉淀。12 000 *g*,离心 10 min 后小心倾倒上清。

A.3.3.9　干燥沉淀。将 DNA 沉淀溶解于 100 μL 水或 TE 缓冲液中。必要时,可按 A.1.3.8 至 A.1.3.16 对 DNA 进行纯化。

A.4　SDS - PVP 法

A.4.1　范围

适用于多酚复合物含量较高的测试样品 DNA 提取和纯化,如棉花种子、叶片、带壳水稻种子等。

A.4.2　试剂和材料

除非另有说明,仅使用分析纯试剂和重蒸馏水或符合 GB/T 6682 规定的二级水。

A.4.2.1　乙醇(C_2H_5OH),体积分数为 95％,－20℃保存备用。

A.4.2.2　异丙醇($CH_3CHOHCH_3$)。

A.4.2.3　聚乙烯吡咯烷酮(PVP),K＝80～100。

A.4.2.4　盐酸(HCl),体积分数为 37％。

A.4.2.5　氯化钠(NaCl)。

A.4.2.6　氢氧化钠(NaOH)。

A.4.2.7　三羟甲基氨基甲烷($C_4H_{11}NO_3$,Tris)。

A.4.2.8　二水乙二铵四乙酸二钠盐($C_{10}H_{14}N_2O_8Na_2 \cdot 2H_2O$,$Na_2EDTA \cdot 2H_2O$)。

A.4.2.9　十二烷基磺酸钠($C_{12}H_{25}O_4SNa$,SDS)。

A.4.2.10　乙酸铵($C_2H_3O_2NH_4$)。

A.4.2.11　异戊醇[$(CH_3)_2CHCH_2CH_2OH$]。

A.4.2.12　氯仿($CHCl_3$)。

A.4.2.13　平衡酚(0.1 mol/L Tris 饱和,pH 8.0)。

A.4.2.14　氯仿—异戊醇溶液(24＋1)。

A.4.2.15　平衡酚—氯仿—异戊醇溶液(25＋24＋1)。

A.4.2.16　70％乙醇溶液:量取 737 mL 95％乙醇,加水定容至 1 000 mL。－20℃保存备用。

A.4.2.17　1 mol/L 三羟甲基氨基甲烷—盐酸溶液(pH 8.0):称取 121.1 g 三羟甲基氨基甲烷(Tris)溶解于约 800 mL 水中,用盐酸溶液调 pH 至 8.0,加水定容至 1 000 mL,在 103.4 kPa、121℃条件下,灭菌 15 min 后使用。

A. 4. 2. 18　10 mol/L 氢氧化钠溶液：在约 160 mL 水中加入 80. 0 g 氢氧化钠（NaOH），溶解后加水定容到 200 mL。

A. 4. 2. 19　0. 5 mol/L 乙二铵四乙酸二钠溶液（pH 8. 0）：称取 18. 6 g 乙二铵四乙酸二钠（$Na_2EDTA \cdot 2H_2O$），加入约 70 mL 水中，再加入适量氢氧化钠溶液（A. 4. 2. 18），加热至完全溶解后，冷却至室温，用氢氧化钠溶液（A. 4. 2. 18）调 pH 至 8. 0，加水定容至 100 mL，在 103. 4 kPa、121℃条件下，灭菌 15 min 后使用。

A. 4. 2. 20　提取缓冲液：在约 600 mL 水中加入 50 g 十二烷基磺酸钠（SDS），14. 6 g 氯化钠（NaCl），充分溶解后，加入 200 mL 三羟甲基氨基甲烷—盐酸溶液（A. 4. 2. 17），50 mL 乙二铵四乙酸二钠溶液（A. 4. 2. 19），用盐酸或氢氧化钠溶液（A. 4. 2. 18）调 pH 至 8. 0，加水定容至 1 000 mL，在 103. 4 kPa、121℃条件下，灭菌 15 min 后使用。

A. 4. 2. 21　TE 缓冲液（pH 8. 0）：在约 800 mL 水中依次加入 10 mL 三羟甲基氨基甲烷—盐酸溶液（A. 4. 2. 17）和 2 mL 乙二铵四乙酸二钠溶液（A. 4. 2. 19），用盐酸或氢氧化钠溶液（A. 4. 2. 18）调 pH 至 8. 0，加水定容至 1 000 mL，在 103. 4 kPa、121℃条件下，灭菌 15 min 后使用。

A. 4. 3　操作步骤

A. 4. 3. 1　称取 0. 1 g 待测样品（依试样的不同，可适当增加待测样品量，并在提取过程中相应增加试剂及溶液用量），在液氮中充分研磨成粉末后转移至离心管中（不需研磨的试样直接加入）。

A. 4. 3. 2　加入 1 mL 提取缓冲液，充分混合、悬浮试样。悬浮液在 65℃下振荡 1 h 后，冷却至室温。依次加入 60 mg PVP 粉末和 0. 5 倍体积的乙酸铵溶液。冰上放置 30 min。

A. 4. 3. 3　12 000 *g* 离心 15 min，转移上清至一新离心管中。依试样的不同，按 A. 4. 3. 4 至 A. 4. 3. 6 进行抽提后，转至 A. 4. 3. 7。也可直接转至 A. 4. 3. 7。

A. 4. 3. 4　加入 1 倍体积平衡酚，轻缓颠倒混匀。12 000 *g* 离心 10 min，转移上层水相至一新离心管中。

A. 4. 3. 5　加入 1 倍体积平衡酚—氯仿—异戊醇溶液，轻缓颠倒混匀，12 000 *g* 离心 10 min，转移上层水相至一新离心管中。如有必要，重复此步骤，直到相间界面清洁。

A. 4. 3. 6　加入 1 倍体积氯仿—异戊醇溶液，轻缓颠倒混匀，12 000 *g* 离心 10 min，转移上层水相至一新离心管中。如有必要，重复此步骤，直到相间界面清洁。

A. 4. 3. 7　加入 1 倍体积异丙醇，－20℃静置 1 h。12 000 *g* 离心 10 min 并小心倾倒上清。

A. 4. 3. 8　用 500 μL 70％乙醇溶液洗涤 DNA 沉淀，小心倾倒上清。在沉淀不牢固时，可 12 000 *g* 离心 10 min，再小心倾倒上清。

A. 4. 3. 9　干燥沉淀。将 DNA 沉淀溶解于 100 μL 水或 TE 缓冲液中。必要时，可按 A. 1. 3. 8 至 A. 1. 3. 16 对 DNA 进行纯化。

A. 5　油脂类加工品 DNA 提取方法

A. 5. 1　范围

适用于从液态或固态油脂产品中提取 DNA，包括以大豆、油菜子、玉米等为原料加工的粗油或精炼油等。

A. 5. 2　试剂与材料

除非另有说明，仅使用分析纯试剂和重蒸馏水或符合 GB/T 6682 规定的二级水。

A. 5. 2. 1　乙醇（C_2H_5OH），体积分数 95％：－20℃保存备用。

A. 5. 2. 2　正已烷[$CH_3(CH_2)_4CH_3$]。

A. 5. 2. 3　氯仿（$CHCl_3$）。

A. 5. 2. 4　异戊醇[$(CH_3)_2CHCH_2CH_2OH$]。

A. 5. 2. 5　异丙醇[$CH_3CH(OH)CH_3$]。

A. 5. 2. 6　盐酸（HCl），体积分数为 37％。

A.5.2.7 氯化钠(NaCl)。

A.5.2.8 氢氧化钠(NaOH)。

A.5.2.9 三羟甲基氨基甲烷($C_4H_{11}NO_3$,Tris)。

A.5.2.10 二水乙二铵四乙酸二钠盐($C_{10}H_{14}N_2O_8Na_2 \cdot 2H_2O$,$Na_2EDTA \cdot 2H_2O$)。

A.5.2.11 十六烷基三甲基溴化铵($C_{19}H_{42}BrN$,CTAB)。

A.5.2.12 氯仿—异戊醇溶液(24+1)。

A.5.2.13 70%乙醇溶液:量取 737 mL 95%乙醇,加水定容至 1 000 mL。

A.5.2.14 1 mol/L 三羟甲基氨基甲烷—盐酸溶液(pH 8.0):称取 121.1 g 三羟甲基氨基甲烷(Tris)溶解于约 800 mL 水中,用盐酸溶液调 pH 至 8.0,加水定容至 1 000 mL,在 103.4 kPa、121℃条件下,灭菌 15 min 后使用。

A.5.2.15 10 mol/L 氢氧化钠溶液:在约 160 mL 水中加入 80.0 g 氢氧化钠(NaOH),溶解后加水定容到 200 mL。

A.5.2.16 0.5 mol/L 乙二铵四乙酸二钠溶液(pH 8.0):称取 18.6 g 乙二铵四乙酸二钠($Na_2EDTA \cdot 2H_2O$),加入约 70 mL 水中,再加入适量氢氧化钠溶液(A.5.2.15),加热至完全溶解后,冷却至室温,用氢氧化钠溶液(A.5.2.15)调 pH 至 8.0,加水定容至 100 mL,在 103.4 kPa、121℃条件下,灭菌 15 min 后使用。

A.5.2.17 CTAB 提取缓冲液(pH 8.0):约 600 mL 水中加入 81.7 g 氯化钠(NaCl),20 g 十六烷基三甲基溴化铵(CTAB),充分溶解后,加入 100 mL 三羟甲基氨基甲烷—盐酸溶液(A.5.2.14)和 40 mL 乙二铵四乙酸二钠溶液(A.5.2.16),用盐酸或氢氧化钠溶液(A.5.2.15)调 pH 至 8.0,加水定容至 1 000 mL,在 103.4 kPa、121℃条件下,灭菌 15 min 后使用。

A.5.2.18 TE 缓冲液(pH 8.0):在约 800 mL 水中依次加入 10 mL 三羟甲基氨基甲烷—盐酸溶液(A.5.2.14)和 2 mL 乙二铵四乙酸二钠溶液(A.5.2.16),用盐酸或氢氧化钠溶液(A.5.2.15)调 pH 至 8.0,加水定容至 1 000 mL,在 103.4 kPa、121℃条件下,灭菌 15 min 后使用。

A.5.3 操作步骤

A.5.3.1 取油脂食品适量(液态油取 30 mL、磷脂类和固态油脂取 5 g)放入 100 mL 离心管中,加入 25 mL正己烷,不断振荡混合 2 h 后,加入 25 mL CTAB 提取缓冲液,继续振荡混合 2 h。

A.5.3.2 10 000 *g* 离心 10 min 至分相,取水相,加入等体积异丙醇,轻缓颠倒混匀,−20℃下静置 1 h。10 000 *g* 离心 10 min,沉淀 DNA。

A.5.3.3 按 A.1.3.8 至 A.1.3.16 纯化 DNA,或按 A.5.3.4 至 A.5.3.7 操作。

A.5.3.4 用 400 μL TE 缓冲液溶解沉淀后,加入 200 μL 氯仿—异戊醇,轻缓颠倒混匀,10 000 *g* 离心 2 min至分相。

A.5.3.5 将上清液转移至干净离心管中,加入等体积异丙醇,轻缓颠倒混匀,−20℃下静置 1 h。10 000 *g*离心 10 min,沉淀 DNA。

A.5.3.6 弃上清液后,用 1 mL 70%乙醇溶液洗涤 DNA 沉淀,小心倾倒上清。在沉淀不牢固时,可 10 000 *g*离心 10 min,再小心倾倒上清。

A.5.3.7 干燥沉淀,将 DNA 沉淀溶解于 100 μL 水或 TE 缓冲液中。

A.6 试剂盒方法

经验证适合转基因植物及其产品成分检测 DNA 提取和纯化的试剂盒方法。

ICS 65.020
B 04

中华人民共和国国家标准

农业部2031号公告—19—2013
代替 NY/T 673—2003

转基因植物及其产品成分检测 抽样

Detection of genetically modified plants and derived products—Sampling

2013-12-04 发布 2013-12-04 实施

中华人民共和国农业部 发布

前　言

本标准按照 GB/T 1.1—2009 给出的规则起草。

本标准代替 NY/T 673—2003《转基因植物及其产品检测　抽样》。本标准与 NY/T 673—2003 相比，除编辑性修改外，主要技术变化如下：

——修改了术语和定义（见 3，2003 年版的 3）；

——增加了抽样原理和流程（见 4）；

——修改了抽样总则及要求（见 5，2003 年版的 4）；

——修改了抽样工具及设备（见 6，2003 年版的 5）；

——修改了抽样过程中样品的数量和质量要求（见 7，2003 年版的 6 和 8）；

——增加了田间监测样品的抽样（见 8.1）；

——修改了抽样的具体抽样操作（见 8.2 和 8.3，2003 年版的 6）；

——修改了制样方法（见 9，2003 年版的 7）；

——删除了关于样品保存的具体要求（见 2003 年版的 10）。

请注意本文件的某些内容可能涉及专利。本文件的发布机构不承担识别这些专利的责任。

本标准由中华人民共和国农业部提出。

本标准由全国农业转基因生物安全管理标准化技术委员会（SAC/TC 276）归口。

本标准起草单位：农业部科技发展中心、上海交通大学。

本标准主要起草人：杨立桃、沈平、张大兵、赵欣、尹全。

本标准所代替标准的历次版本发布情况为：

——NY/T 673—2003。

转基因植物及其产品成分检测　抽样

1　范围

本标准规定了转基因植物及产品检测抽样方法。

本标准适用于转基因植物及其产品中检测样品的抽取和制样。

2　规范性引用文件

下列文件对于本文件的应用是必不可少的。凡是注日期的引用文件，仅注日期的版本适用于本文件。凡是不注日期的引用文件，其最新版本(包括所有的修改单)适用于本文件。

GB 5491.2—1985　流动谷物和粉碎谷物制品—机械自动扦样

GB/T 19495.7—2004　转基因产品检测　抽样和制样方法

NY/T 672　转基因植物及其产品检测　通用要求

SN/T 0800.1—1999　进出口粮油、饲料检验　抽样和制样方法

3　术语和定义

下列术语和定义适用于本文件。

3.1

交付批　consignment

一次提交、发运或接收的植物或植物产品，并配有一套完整的产品资料。它可由一批或多批组成。

3.2

检验批、批　lot

交付批的一部分，用于转基因产品检测的基本取样单位。

3.3

均匀批　homogenous lot

待检测的转基因成分遵循一定的概率规律在该批植物或植物产品中呈均匀分布的批。

3.4

不均匀批　heterogeneous lot

待检测的转基因成分在该批植物或植物产品中分布不均匀的批。

3.5

批量　lot size

一批植物或植物产品的量，它等于交付批的质量除以交付批含有的批数。

3.6

单位产品　item, unit

为实施取样而对产品划分的基本单位。它是实际存在的植物或植物产品个体，如一株植物、一粒种子等。

3.7

份样　increment

从单个取样点一次抽取的少量植物或植物产品，从不同点抽取的份样质量和数量应相近。

3.8

原始样品　bulk sample

源自同一批抽取的份样,经混合得到的一定数量样品。

3.9

实验室样品　laboratory sample

由原始样品经过混合、缩分得到的一定数量的样品,用于制备试样和存查样品。

3.10

试样　test portion

由全部或部分实验室样品进一步均匀化得到的用于测试的样品。

3.11

存查样品　file increment

从实验室样品中缩分获得的用于备查的一定数量样品。

3.12

转基因限量水平　acceptable GMO quality level

抽样验收时,规定的交付批中含有转基因产品的可接受量,一般用质量百分含量表示。

3.13

抽样计划　sampling plan

在抽样之前,为确保获得科学、合理检测结果,根据交付批的产品说明、数量等参数制定的详细抽样程序,包括分批、抽样工具、抽样位置、抽样数量、制样等。

4　原理和流程

根据交付批的性质,利用统计学原理,抽取并制备可以代表整个交付批性质的样品。

抽样流程主要包括以下 4 个步骤(图 1):

a)　根据交付批的性质,制定抽样计划;

b)　按照抽样计划,对交付批进行分批;

c)　抽取足够数量的份样,混匀获得原始样品;

d)　对原始样品进行缩分,获得实验室样品。

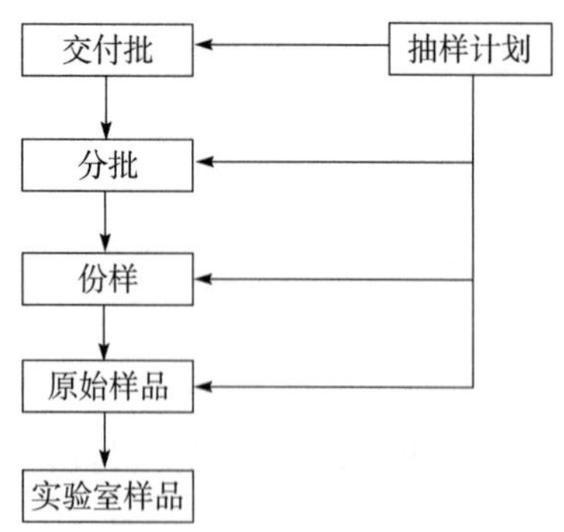

图 1　抽样流程

5　总则

5.1　抽样应由贸易双方协商一致后进行或者由政府的检测机构派出的专业人员进行。

5.2　在抽样之前应对被检货物进行确认。

5.3　应保证抽样工具和容器洁净、干燥、无 DNA 和蛋白质污染。

5.4　抽样时应注意保护样品，抽样器具和样品容器应存放于清洁的环境中，避免雨水和灰尘等外来物引起的污染。

5.5　所有抽样操作应在尽可能短的时间内完成，避免样品的组成发生变化。如果某一抽样步骤需要很长时间，应将样品存放于合适的温度和环境条件中。

5.6　在所有抽样过程中应避免样品散落，防止有活性的生物污染生态环境。

6　抽样工具及设备

根据待抽取样品的单位样品特性，采用符合要求的抽样、制样器具和设备。抽取固体样品时，抽样器具或设备的进料口尺寸应大于单位样品 95%通过粒度的 3 倍。

7　抽样数量

7.1　分批

每批样品单独取样制备原始样品。

按照交付批中同一合同、同一生产批号、同一品种、等级分批。交付批质量小于 10 000 t 时，最大批量为 500 t。交付批质量大于 10 000 t 时，以 10 000 t 划分 20 批为基数，每超过 1 000 t 增加 1 批，不足 1 000 t 按 1 批计。

7.2　每批份样数

在通常情况下，均匀批的每批份样数不低于 50 个，不均匀批的每批份样数不低于 100 个。按原始样品最小数量和份样数确定份样量，但份样量不得低于 7.3 中给出的最小份样量。

7.3　原始样品最小数量

7.3.1　种子和大面积田间植株样品

根据转基因限量水平确定每批中应抽取的原始样品最小数量。在通常情况下，按照表 1 确定原始样品中的单位产品数。

表 1　组成原始样品的最少单位产品数

转基因限量水平，%	抽取的最少单位产品数，粒	
	不均匀批	均匀批
0.01	16 000 000	5 600 000
0.05	8 000 000	2 800 000
0.1	1 600 000	560 000
0.5	800 000	280 000
1	160 000	56 000
3	54 000	18 900
5	32 000	11 200
10	16 000	5 600
50	3 200	1 120
90	1 800	630

根据不同植物种子的籽粒平均质量计算出原始样品的最小质量，表 2 列举了转基因限量水平为 0.1%时，常见植物种子的原始样品最小质量参考值。

表 2　主要谷物和油料种子的原始样品最小质量

植物	单粒重，mg	原始样品最小质量，g	
		1 600 000 粒 （不均匀批）	560 000 粒 （均匀批）
大麦	37	59 200	20 720
玉米	285	456 000	159 600
燕麦	32	51 200	17 902
油菜	4	6 400	2 240
水稻	27	43 200	15 120
大豆	200	320 000	112 000
小麦	37	59 200	20 720
棉花	90	144 000	50 400

7.3.2　单位产品较大的产品、小批量产品及小面积田间植株

单位产品较大的产品、小批量产品和小面积田间植株一般无法达到 7.3.1 中所规定的最小单位产品数，可按表 3 规定的原始样品最小数量抽样。

表 3　单位产品较大的产品、小批量产品及小面积田间植株的原始样品最小产品数

批中包含的单位产品数	抽取的最小单位产品数
250 以下	10
251～400	20
401～650	25
651～1 000	32
1 001～1 500	40
1 501～2 500	45
2 501～4 000	56
4 001～6 500	80
6 501～10 000	125
10 001～15 000	150
15 001～25 000	180
25 000 以上	220
当批中包含的单位产品数小于 10 时，应从全部单位产品中抽取样品。	

7.4　最小份样量

根据单位产品的质量，表 4 给出了按产品类别划分的最小份样量。

表 4　最小份样量

货物类别	最小份样量
中粒和大粒固体（玉米、大豆等）	0.5 kg
小粒固体（油菜籽、水稻等）	0.2 kg
植株	单株叶片样品
单位产品较大（马铃薯、番茄等）	1 个单位产品

7.5　实验室样品最小量

根据转基因产品检测方法的检测限量水平，表 5 列出了实验室样品最小量。

表5　实验室样品最小量

植物	单粒重,mg	限量水平					
		0.5%		0.1%		0.01%	
		单位产品数量	质量,g	单位产品数量	质量,g	单位产品数量	质量,g
大麦	37	600	22.2	3 000	111	30 000	1 110
玉米	285	600	171	3 000	855	30 000	8 550
燕麦	32	600	19.2	3 000	96	30 000	960
油菜	4	600	2.4	3 000	12	30 000	120
水稻	27	600	16.2	3 000	81	30 000	810
大豆	200	600	120	3 000	600	30 000	6 000
小麦	37	600	22.2	3 000	111	30 000	1 110
棉花	90	600	54	3 000	270	30 000	2 700

8　抽样方法

8.1　田间植株抽样

8.1.1　根据抽样计划和数量,利用对角线法抽取单个植株样品。

8.1.2　每个植株抽样时,利用打孔器在植株叶片上打孔或剪刀剪取植株叶片获得份样。

8.1.3　大面积田间植株样品抽样时,原始样品抽取单位产品数量按照7.3.1的要求执行,抽取的植株间隔和比例根据原始样品量、交付批和最小份样量计算。

8.1.4　小面积田间植株样品抽样时,原始样品抽取单位产品数量按照7.3.2的要求执行,抽取的植株间隔和比例根据原始样品量和最小份样量计算。

8.2　散装产品抽样

8.2.1　产品流动过程中抽样

按GB 5491.2的规定执行。

8.2.2　固定形状载货容器中产品抽样

按GB/T 19495.7的规定执行。

8.2.3　堆放产品抽样

按GB/T 19495.7的规定执行。

8.3　包装产品抽样

按SN/T 0800.1的规定执行。

9　原始样品制样方法

9.1　一般要求

制样过程主要包括混合足够量的份样组成原始样品,缩分原始样品获得实验室样品。应按批分别制备原始样品和实验室样品。

9.2　原始样品

将从同一批抽取的份样混合在一起构成原始样品。

如果一次构成的原始样品量较大,可将份样分成质量一致的几组。对份样进行分组时,尽可能避免将连续抽取的份样分在一组中。

分别采用9.3中的方法先缩分同样次数后,将得到的缩分样品混合成原始样品。

缩分的次数应保证获得的原始样品量不低于实验室样品量的4倍。

9.3　样品缩分

可采用分样器缩分法、四分法和点取法等方法缩分样品。

初始样品数量较大时，可以将原始样品通过混匀和研磨等方式进行均一化，缩分原始样品。

9.4 实验室样品的制备

通过必要的混合和缩分，将原始样品制备成实验室样品。

按照 7.3.1 的要求抽取样品时，实验室样品的最小数量按表 5 的规定执行。

按 7.4 的要求抽取样品时，将原始样品作为实验室样品。

制备液态实验室样品时，将抽取的份样混合构成原始样品，充分搅拌或摇匀后分装于适当规格的样品容器中得到实验室样品。

10 实验室样品的盛装和抽样报告

实验室样品的盛装容器应清洗干净，不能有 DNA 和蛋白质的污染；实验室样品应包装好，以防在运输过程中损坏和扩散。实验室样品应由抽样员（检验员）尽快送到检验机构，每个送验样品须有记号（该记号宜将批与样品联系起来），并附有抽样报告。抽样报告应包括以下项目：

a) 产品名称、种类、品种、质量等级；

b) 能够辨认该批货物的样品标记（包装种类、转基因产品是否标识等）；

c) 运输和贮存条件（清洁、有无异味、运输方式、物理条件、防雨性能等）；货物清洁程度、外观情况、是否受潮、残损；

d) 货物所属单位或个人；

e) 要求取样日期、时间；取样日期、时间；

f) 取样时气候条件（温度等）；

g) 取样目的；

h) 抽样方法、工具；

i) 抽样样品数量及说明；

j) 实验室样品编号；

k) 取样人姓名及样品所属单位盖章或证明人签名；

l) 其他。

第二部分　调控元件特异性核酸检测方法

ICS 65.020
B 04

中华人民共和国国家标准

农业部1782号公告—2—2012

转基因植物及其产品成分检测 标记基因 *NPTII*、*HPT* 和 *PMI* 定性 PCR 方法

Detection of genetically modified plants and derived products—Qualitative PCR methods for the marker genes *NPTII*, *HPT* and *PMI*

2012-06-06 发布　　2012-09-01 实施

中华人民共和国农业部　发布

前　　言

本标准按照 GB/T 1.1—2009 给出的规则起草。

请注意本文件的某些内容可能涉及专利。本文件的发布机构不承担识别这些专利的责任。

本标准由中华人民共和国农业部提出。

本标准由全国农业转基因生物安全管理标准化技术委员会(SAC/TC 276)归口。

本标准起草单位:农业部科技发展中心、中国农业科学院油料作物研究所。

本标准主要起草人:卢长明、宋贵文、吴刚、武玉花、曹应龙、厉建萌、罗军玲。

转基因植物及其产品成分检测 标记基因 *NPTII*、*HPT* 和 *PMI* 定性 PCR 方法

1 范围

本标准规定了转基因植物中标记基因 *NPTII*、*HPT* 和 *PMI* 的定性 PCR 检测方法。

本标准适用于转基因植物及其制品中标记基因 *NPTII*、*HPT* 和 *PMI* 的定性 PCR 检测。

2 规范性引用文件

下列文件对于本文件的应用是必不可少的。凡是注日期的引用文件，仅注日期的版本适用于本文件。凡是不注日期的引用文件，其最新版本(包括所有的修改单)适用于本文件。

GB/T 6682 分析实验室用水规格和试验方法

NY/T 672 转基因植物及其产品检测 通用要求

NY/T 673 转基因植物及其产品检测 抽样

农业部 1485 号公告—4—2010 转基因植物及其产品成分检测 DNA 提取和纯化

3 术语和定义

下列术语和定义适用于本文件。

3.1

***NPTII* 基因 *NPTII* gene**

来源于大肠杆菌(*Escherichia coli*)，编码新霉素磷酸转移酶(neomycin phosphotransferase)的基因。

3.2

***HPT* 基因 *HPT* gene**

来源于大肠杆菌或链球菌(*Streptomyceshy groscopicus*)，编码潮霉素磷酸转移酶(hygromycin phosphotransferase)的基因。

3.3

***PMI* 基因 *PMI* gene**

来源于大肠杆菌，编码 6-磷酸甘露糖异构酶(phosphomannose isomerase)的基因。

4 原理

根据国内外商业化应用的转基因植物中标记基因的应用频率，针对标记基因 *NPTII*、*HPT* 和 *PMI* 的核苷酸序列设计特异性引物，对试样 DNA 进行 PCR 扩增。依据是否扩增获得预期 DNA 片段，判断样品中是否含有 *NPTII*、*HPT* 和 *PMI* 转基因成分。

5 试剂和材料

除非另有说明，仅使用分析纯试剂和重蒸馏水或符合 GB/T 6682 规定的一级水。

5.1 琼脂糖。

5.2 10 g/L 溴化乙锭溶液：称取 1.0 g 溴化乙锭(EB)，溶解于 100 mL 水中，避光保存。

注：溴化乙锭有致癌作用，配制和使用时应戴一次性手套操作并妥善处理废液。

5.3 10 mol/L 氢氧化钠溶液：在 160 mL 水中加入 80.0 g 氢氧化钠（NaOH），溶解后再加水定容到 200 mL。

5.4 500 mmol/L 乙二铵四乙酸二钠溶液（pH 8.0）：称取 18.6 g 乙二铵四乙酸二钠（EDTA - Na_2），加入 70 mL 水中，再加入适量氢氧化钠溶液（5.3），加热至完全溶解后，冷却至室温。用氢氧化钠溶液（5.3）调 pH 至 8.0，加水定容至 100 mL。在 103.4 kPa（121℃）条件下灭菌20 min。

5.5 1 mol/L 三羟甲基氨基甲烷—盐酸溶液（pH 8.0）：称取 121.1 g 三羟甲基氨基甲烷（Tris）溶解于 800 mL 水中，用盐酸（HCl）调 pH 至 8.0，加水定容至 1 000 mL。在 103.4 kPa（121℃）条件下灭菌 20 min。

5.6 TE 缓冲液（pH 8.0）：分别量取 10 mL 三羟甲基氨基甲烷—盐酸溶液（5.5）和 2 mL 乙二铵四乙酸二钠溶液（5.4），加水定容至 1 000 mL。在 103.4 kPa（121℃）条件下灭菌 20 min。

5.7 50×TAE 缓冲液：称取 242.2 g 三羟甲基氨基甲烷（Tris），先用 500 mL 水加热搅拌溶解后，加入 100 mL 乙二铵四乙酸二钠溶液（5.4）。用冰乙酸调 pH 至 8.0，然后加水定容到 1 000 mL。使用时，用水稀释成 1×TAE。

5.8 加样缓冲液：称取 250.0 mg 溴酚蓝，加入 10 mL 水，在室温下溶解 12 h；称取 250.0 mg 二甲基苯腈蓝，加 10 mL 水溶解；称取 50.0 g 蔗糖，加 30 mL 水溶解。混合以上三种溶液，加水定容至 100 mL，在 4℃下保存。

5.9 DNA 分子量标准：可以清楚地区分 100 bp～1 000 bp 的 DNA 片段。

5.10 dNTPs 混合溶液：将浓度为 10 mmol/L 的 dATP、dTTP、dGTP、dCTP 四种脱氧核糖核苷酸溶液等体积混合。

5.11 Taq DNA 聚合酶、PCR 反应缓冲液及 25 mmol/L 氯化镁溶液。

5.12 石蜡油。

5.13 PCR 产物回收试剂盒。

5.14 DNA 提取试剂盒。

5.15 定性 PCR 反应试剂盒。

5.16 实时荧光 PCR 反应试剂盒。

5.17 引物和探针：见附录 A。

6 仪器和设备

6.1 分析天平：感量 0.1 g 和 0.1 mg。

6.2 PCR 扩增仪：升降温速度＞1.5℃/s，孔间温度差异＜1.0℃。

6.3 实时荧光 PCR 扩增仪。

6.4 电泳槽、电泳仪等电泳装置。

6.5 紫外透射仪。

6.6 凝胶成像系统或照相系统。

6.7 重蒸馏水发生器或纯水仪。

6.8 其他相关仪器和设备。

7 操作步骤

7.1 抽样

按 NY/T 672 和 NY/T 673 的规定执行。

7.2 制样

按 NY/T 672 和 NY/T 673 的规定执行。

7.3 试样预处理

按农业部 1485 号公告—4—2010 的规定执行。

7.4 DNA 模板制备

按农业部 1485 号公告—4—2010 的规定执行。

7.5 PCR 方法

7.5.1 普通 PCR 方法

7.5.1.1 PCR 反应

7.5.1.1.1 试样 PCR 反应

每个试样 PCR 反应设置 3 次重复。在 PCR 反应管中按表 1 依次加入反应试剂、混匀，再加 25 μL 石蜡油(有热盖设备的 PCR 仪可不加)。也可采用经验证的、等效的定性 PCR 反应试剂盒配制反应体系。将 PCR 管放在离心机上，500 *g*～3 000 *g* 离心 10 s，然后取出 PCR 管，放入 PCR 仪中。

表 1　PCR 检测反应体系

试　剂	终浓度	体　积
水		—
10×PCR 缓冲液	1×	2.5 μL
25 mmol/L 氯化镁溶液	1.5 mmol/L	1.5 μL
dNTPs 混合溶液(各 2.5 mmol/L)	各 0.2 mmol/L	2.0 μL
10 μmol/L 上游引物	0.2μmol/L	0.5 μL
10 μmol/L 下游引物	0.2 μmol/L	0.5 μL
Taq 酶	0.025 U/μL	—
25 mg/L DNA 模板	2 mg/L	2.0 μL
总体积		25.0 μL

注 1:“—”表示体积不确定。如果 PCR 缓冲液中含有氯化镁，则不加氯化镁溶液。根据 Taq 酶的浓度确定其体积，并相应调整水的体积，使反应体系总体积达到 25.0 μL。

注 2:标记基因 *NPTII* 基因 PCR 检测反应体系中，上、下游引物分别是 NptF68 和 NptR356；*HPT* 基因 PCR 检测反应体系中，上、下游引物分别是 HptF226 和 Hpt697；*PMI* 基因 PCR 检测反应体系中，上、下游引物分别是 PmiF43 和 PmiR303；内标准基因 PCR 检测反应体系中，根据选择的内标准基因，选用合适的上、下游引物。

PCR 反应程序为：94℃变性 5 min；94℃变性 30 s，60℃退火 30 s，72℃延伸 30 s，共进行 35 次循环；72℃延伸 2 min。

反应结束后，取出 PCR 管，对 PCR 反应产物进行电泳检测。

7.5.1.1.2 对照 PCR 反应

在试样 PCR 反应的同时，应设置阴性对照、阳性对照和空白对照。根据样品特性或检测目的，以所检测植物的非转基因材料基因组 DNA 作为阴性对照；以含有标记基因 *NPTII*、*HPT* 和 *PMI* 基因的质量分数为 0.1%～1.0%的转基因植物基因组 DNA(或采用对应标记基因与非转基因植物基因组相比的拷贝数分数为 0.1%～1.0%的 DNA 溶液)作为阳性对照；以水作为空白对照。各对照 PCR 反应体系中，除模板外，其余组分及 PCR 反应条件与 7.5.1.1.1 相同。

7.5.1.2 PCR 产物电泳检测

按 20 g/L 的质量浓度称量琼脂糖，加入 1×TAE 缓冲液中，加热溶解，配制成琼脂糖溶液。每 100 mL琼脂糖溶液中加入 5 μL EB 溶液，混匀。稍适冷却后，将其倒入电泳板上，插上梳板。室温下凝固成凝胶后,放入 1×TAE 缓冲液中,垂直向上轻轻拔去梳板。取 12 μL PCR 产物与 3 μL 加样缓冲液混合后加入凝胶点样孔,同时在其中一个点样孔中加入 DNA 分子量标准,接通电源在 2 V/cm~5 V/cm 条件下电泳检测。

7.5.1.3 凝胶成像分析

电泳结束后,取出琼脂糖凝胶,置于凝胶成像仪上或紫外透射仪上成像。根据 DNA 分子量标准估计扩增条带的大小,将电泳结果形成电子文件存档或用照相系统拍照。如需通过序列分析确认 PCR 扩增片段是否为目的 DNA 片段,按照 7.5.1.4 和 7.5.1.5 的规定执行。

7.5.1.4 PCR 产物回收

按 PCR 产物回收试剂盒的说明书,回收 PCR 扩增的 DNA 片段。

7.5.1.5 PCR 产物测序验证

将回收的 PCR 产物克隆测序,与标记基因序列(参见附录 B)进行比对,确定 PCR 扩增的 DNA 片段是否为目的 DNA 片段。

7.5.2 实时荧光 PCR 方法

7.5.2.1 对照设置

在试样 PCR 反应的同时,应设置阴性对照、阳性对照和空白对照。

以非转基因植物基因组 DNA 作为阴性对照;以含有标记基因 *NPTII*、*HPT* 和 *PMI* 基因的转基因产品质量分数为 0.1%~1.0%的基因组 DNA(或采用对应标记基因与非转基因植物基因组相比的拷贝数分数为 0.1%~1.0%的 DNA 溶液)作为阳性对照;以水作为空白对照。

7.5.2.2 PCR 反应体系

按表 2 配制 PCR 扩增反应体系,也可采用等效的实时荧光 PCR 反应试剂盒配制反应体系,每个试样和对照设 3 次重复。

表 2 实时荧光 PCR 反应体系

试 剂	终浓度	体 积
水		—
10×PCR 缓冲液	1×	2 μL
25 mmol/L $MgCl_2$	4.5 mmol/L	3.6 μL
dNTPs 混合溶液(各 2.5 mmol/L)	0.3 mmol/L	0.6μL
10 μmol/L 探针	0.2 μmol/L	0.4μL
10 μmol/L 上游引物	0.4 μmol/L	0.8 μL
10 μmol/L 下游引物	0.4μmol/L	0.8 μL
Taq 酶	0.04 U/μL	—
25 mg/L DNA 模板	2 ng/μL	2.0 μL
总体积		20 μL

注 1:"—"表示体积不确定。如果 PCR 缓冲液中含有氯化镁,则不加氯化镁溶液。根据 Taq 酶的浓度确定其体积,并相应调整水的体积,使反应体系总体积达到 20.0 μL。

注 2:标记基因 *NPTII* 基因 PCR 检测反应体系中,上、下游引物和探针分别是 qNptF72、qNptR172 和 qNptFP99;*HPT* 基因 PCR 检测反应体系中,上、下游引物和探针分别是 qHptF、Hpt 和 qHptP;*PMI* 基因 PCR 检测反应体系中,上、下游引物和探针分别是 qPmiF240、PmiR335 和 qPmiFP267;内标准基因 PCR 检测反应体系中,根据选择的内标准基因,选用合适的上、下游引物和探针。

7.5.2.3 PCR 反应

PCR 反应按以下程序运行:第一阶段 95℃、5 min;第二阶段 95℃、15 s,60℃、60 s,循环数 40;在第二阶段的退火延伸时段收集荧光信号。

注:不同仪器可根据仪器要求将反应参数作适当调整。

8 结果分析与表述

8.1 普通 PCR 方法结果分析与表述

8.1.1 对照检测结果分析

阳性对照的 PCR 反应中,×××内标准基因和标记基因 *NPTII*、*HPT* 和 *PMI* 特异性序列均得到扩增,且扩增片段大小与预期片段大小一致;而阴性对照中仅扩增出×××内标准基因片段;空白对照中除引物二聚体外没有任何扩增片段。这表明 PCR 反应体系正常工作,否则重新检测。

8.1.2 样品检测结果分析和表述

8.1.2.1 ×××内标准基因片段未得到扩增,或扩增片段大小与预期片段大小不一致。这表明样品中未检测出×××植物成分,需进一步明确其植物来源后再进行标记基因的检测和判断,结果表述为“样品中未检测出×××植物内标准基因”。

8.1.2.2 ×××内标准基因获得扩增,且扩增片段与预期片段大小一致;标记基因 *NPTII*、*HPT* 和 *PMI* 中的任何一个得到扩增,且扩增片段大小与预期片段大小一致。这表明样品中检测出标记基因×××,表述为“样品中检测出标记基因×××,检测结果为阳性”。

8.1.2.3 ×××内标准基因获得扩增,且扩增片段大小与预期片段大小一致;而标记基因 *NPTII*、*HPT* 和 *PMI* 均未得到扩增,或扩增片段大小与预期片段大小不一致。这表明样品中未检测出标记基因,表述为“样品中未检测出标记基因 *NPTII*、*HPT* 和 *PMI*,检测结果为阴性”。

8.2 实时荧光 PCR 方法结果分析与表述

8.2.1 阈值设定

实时荧光 PCR 反应结束后,设置荧光信号阈值,阈值设定原则根据仪器噪声情况进行调整,阈值设置原则以刚好超过正常阴性样品扩增曲线的最高点为准。

8.2.2 对照检测结果分析

在内标准基因扩增时,空白对照无典型扩增曲线,阴性对照和阳性对照出现典型扩增曲线,且 Ct 值小于或等于 36。在标记基因 *NPTII*、*HPT* 和 *PMI* 中任何一个扩增时,空白对照和阴性对照无典型扩增曲线,阳性对照有典型扩增曲线,且 Ct 值小于或等于 36。这表明反应体系工作正常,否则重新检测。

8.2.3 样品检测结果分析和表述

8.2.3.1 ×××内标准基因无典型扩增曲线。这表明样品中未检测出×××植物成分,需进一步明确其植物来源后再进行标记基因的检测和判断,结果表述为“样品中未检测出×××植物内标准基因”。

8.2.3.2 ×××内标准基因出现典型扩增曲线,且 Ct 值小于或等于 36;同时标记基因 *NPTII*、*HPT* 和 *PMI* 中任何一个出现典型扩增曲线,且 Ct 值小于或等于 36。这表明样品中检测出标记基因×××,结果表述为“样品中检测出标记基因×××,检测结果为阳性”。

8.2.3.3 ×××内标准基因出现典型扩增曲线,且 Ct 值小于或等于 36;但标记基因 *NPTII*、*HPT* 和 *PMI* 均未出现典型扩增曲线。这表明样品中未检测出标记基因,结果表述为“样品中未检测出标记基因 *NPTII*、*HPT* 和 *PMI*,检测结果为阴性”。

8.2.3.4 ×××内标准基因、标记基因 *NPTII*、*HPT* 和 *PMI* 出现典型扩增曲线,但 Ct 值在 36～40 之间,应进行重复实验。如重复实验结果符合 8.2.3.1～8.2.3.3 的情形,依照 8.2.3.1～8.2.3.3 进行判断。如重复实验检测参数出现典型扩增曲线,但检测 Ct 值仍在 36～40 之间,则判定样品检出该参数,根据检出参数情况,参照 8.2.3.1～8.2.3.3 对样品进行判定。

附 录 A
(规范性附录)
引物和探针

A.1 普通PCR方法引物

A.1.1 *NPTII* 基因

NptF68:5′- ACTGGGCACAACAGACAATCG - 3′

NptR356:5′- GCATCAGCCATGATGGATACTTT - 3′

预期扩增片段大小为289bp。

A.1.2 *HPT* 基因

HptF226:5′- GAAGTGCTTGACATTGGGGAGT - 3′

HptR697:5′- AGATGTTGGCGACCTCGTATT - 3′

预期扩增片段大小为472bp。

A.1.3 *PMI* 基因

PmiF43:5′- AGCAAAACGGCGTTGACTGA - 3′

PmiR303:5′- GTTTGGATGAACCTGAATGGAGA - 3′

预期扩增片段大小为261bp。

A.1.4 内标准基因

根据样品特性或检测目的选择合适的内标准基因,应优先采用标准化方法中规定的引物。

A.1.5 用TE缓冲液(pH 8.0)或双蒸水分别将下列引物稀释到10 μmol/L。

A.2 实时荧光PCR方法引物/探针

A.2.1 *NPTII* 基因

qNptF63:5′- CTATGACTGGGCACAACAGACA - 3′

qNptR163:5′- CGGACAGGTCGGTCTTGACA - 3′

qNptFP90:5′- CTGCTCTGATGCCGCCGTGTTCCG - 3′

预期扩增片段大小为101 bp。

A.2.2 *HPT* 基因

qHptF286:5′- CAGGGTGTCACGTTGCAAGA - 3′

qHptR395:5′- CCGCTCGTCTGGCTAAGATC - 3′

qHptFP308:5′- TGCCTGAAACCGAACTGCCCGCTG - 3′

预期扩增片段大小为110 bp。

A.2.3 *PMI* 基因

qPmiF240:5′- ACTGCCTTTCCTGTTCAAAGTATTAT - 3′

qPmiR335:5′- TCTTTGGCAAAACCGATTTCAGAA - 3′

qPmiFP267:5′- CGCAGCACAGCCACTCTCCATTCAGG - 3′

预期扩增片段大小为96 bp。

A.2.4 内标准基因引物和探针

根据样品特性或检测目的选择合适的内标准基因，应优先采用标准化方法中规定的引物和探针。

A.2.5 探针的 5′端标记荧光报告基团（如 FAM、HEX 等），3′端标记荧光淬灭基团（如 TAMRA、BHQ1 等）。

A.2.6 用 TE 缓冲液（pH 8.0）或双蒸水分别将下列引物/探针稀释到 10 μmol/L。

附 录 B
(资料性附录)
标记基因核苷酸序列

B.1 *NPTII* 基因核苷酸序列(Accession No. AF485783)

B.1.1 *NPTII* 基因普通 PCR 扩增产物核苷酸序列

1 ACTGGGCACA ACAGACAATC GGCTGCTCTG ATGCCGCCGT GTTCCGGCTG
51 TCAGCGCAGG GGCGCCCGGT TCTTTTTGTC AAGACCGACC TGTCCGGTGC
101 CCTGAATGAA CTGCAGGACG AGGCAGCGCG GCTATCGTGG CTGGCCACGA
151 CGGGCGTTCC TTGCGCAGCT GTGCTCGACG TTGTCACTGA AGCGGGAAGG
201 GACTGGCTGC TATTGGGCGA AGTGCCGGGG CAGGATCTCC TGTCATCTCA
251 CCTTGCTCCT GCCGAGAAAG TATCCATCAT GGCTGATGC

注:划线部分为普通 PCR 引物 NptF68 和 NptR356 的序列。

B.1.2 *NPTII* 基因实时荧光 PCR 扩增产物核苷酸序列

1 CTATGACTGG GCACAACAGA CAATCGGCTG CTCTGATGCC GCCGTGTTCC
51 GGCTGTCAGC GCAGGGGCGC CCGGTTCTTT TTGTCAAGAC CGACCTGTCC
101 G

注:划线部分为实时荧光 PCR 引物 qNptF63、qNptR163 和探针 qNptFP90 的序列。

B.2 *HPT* 基因的核苷酸序列(Accession No. AF234296)

B.2.1 *HPT* 基因普通 PCR 扩增产物核苷酸序列

1 GAAGTGCTTG ACATTGGGGA GTTTAGCGAG AGCCTGACCT ATTGCATCTC
51 CCGCCGTGCA CAGGGTGTCA CGTTGCAAGA CCTGCCTGAA ACCGAACTGC
101 CCGCTGTTCT ACAACCGGTC GCGGAGGCTA TGGATGCGAT CGCTGCGGCC
151 GATCTTAGCC AGACGAGCGG GTTCGGCCCA TTCGGACCGC AAGGAATCGG
201 TCAATACACT ACATGGCGTG ATTTCATATG CGCGATTGCT GATCCCCATG
251 TGTATCACTG GCAAACTGTG ATGGACGACA CCGTCAGTGC GTCCGTCGCG
301 CAGGCTCTCG ATGAGCTGAT GCTTTGGGCC GAGGACTGCC CCGAAGTCCG
351 GCACCTCGTG CACGCGGATT TCGGCTCCAA CAATGTCCTG ACGGACAATG
401 GCCGCATAAC AGCGGTCATT GACTGGAGCG AGGCGATGTT CGGGGATTCC
451 CAATACGAGG TCGCCAACAT CT

注:划线部分为普通 PCR 引物 HptF226 和 HptR697 的序列。

B.2.2 *HPT* 基因实时荧光 PCR 扩增产物核苷酸序列

1 CAGGGTGTCA CGTTGCAAGA CCTGCCTGAA ACCGAACTGC CCGCTGTTCT
51 ACAACCGGTC GCGGAGGCTA TGGATGCGAT CGCTGCGGCC GATCTTAGCC
101 AGACGAGCGG

注:划线部分为实时荧光 PCR 引物 qHptF286、qHptR395 和探针 qHptP308 的序列。

B.3 *PMI* 基因核苷酸序列(Accession No. DJ437710)

B.3.1 *PMI* 基因普通 PCR 扩增产物核苷酸序列

1 AGCAAAACGG CGTTGACTGA ACTTTATGGT ATGGAAAATC CGTCCAGCCA
51 GCCGATGGCC GAGCTGTGGA TGGGCGCACA TCCGAAAAGC AGTTCACGAG
101 TGCAGAATGC CGCCGGAGAT ATCGTTTCAC TGCGTGATGT GATTGAGAGT
151 GATAAATCGA CTCTGCTCGG AGAGGCCGTT GCCAAACGCT TTGGCGAACT
201 GCCTTTCCTG TTCAAAGTAT TATGCGCAGC ACAGCCACTC TCCATTCAGG
251 TTCATCCAAA C

注:划线部分为普通 PCR 引物 PmiF43 和 PmiR303 的序列。

B.3.2 *PMI* 基因实时荧光 PCR 扩增产物核苷酸序列

1 ACTGCCTTTC CTGTTCAAAG TATTATGCGC AGCACAGCCA CTCTCCATTC
51 AGGTTCATCC AAACAAACAC AATTCTGAAA TCGGTTTTGC CAAAGA

注:划线部分为实时荧光 PCR 引物 qPmiF240、qPmiR335 和探针 qPmiFP267 的序列。

ICS 65.020
B 04

中华人民共和国国家标准

农业部1782号公告—3—2012

转基因植物及其产品成分检测 调控元件 *CaMV* 35S 启动子、*FMV* 35S 启动子、*NOS* 启动子、*NOS* 终止子和 *CaMV* 35S 终止子定性 PCR 方法

Detection of genetically modified plants and derived products—Qualitative PCR methods for the regulatory elements *CaMV* 35S promoter, *FMV* 35S promoter, *NOS* promoter, *NOS* terminator and *CaMV* 35S terminator

2012-06-06 发布　　2012-09-01 实施

中华人民共和国农业部 发布

前　　言

本标准按照 GB/T 1.1—2009 给出的规则起草。

请注意本文件的某些内容可能涉及专利。本文件的发布机构不承担识别这些专利的责任。

本标准由中华人民共和国农业部提出。

本标准由全国农业转基因生物安全管理标准化技术委员会(SAC/TC 276)归口。

本标准起草单位:农业部科技发展中心、中国农业科学院植物保护研究所。

本标准主要起草人:谢家建、沈平、彭于发、李葱葱、宋贵文、孙爻。

转基因植物及其产品成分检测
调控元件 *CaMV* 35S 启动子、*FMV* 35S 启动子、*NOS*
启动子、*NOS* 终止子和 *CaMV* 35S 终止子定性 PCR 方法

1 范围

本标准规定了调控元件 *CaMV* 35S 启动子、*FMV* 35S 启动子、*NOS* 启动子、*NOS* 终止子和 *CaMV* 35S 终止子的定性 PCR 检测方法。

本标准适用于转基因植物及其产品中调控元件 *CaMV* 35S 启动子、*FMV* 35S 启动子、*NOS* 启动子、*NOS* 终止子和 *CaMV* 35S 终止子的定性 PCR 检测。

2 规范性引用文件

下列文件对于本文件的应用是必不可少的。凡是注日期的引用文件，仅注日期的版本适用于本文件。凡是不注日期的引用文件，其最新版本(包括所有的修改单)适用于本文件。

GB/T 6682 分析实验室用水规格和试验方法

NY/T 672 转基因植物及其产品检测 通用要求

NY/T 673 转基因植物及其产品检测 抽样

SN/T 1197—2003 油菜籽中转基因成分定性 PCR 检测方法

SN/T 1204—2003 植物及其加工产品中转基因成分实时荧光 PCR 定性检验方法

农业部 953 号公告—6—2007 转基因植物及其产品成分检测 抗虫 Bt 基因水稻定性 PCR 方法

农业部 1485 号公告—4—2010 转基因植物及其产品成分检测 DNA 提取和纯化

3 术语和定义

下列术语和定义适用于本文件。

3.1

***CaMV* 35S 启动子 35S promoter from cauliflower mosaic virus(*CaMV*)**

来自花椰菜花叶病毒的 35S 启动子。

3.2

***FMV* 35S 启动子 35S promoter from figwort mosaic virus(*FMV*)**

来自玄参花叶病毒的 35S 启动子。

3.3

***NOS* 启动子 promoter of nopaline synthase(*NOS*) gene**

来自胭脂碱合成酶基因 NOS 的启动子。

3.4

***NOS* 终止子 terminator of nopaline synthase(*NOS*)gene**

来自胭脂碱合成酶基因 NOS 的终止子。

3.5

***CaMV* 35S 终止子 35S terminator from the cauliflower mosaic virus(*CaMV*)**

来自花椰菜花叶病毒的 35S 终止子。

4 原理

根据国内外商业化转基因作物中普遍使用的调控元件情况，针对调控元件 *CaMV* 35S 启动子、*FMV* 35S 启动子、*NOS* 启动子、*NOS* 终止子和 *CaMV* 35S 终止子设计特异性引物，对试样进行 PCR 扩增。依据是否扩增获得预期的 DNA 片段，判断样品中是否含有调控元件 *CaMV* 35S 启动子、*FMV* 35S 启动子、*NOS* 启动子、*NOS* 终止子和 *CaMV* 35S 终止子等外源调控元件成分。

5 试剂和材料

除非另有说明，仅使用分析纯试剂和重蒸馏水或符合 GB/T 6682 规定的一级水。

5.1 琼脂糖。

5.2 10 g/L 溴化乙锭溶液：称取 1.0 g 溴化乙锭(EB)，溶于 100 mL 水中，避光保存。

注：溴化乙锭有致癌作用，配制和使用时应戴一次性手套操作并妥善处理废液。

5.3 10 mol/L 氢氧化钠溶液：在 160 mL 水中加入 80.0 g 氢氧化钠(NaOH)，溶解后再加水定容至 200 mL。

5.4 500 mmol/L 乙二铵四乙酸二钠溶液(pH 8.0)：称取 18.6 g 乙二铵四乙酸二钠(EDTA - Na_2)，加入 70 mL 水中，再加入适量氢氧化钠溶液(5.3)，加热至完全溶解后，冷却至室温。用氢氧化钠溶液(5.3)调 pH 至 8.0，加水定容至 100 mL。在 103.4 kPa(121℃)条件下灭菌 20 min。

5.5 1 mol/L 三羟甲基氨基甲烷—盐酸溶液(pH 8.0)：称取 121.1 g 三羟甲基氨基甲烷(Tris)溶解于 800 mL 水中，用盐酸调 pH 至 8.0，加水定容至 1 000 mL。在 103.4 kPa(121℃)条件下灭菌 20 min。

5.6 TE 缓冲液(pH 8.0)：分别量取 10 mL 三羟甲基氨基甲烷—盐酸溶液(5.5)和 2 mL 乙二铵四乙酸二钠溶液(5.4)，加水定容至 1 000 mL。在 103.4 kPa(121℃)条件下灭菌 20 min。

5.7 50×TAE 缓冲液：称取 242.2 g 三羟甲基氨基甲烷(Tris)，先用 300 mL 水加热搅拌溶解后，加 100 mL 乙二铵四乙酸二钠溶液(5.4)。用冰乙酸调 pH 至 8.0，然后加水定容至 1 000 mL。使用时，用水稀释成 1×TAE。

5.8 加样缓冲液：称取 250.0 mg 溴酚蓝，加 10 mL 水，在室温下溶解 12 h；称取 250.0 mg 二甲基苯腈蓝，用 10 mL 水溶解；称取 50.0 g 蔗糖，用 30 mL 水溶解。混合以上三种溶液，加水定容至 100 mL，在 4℃下保存。

5.9 DNA 分子量标准：可以清楚地区分 50 bp～1 000 bp 的 DNA 片段。

5.10 dNTPs 混合溶液：将浓度为 10 mmol/L 的 dATP、dTTP、dGTP、dCTP 四种脱氧核糖核苷酸溶液等体积混合。

5.11 Taq DNA 聚合酶、PCR 反应缓冲液及 25 mmol/L 氯化镁溶液。

5.12 石蜡油。

5.13 PCR 产物回收试剂盒。

5.14 DNA 提取试剂盒。

5.15 定性 PCR 反应试剂盒

5.16 实时荧光 PCR 反应试剂盒

5.17 引物和探针：见附录 A。

6 仪器

6.1 分析天平：感量 0.1 g 和 0.1 mg。

6.2 PCR 扩增仪：升降温速度＞1.5℃/s，孔间温度差异＜1.0℃。

6.3 荧光定量 PCR 仪。

6.4 电泳槽、电泳仪等电泳装置。

6.5 紫外透射仪。

6.6 凝胶成像系统或照相系统。

6.7 重蒸馏水发生器或纯水仪。

6.8 其他相关仪器和设备。

7 操作步骤

7.1 抽样

按 NY/T 672 和 NY/T 673 的规定执行。

7.2 制样

按 NY/T 672 和 NY/T 673 的规定执行。

7.3 试样预处理

按农业部 1485 号公告—4—2010 的规定执行。

7.4 DNA 模板制备

按农业部 1485 号公告—4—2010 的规定执行。

7.5 PCR 方法

7.5.1 普通 PCR 方法

7.5.1.1 PCR 反应

7.5.1.1.1 试样 PCR 反应

每个试样 PCR 反应设置 3 次重复。在 PCR 反应管中按表 1 依次加入反应试剂、混匀，再加 25 μL 石蜡油(有热盖设备的 PCR 仪可不加)。也可采用经验证的、等效的定性 PCR 反应试剂盒配制反应体系。将 PCR 管放在离心机上，500 *g*～3 000 *g* 离心 10 s；然后取出 PCR 管，放入 PCR 仪中，进行 PCR 反应。

反应程序为：94℃变性 5 min；94℃变性 30 s，60℃退火 30 s，72℃延伸 30 s，共进行 35 次循环；72℃延伸 7 min。

反应结束后取出 PCR 管，对 PCR 反应产物进行电泳检测。

表 1 PCR 检测反应体系

试 剂	终浓度	体 积
水		—
10×PCR 缓冲液	1×	2.5 μL
25 mmol/L 氯化镁溶液	1.5 mmol/L	1.5 μL
dNTPs 混合溶液(各 2.5 mmol/L)	各 0.2 mmol/L	2.0 μL
10 μmol/L 正向引物	0.4 μmol/L	1.0 μL
10 μmol/L 反向引物	0.4 μmol/L	1.0 μL
Taq 酶	0.025 U/μL	—
25 mg/L DNA 模板	2 mg/L	2.0 μL
总体积		25.0 μL

注 1："—"表示体积不确定。如果 PCR 缓冲液中含有氯化镁，则不加氯化镁溶液。根据 Taq 酶的浓度确定其体积，并相应调整水的体积，使反应体系总体积达到 25.0 μL。

注 2：调控元件 *CaMV* 35S 启动子 PCR 检测反应体系中，正向引物和反向引物分别是 35S-F1 和 35S-R1；*FMV* 35S 启动子 PCR 检测反应体系中，正向引物和反向引物分别是 FMV 35S-F1 和 FMV 35S-R1；*NOS* 启动子 PCR 检测反应体系中，正向引物和反向引物分别是 PNOS-F1 和 PNOS-R1；*NOS* 终止子 PCR 检测反应体系中，正向引物和反向引物分别是 NOS-F1 和 NOS-R1；*CaMV* 35S 终止子 PCR 检测反应体系中，正向引物和反向引物分别是 T35S-F1 和 T35S-R1；内标准基因 PCR 检测反应体系中，根据选择的内标准基因，选用合适的正向引物和反向引物。

7.5.1.1.2 **对照 PCR 反应**

在试样 PCR 反应的同时，应设置阴性对照、阳性对照和空白对照。根据样品特性或检测目的，以所检测植物的非转基因材料基因组 DNA 作为阴性对照；以含有对应调控元件的质量分数为 0.1%～1.0%的转基因植物基因组 DNA（或采用对应调控元件与非转基因植物基因组相比的拷贝数分数为 0.1%～1.0%的 DNA 溶液）作为阳性对照；以水作为空白对照。各对照 PCR 反应体系中，除模板外，其余组分及 PCR 反应条件与 7.5.1.1.1 相同。

7.5.1.2 **PCR 产物电泳检测**

按 20 g/L 的质量浓度称量琼脂糖，加入 1×TAE 缓冲液中，加热溶解，配制成琼脂糖溶液。每 100 mL琼脂糖溶液中加入 5 μL EB 溶液，混匀。稍适冷却后，将其倒入电泳板上，插上梳板。室温下凝固成凝胶后，放入 1×TAE 缓冲液中，垂直向上轻轻拔去梳板。取 12 μL PCR 产物与 3 μL 加样缓冲液混合后加入凝胶点样孔，同时在其中一个点样孔中加入 DNA 分子量标准，接通电源在 2 V/cm～5 V/cm条件下电泳检测。

7.5.1.3 **凝胶成像分析**

电泳结束后，取出琼脂糖凝胶，置于凝胶成像仪上或紫外透射仪上成像。根据 DNA 分子量标准估计扩增条带的大小，将电泳结果形成电子文件存档或用照相系统拍照。如需通过序列分析确认 PCR 扩增片段是否为目的 DNA 片段，按照 7.5.1.4 和 7.5.1.5 的规定执行。

7.5.1.4 **PCR 产物回收**

按 PCR 产物回收试剂盒说明书，回收 PCR 扩增的 DNA 片段。

7.5.1.5 **PCR 产物测序验证**

将回收的 PCR 产物克隆测序，与对应调控元件的序列（参见附录 B）进行比对，确定 PCR 扩增的 DNA 片段是否为目的 DNA 片段。

7.5.2 **实时荧光 PCR 方法**

7.5.2.1 **对照设置**

在试样 PCR 反应的同时，应设置阴性对照、阳性对照和空白对照。根据样品特性或检测目的，以所检测植物的非转基因材料基因组 DNA 作为阴性对照；以含有对应调控元件的质量分数为 0.1%～1.0%的转基因植物基因组 DNA（或采用对应调控元件与非转基因植物基因组相比的拷贝数分数为 0.1%～1.0%的 DNA 溶液）作为阳性对照；以水作为空白对照。

7.5.2.2 **PCR 反应体系**

按表 2 配制 PCR 扩增反应体系，也可采用等效的实时荧光 PCR 反应试剂盒配制反应体系，每个试样和对照设 3 次重复。

表 2 实时荧光 PCR 反应体系

试 剂	终浓度	单样品体积
水		—
10×PCR 缓冲液	1×	5.0 μL
25 mmol/L $MgCl_2$	2.5 mmol/L	5.0 μL
dNTPs	0.2 mmol/L	4.0 μL
10 μmol/L 探针	0.2 μmol/L	1.0 μL
10 μmol/L 正向引物	0.4 μmol/L	2.0 μL
10 μmol/L 反向引物	0.4μmol/L	2.0 μL
5 U/μL Taq 酶	0.04 U/μL	—
25 mg/L DNA 模板	2 mg/L	4.0 μL

表 2 （续）

试　剂	终浓度	单样品体积
总体积		50.0 μL
注 1:“—”表示体积不确定。如果 PCR 缓冲液中含有氯化镁，则不加氯化镁溶液。根据 Taq 酶的浓度确定其体积，并相应调整水的体积，使反应体系总体积达到 50.0 μL。 注 2:调控元件 *CaMV* 35S 启动子 PCR 检测反应体系中，正向引物、反向引物和探针分别是 35S - QF、35S - QR 和 35S - QP；*FMV* 35S 启动子 PCR 检测反应体系中，正向引物、反向引物和探针分别是 *FMV* 35S - QF、*FMV* 35S - QR 和 *FMV* 35S - QP；*NOS* 启动子 PCR 检测反应体系中，正向引物、反向引物和探针分别是 PNOS - QF、PNOS - QR 和 PNOS - QP；*NOS* 终止子 PCR 检测反应体系中，正向引物、反向引物和探针分别是 NOS - QF、NOS - QR 和 NOS - QP；*CaMV* 35S 终止子 PCR 检测反应体系中，正向引物、反向引物和探针分别是 T35S - QF、T35S - QR 和 T35S - QP；内标准基因 PCR 检测反应体系中，根据选择的内标准基因，选用合适的正向引物、反向引物和探针。		

7.5.2.3 **PCR 反应程序**

PCR 反应按以下程序运行：第一阶段 95℃、5 min；第二阶段 95℃、5 s，60℃、30 s，循环数 40；在第二阶段的 60℃时段收集荧光信号。

注：不同仪器可根据仪器要求将反应参数作适当调整。

8 结果分析与表述

8.1 普通 PCR 方法

8.1.1 对照检测结果分析

阳性对照的 PCR 反应中，内标准基因和对应调控元件均得到扩增，且扩增片段大小与预期片段大小一致；而阴性对照中仅扩增出内标准基因片段；空白对照中除引物二聚体外没有任何扩增片段。这表明 PCR 反应体系正常工作，否则重新检测。

8.1.2 样品检测结果分析和表述

8.1.2.1 ×××内标准基因片段未得到扩增，或扩增片段大小与预期片段大小不一致。这表明样品中未检测出×××植物成分，需进一步明确其植物来源后再进行调控元件的检测和判断，结果表述为“样品中未检测出×××植物内标准基因”。

8.1.2.2 内标准基因获得扩增，且扩增片段与预期片段大小一致；调控元件 *CaMV* 35S 启动子、*FMV* 35S 启动子、*NOS* 启动子、*NOS* 终止子和 *CaMV* 35S 终止子中任何一个得到扩增，且扩增片段大小与预期片段大小一致。这表明样品中检测出调控元件，结果表述为“样品中检测出×××（如调控元件 *CaMV* 35S 启动子、*FMV* 35S 启动子、*NOS* 启动子、*NOS* 终止子和 *CaMV* 35S 终止子），检测结果为阳性”。

8.1.2.3 内标准基因获得扩增，且扩增片段与预期片段大小一致；但调控元件 *CaMV* 35S 启动子、*FMV* 35S 启动子、*NOS* 启动子、*NOS* 终止子和 *CaMV* 35S 终止子均未得到扩增，或扩增片段大小与预期片段大小不一致。这表明样品中未检测出调控元件，结果表述为“样品中未检测出×××（如调控元件 *CaMV* 35S 启动子、*FMV* 35S 启动子、*NOS* 启动子、*NOS* 终止子和 *CaMV* 35S 终止子），检测结果为阴性”。

8.2 实时荧光 PCR 方法

8.2.1 阈值设定

实时荧光 PCR 反应结束后，设置荧光信号阈值。阈值设定原则根据仪器噪声情况进行调整，阈值设置原则以刚好超过正常阴性样品扩增曲线的最高点为准。

8.2.2 对照检测结果分析

在内标准基因扩增时，空白对照无典型扩增曲线，阴性对照和阳性对照出现典型扩增曲线，且 Ct 值小于或等于 36。在调控元件 *CaMV* 35S 启动子、*FMV* 35S 启动子、*NOS* 启动子、*NOS* 终止子和 *CaMV* 35S 终止子中任何一个扩增时，空白对照和阴性对照无典型扩增曲线，阳性对照有典型扩增曲线，且 Ct 值小于或等于 36。这表明反应体系工作正常，否则重新检测。

8.2.3 样品检测结果分析和表述

8.2.3.1 ×××内标准基因无典型扩增曲线。这表明样品中未检出×××植物成分，需进一步明确其植物来源后再进行调控元件的检测和判断，结果表述为“样品中未检测出×××植物成分”。

8.2.3.2 内标准基因出现典型扩增曲线，且 Ct 值小于或等于 36；同时，调控元件 *CaMV* 35S 启动子、*FMV* 35S 启动子、*NOS* 启动子、*NOS* 终止子和 *CaMV* 35S 终止子中任何一个出现典型扩增曲线，且 Ct 值小于或等于 36。这表明样品中检测出调控元件，结果表述为“样品中检测出×××(如调控元件 *CaMV* 35S 启动子、*FMV* 35S 启动子、*NOS* 启动子、*NOS* 终止子和 *CaMV* 35S 终止子)，检测结果为阳性”。

8.2.3.3 内标准基因出现典型扩增曲线，且 Ct 值小于或等于 36；但调控元件 *CaMV* 35S 启动子、*FMV* 35S 启动子、*NOS* 启动子、*NOS* 终止子和 *CaMV* 35S 终止子均未出现典型扩增曲线。这表明样品中未检测出调控元件，结果表述为“样品中未检测出×××(如调控元件 *CaMV* 35S 启动子、*FMV* 35S 启动子、*NOS* 启动子、*NOS* 终止子和 *CaMV* 35S 终止子)，检测结果为阴性”。

8.2.3.4 内标准基因、调控元件 *CaMV* 35S 启动子、*FMV* 35S 启动子、*NOS* 启动子、*NOS* 终止子和 *CaMV* 35S 终止子等参数出现典型扩增曲线，但 Ct 值在 36～40 之间，进行重复实验。如重复实验结果符合 8.2.3.1～8.2.3.3 的情形，依照 8.2.3.1～8.2.3.3 进行判断。如重复实验检测参数出现典型扩增曲线，但检测 Ct 值仍在 36～40 之间，则判定样品检出该参数，根据检出参数情况，参照 8.2.3.1～8.2.3.3 对样品进行判定。

附 录 A
(规范性附录)
引物和探针

A.1 普通PCR方法引物

A.1.1 *CaMV* 35S启动子

正向引物35S-F1:5′-GCTCCTACAAATGCCATCATTGC-3′
反向引物35S-R1:5′-GATAGTGGGATTGTGCGTCATCCC-3′
预期扩增片段大小为195 bp。

A.1.2 *FMV* 35S启动子

正向引物FMV35S-F1:5′-AAGACATCCACCGAAGACTTA-3′
反向引物FMV35S-R1:5′-AGGACAGCTCTTTTCCACGTT-3′
预期扩增片段大小为210 bp。

A.1.3 *NOS* 启动子

正向引物PNOS-F1:5′-GCCGTTTTACGTTTGGAACTG-3′
反向引物PNOS-R1:5′-TTATGGAACGTCAGTGGAGC-3′
预期扩增片段大小为183 bp。

A.1.4 *NOS* 终止子

正向引物NOS-F1:5′-GAATCCTGTTGCCGGTCTTG-3′
反向引物NOS-R1:5′-TTATCCTAGTTTGCGCGCTA-3′
预期扩增片段大小为180 bp。

A.1.5 *CaMV* 35S终止子

正向引物T35S-F1:5′-GTTTCGCTCATGTGTTGAGC-3′
反向引物T35S-R1:5′-GGGGATCTGGATTTTAGTACTG-3′
预期扩增片段大小为121 bp。

A.1.6 内标准基因

根据样品特性或检测目的选择合适的内标准基因,应优先采用标准化方法中规定的引物。

A.1.7 用TE缓冲液(pH8.0)或双蒸水分别将引物稀释到10 μmol/L。

A.2 实时荧光PCR方法引物/探针

A.2.1 *CaMV* 35S启动子

正向引物35S-QF:5′-CGACAGTGGTCCCAAAGA-3′
反向引物35S-QR:5′-AAGACGTGGTTGGAACGTCTTC-3′
探　　针35S-QP:5′-TGGACCCCCACCCACGAGGAGCATC-3′
预期扩增片段大小为74 bp。

A.2.2 *FMV* 35S启动子

正向引物FMV35S-QF:5′-AAGACATCCACCGAAGACTTA-3′
反向引物FMV35S-QR:5′-AGGACAGCTCTTTTCCACGTT-3′

探　　针 FMV35S-QP:5′-TGGTCCCCACAAGCCAGCTGCTCGA-3′

预期扩增片段大小为 210 bp。

A.2.3　*NOS* 启动子

正向引物 PNOS-QF:5′-GACAGAACCGCAACGTTGAA-3′

反向引物 PNOS-QR:5′-TTCTGACGTATGTGCTTAGCTCATT-3′

探　　针 PNOS-QP:5′-AGCCACTCAGCCGCGGGTTTC-3′

预期扩增片段大小为 66 bp。

A.2.4　*NOS* 终止子

正向引物 NOS-QF:5′-ATCGTTCAAACATTTGGCA-3′

反向引物 NOS-QR:5′-ATTGCGGGACTCTAATCATA-3′

探　　针 NOS-QP:5′-CATCGCAAGACCGGCAACAGG-3′

预期扩增片段大小为 165 bp。

A.2.5　*CaMV* 35S 终止子

正向引物 T35S-QF:5′-GTTTCGCTCATGTGTTGAGC-3′

反向引物 T35S-QR:5′-GGGGATCTGGATTTTAGTACTG-3′

探　　针 T35S-QP:5′-GAAACCCTTAGTATGTATTTGTATTTG-3′

预期扩增片段大小为 121 bp。

A.2.6　内标准基因引物和探针

根据样品特性或检测目的选择合适的内标准基因,应优先采用标准化方法中规定的引物和探针。

A.2.7　探针的 5′端标记荧光报告基团(如 FAM、HEX 等),3′端标记荧光淬灭基团(如 TAMRA、BHQ1 等)。

A.2.8　用 TE 缓冲液(pH8.0)或双蒸水分别将引物和探针稀释到 10 μmol/L。

附 录 B
（资料性附录）
调控元件核苷酸序列

B.1 *CaMV* 35S 启动子扩增序列

1 GCTCCTACAA ATGCCATCAT TGCGATAAAG GAAAGGCTAT CATTCAAGAT GCCTCTGCCG
61 ACAGTGGTCC CAAAGATGGA CCCCCACCCA CGAGGAGCAT CGTGGAAAAA GAAGACGTTC
121 CAACCACGTC TTCAAAGCAA GTGGATTGAT GTGATACTTC CACTGACGTA AGGGATGACG
181 CACAATCCCA CTATC

B.2 *FMV* 35S 启动子扩增序列

1 AAGACATCCA CCGAAGACTT AAAGTTAGTG GGCATCTTTG AAAGTAATCT TGTCAACATC
61 GAGCAGCTGG CTTGTGGGGA CCAGACAAAA AAGGAATGGT GCAGAATTGT TAGGCGCACC
121 TACCAAAAGC ATCTTTGCAT TTATTGCAAA GATAAAGCAG ATTCCTCTAG TACAAGTGGG
181 GAACAAAATA ACGTGGAAAA GAGCTGTCCT

B.3 *NOS* 启动子扩增序列

1 GCCGTTTTAC GTTTGGAACT GACAGAACCG CAACGTTGAA GGAGCCACTC AGCCGCGGGT
61 TTCTGGAGTT TAATGAGCTA AGCACATACG TCAGAAACCA TTATTGCGCG TTCAAAAGTC
121 GCCTAAGGTC ACTATCAGCT AGCAAATATT TCTTGTCAAA AATGCTCCAC TGACGTTCCA
181 TAA

B.4 *NOS* 终止子扩增序列

1 ATCGTTCAAA CATTTGGCAA TAAAGTTTCT TAAGATTGAA TCCTGTTGCC GGTCTTGCGA
61 TGATTATCAT ATAATTTCTG TTGAATTACG TTAAGCATGT AATAATTAAC ATGTAATGCA
121 TGACGTTATT TATGAGATGG GTTTTTATGA TTAGAGTCCC GCAATTATAC ATTTAATACG
181 CGATAGAAAA CAAAATATAG CGCGCAAACT AGGATAA

B.5 *CaMV* 35S 终止子扩增序列

1 GTTTCGCTCA TGTGTTGAGC GTATAAGAAA CCCTTAGTAT GTATTTGTAT TTGTAAAATA
61 CTTCTATCAA TAAAATTTCT AATTCCTAAA ACCAAAATCC AGTACTAAAA TCCAGATCCC
121 C

ICS 65.020.01
B 04

中华人民共和国国家标准

农业部 2122 号公告—3—2014

转基因植物及其产品成分检测 报告基因 *GUS*、*GFP* 定性 PCR 方法

Detection of genetically modified plants and derived products—Qualitative PCR methods for the reporter genes *GUS* and *GFP*

2014-07-07 发布　　2014-08-01 实施

中华人民共和国农业部　发布

前　　言

本标准按照 GB/T 1.1—2009 给出的规则起草。

请注意本文件的某些内容可能涉及专利。本文件的发布机构不承担识别这些专利的责任。

本标准由中华人民共和国农业部提出。

本标准由全国农业转基因生物安全管理标准化技术委员会(SAC/TC 276)归口。

本标准起草单位:农业部科技发展中心、浙江省农业科学院、安徽省农业科学院水稻研究所。

本标准主要起草人:徐俊锋、宋贵文、陈笑芸、朱莉、汪小福、马卉、李莉、孙彩霞、缪青梅、朱姝晴。

转基因植物及其产品成分检测
报告基因 *GUS*、*GFP* 定性 PCR 方法

1 范围

本标准规定了转基因植物中报告基因 *GUS*、*GFP* 的定性 PCR 检测方法。

本标准适用于转基因植物及其制品中报告基因 *GUS*、*GFP* 的定性 PCR 检测。

2 规范性引用文件

下列文件对于本文件的应用是必不可少的。凡是注日期的引用文件,仅注日期的版本适用于本文件。凡是不注日期的引用文件,其最新版本(包括所有的修改单)适用于本文件。

GB/T 6682 分析实验室用水规格和试验方法

农业部 1485 号公告—4—2010 转基因植物及其产品成分检测 DNA 提取和纯化

农业部 2031 号公告—19—2013 转基因植物及其产品成分检测 抽样

NY/T 672 转基因植物及其产品检测 通用要求

3 术语和定义

下列术语和定义适用于本文件。

3.1

***GUS* 基因 *GUS* gene**

来源于大肠杆菌(*E. coli*),编码 β-葡萄糖醛酸酶(β-glucuronidase)的基因。

3.2

***GFP* 基因 *GFP* gene**

来源于海洋生物水母(*Aequorea victoria*),编码一种发光蛋白的基因。

4 原理

根据转基因植物中报告基因 *GUS*、*GFP* 的核苷酸序列设计特异性引物,对试样 DNA 进行 PCR 扩增。依据是否扩增获得预期的 DNA 片段,判断样品中是否含有 *GUS*、*GFP* 转基因成分。

5 试剂和材料

除非另有说明,仅使用分析纯试剂和重蒸馏水或符合 GB/T 6682 规定的一级水。

5.1 琼脂糖。

5.2 10 g/L 溴化乙锭溶液:称取 1.0 g 溴化乙锭(EB),溶解于 100 mL 水中,避光保存。

警告——溴化乙锭有致癌作用,配制和使用时应戴一次性手套操作并妥善处理废液。

5.3 10 mol/L 氢氧化钠溶液:在 160 mL 水中加入 80.0 g 氢氧化钠(NaOH),溶解后,冷却至室温,再加水定容到 200 mL。

5.4 500 mmol/L 乙二铵四乙酸二钠溶液(pH 8.0):称取 18.6 g 乙二铵四乙酸二钠(EDTA-Na_2),加入 70 mL 水中,缓慢滴加氢氧化钠溶液(5.3)直至 EDTA-Na_2 完全溶解,用氢氧化钠溶液(5.3)调 pH 至 8.0,加水定容至 100 mL。在 103.4 kPa(121℃)条件下灭菌 20 min。

5.5 1 mol/L 三羟甲基氨基甲烷—盐酸溶液(pH 8.0)：称取 121.1 g 三羟甲基氨基甲烷(Tris)溶解于 800 mL 水中，用盐酸(HCl)调 pH 至 8.0，加水定容至 1 000 mL。在 103.4 kPa(121℃)条件下灭菌 20 min。

5.6 TE 缓冲液(pH 8.0)：分别量取 10 mL 三羟甲基氨基甲烷—盐酸溶液(5.5)和 2 mL 乙二铵四乙酸二钠溶液(5.4)，加水定容至 1 000 mL。在 103.4 kPa(121℃)条件下灭菌 20 min。

5.7 50×TAE 缓冲液：称取 242.2 g 三羟甲基氨基甲烷(Tris)，先用 500 mL 水加热搅拌溶解后，加入 100 mL 乙二铵四乙酸二钠溶液(5.4)，用冰乙酸调 pH 至 8.0，然后加水定容至 1 000 mL。使用时，用水稀释成 1×TAE。

5.8 加样缓冲液：称取 250.0 mg 溴酚蓝，加入 10 mL 水，在室温下溶解 12 h；称取 250.0 mg 二甲基苯腈蓝，加 10 mL 水溶解；称取 50.0 g 蔗糖，加 30 mL 水溶解。混合以上三种溶液，加水定容至 100 mL，在 4℃下保存。

5.9 DNA 分子量标准：可以清楚地区分 100 bp～1 000 bp 的 DNA 片段。

5.10 dNTPs 混合溶液：将浓度为 10 mmol/L 的 dATP、dTTP、dGTP、dCTP 四种脱氧核糖核苷酸溶液等体积混合。

5.11 Taq DNA 聚合酶、PCR 反应缓冲液及 25 mmol/L 氯化镁溶液。

5.12 *GUS* 基因：

GUS-F：5′-CCGACGCGTCCGATCACCTG-3′

GUS-R：5′-GCCCGGCTAACGTATCCA-3′

预期扩增片段大小为 229 bp(参见附录 A)。

5.13 *GFP* 基因：

GFP-F：5′-ACCCTGGTGAACCGCATC-3′

GFP-R：5′-TGTGATCGCGCTTCTCGTT-3′

预期扩增片段大小为 301 bp(参见附录 A)。

5.14 内标准基因引物：根据样品来源选择合适的内标准基因，确定对应的检测引物。

5.15 引物溶液：用 TE 缓冲液(5.6)或水分别将上述引物稀释到 10 μmol/L。

5.16 石蜡油。

5.17 DNA 提取试剂盒。

5.18 定性 PCR 反应试剂盒。

5.19 PCR 产物回收试剂盒。

6 主要仪器和设备

6.1 分析天平：感量 0.1 g 和 0.1 mg。

6.2 PCR 扩增仪：升降温速度>1.5℃/s，孔间温度差异<1.0℃。

6.3 电泳槽、电泳仪等电泳装置。

6.4 紫外透射仪。

6.5 凝胶成像系统或照相系统。

6.6 重蒸馏水发生器或纯水仪。

7 分析步骤

7.1 抽样

按 NY/T 672 和农业部 2031 号公告—19—2013 的规定执行。

7.2 试样制备

按 NY/T 672 和农业部 2031 号公告—19—2013 的规定执行。

7.3 试样预处理

按农业部 1485 号公告—4—2010 的规定执行。

7.4 DNA 模板制备

按农业部 1485 号公告—4—2010 的规定执行。

7.5 PCR 反应

7.5.1 试样 PCR 反应

7.5.1.1 每个试样 PCR 反应设置 3 次平行。

7.5.1.2 在 PCR 反应管中按表 1 依次加入反应试剂，混匀，再加 25 μL 石蜡油(有热盖功能的 PCR 仪可不加)。也可采用经验证的、等效的定性 PCR 反应试剂盒配制反应体系。

表 1 PCR 检测反应体系

试　剂	终浓度	体积
水		—
10×PCR 缓冲液	1×	2.5 μL
25 mmol/L 氯化镁溶液	1.5 mmol/L	1.5 μL
dNTPs 混合溶液(各 2.5 mmol/L)	各 0.2 mmol/L	2.0 μL
10 μmol/L 上游引物	0.2 μmol/L	0.5 μL
10 μmol/L 下游引物	0.2 μmol/L	0.5 μL
Taq DNA 聚合酶	0.025 U/μL	—
50 ng/μL DNA 模板	4 ng/μL	2.0 μL
总体积		25.0 μL
"—"表示体积不确定，如果 PCR 缓冲液中含有氯化镁，则不加氯化镁溶液。根据 Taq DNA 聚合酶的浓度确定其体积，并相应调整水的体积，使反应体系总体积达到 25.0 μL。 注：*GUS* 基因 PCR 检测反应体系中，上、下游引物分别是 GUS-F 和 GUS-R；*GFP* 基因 PCR 检测反应体系中，上、下游引物分别是 GFP-F 和 GFP-R；内标准基因 PCR 检测反应体系中，根据选择的内标准基因，选用合适的上、下游引物。		

7.5.1.3 将 PCR 管放在离心机上，500 *g*～3 000 *g* 离心 10 s，然后取出 PCR 管，放入 PCR 仪中。

7.5.1.4 进行 PCR 反应。反应程序为：94℃变性 5 min；94℃变性 30 s，58℃退火 30 s，72℃延伸 30 s，共进行 35 次循环；72℃延伸 2 min。

7.5.1.5 反应结束后取出 PCR 管，对 PCR 反应产物进行电泳检测。

7.5.2 对照 PCR 反应

在试样 PCR 反应的同时，应设置阴性对照、阳性对照和空白对照。

以与试样相同种类的非转基因植物基因组 DNA 作为阴性对照；以含有 *GUS* 或 *GFP* 基因序列与植物基因组相比的拷贝数分数为 0.1%～1.0%的 DNA 溶液作为阳性对照；以水作为空白对照。

各对照 PCR 反应体系中，除模板外，其余组分及 PCR 反应条件与 7.5.1 相同。

7.6 PCR 产物电泳检测

按 20 g/L 的质量浓度称量琼脂糖，加入 1×TAE 缓冲液中，加热溶解，配制成琼脂糖溶液。每 100 mL 琼脂糖溶液中加入 5 μL EB 溶液，混匀，稍适冷却后，将其倒入电泳板上，插上梳板，室温下凝固成凝胶后，放入 1×TAE 缓冲液中，垂直向上轻轻拔去梳板。取 12 μL PCR 产物与 3 μL 加样缓冲液混合后加入凝胶点样孔，同时在其中一个点样孔中加入 DNA 分子量标准，接通电源在 2 V/cm～5 V/cm 条件下电泳检测。

7.7 凝胶成像分析

电泳结束后，取出琼脂糖凝胶，置于凝胶成像系统或紫外透射仪上成像。根据DNA分子量标准估计扩增条带的大小，将电泳结果形成电子文件存档或用照相系统拍照。如需通过序列分析确认PCR扩增片段是否为目的DNA片段，按照7.8和7.9的规定执行。

7.8 PCR产物回收

按PCR产物回收试剂盒说明书，回收PCR扩增的DNA片段。

7.9 PCR产物测序验证

将回收的PCR产物克隆测序，与转基因植物中转入的*GUS*或*GFP*基因序列(参见附录A)进行比对，确定PCR扩增的DNA片段是否为目的DNA片段。

8 结果分析与表述

8.1 对照检测结果分析

阳性对照PCR反应中，内标准基因和对应报告基因均得到扩增，且扩增片段大小与预期片段大小一致，而阴性对照中仅扩增出内标准基因片段，空白对照中没有预期扩增片段，表明PCR反应体系正常工作；否则，重新检测。

8.2 样品检测结果分析和表述

8.2.1 内标准基因得到扩增，且扩增片段与预期片段大小一致；*GUS*、*GFP*基因中任何一个得到扩增，且扩增片段大小与预期片段大小一致，表明样品中检测出报告基因，结果表述为“样品中检测出×××(如*GUS*、*GFP*)基因，检测结果为阳性”。

8.2.2 内标准基因得到扩增，且扩增片段与预期片段大小一致；但*GUS*、*GFP*基因均未得到扩增，或扩增片段大小与预期片段大小不一致，表明样品中未检测出报告基因，结果表述为“样品中未检测出*GUS*、*GFP*基因，检测结果为阴性”。

8.2.3 内标准基因片段未得到扩增，或扩增片段大小与预期片段大小不一致，表明样品中未检测出对应植物成分，结果表述为“样品中未检测出对应植物成分，检测结果为阴性”。

9 检出限

本标准方法的检出限为1 g/kg。

附 录 A
（资料性附录）
报告基因特异性序列

A.1 *GUS* 基因(GenBank accession No. AB697057)

```
  1 AACGGGGAAA CTCAGCAAGC GCACTTACAG GCGATTAAAG AGCTGATAGC GCGTGACAAA
 61 AACCACCCAA GCGTGGTGAT GTGGAGTATT GCCAACGAAC CGGATACCCG TCCGCAAGGT
121 GCACGGGAAT ATTTCGCGCC ACTGGCGGAA GCAACGCGTA AACTCGACCC GACGCGTCCG
181 ATCACCTGCG TCAATGTAAT GTTCTGCGAC GCTCACACCG ATACCATCAG CGATCTCTTT
241 GATGTGCTGT GCCTGAACCG TTATTACGGA TGGTATGTCC AAAGCGGCGA TTTGGAAACG
301 GCAGAGAAGG TACTGGAAAA AGAACTTCTG GCCTGGCAGG AGAAACTGCA TCAGCCGATT
361 ATCATCACCG AATACGGCGT GGATACGTTA GCCGGGCTGC ACTCAATGTA CACCGACATG
421 TGGAGTGAAG AGTATCAGTG TGCATGGCTG GATATGTATC ACCGCGTCTT TGATCGCGTC
```

注:划线部分为引物序列。

A.2 *GFP* 基因(GenBank accession No. DQ768212)

```
  1 CAGCACGACT TCTTCAAGTC CGCCATGCCC GAAGGCTACG TCCAGGAGCG CACCATCTTC
 61 TTCAAGGACG ACGGCAACTA CAAGACCCGC GCCGAGGTGA AGTTCGAGGG CGACACCCTG
121 GTGAACCGCA TCGAGCTGAA GGGCATCGAC TTCAAGGAGG ACGGCAACAT CCTGGGGCAC
181 AAGCTGGAGT ACAACTACAA CAGCCACAAC GTCTATATCA TGGCCGACAA GCAGAAGAAC
241 GGCATCAAGG TGAACTTCAA GATCCGCCAC AACATCGAGG ACGGCAGCGT GCAGCTCGCC
301 GACCACTACC AGCAGAACAC CCCCATCGGC GACGGCCCCG TGCTGCTGCC CGACAACCAC
361 TACCTGAGCA CCCAGTCCGC CCTGAGCAAA GACCCCAACG AGAAGCGCGA TCACATGGTC
421 CTGCTGGAGT TCGTGACCGC CGCCGGGATC ACTCTCGGCA TGGACGAGCT GTACAAGTAA
```

注:划线部分为引物序列。

第三部分　基因特异性核酸检测方法

ICS 65.020
B 04

中华人民共和国国家标准

农业部953号公告—6—2007

转基因植物及其产品成分检测 抗虫转*Bt*基因水稻定性PCR方法

Detection of genetically modified plants and their derived products—Qualitative PCR methods for pest-resistant rice transgenic for *Bt* gene

2007-12-18 发布 2008-03-01 实施

中华人民共和国农业部 发布

前　　言

本标准附录 A、附录 B 为规范性附录。

本标准由中华人民共和国农业部提出。

本标准由全国农业转基因生物安全管理标准化技术委员会归口。

本标准起草单位：农业部科技发展中心、中国农业科学院生物技术研究所、上海交通大学、中国农业科学院植物保护研究所、中国农业大学、中国检验检疫科学研究院。

本标准主要起草人：金芜军、刘信、杨立桃、张永军、黄昆仑、宋贵文、李宁、沈平、彭于发、黄文胜、宛煜嵩。

转基因植物及其产品成分检测
抗虫转 *Bt* 基因水稻定性 PCR 方法

1 范围

本标准规定了转 *Bt* 基因抗虫水稻的定性 PCR 检测方法。

本标准适用于转基因水稻及其产品中的 *CaMV* 35*S* 启动子、*NOS* 终止子、*Bt* 基因的定性 PCR 检测。

2 规范性引用文件

下列文件中的条款通过本标准的引用而成为本规范的条款。凡是注明日期的引用文件，其随后所有的修改单(不包括勘误的内容)或修订版均不适用于本标准，然而，鼓励根据本标准达成协议的各方研究是否可使用这些文件的最新版本。凡是不注明日期的引用文件，其最新版本适合于本标准。

NY/T 672 转基因植物及其产品检测 通用要求

NY/T 673 转基因植物及其产品检测 抽样

NY/T 674 转基因植物及其产品检测 DNA 提取和纯化

SN/T 1193—2003 基因检验实验室技术要求

SN/T 1194—2003 植物及其产品中转基因成分检测 抽样和制样方法

3 术语和定义

下列术语和定义适用于本标准。

3.1

***SPS* 基因 *SPS* gene**

蔗糖磷酸合酶(sucrose phosphate synthase)基因，在本标准中用作水稻内标准基因。

3.2

***GOS* 基因 *GOS* gene**

一个根部表达的水稻基因，在本标准中用作水稻内标准基因。

3.3

***CaMV* 35*S* 启动子 *CaMV* 35*S* promoter**

花椰菜花叶病毒(*Cauliflower mosaic* virus) 35*S* 的启动子。

3.4

***NOS* 终止子 *NOS* terminator**

根癌农杆菌(*Agrobacterium tumefaciens*) Ti 质粒胭脂碱合酶(nopaline synthase)基因的终止子。

3.5

***CrylAc* 基因 *CrylAc* gene**

编码苏云金芽胞杆菌(*Bacillus thuringiensis*) CrylAc 杀虫晶体蛋白的基因。

3.6

***CrylAb* 基因 *CrylAb* gene**

编码苏云金芽胞杆菌(*Bacillus thuringiensis*) CrylAb 杀虫晶体蛋白的基因。

3.7

$CrylAb/CrylAc$ 融合基因　$CrylAb/CrylAc$ fusion gene

CrylAb 基因与 *CrylAc* 基因经人工拼接形成的基因。

3.8

转 *Bt* 基因抗虫水稻　transgenic insect-resistant rice with *Bt*(*Bacillus thuringiensis*)gene

通过基因工程技术将外源 *CrylAc* 基因或 *CrylAb* 基因或 *CrylAb*/*CrylAc* 融合基因导入水稻而培育出的抗虫水稻。

3.9

Ct 值　cycle threshold

每个反应管内的荧光信号到达设定的阈值时所经历的循环数。

4 原理

根据转 *Bt* 基因抗虫水稻中 *CaMV* 35*S* 启动子、*NOS* 终止子、*CrylAc* 基因或 *CrylAb* 基因或 *CrylAb*/*CrylAc* 融合基因,以及水稻的内标准基因 *SPS* 基因、*GOS* 基因,设计特异性引物/探针进行 PCR 扩增检测,以确定水稻及其产品中是否含有转 *Bt* 基因抗虫水稻成分。

5 试剂

除非另有说明,本方法试剂均为分析纯试剂和重蒸馏水。

5.1　琼脂糖。

5.2　溴化乙锭(EB)溶液:10mg/mL。

注:EB有致癌作用,配制和使用时应戴一次性手套操作并妥善处理废液。

5.3　10 mol/L 氢氧化钠(NaOH)溶液:在 160 mL 水中加入 80 g NaOH,溶解后加水定容至 200 mL,塑料瓶中保存。

5.4　500 mmol/L EDTA 溶液(pH 8.0):称取二水乙二铵四乙酸二钠($Na_2EDTA \cdot 2H_2O$)18.6 g,加入 70 mL水中,加入少量 10 mol/L NaOH 溶液,加热至完全溶解后,冷却至室温,用 10 mol/L NaOH 溶液调 pH 至 8.0,加水定容至 100 mL。在 103.4 kPa(121℃)条件下灭菌 20 min。

5.5　1 mol/L Tris-HCl 溶液(pH 8.0):称取 121.1 g 三羟甲基氨基甲烷(Tris)溶解于 800 mL 水中,用浓盐酸调 pH 至 8.0,加水定容至 1 000 mL。在 103.4 kPa(121℃)条件下灭菌 20 min。

5.6　TE 缓冲液(pH 8.0):分别加入 1 mol/L Tris-HCl(pH 8.0)10 mL 和 500 mmol/L EDTA(pH 8.0)溶液 2 mL,加水定容至 1 000 mL。在 103.4 kPa(121℃)条件下灭菌 20 min。

5.7　50×TAE 缓冲液:称取 242.2 g Tris,用 500 mL 水加热搅拌溶解,加入 500 mmol/L EDTA 溶液(pH 8.0)100 mL,用冰乙酸调 pH 至 8.0,然后加水定容至 1 000 mL。使用时用水稀释成 1×TAE。

5.8　加样缓冲液:称取溴酚蓝 0.25 g,加入 10 mL 水,在室温下过夜溶解;再称取二甲基苯腈蓝 0.25 g,用 10 mL 水溶解;称取蔗糖 50 g,用 30 mL 水溶解,混合三种溶液,加水定容至 100 mL,在 4℃下保存备用。

5.9　1 mol/LTris-HCl(pH 7.5):称取 121.1 g Tris 溶解于 800 mL 水中,用浓盐酸调 pH 至 7.5,用水定容至 1 000 mL。在 103.4 kPa(121℃)条件下灭菌 20 min。

5.10　苯酚:氯仿:异戊醇溶液:将苯酚、氯仿和异戊醇按照 25:24:1 的体积比混合。

5.11　氯仿:异戊醇溶液:将氯仿和异戊醇按照 24:1 的体积比混合。

5.12　10 mg/mL RNase A:将胰 RNA 酶(RNase A)溶于 10 mmol/L Tris-HCl(pH 7.5)、15 mmol/L NaCl 中,配成 10 mg/mL 的浓度,于 100℃加热 15 min,缓慢冷却至室温,分装成小份保存于－20℃。

5.13 异丙醇。

5.14 3 mol/L 乙酸钠(pH 5.6):称取408.3 g三水乙酸钠溶解于800 mL水中,用冰乙酸调pH至5.6,用水定容至1 000 mL。在103.4 kPa(121℃)条件下灭菌20 min。

5.15 70%乙醇(V/V)。

5.16 抽提液(1 000 mL):在600 mL水中加入69.3 g葡萄糖、20 g聚乙烯吡咯烷酮(K 30)(PVP)、1 g DIECA(diethyldithiocarbamic acid),充分溶解,然后加入1 mol/L Tris-HCl(pH 7.5)100 mL、0.5 mol/L EDTA(pH 8.0)10 mL,加水定容至1 000 mL,4℃保存,使用时加入0.2%(V/V)的β-巯基乙醇。

5.17 裂解液(1 000 mL):在600 mL水中加入81.7 g氯化钠、20 g十六烷基三甲基溴化铵(CTAB)、20 g聚乙烯吡咯烷酮(K 30)(PVP)、1 g DIECA(diethyldithiocarbamic acid),充分溶解,然后加入1 mol/L Tris-HCl(pH 7.5)100 mL、0.5 mol/L EDTA(pH 8.0)4 mL,加水定容至1 000 mL,室温保存,使用时加入0.2%(V/V)的β-巯基乙醇。

5.18 DNA分子量标准。

5.19 dNTPs:浓度为10 mmol/L的dATP、dTTP、dGTP、dCTP四种脱氧核糖核苷酸的等体积混合溶液。

5.20 适用于普通PCR反应*Taq*DNA聚合酶(5U/μL)及其反应缓冲液。

5.21 适用于实时荧光PCR反应*Taq* DNA聚合酶(5U/μL)及其反应缓冲液。

5.22 植物DNA提取试剂盒。

5.23 石蜡油。

5.24 PCR产物回收试剂盒。

6 仪器

6.1 通常分子生物学实验室仪器设备。

6.2 PCR扩增仪。

6.3 实时荧光PCR扩增仪。

6.4 电泳槽、电泳仪等电泳装置。

6.5 紫外透射仪。

6.6 凝胶成像系统或照相系统。

7 抽样与制样

按NY/T 673或SN/T 1194执行。

8 操作步骤

8.1 DNA提取和纯化

8.1.1 试样预处理

按NY/T 674执行。

8.1.2 DNA模板制备

采用NY/T 674所描述的方法,或经认证适用于水稻及其产品DNA提取的试剂盒方法,或按下述方法执行。DNA模板制备时设置不加任何试样的空白对照。

称取200 mg经预处理的试样,在液氮中充分研磨后装入液氮预冷的1.5 mL或2 mL离心管中(不需研磨的试样直接加入)。加入1 mL预冷至4℃的抽提液,剧烈摇动混匀后,在冰上静置5 min,4℃条件下 10 000 *g* 离心 15 min，弃上清液。加入 600 μL 预热到 65℃的裂解液，充分重悬沉淀，在 65℃恒温保持 40 min，期间颠倒混匀 5 次。室温条件下，10 000 *g* 离心 10 min，取上清液转至另一新离心管中。加入 5 μL RNase A，37℃恒温保持 30 min。分别用等体积苯酚：氯仿：异戊醇溶液和氯仿：异戊醇溶液各抽提一次。室温条件下，10 000 *g* 离心 10 min，取上清液转至另一新离心管中。加入 2/3 体积异丙醇，1/10 体积 3 mol/L 乙酸钠溶液（pH 5.6），－20℃放置 2 h～3 h。在 4℃条件下，10 000 *g* 离心 15 min，弃上清液，用 70%乙醇洗涤沉淀一次，倒出乙醇，晾干沉淀。加入 50 μL TE(pH 8.0)溶解沉淀，所得溶液即为样品 DNA 溶液。

8.1.3 DNA 溶液纯度测定和保存

将 DNA 溶液适当稀释，测定并记录其在 260 nm 和 280 nm 的紫外光吸收率，OD_{260}值应该在0.05～1 的区间内，$OD_{260\ nm}/OD_{280\ nm}$比值应介于 1.4～2.0 之间，根据 OD_{260} 值计算 DNA 浓度。

依据测得的浓度将 DNA 溶液稀释到 25 ng/μL，－20℃保存备用。

8.2 PCR 反应(8.2.1 和 8.2.2 选一)

8.2.1 方法一

见附录 A。

8.2.2 方法二

见附录 B。

9 结果表述

9.1 在试样的 PCR 反应中，未检出 *SPS* 基因和/或 *GOS* 基因，结果表述为“样品中未检出水稻成分”。

9.2 在试样 PCR 反应中，检出 *Bt* 基因，对于水稻及以水稻为唯一原料的产品，结果表述为“样品中检出转 *Bt* 基因水稻成分”；对于混合原料产品，结果表述为“样品中检出 *Bt* 基因”，需要进一步对加工原料进行检测确认。

9.3 在试样 PCR 反应中，未检出 *Bt* 基因，但检出 *CaMV 35S* 启动子和/或 *NOS* 终止子，表明该样品含有转基因成分，结果表述为“样品中检出 *CaMV 35S* 启动子和/或 *NOS* 终止子，未检出转 *Bt* 基因水稻成分”。

9.4 在试样的 PCR 反应中，检出水稻内标准基因，但未检出 *Bt* 基因、*CaMV 35S* 启动子和 *NOS* 终止子，结果表述为“样品中未检出转 *Bt* 基因水稻成分”。

10 防污染措施

防污染措施应符合 SN/T 1193 或 NY/T 672 的规定。

附 录 A
(规范性附录)
普通 PCR 方法

A.1 引物

引物序列见表 A.1,用 TE 缓冲液(pH 8.0)或双蒸水分别将表 A.1 引物稀释到 10 μmol/L。

表 A.1 PCR 引物序列

检测基因	引 物	引物序列(5′—3′)	PCR 产物大小(bp)
SPS	Primer1	SPS-F1:TTGCGCCTGAACGGATAT	277
	Primer2	SPS-R1:GGAGAAGCACTGGACGAGG	
CaMV 35*S*	Primer1	35S-F1:GCTCCTACAAATGCCATCATTGC	195
	Primer2	35S-R1:GATAGTGGGATTGTGCGTCATCCC	
NOS	Primer1	NOS-F1:GAATCCTGTTGCCGGTCTTG	180
	Primer2	NOS-R1:TTATCCTAGTTTGCGCGCTA	
Bt	Primer1	Bt-F1:GAAGGTTTGAGCAATCTCTAC	301
	Primer2	Bt-R1:CGATCAGCCTAGTAAGGTCGT	

A.2 PCR 检测

A.2.1 PCR 反应

A.2.1.1 试样 PCR 反应

在 PCR 反应管中按表 A.2 依次加入反应试剂,轻轻混匀,再加约 50μL 石蜡油(有热盖设备的 PCR 仪可不加)。每个试样 3 次重复。

离心 10 s 后,将 PCR 管插入 PCR 仪中。反应程序为:95℃变性 5 min;进行 35 次循环扩增反应(94℃变性 1 min,56℃退火 30 s,72℃延伸 30 s。根据不同型号的 PCR 仪,可将 PCR 反应的退火和延伸时间适当延长):72℃延伸 7 min。反应结束后取出 PCR 反应管,对 PCR 反应产物进行电泳检测或在 4℃下保存待用。

表 A.2 PCR 反应体系

试 剂	终 浓 度	单样品体积
ddH_2O		28.75 μL
10×PCR 缓冲液	1×	5 μL
25 mmol/L $MgCl_2$	2.5 mmol/L	5 μL
dNTPs	0.2 mmol/L	4 μL
10 μmol/L Primer 1	0.5 μmol/L	2.5 μL
10 μmol/L Primer2	0.5 μmol/L	2.5 μL
5 U/μL Taq 酶	0.025 U/μL	0.25 μL
25 ng/μL DNA 模板	1 ng/μL	2.0 μL
总体积		50 μL
注:PCR 缓冲液中有 Mg^{2+} 的,不应再加 $MgCl_2$。		

A.2.1.2 对照 PCR 反应

在试样 PCR 反应的同时,应设置阴性对照、阳性对照和空白对照。

阴性对照是指用非转基因水稻材料中提取的DNA作为PCR反应体系的模板;设置两个阳性对照,分别用转*Bt*基因抗虫水稻材料中提取的DNA以及转*Bt*基因水稻含量为0.1%的水稻DNA作为PCR反应体系的模板;设置两个空白对照,分别用无菌重蒸水和DNA制备空白对照作为PCR反应体系的模板。上述各对照PCR反应体系中,除模板外其余组分及PCR反应条件与A.2.1.1相同。

A.2.2 PCR产物电泳检测

将适量的琼脂糖加入1×TAE缓冲液中,加热溶解,配制成浓度为2.0%(W/V)的琼脂糖溶液,然后按每100 mL琼脂糖溶液中加入5 μL EB溶液的比例加入EB溶液,混匀,稍适冷却后,将其倒入电泳板上,插上梳板,室温下凝固成凝胶后,放入1×TAE缓冲液中,轻轻垂直向上拔去梳板。吸取7 μL的PCR产物与适量的加样缓冲液混合后加入点样孔中,在其中一个点样孔中加入DNA分子量标准,接通电源在2 V/cm条件下电泳。

A.2.3 凝胶成像分析

电泳结束后,取出琼脂糖凝胶,轻轻地置于凝胶成像仪上或紫外透射仪上成像。根据DNA分子量标准估计扩增条带的大小,将电泳结果形成电子文件存档或用照相系统拍照。根据琼脂糖凝胶电泳结果,按照A.3的规定对PCR扩增结果进行分析。如需进一步确认PCR扩增片段是否为目的DNA片段,需对PCR扩增的DNA片段参照A.2.4和A.2.5的规定执行。

A.2.4 PCR产物回收

按PCR产物回收试剂盒说明书回收PCR扩增的DNA片段。

A.2.5 PCR产物测序验证

回收的PCR产物进行序列测定,并对测序结果进行比对和分析,确定PCR扩增的DNA片段是否为目的DNA片段。

A.3 结果分析

如果阳性对照的PCR反应中,水稻内标准*SPS*基因、*CaMV* 35*S*启动子和/或*NOS*终止子和*Bt*基因得到了扩增,且扩增片段大小与预期片段大小一致,而在阴性对照中仅扩增出*SPS*基因片段,空白对照中没有任何扩增片段,表明PCR反应体系正常工作。否则,表明PCR反应体系不正常,需要查找原因重新检测。

在PCR反应体系正常工作的前提下,检测结果通常有以下几种情况:

a) 在试样的PCR反应中,内标准*SPS*基因片段没有得到扩增,或扩增出的DNA片段与预期大小不一致,表明样品未检出*SPS*基因。

b) 在试样PCR反应中,内标准*SPS*基因和*Bt*基因均得到了扩增,且扩增出的DNA片段大小与预期片段大小一致,无论*CaMV* 35*S*启动子和/或*NOS*终止子是否得到扩增,表明样品检出*Bt*基因。

c) 在试样PCR反应中,内标准*SPS*基因、*CaMV* 35*S*启动子和/或*NOS*终止子得到了扩增,且扩增片段大小与预期片段大小一致,但*Bt*基因没有得到扩增,或扩增出的DNA片段与预期大小不一致,表明样品检出*CaMV* 35*S*启动子和/或*NOS*终止子,未检出*Bt*基因。

d) 在试样的PCR反应中,内标准*SPS*基因片段得到扩增,且扩增片段大小与预期片段大小一致,*Bt*基因、*CaMV* 35*S*启动子和*NOS*终止子没有得到扩增,表明样品未检出*Bt*基因。

附 录 B
（规范性附录）
实时荧光 PCR 方法

B.1 引物/探针

引物/探针序列见表 B.1，用 TE 缓冲液（pH 8.0）或双蒸水分别将表 B.1 引物/探针稀释到 10 μmol/L。

表 B.1 荧光 PCR 引物/探针序列

检测基因	引物/探针	引物/探针序列（5′—3′）	PCR 产物大小（bp）
SPS	Primer1 Primer2 Probe	SPS-F2：TTGCGCCTGAACGGATAT SPS-R2：CGGTTGATCTTTTCGGGATG SPS-P：FAM-TCCGAGCCGTCCGTGCGTC-TAMRA	81
GOS	Primer1 Primer2 Probe	GOS-F：TTAGCCTCCCGCTGCAGA GOS-R：AGAGTCCACAAGTGCTCCCG GOS-P：FAM-CGGCAGTGTGGTTGGTTTCTTCGG-TAMRA	68
CaMV 35S	Primer1 Primer2 Probe	35S-F：-CGACAGTGGTCCCAAAGA- 35S-R：-AAGACGTGGTTGGAACGTCTTC- 35S-P：FAM-TGGACCCCCACCCACGAGGAGCATC-TAMRA	74
NOS	Primer1 Primer2 Probe	NOS-F2：ATCGTTCAAACATTTGGCA NOS-R2：ATTGCGGGACTCTAATCATA NOS-P：FAM-CATCGCAAGACCGGCAACAGG-TAMRA	165
Bt	Primer1 Primer2 Probe	Bt-F2：GGGAAATGCGTATTCAATTCAAC Bt-R2：TTCTGGACTGCGAACAATGG Bt-P2：FAM-ACATGAACAGCGCCTTGACCACAGC-TAMRA	73
	Primer1 Primer2 Probe	Bt-F3：GACCCTCACAGTTTTGGACATTG Bt-R3：ATTTCTCTGGTAAGTTGGGACACT Bt-P3：FAM-TCCCGAACTATGACTCCAGAACCTACCCTAT-CC-TAMRA	93
注：*SPS* 基因和 *GOS* 基因任选其一；2 组 *Bt* 基因扩增检测的引物/探针任选其一。			

B.2 PCR 检测

B.2.1 对照设置

阴性对照以非转基因水稻 DNA 为模板；设置两个阳性对照，分别用转 *Bt* 基因抗虫水稻材料中提取的 DNA，以及转 *Bt* 基因水稻含量为 0.1%的水稻 DNA 作为 PCR 反应体系的模板；空白对照以重蒸馏水代替 DNA 模板。

B.2.2 PCR 反应体系

按表 B.2 配制 PCR 扩增反应体系，也可采用等效的实时荧光 PCR 反应试剂盒配制反应体系，每个试样和对照设 3 次重复。

表 B.2 实时荧光 PCR 反应体系

试剂	终浓度	单样品体积
ddH_2O		26.6 μL
10×PCR 缓冲液	1×	5 μL
25 mmol/L $MgCl_2$	2.5 mmol/L	5 μL
dNTPs	0.2 mmol/L	4 μL
10 μmol/L Probe	0.2 μmol/L	1 μL
10 μmol/L Primer1	0.4 μmol/L	2.0 μL
10 μmol/L Primer2	0.4 μmol/L	2.0 μL
5 U/μL Taq 酶	0.04 U/μL	0.4 μL
25 ng/μL DNA 模板	2 ng/μL	4.0 μL
总体积		50 μL
注：PCR 缓冲液中有 Mg^{2+} 的，不应再加 $MgCl_2$。		

B.2.3 PCR 反应

PCR 反应按以下程序运行。

第一阶段 95℃、10 min；第二阶段 95℃、15 s，60℃、60 s，循环数 40；在第二阶段的退火延伸时段收集荧光值，PCR 反应结束后，根据收集的荧光曲线和 Ct 值判定结果。

B.3 结果分析

B.3.1 阈值设定

实时荧光 PCR 反应结束后，设置荧光信号阈值，阈值设定原则根据仪器噪声情况进行调整，以阈值线刚好超过正常阴性样品扩增曲线的最高点为准。

B.3.2 质量控制

在内源参照基因 *SPS* 和 *GOS* 基因扩增时，空白荧光曲线平直，阴性对照和阳性对照出现典型的扩增曲线，或空白对照荧光值低于阴性对照和阳性对照荧光值的 15%；在外源基因（序列）*CaMV* 35*S*、*NOS* 和 *Bt* 扩增时，空白对照和阴性对照的荧光曲线平直，阳性对照出现典型的扩增曲线，或空白对照和阴性对照的荧光值低于阳性对照荧光值的 15%，表明反应体系工作正常。否则，表明 PCR 反应体系不正常，需要查找原因重新检测。

B.3.3 结果判定

在 PCR 反应体系正常工作的前提下：

待测样品基因（序列）检测 Ct 值大于或等于 40，则判定样品未检出该基因（序列）；

待测样品基因（序列）出现典型的扩增曲线，且检测 Ct 值小于或等于阳性对照的 Ct 值，则判定样品检出该基因（序列）；

待测样品基因（序列）出现典型的扩增曲线，检测 Ct 值大于阳性对照的 Ct 值但小于 40，应进行重复实验，如重复实验的外源基因（序列）出现典型的扩增曲线，且检测 Ct 值小于 40，则判定样品检出该基因（序列）。

ICS 65.020.01
B 04

中华人民共和国国家标准

农业部1485号公告—11—2010

转基因植物及其产品成分检测 抗虫转*Bt*基因棉花定性PCR方法

Detection of genetically modified plants and derived products—Qualitative PCR method for transgenic insect-resistant cotton with *Bt* gene

2010-11-15 发布 2011-01-01 实施

中华人民共和国农业部 发布

前　　言

本标准按照 GB/T 1.1—2009 给出的规则起草。

本标准由农业部科技教育司提出。

本标准由全国农业转基因生物安全管理标准化技术委员会(SAC/TC 276)归口。

本标准起草单位:农业部科技发展中心、山东省农业科学院、南京农业大学、中国农业科学院棉花研究所。

本标准主要起草人:孙红炜、沈平、周宝良、武海斌、厉建萌、王鹏、崔金杰、孙廷林、金芜军、师勇强。

转基因植物及其产品成分检测
抗虫转 *Bt* 基因棉花定性 PCR 方法

1 范围

本标准规定了抗虫转 *Bt* 基因棉花的定性 PCR 检测方法。

本标准适用于抗虫转 *Bt* 基因棉花及其产品中 *cry1Ac* 基因或 *cry1Ab* 基因或 *cry1Ab/cry1Ac* 融合基因的定性 PCR 检测。

2 规范性引用文件

下列文件对于本文件的应用是必不可少的。凡是注日期的引用文件，仅注日期的版本适用于本文件。凡是不注日期的引用文件，其最新版本(包括所有的修改单)适用于本文件。

GB/T 6682 分析实验室用水规格和试验方法

NY/T 672 转基因植物及其产品检测 通用要求

NY/T 673 转基因植物及其产品检测 抽样

NY/T 674 转基因植物及其产品检测 DNA 提取和纯化

3 术语和定义

下列术语和定义适用于本文件。

3.1

***Sad1* 基因 *Sad1* gene**

编码棉花硬脂酰—酰基载体蛋白脱饱和酶(stearoyl-acyl carrier protein desaturase)的基因。

3.2

抗虫转 *Bt* 基因棉花 transgenic insect-resistant cotton with *Bt*(*Bacillus thuringiensis*) gene

通过基因工程技术将外源 *cry1Ac* 基因或 *cry1Ab* 基因或 *cry1Ab/cry1Ac* 融合基因导入棉花而培育出的抗虫棉花。

4 原理

根据转 *Bt* 基因抗虫棉花中 *cry1Ac* 基因或 *cry1Ab* 基因或 *cry1Ab/cry1Ac* 融合基因序列设计特异性引物，对试样进行 PCR 扩增。依据是否扩增获得预期 301 bp 的 DNA 片段，判断样品中是否含有转 *Bt* 基因抗虫棉花成分。

5 试剂和材料

除非另有说明，仅使用分析纯试剂和重蒸馏水或符合 GB/T 6682 规定的一级水。

5.1 琼脂糖。

5.2 10 g/L 溴化乙锭溶液：称取 1.0 g 溴化乙锭(EB)，溶于 100 mL 水中，避光保存。

注：溴化乙锭有致癌作用，配制和使用时宜戴一次性手套操作并妥善处理废液。

5.3 10 mol/L 氢氧化钠溶液：在 160 mL 水中加入 80.0 g 氢氧化钠(NaOH)，溶解后再加水定容至 200 mL。

5.4 500 mmol/L 乙二铵四乙酸二钠溶液(pH 8.0):称取 18.6 g 乙二铵四乙酸二钠($EDTA-Na_2$),加入 70 mL 水中,再加入适量氢氧化钠溶液(5.3),加热至完全溶解后,冷却至室温,再用氢氧化钠溶液(5.3)调 pH 至 8.0,加水定容至 100 mL。在 103.4 kPa(121℃)条件下灭菌 20 min。

5.5 1 mol/L 三羟甲基氨基甲烷—盐酸溶液(pH 8.0):称取 121.1 g 三羟甲基氨基甲烷(Tris)溶解于 800 mL 水中,用盐酸(HCl)调 pH 至 8.0,加水定容至 1 000 mL。在 103.4 kPa(121℃)条件下灭菌 20 min。

5.6 TE 缓冲液(pH 8.0):分别量取 10 mL 三羟甲基氨基甲烷—盐酸溶液(5.5)和 2 mL 乙二铵四乙酸二钠溶液(5.4),加水定容至 1 000 mL。在 103.4 kPa(121℃)条件下灭菌 20 min。

5.7 50×TAE 缓冲液:称取 242.2 g 三羟甲基氨基甲烷(Tris),先用 500 mL 水加热搅拌溶解后,加入 100 mL 乙二铵四乙酸二钠溶液(5.4),用冰乙酸调 pH 至 8.0,然后加水定容到 1 000 mL。使用时用水稀释成 1×TAE。

5.8 加样缓冲液:称取 250.0 mg 溴酚蓝,加 10 mL 水,在室温下溶解 12 h;称取 250.0 mg 二甲基苯腈蓝,加 10 mL 水溶解;称取 50.0 g 蔗糖,加 30 mL 水溶解。混合以上三种溶液,加水定容至 100 mL,在 4℃下保存。

5.9 1 mol/L 三羟甲基氨基甲烷—盐酸溶液(pH 7.5):称取 121.1 g 三羟甲基氨基甲烷(Tris)溶解于 800 mL 水中,用盐酸(HCl)调 pH 至 7.5,加水定容至 1 000 mL。在 103.4 kPa(121℃)条件下灭菌 20 min。

5.10 平衡酚—氯仿—异戊醇溶液(25+24+1)。

5.11 氯仿—异戊醇溶液(24+1)。

5.12 5 mol/L 氯化钠溶液:称取 292.2 g 氯化钠,溶解于 800 mL 水中,加水定容至 1 000 mL,在 103.4 kPa(121℃)条件下灭菌 20 min。

5.13 10 mg/mL RNase A:称取 10 mg 胰 RNA 酶(RNase A)溶解于 987 μL 水中,然后加入 10 μL 三羟甲基氨基甲烷—盐酸溶液(5.9)和 3 μL 氯化钠溶液(5.12),于 100℃水浴中保温 15 min,缓慢冷却至室温,分装成小份保存于−20℃。

5.14 异丙醇。

5.15 3 mol/L 乙酸钠(pH 5.6):称取 408.3 g 三水乙酸钠溶解于 800 mL 水中,用冰乙酸调 pH 至 5.6,加水定容至 1 000 mL。在 103.4 kPa(121℃)条件下灭菌 20 min。

5.16 体积分数为 70%的乙醇溶液。

5.17 抽提缓冲液:在 600 mL 水中加入 69.3 g 葡萄糖,20 g 聚乙烯吡咯烷酮(PVP,K30),1 g 二乙胺基二硫代甲酸钠(DIECA),充分溶解,然后加入 100 mL 三羟甲基氨基甲烷—盐酸溶液(5.9),10 mL 乙二铵四乙酸二钠溶液(5.4),加水定容至 1 000 mL,4℃保存,使用时加入体积分数为 0.2%的 β-巯基乙醇。

5.18 裂解缓冲液:在 600 mL 水中加入 81.7 g 氯化钠,20 g 十六烷基三甲基溴化铵(CTAB),20 g 聚乙烯吡咯烷酮(PVP,K30),1 g 二乙胺基二硫代甲酸钠(DIECA),充分溶解,然后加入 100 mL 三羟甲基氨基甲烷—盐酸溶液(5.9),4 mL 乙二铵四乙酸二钠溶液(5.4),加水定容至 1 000 mL,室温保存,使用时加入体积分数为 0.2%的 β-巯基乙醇。

5.19 DNA 分子量标准:可以清楚地区分 100 bp～1 000 bp 的 DNA 片段。

5.20 dNTPs 混合溶液:将浓度为 10 mmol/L 的 dATP、dTTP、dGTP、dCTP 四种脱氧核糖核苷酸溶液等体积混合。

5.21 Taq DNA 聚合酶及 PCR 反应缓冲液。

5.22 植物 DNA 提取试剂盒。

5.23 引物。

5.23.1 ***Sad1* 基因**

Sad1-F:5′-CCAAAGGAGGTGCCTGTTCA-3′

Sad1-R:5′-TTGAGGTGAGTCAGAATGTTGTTC-3′

预期扩增片段大小为 107 bp。

5.23.2 ***Bt* 基因特异性序列**

Bt-F:5′-GAAGGTTTGAGCAATCTCTAC-3′

Bt-R:5′-CGATCAGCCTAGTAAGGTCGT-3′

预期扩增片段大小为 301 bp。

5.24 引物溶液:用 TE 缓冲液(5.6)分别将上述引物稀释到 10 μmol/L。

5.25 石蜡油。

5.26 PCR 产物回收试剂盒。

6 仪器

6.1 分析天平:感量 0.1 g 和 0.1 mg。

6.2 PCR 扩增仪:升降温速度>1.5℃/s,孔间温度差异<1.0℃。

6.3 电泳槽、电泳仪等电泳装置。

6.4 紫外透射仪。

6.5 凝胶成像系统或照相系统。

6.6 重蒸馏水发生器或超纯水仪。

6.7 其他相关仪器和设备。

7 操作步骤

7.1 抽样

按 NY/T 672 和 NY/T 673 的规定执行。

7.2 制样

按 NY/T 672 和 NY/T 673 的规定执行。

7.3 试样预处理

按 NY/T 674 的规定执行。

7.4 DNA 模板制备

按 NY/T 674 的规定执行,或使用经验证适用于棉花 DNA 提取与纯化的植物 DNA 提取试剂盒,或按下述方法执行。DNA 模板制备时设置不加任何试样的空白对照。

称取 200 mg 经预处理的试样,在液氮中充分研磨后装入液氮预冷的 1.5 mL 或 2 mL 离心管中(不需研磨的试样直接加入)。加入 1 mL 预冷至 4℃的抽提缓冲液,剧烈摇动混匀后,在冰上静置 5 min,4℃条件下 10 000 *g* 离心 15 min,弃上清液。加入 600 μL 预热到 65℃的裂解缓冲液,充分重悬沉淀,在 65℃恒温保持 40 min,期间颠倒混匀 5 次。10 000 *g* 离心 10 min,取上清液转至另一新离心管中。加入 5 μL RNase A,37℃恒温保持 30 min。分别用等体积平衡酚—氯仿—异戊醇溶液和氯仿—异戊醇溶液各抽提一次。10 000 *g* 离心 10 min,取上清液转至另一新离心管中。加入 2/3 体积异丙醇,1/10 体积乙酸钠溶液,−20℃放置 2 h~3 h。在 4℃条件下,10 000 *g* 离心 15 min,弃上清液,用 70%乙醇溶液洗涤沉淀一次,倒出乙醇溶液,晾干沉淀。加入 50 μL TE 缓冲液溶解沉淀,所得溶液即为样品 DNA 溶液。

7.5 PCR 反应

7.5.1 试样 PCR 反应

7.5.1.1 每个试样 PCR 反应设置 3 次重复。

7.5.1.2 在 PCR 反应管中按表 1 依次加入反应试剂，混匀，再加 25 μL 石蜡油(有热盖设备的 PCR 仪可不加)。

表 1 PCR 检测反应体系

试 剂	终 浓 度	体 积
水		—
10×PCR 缓冲液	1×	2.5 μL
25 mmol/L 氯化镁溶液	2.5 mmol/L	2.5 μL
dNTPs 混合溶液(各 2.5 mmol/L)	各 0.2 mmol/L	2 μL
10 μmol/L 上游引物	0.4 μmol/L	1 μL
10 μmol/L 下游引物	0.4 μmol/L	1 μL
Taq 酶	0.05 U/μL	—
25 mg/L DNA 模板	2 mg/L	2.0 μL
总体积		25.0 μL

注 1：根据 Taq 酶的浓度确定其体积，并相应调整水的体积，使反应体系总体积达到 25.0 μL。如果 PCR 缓冲液中含有氯化镁，则不加氯化镁溶液，加等体积水。

注 2：棉花内标准基因 PCR 检测反应体系中，上、下游引物分别为 Sad1-F 和 Sad1-R；转 *Bt* 基因棉花特异性 PCR 检测反应体系中，上、下游引物分别为 Bt-F 和 Bt-R。

7.5.1.3 将 PCR 管放在离心机上，500 *g*～3 000 *g* 离心 10 s，然后取出 PCR 管，放入 PCR 仪中。

7.5.1.4 进行 PCR 反应。反应程序为：95℃变性 5 min；94℃变性 1 min，56℃退火 30 s，72℃延伸 30 s，共进行 35 次循环；72℃延伸 7 min。

7.5.1.5 反应结束后取出 PCR 管，对 PCR 反应产物进行电泳检测。

7.5.2 对照 PCR 反应

在试样 PCR 反应的同时，应设置阴性对照、阳性对照和空白对照。

以非转基因棉花材料提取的 DNA 作为阴性对照；以转 *Bt* 基因棉花质量分数为 0.1%～1.0%的棉花 DNA 作为阳性对照；以水作为空白对照。

各对照 PCR 反应体系中，除模板外，其余组分及 PCR 反应条件与 7.5.1 相同。

7.6 PCR 产物电泳检测

按 20 g/L 的质量浓度称取琼脂糖，加入 1×TAE 缓冲液中，加热溶解，配制成琼脂糖溶液。每 100 mL琼脂糖溶液中加入 5 μL EB 溶液，混匀，稍适冷却后，将其倒入电泳板上，插上梳板，室温下凝固成凝胶后，放入 1×TAE 缓冲液中，垂直向上轻轻拔去梳板。取 12 μL PCR 产物与 3 μL 加样缓冲液混合后加入凝胶点样孔中，同时在其中一个点样孔中加入 DNA 分子量标准，接通电源在 2 V/cm～5 V/cm 条件下电泳检测。

7.7 凝胶成像分析

电泳结束后，取出琼脂糖凝胶，置于凝胶成像仪或紫外透射仪上成像。根据 DNA 分子量标准估计扩增条带的大小，将电泳结果形成电子文件存档或用照相系统拍照。如需通过序列分析确认 PCR 扩增片段是否为目的 DNA 片段，按照 7.8 和 7.9 的规定执行。

7.8 PCR 产物回收

按 PCR 产物回收试剂盒说明书，回收 PCR 扩增的 DNA 片段。

7.9 PCR 产物测序验证

将回收的 PCR 产物克隆测序，与抗虫转 *Bt* 基因棉花基因特异性序列(参见附录 A)进行比对，确定 PCR 扩增的 DNA 片段是否为目的 DNA 片段。

8 结果分析与表述

8.1 对照检测结果分析

阳性对照 PCR 反应中,*Sad1* 内标准基因和 *Bt* 基因特异性序列均得到扩增,且扩增片段大小与预期片段大小一致,而阴性对照中仅扩增出 *Sad1* 基因片段,空白对照中没有任何扩增片段,表明 PCR 反应体系正常工作,否则重新检测。

8.2 样品检测结果分析和表述

8.2.1 *Sad1* 内标准基因和抗虫转 *Bt* 基因棉花特异性序列均得到扩增,且扩增片段大小与预期片段大小一致,表明样品中检测出 *Sad1* 基因和 *Bt* 基因。对于棉花及以棉花为唯一原料的产品,结果表述为"样品中检测出抗虫转 *Bt* 基因棉花成分";对于混合原料产品,结果表述为"样品中检测出 *Bt* 基因",需要进一步对加工原料进行检测确认。

8.2.2 *Sad1* 内标准基因片段得到扩增,且扩增片段大小与预期片段大小一致,而抗虫转 *Bt* 基因棉花特异性序列未得到扩增,或扩增片段大小与预期片段大小不一致,表明样品中未检测出抗虫转 *Bt* 基因棉花,结果表述为"样品中未检出抗虫转 *Bt* 基因棉花成分,检测结果为阴性"。

8.2.3 *Sad1* 内标准基因片段未得到扩增,或扩增片段大小与预期片段大小不一致,表明样品中未检出 *Sad1* 基因,结果表述为"样品中未检出棉花成分,检测结果为阴性"。

附 录 A
（资料性附录）
抗虫转 *Bt* 基因棉花基因特异性序列

1 GAAGGTTTGA GCAATCTCTA CCAAATCTAT GCAGAGAGCT TCAGAGAGTG
51 GGAAGCCGAT CCTACTAACC CAGCTCTCCG CGAGGAAATG CGTATTCAAT
101 TCAACGACAT GAACAGCGCC TTGACCACAG CTATCCCATT GTTCGCAGTC
151 CAGAACTACC AAGTTCCTCT CTTGTCCGTG TACGTTCAAG CAGCTAATCT
201 TCACCTCAGC GTGCTTCGAG ACGTTAGCGT GTTTGGGCAA AGGTGGGGAT
251 TCGATGCTGC AACCATCAAT AGCCGTTACA ACGACCTTAC TAGGCTGATC
301 G

注：划线部分为 *Bt* 基因特异性引物序列。

ICS 65.020.01
B 04

中华人民共和国国家标准

农业部1861号公告—5—2012

转基因植物及其产品成分检测 *CP4-epsps* 基因定性PCR方法

Detection of genetically modified plants and derived products—Qualitative PCR method for *CP4-epsps* gene

2012-11-28 发布 2013-01-01 实施

中华人民共和国农业部 发布

前　　言

本标准按照 GB/T 1.1 给出的规则起草。

请注意本文件的某些内容可能涉及专利。本文件的发布机构不承担识别这些专利的责任。

本标准由中华人民共和国农业部提出。

本标准由全国农业转基因生物安全管理标准化技术委员会(SAC/TC 276)归口。

本标准起草单位:农业部科技发展中心、上海交通大学、四川省农业科学院。

本标准主要起草人:杨立桃、厉建萌、刘勇、张大兵、宋贵文、兰青阔、郭金超、宋君。

转基因植物及其产品成分检测 *CP4*-*epsps* 基因定性 PCR 方法

1 范围

本标准规定了转 *CP4*-*epsps* 基因植物中 *CP4*-*epsps* 基因的定性 PCR 检测方法。

本标准适用于含 *CP4*-*epsps* 基因序列(参见附录 A)的转基因植物及其制品中转基因成分的定性 PCR 检测。

2 规范性引用文件

下列文件对于本文件的应用是必不可少的。凡是注日期的引用文件,仅注日期的版本适用于本文件。凡是不注日期的引用文件,其最新版本(包括所有的修改单)适用于本文件。

GB/T 6682 分析实验室用水规格和试验方法

NY/T 672 转基因植物及其产品检测 通用要求

NY/T 673 转基因植物及其产品检测 抽样

农业部 1485 号公告—4—2010 转基因植物及其产品检测 DNA 提取和纯化

3 术语和定义

下列术语和定义适用于本文件。

3.1

***CP4*-*epsps* 基因 5-enolpyruvylshikimate-3-phosphate synthase gene derived from *Agrobacterium sp.* CP-4**

源于土壤农杆菌 CP4 株系,编码 5-烯醇式丙酮酸莽草酸-3-磷酸合酶的基因。

4 原理

商业化生产和应用的转 *CP4*-*epsps* 基因玉米、大豆、油菜、棉花和甜菜中 *CP4*-*epsps* 基因序列分析比对显示,其 *CP4*-*epsps* 基因序列具有较高同源性,但不完全相同。针对上述 *CP4*-*epsps* 序列设计了含有兼并碱基的特异性引物,扩增相应的 *CP4*-*epsps* 基因序列。依据是否扩增获得预期 333 bp 的特异性 DNA 片段,判断样品中是否含有 *CP4*-*epsps* 基因成分。

5 试剂和材料

除非另有说明,仅使用分析纯试剂和重蒸馏水或符合 GB/T 6682 规定的一级水。

5.1 琼脂糖。

5.2 溴化乙锭溶液:称取 1.0 g 溴化乙锭(EB),溶于 100 mL 水中,避光保存。

警告——溴化乙锭有致癌作用,配制和使用时应戴一次性手套操作并妥善处理废液,避光保存。

5.3 10 mol/L 氢氧化钠溶液:在 160 mL 水中加入 80.0 g 氢氧化钠(NaOH),溶解后再加水定容到 200 mL。

5.4 500 mmol/L 乙二铵四乙酸二钠溶液(pH8.0):称取 18.6 g 乙二铵四乙酸二钠($EDTA-Na_2$),加入 70 mL 水中,再加入适量氢氧化钠溶液(5.3),加热至完全溶解后,冷却至室温,用氢氧化钠溶液(5.3)调 pH 至 8.0,加水定容至 100 mL。在 103.4 kPa(121 ℃)条件下灭菌 20 min。

5.5 1 mol/L 三羟甲基氨基甲烷—盐酸溶液(pH8.0):称取 121.1 g 三羟甲基氨基甲烷(Tris)溶解于 800 mL 水中,用盐酸调 pH 至 8.0,加水定容至 1 000 mL。在 103.4 kPa(121 ℃)条件下灭菌 20 min。

5.6 TE 缓冲液(pH8.0):分别量取 10 mL 三羟甲基氨基甲烷—盐酸溶液(5.5)和 2 mL 乙二铵四乙酸二钠溶液(5.4),加水定容至 1 000 mL。在 103.4 kPa(121 ℃)条件下灭菌 20 min。

5.7 50×TAE 缓冲液:称取 242.2 g 三羟甲基氨基甲烷(Tris),先用 300 mL 水加热搅拌溶解后,加 100 mL 乙二铵四乙酸二钠溶液(5.4),用冰乙酸调 pH 至 8.0,然后加水定容到 1 000 mL。使用时用水稀释成 1×TAE。

5.8 加样缓冲液:称取 250.0 mg 溴酚蓝,加 10 mL 水,在室温下溶解 12 h;称取 250.0 mg 二甲基苯腈蓝,用 10 mL 水溶解;称取 50.0 g 蔗糖,用 30 mL 水溶解。混合以上三种溶液,加水定容至 100 mL,在 4 ℃下保存。

5.9 DNA 分子量标准:可以清楚地区分 50 bp~1 000 bp 的 DNA 片段。

5.10 dNTPs 混合溶液:将浓度为 10 mmol/L 的 dATP、dTTP、dGTP、dCTP 四种脱氧核糖核苷酸溶液等体积混合。

5.11 *Taq* DNA 聚合酶及 PCR 反应缓冲液及 25 mmol/L 氯化镁溶液。

5.12 内标准基因引物

根据样品来源选择合适的内标准基因,确定对应的检测引物。

5.13 *CP4-epsps* 基因引物

mCP4ES-F:5′-ACGGTGA***Y***CGTCTTCC***M***GTTAC-3′

mCP4ES-R:5′-GAACAAGCA***R***GGC***M***GCAACCA-3′

预期扩增片段大小为 333 bp(参见附录 A)。

注:M 表示 A 碱基或 C 碱基,Y 表示 C 碱基或 T 碱基,R 表示 A 碱基或 G 碱基。

5.14 引物溶液:用 TE 缓冲液(5.6)分别将上述引物稀释到 10 μmol/L。

5.15 石蜡油。

5.16 PCR 产物回收试剂盒。

5.17 DNA 提取试剂盒。

6 仪器和设备

6.1 分析天平:感量 0.1 g 和 0.1 mg。

6.2 PCR 扩增仪:升降温速度>1.5 ℃/s,孔间温度差异<1.0 ℃。

6.3 电泳槽、电泳仪等电泳装置。

6.4 紫外透射仪。

6.5 凝胶成像系统或照相系统。

6.6 重蒸馏水发生器或纯水仪。

6.7 其他相关仪器设备。

7 操作步骤

7.1 抽样

按 NY/T 672 和 NY/T 673 的规定执行。

7.2 制样

按 NY/T 672 和 NY/T 673 的规定执行。

7.3 试样预处理

按农业部 1485 号公告—4—2010 的规定执行。

7.4 DNA 模板制备

按农业部 1485 号公告—4—2010 的规定执行，或使用经验证适用于植物基因组 DNA 提取与纯化的试剂盒。

7.5 PCR 反应

7.5.1 试样 PCR 反应

7.5.1.1 内标准基因 PCR 反应

7.5.1.1.1 每个试样 PCR 反应设置 3 次重复。

7.5.1.1.2 根据选择的内标准基因及其 PCR 检测方法对试样进行 PCR 反应，具体 PCR 反应条件参考选择的内标准基因检测方法。

7.5.1.1.3 反应结束后取出 PCR 管，对 PCR 反应产物进行电泳检测。

7.5.1.2 *CP4 - epsps* 基因 PCR 反应

7.5.1.2.1 每个试样 PCR 反应设置 3 次重复。

7.5.1.2.2 在 PCR 反应管中按表 1 依次加入反应试剂，混匀，再加 25 μL 石蜡油(有热盖设备的 PCR 仪可不加)。

表 1 PCR 检测反应体系

试剂	终浓度	体积
水		—
10×PCR 缓冲液	1×	2.5 μL
25 mmol/L 氯化镁溶液	2.5 mmol/L	2.5 μL
dNTPs 混合溶液(各 2.5 mmol/L)	各 0.2 mmol/L	2.0 μL
10 μmol/L 上游引物 mCP4ES - F	0.2 μmol/L	0.5 μL
10 μmol/L 下游引物 mCP4ES - R	0.2 μmol/L	0.5 μL
Taq DNA 聚合酶	0.05 U/μL	—
25 mg/L DNA 模板	2.0 mg/L	2.0 μL
总体积		25.0 μL
"—"表示体积不确定。如果 PCR 缓冲液中含有氯化镁，则不加氯化镁溶液，根据 *Taq* DNA 聚合酶的浓度确定其体积，并相应调整水的体积，使反应体系总体积达到 25.0 μL。		

7.5.1.2.3 将 PCR 管放在离心机上，500 *g*～3 000 *g* 离心 10 s，然后取出 PCR 管，放入 PCR 仪中。

7.5.1.2.4 进行 PCR 反应。反应程序为：95 ℃变性 7 min；94 ℃变性 30 s，63 ℃退火 30 s，72 ℃延伸 30 s，进行 5 次循环；94 ℃变性 30 s，60 ℃退火 30 s，72 ℃延伸 30 s，进行 32 次循环；72 ℃延伸 7 min。

7.5.1.2.5 反应结束后取出 PCR 管，对 PCR 反应产物进行电泳检测。

7.5.2 对照 PCR 反应

在试样 PCR 反应的同时，应设置阴性对照、阳性对照和空白对照。

以非转基因植物基因组 DNA 作为阴性对照；以含有 *CP4 - epsps* 基因序列(参见附录 A)的转基因植物基因组 DNA(转基因含量为 0.5%)或适量拷贝数的质粒 DNA 作为阳性对照；以水作为空白对照。

各对照 PCR 反应体系中，除模板外，其余组分及 PCR 反应条件与 7.5.1 相同。

7.6 PCR 产物电泳检测

按 20 g/L 的质量浓度称取琼脂糖，加入 1×TAE 缓冲液中，加热溶解，配制成琼脂糖溶液。每 100 mL 琼脂糖溶液中加入 5 μL EB 溶液，混匀，适当冷却后，将其倒入电泳板上，插上梳板，室温下凝固成凝胶后，放入 1×TAE 缓冲液中，垂直向上轻轻拔去梳板。取 12 μL PCR 产物与 3 μL 加样缓冲液混合后加入点样孔中，同时在其中一个点样孔中加入 DNA 分子量标准，接通电源在 2 V/cm～5 V/cm 条件下电泳检测。

7.7 凝胶成像分析

电泳结束后，取出琼脂糖凝胶，置于凝胶成像仪或紫外透射仪上成像。根据 DNA 分子量标准估计扩增条带的大小，将电泳结果形成电子文件存档或用照相系统拍照。如需通过序列分析确认 PCR 扩增片段是否为目的 DNA 片段，按照 7.8 和 7.9 的规定执行。

7.8 PCR 产物回收

按 PCR 产物回收试剂盒说明书，回收 PCR 扩增的 DNA 片段。

7.9 PCR 产物测序验证

将回收的 PCR 产物克隆测序，与转基因植物中转入的 *CP4-epsps* 基因序列（参见附录 A）进行比对，确定 PCR 扩增的 DNA 片段是否为目的 DNA 片段。

8 结果分析与表述

8.1 对照检测结果分析

阳性对照 PCR 反应中，内标准基因片段和 *CP4-epsps* 基因特异性序列得到扩增，且扩增片段大小与预期片段大小一致，而阴性对照中仅扩增出内标准基因片段，空白对照中没有任何扩增片段，表明 PCR 反应体系正常工作，否则重新检测。

8.2 样品检测结果分析和表述

8.2.1 内标准基因和 *CP4-epsps* 基因特异性序列得到扩增，且扩增片段大小与预期片段大小一致，表明样品中检测出含有 *CP4-epsps* 基因的成分，表述为“样品中检测出 *CP4-epsps* 基因，检测结果为阳性”。

8.2.2 内标准基因得到扩增，且扩增片段大小与预期片段大小一致，而 *CP4-epsps* 基因特异性序列未得到扩增，或扩增片段大小与预期片段大小不一致，表明样品中未检测出含有 *CP4-epsps* 基因的成分，表述为“样品中未检测出 *CP4-epsps* 基因，检测结果为阴性”。

8.2.3 内标准基因片段未得到扩增，或扩增片段大小与预期片段大小不一致，表明样品中未检出对应植物成分，结果表述为“样品中未检出对应植物成分，检测结果为阴性”。

附 录 A
(资料性附录)
CP4-epsps 基因特异性序列

A.1 *CP4-epsps* 基因序列一

1 ACGGTGACCG TCTTCCCGTT ACCTTGCGCG GGCCGAAGAC GCCGACGCCG ATCACCTACC
61 GCGTGCCGAT GGCCTCCGCA CAGGTGAAGT CCGCCGTGCT GCTCGCCGGC CTCAACACGC
121 CCGGCATCAC GACGGTCATC GAGCCGATCA TGACGCGCGA TCATACGGAA AAGATGCTGC
181 AGGGCTTTGG CGCCAACCTT ACCGTCGAGA CGGATGCGGA CGGCGTGCGC ACCATCCGCC
241 TGGAAGGCCG CGGCAAGCTC ACCGGCCAAG TCATCGACGT GCCGGGCGAC CCGTCCTCGA
301 CGGCCTTCCC GCTGGTTGCG GCCCTGCTTG TTC

注:划线部分为引物序列。

A.2 *CP4-epsps* 基因序列二

1 ACGGTGATCG TCTTCCAGTT ACCTTGCGTG GACCAAAGAC TCCAACGCCA ATCACCTACA
61 GGGTACCTAT GGCTTCCGCT CAAGTGAAGT CCGCTGTTCT GCTTGCTGGT CTCAACACCC
121 CAGGTATCAC CACTGTTATC GAGCCAATCA TGACTCGTGA CCACACTGAA AAGATGCTTC
181 AAGGTTTTGG TGCTAACCTT ACCGTTGAGA CTGATGCTGA CGGTGTGCGT ACCATCCGTC
241 TTGAAGGTCG TGGTAAGCTC ACCGGTCAAG TGATTGATGT TCCAGGTGAT CCATCCTCTA
301 CTGCTTTCCC ATTGGTTGCT GCCTTGCTTG TTC

注:划线部分为引物序列。

ICS 65.020
B 04

中华人民共和国国家标准

农业部1782号公告—6—2012

转基因植物及其产品成分检测 *bar* 或 *pat* 基因定性PCR方法

Detection of genetically modified plants and derived products—Qualitative PCR method of *bar* or *pat* gene

2012-06-06 发布

2012-09-01 实施

中华人民共和国农业部 发布

前　　言

本标准按照 GB/T 1.1—2009 给出的规则起草。

本标准由中华人民共和国农业部提出。

本标准由全国农业转基因生物安全管理标准化技术委员会(SAC/TC 276)归口。

本标准起草单位:农业部科技发展中心、山东省农业科学院、上海交通大学。

本标准主要起草人:路兴波、宋贵文、李凡、沈平、杨立桃、孙红炜、武海斌、王敏、王鹏。

转基因植物及其产品成分检测
bar 或 *pat* 基因定性 PCR 方法

1 范围

本标准规定了转基因植物中 *bar* 或 *pat* 基因定性 PCR 检测方法。

本标准适用于含有 *bar* 或 *pat* 基因的转基因植物及其制品中 *bar* 或 *pat* 基因成分的定性 PCR 检测。

2 规范性引用文件

下列文件对于本文件的应用是必不可少的。凡是注日期的引用文件，仅注日期的版本适用于本文件。凡是不注日期的引用文件，其最新版本(包括所有的修改单)适用于本文件。

GB/T 6682 分析实验室用水规格和试验方法

NY/T 672 转基因植物及其产品检测 通用要求

NY/T 673 转基因植物及其产品检测 抽样

农业部 1485 号公告—4—2010 转基因植物及其产品成分检测 DNA 提取和纯化

3 术语和定义

下列术语和定义适用于本文件。

3.1

***bar* 基因 bialaphos resistance gene**

来源于土壤吸水链霉菌(*Streptomyces hygroscopicus*)，编码膦丝菌素乙酰转移酶(phosphinthricin acetyltransferase，PAT)。该酶具有对除草剂草丁膦(glufosinate)的耐受性。

3.2

***pat* 基因 phosphinothricin acetyltransferase gene**

来源于绿产色链霉菌(*Streptomyces viridochromogenes*)，*pat* 基因的 Bg/ 11—Ss Ⅱ 片段编码膦丝菌素乙酰转移酶(phosphinthricin acetyltransferase，PAT)。该酶具有对除草剂草丁膦(glufosinate)的耐受性。

4 原理

bar 基因和 *pat* 基因表达产物均为 PAT，两种 PAT 具有相似的催化能力。商业化生产和应用的转 *bar* 或 *pat* 基因玉米、大豆、油菜、棉花中的 *bar* 和 *pat* 基因序列分析比对显示，*bar* 和 *pat* 基因序列具有较高同源性，但不完全相同。针对上述 *bar* 和 *pat* 基因序列设计了复合引物，对试样进行 PCR 扩增。依据是否扩增获得预期 262 bp 的特异性 DNA 片段，判断样品中是否含有 *bar* 或 *pat* 基因成分。

5 试剂和材料

除非另有说明，仅使用分析纯试剂和重蒸馏水或符合 GB/T 6682 规定的一级水。

5.1 琼脂糖。

5.2 10 g/L 溴化乙锭溶液：称取 1.0 g 溴化乙锭(EB)，溶于 100 mL 水中，避光保存。

注：溴化乙锭有致癌作用，配制和使用时应戴一次性手套操作并妥善处理废液。

5.3 10 mol/L 氢氧化钠溶液：在 160 mL 水中加入 80.0 g 氢氧化钠(NaOH)，溶解后，冷却至室温，再加水定容至 200 mL。

5.4 500 mmol/L 乙二铵四乙酸二钠溶液(pH 8.0)：称取 18.6 g 乙二铵四乙酸二钠($EDTA-Na_2$)，加入 70 mL 水中，再加入适量氢氧化钠溶液(5.3)，加热至完全溶解后，冷却至室温。用氢氧化钠溶液(5.3)调 pH 至 8.0，加水定容至 100 mL。在 103.4 kPa(121℃)条件下灭菌 20 min。

5.5 1 mol/L 三羟甲基氨基甲烷—盐酸溶液(pH 8.0)：称取 121.1 g 三羟甲基氨基甲烷(Tris)溶解于 800 mL 水中，用盐酸调 pH 至 8.0，加水定容至 1 000 mL。在 103.4 kPa(121℃)条件下灭菌 20 min。

5.6 TE 缓冲液(pH 8.0)：分别量取 10 mL 三羟甲基氨基甲烷—盐酸溶液(5.5)和 2 mL 乙二铵四乙酸二钠溶液(5.4)，加水定容至 1 000 mL。在 103.4 kPa(121℃)条件下灭菌 20 min。

5.7 50×TAE 缓冲液：称取 242.2 g 三羟甲基氨基甲烷(Tris)，先用 300 mL 水加热搅拌溶解后，加 100 mL 乙二铵四乙酸二钠溶液(5.4)，用冰乙酸调 pH 至 8.0，然后加水定容到 1 000 mL。使用时，用水稀释成 1×TAE。

5.8 加样缓冲液：称取 250.0 mg 溴酚蓝，加 10 mL 水，在室温下溶解 12 h；称取 250.0 mg 二甲基苯腈蓝，用 10 mL 水溶解；称取 50.0 g 蔗糖，用 30 mL 水溶解。混合以上三种溶液，加水定容至 100 mL，在 4℃下保存。

5.9 DNA 分子量标准：可以清楚地区分 50 bp～1 000 bp 的 DNA 片段。

5.10 dNTPs 混合溶液：将浓度为 10 mmol/L 的 dATP、dTTP、dGTP、dCTP 四种脱氧核糖核苷酸溶液等体积混合。

5.11 Taq DNA 聚合酶、PCR 反应缓冲液及 25 mmol/L 氯化镁溶液。

5.12 *bar* 基因引物：

bar-F：5′-GAAGGCACGCAACGCCTACGA-3′

bar-R：5′-CCAGAAACCCACGTCATGCCA-3′

预期扩增片段大小为 262 bp。

5.13 *pat* 基因引物：

pat-F：5′-GAAGGCTAGGAACGCTTACGA-3′

pat-R：5′-CCAAA AACCAACATCATGCCA-3′

预期扩增片段大小为 262 bp。

注：*bar* 基因引物和 *pat* 基因引物联合应用进行复合 PCR 检测。

5.14 内标准基因引物：根据样品种类选择合适的内标准基因，确定对应的检测引物。

5.15 引物溶液：用 TE 缓冲液(5.6)分别将上述引物稀释到 10 μmol/L。

5.16 石蜡油。

5.17 PCR 产物回收试剂盒。

5.18 DNA 提取试剂盒。

6 仪器

6.1 分析天平：感量 0.1 g 和 0.1 mg。

6.2 PCR 扩增仪：升降温速度＞1.5℃/s，孔间温度差异＜1.0℃。

6.3 电泳槽、电泳仪等电泳装置。

6.4 紫外透射仪。

6.5 凝胶成像系统或照相系统。

6.6 重蒸馏水发生器或纯水仪。

6.7 其他相关仪器和设备。

7 操作步骤

7.1 抽样

按 NY/T 672 和 NY/T 673 的规定执行。

7.2 制样

按 NY/T 672 和 NY/T 673 的规定执行。

7.3 试样预处理

按农业部 1485 号公告—4—2010 的规定执行。

7.4 DNA 模板制备

按农业部 1485 号公告—4—2010 的规定执行。

7.5 PCR 反应

7.5.1 试样 PCR 反应

7.5.1.1 内标准基因 PCR 反应

7.5.1.1.1 每个试样 PCR 反应设置 3 次重复。

7.5.1.1.2 根据选择的内标准基因及其 PCR 检测方法对试样进行 PCR 反应，具体 PCR 反应条件参考选择的内标准基因检测方法。

7.5.1.1.3 反应结束后取出 PCR 管，对 PCR 反应产物进行电泳检测。

7.5.1.2 *bar* 或 *pat* 基因 PCR 反应

7.5.1.2.1 每个试样 PCR 反应设置 3 次重复。

7.5.1.2.2 在 PCR 反应管中按表 1 依次加入反应试剂，混匀，再加 25 μL 石蜡油(有热盖设备的 PCR 仪可不加)。

表 1 复合 PCR 检测反应体系

试　剂	终浓度	体　积
水		—
10×PCR 缓冲液	1×	2.5 μL
25 mmol/L 氯化镁溶液	2.5 mmol/L	2.5 μL
dNTPs 混合溶液(各 2.5 mmol/L)	各 0.2 mmol/L	2.0 μL
10 μmol/L bar-F	0.1 μmol/L	0.25 μL
10 μmol/L bar-R	0.1 μmol/L	0.25 μL
10 μmol/L pat-F	0.1 μmol/L	0.25 μL
10 μmol/L pat-R	0.1 μmol/L	0.25 μL
Taq DNA 聚合酶	0.05 U/μL	—
25 mg/L DNA 模板	2 mg/L	2.0 μL
总体积		25.0 μL
注：根据 Taq DNA 聚合酶的浓度确定其体积，并相应调整水的体积，使反应体系总体积达到 25.0 μL。如果 PCR 缓冲液中含有氯化镁，则不加氯化镁溶液，加等体积水。		

7.5.1.2.3 将 PCR 管放在离心机上，500 *g*～3 000 *g* 离心 10 s，然后取出 PCR 管，放入 PCR 仪中。

7.5.1.2.4 进行 PCR 反应。复合 PCR 反应程序为：94℃预变性 5 min；94℃变性 30 s，63℃退火 30 s，72℃延伸 30 s，进行 35 次循环；72℃延伸 7 min。

7.5.1.2.5 反应结束后取出 PCR 管，对 PCR 反应产物进行电泳检测。

7.5.2 对照 PCR 反应

在试样 PCR 反应的同时，应设置阴性对照、阳性对照和空白对照。

以与试样相同种类的非转基因植物基因组 DNA 作为阴性对照；以含有 *bar* 或 *pat* 基因的转基因植物基因组 DNA（转基因质量分数为 0.5%）作为阳性对照；以水作为空白对照。

各对照 PCR 反应体系中，除模板外，其余组分及 PCR 反应条件与 7.5.1 相同。

7.6 PCR 产物电泳检测

按 20 g/L 的质量浓度称取琼脂糖，加入 1×TAE 缓冲液中，加热溶解，配制成琼脂糖溶液。每 100 mL琼脂糖溶液中加入 5 μL EB 溶液，混匀。适当冷却后，将其倒入电泳板上，插上梳板。室温下凝固成凝胶后，放入 1×TAE 缓冲液中，垂直向上轻轻拔去梳板。取 12 μL PCR 产物与 3 μL 加样缓冲液混合后加入点样孔中，同时在其中一个点样孔中加入 DNA 分子量标准，接通电源在 2 V/cm～5 V/cm 条件下电泳检测。

7.7 凝胶成像分析

电泳结束后，取出琼脂糖凝胶，置于凝胶成像仪或紫外透射仪上成像。根据 DNA 分子量标准估计扩增条带的大小，将电泳结果形成电子文件存档或用照相系统拍照。如需通过序列分析确认 PCR 扩增片段是否为目的 DNA 片段，按照 7.8 和 7.9 的规定执行。

7.8 PCR 产物回收

按 PCR 产物回收试剂盒说明书，回收 PCR 扩增的 DNA 片段。

7.9 PCR 产物测序验证

将回收的 PCR 产物克隆测序，与转基因植物中转入的 *bar* 或 *pat* 基因序列（参见附录 A）进行比对，确定 PCR 扩增的 DNA 片段是否为目的 DNA 片段。

8 结果分析与表述

8.1 对照检测结果分析

阳性对照 PCR 反应中，内标准基因片段和 *bar* 或 *pat* 基因特异性序列得到扩增，且扩增片段大小与预期片段大小一致；而阴性对照中仅扩增出内标准基因片段；空白对照中没有任何扩增片段。这表明 PCR 反应体系正常工作，否则重新检测。

8.2 样品检测结果分析和表述

8.2.1 内标准基因和 *bar* 或 *pat* 基因特异性序列得到扩增，且扩增片段大小与预期片段大小一致。这表明样品中检测出 *bar* 或 *pat* 基因成分，表述为"样品中检测出 *bar* 或 *pat* 基因成分，检测结果为阳性"。

8.2.2 内标准基因得到扩增，且扩增片段大小与预期片段大小一致，而 *bar* 或 *pat* 基因特异性序列未得到扩增，或扩增片段大小与预期片段大小不一致。这表明样品中未检测出 *bar* 或 *pat* 基因成分，表述为"样品中未检测出 *bar* 或 *pat* 基因成分，检测结果为阴性"。

8.2.3 内标准基因片段未得到扩增，或扩增片段大小与预期片段大小不一致。这表明样品中未检出对应植物成分，结果表述为"样品中未检出对应植物成分，检测结果为阴性"。

附　录　A
（资料性附录）
***bar* 和 *pat* 基因特异性序列**

A.1　*bar* 基因特异性序列

1　GAAGGCACGC AACGCCTACG ACTGGACGGC CGAGTCGACC GTGTACGTCT CCCCCCGCCA
61　CCAGCGGACG GGACTGGGCT CCACGCTCTA CACCCACCTG CTGAAGTCCC TGGAGGCACA
121　GGGCTTCAAG AGCGTGGTCG CTGTCATCGG GCTGCCCAAC GACCCGAGCG TGCGCATGCA
181　CGAGGCGCTC GGATATGCCC CCCGCGGCAT GCTGCGGGCG GCCGGCTTCA AGCACGGGAA
241　CTGGCATGAC GTGGGTTTCT GG

注：划线部分为引物序列。

A.2　*pat* 基因特异性序列

1　GAAGGCTAGG AACGCTTACG ATTGGACAGT TGAGAGTACT GTTTACGTGT CACATAGGCA
61　TCAAAGGTTG GGCCTAGGAT CCACATTGTA CACACATTTG CTTAAGTCTA TGGAGGCGCA
121　AGGTTTTAAG TCTGTGGTTG CTGTTATAGG CCTTCCAAAC GATCCATCTG TTAGGTTGCA
181　TGAGGCTTTG GGATACACAG CCCGGGGTAC ATTGCGCGCA GCTGGATACA AGCATGGTGG
241　ATGGCATGAT GTTGGTTTTT GG

注：划线部分为引物序列。

ICS 65.020
B 04

中华人民共和国国家标准

农业部1782号公告—7—2012

转基因植物及其产品成分检测 *CpTI*基因定性PCR方法

Detection of genetically modified plants and derived products—Qualitative PCR method for *CpTI* gene

2012-06-06 发布　　2012-09-01 实施

中华人民共和国农业部　发布

前　　言

本标准按照 GB/T 1.1—2009 给出的规则起草。

本标准由中华人民共和国农业部提出。

本标准由全国农业转基因生物安全管理标准化技术委员会(SAC/TC 276)归口。

本标准起草单位:农业部科技发展中心、天津市农业科学院中心实验室、吉林省农业科学院。

本标准主要起草人:王永、宋贵文、兰青阔、赵欣、朱珠、李飞武、赵新、崔金杰、郭永泽、程奕。

转基因植物及其产品成分检测
CpTI 基因定性 PCR 方法

1 范围

本标准规定了转基因植物中 *CpTI* 基因的定性 PCR 检测方法。

本标准适用于含有 *CpTI* 基因的非豆科转基因植物及其制品中 *CpTI* 基因成分的定性 PCR 检测。

2 规范性引用文件

下列文件对于本文件的应用是必不可少的。凡是注日期的引用文件，仅注日期的版本适用于本文件。凡是不注日期的引用文件，其最新版本(包括所有的修改单)适用于本文件。

GB/T 6682 分析实验室用水规格和试验方法

NY/T 672 转基因植物及其产品检测 通用要求

NY/T 673 转基因植物及其产品检测 抽样

农业部 1485 号公告—4—2010 转基因植物及其产品成分检测 DNA 提取和纯化

3 术语和定义

下列术语和定义适用于本文件。

3.1

***CpTI* 基因 *CpTI* gene**

编码豇豆胰蛋白酶抑制剂(Cowpea Trypsin Inhibitor)的基因。

3.2

***CpTI* 基因序列 sequence of *CpTI* gene**

编码豇豆胰蛋白酶抑制剂(Cowpea Trypsin Inhibitor)的基因序列。

4 原理

根据 *CpTI* 基因序列设计特异性引物，对试样进行 PCR 扩增。依据是否扩增获得预期 243 bp 的 DNA 片段，判断样品中是否含有 *CpTI* 基因成分。

5 试剂和材料

除非另有说明，仅使用分析纯试剂和重蒸馏水或符合 GB/T 6682 规定的一级水。

5.1 琼脂糖。

5.2 10 g/L 溴化乙锭溶液：称取 1.0 g 溴化乙锭(EB)，溶解于 100 mL 水中，避光保存。

注：溴化乙锭有致癌作用，配制和使用时应戴一次性手套操作并妥善处理废液。

5.3 10 mol/L 氢氧化钠溶液：在 160 mL 水中加入 80.0 g 氢氧化钠(NaOH)，溶解后，冷却至室温，再加水定容至 200 mL。

5.4 500 mmol/L 乙二铵四乙酸二钠溶液(pH 8.0)：称取 18.6 g 乙二铵四乙酸二钠(EDTA - Na_2)，加入 70 mL 水中，再加入适量氢氧化钠溶液(5.3)，加热至完全溶解后，冷却至室温。用氢氧化钠溶液(5.3)调 pH 至 8.0，加水定容至 100 mL。在 103.4 kPa(121℃)条件下灭菌 20 min。

5.5 1 mol/L 三羟甲基氨基甲烷—盐酸溶液(pH 8.0):称取 121.1 g 三羟甲基氨基甲烷(Tris)溶解于 800 mL 水中,用盐酸(HCl)调 pH 至 8.0,加水定容至 1 000 mL。在 103.4 kPa(121℃)条件下灭菌 20 min。

5.6 TE 缓冲液(pH 8.0):分别量取 10 mL 三羟甲基氨基甲烷—盐酸溶液(5.5)和 2 mL 乙二铵四乙酸二钠溶液(5.4)溶液,加水定容至 1 000 mL。在 103.4 kPa(121℃)条件下灭菌 20 min。

5.7 50×TAE 缓冲液:称取 242.2 g 三羟甲基氨基甲烷(Tris),先用 500 mL 水加热搅拌溶解后,加入 100 mL 乙二铵四乙酸二钠溶液(5.4)。用冰乙酸调 pH 至 8.0,然后加水定容到 1 000 mL。使用时,用水稀释成 1×TAE。

5.8 加样缓冲液:称取 250.0 mg 溴酚蓝,加入 10 mL 水,在室温下溶解 12 h;称取 250.0 mg 二甲基苯腈蓝,加 10 mL 水溶解;称取 50.0 g 蔗糖,加 30 mL 水溶解。混合以上三种溶液,加水定容至 100 mL,在 4℃下保存。

5.9 DNA 分子量标准:可以清楚地区分 100 bp~1 000 bp 的 DNA 片段。

5.10 dNTPs 混合溶液:将浓度为 10 mmol/L 的 dATP、dTTP、dGTP、dCTP 四种脱氧核糖核苷酸溶液等体积混合。

5.11 Taq DNA 聚合酶、PCR 反应缓冲液及 25 mmol/L 氯化镁溶液。

5.12 内标准基因引物:根据样品来源选择合适的内标准基因,确定对应的检测引物。

5.13 *CpTI* 基因引物:

CpTI-F:5′-GATCTGAACCACCTCGGAAG-3′

CpTI-R:5′-CCTGGACTTGCAAGGTTTGT-3′

预期扩增片段大小为 243 bp(参见附录 A)。

5.14 引物溶液:用 TE 缓冲液(5.6)或水分别将上述引物稀释到 10 μmol/L。

5.15 石蜡油。

5.16 PCR 产物回收试剂盒。

5.17 DNA 提取试剂盒。

6 仪器

6.1 分析天平:感量 0.1 g 和 0.1 mg。

6.2 PCR 扩增仪:升降温速度>1.5℃/s,孔间温度差异<1.0℃。

6.3 电泳槽、电泳仪等电泳装置。

6.4 紫外透射仪。

6.5 凝胶成像系统或照相系统。

6.6 重蒸馏水发生器或纯水仪。

6.7 其他相关仪器和设备。

7 操作步骤

7.1 抽样

按 NY/T 672 和 NY/T 673 的规定执行。

7.2 制样

按 NY/T 672 和 NY/T 673 的规定执行。

7.3 试样预处理

按农业部 1485 号公告—4—2010 的规定执行。

7.4 DNA 模板制备

按农业部 1485 号公告—4—2010 的规定执行。

7.5 PCR 反应

7.5.1 试样 PCR 反应

7.5.1.1 内标准基因 PCR 反应

7.5.1.1.1 每个试样 PCR 反应设置 3 次重复。

7.5.1.1.2 根据选择的内标准基因及其 PCR 检测方法对试样进行 PCR 反应，具体 PCR 反应条件参考选择的内标准基因检测方法。

7.5.1.1.3 反应结束后取出 PCR 管，对 PCR 反应产物进行电泳检测。

7.5.1.2 *CpTI* 基因 PCR 反应

7.5.1.2.1 每个试样 PCR 反应设置 3 次重复。

7.5.1.2.2 在 PCR 反应管中按表 1 依次加入反应试剂，混匀，再加 25 μL 石蜡油(有热盖设备的 PCR 仪可不加)。

表 1 PCR 检测反应体系

试 剂	终浓度	体 积
水		—
10×PCR 缓冲液	1×	2.5 μL
25 mmol/L 氯化镁溶液	1.5 mmol/L	1.5 μL
dNTPs 混合溶液(各 2.5 mmol/L)	各 0.2 mmol/L	2.0 μL
10 μmol/L CpTI-F	0.4 μmol/L	1.0 μL
10 μmol/L CpTI-R	0.4 μmol/L	1.0 μL
Taq 酶	0.025 U/μL	—
25 mg/L DNA 模板	2 mg/L	2.0 μL
总体积		25.0 μL

注：根据 Taq 酶的浓度确定其体积，并相应调整水的体积，使反应体系总体积达到 25.0 μL。如果 PCR 缓冲液中含有氯化镁，则不加氯化镁溶液，加等体积水。

7.5.1.2.3 将 PCR 管放在离心机上，500 *g*～3 000 *g* 离心 10 s，然后取出 PCR 管，放入 PCR 仪中。

7.5.1.2.4 进行 PCR 反应。反应程序为：94℃变性 5 min；94℃变性 30 s，58℃退火 30 s，72℃延伸 30 s，共进行 35 次循环；72℃延伸 7 min。

7.5.1.2.5 反应结束后取出 PCR 管，对 PCR 反应产物进行电泳检测。

7.5.2 对照 PCR 反应

在试样 PCR 反应的同时，应设置阴性对照、阳性对照和空白对照。

以非转基因植物基因组 DNA 作为阴性对照；以含有 *CpTI* 基因的转基因植物基因组 DNA(转基因含量为 0.5%)作为阳性对照；以水作为空白对照。

各对照 PCR 反应体系中，除模板外，其余组分及 PCR 反应条件与 7.5.1 相同。

7.6 PCR 产物电泳检测

按 20 g/L 的质量浓度称量琼脂糖，加入 1×TAE 缓冲液中，加热溶解，配制成琼脂糖溶液。每 100 mL琼脂糖溶液中加入 5 μL EB 溶液(5.2)，混匀。稍适冷却后，将其倒入电泳板上，插上梳板。室温下凝固成凝胶后，放入 1×TAE 缓冲液中，垂直向上轻轻拔去梳板。取 12 μL PCR 产物与 3 μL 加样缓冲液混合后加入凝胶点样孔，同时在其中一个点样孔中加入 DNA 分子量标准，接通电源在 2 V/cm～5 V/cm条件下电泳检测。

7.7 凝胶成像分析

电泳结束后，取出琼脂糖凝胶，置于凝胶成像仪上或紫外透射仪上成像。根据DNA分子量标准估计扩增条带的大小，将电泳结果形成电子文件存档或用照相系统拍照。如需通过序列分析确认PCR扩增片段是否为目的DNA片段，按照7.8和7.9的规定执行。

7.8 PCR产物回收

按PCR产物回收试剂盒说明书，回收PCR扩增的DNA片段。

7.9 PCR产物测序验证

将回收的PCR产物克隆测序，与转基因植物中转入的*CpTI*基因序列(参见附录A)进行比对，确定PCR扩增的DNA片段是否为目的DNA片段。

8 结果分析与表述

8.1 对照检测结果分析

阳性对照PCR反应中，内标准基因和*CpTI*基因特异性序列得到扩增，且扩增片段大小与预期片段大小一致；而阴性对照中仅扩增出内标准基因片段；空白对照中没有任何扩增片段。这表明PCR反应体系正常工作，否则重新检测。

8.2 样品检测结果分析和表述

8.2.1 内标准基因和*CpTI*基因特异性序列得到扩增，且扩增片段大小与预期片段大小一致。这表明样品中检测出*CpTI*基因成分，表述为“样品中检测出*CpTI*基因成分，检测结果为阳性”。

8.2.2 内标准基因得到扩增，且扩增片段大小与预期片段大小一致，而*CpTI*基因特异性序列未得到扩增，或扩增片段大小与预期片段大小不一致。这表明样品中未检测出*CpTI*基因成分，表述为“样品中未检测出*CpTI*基因成分，检测结果为阴性”。

8.2.3 内标准基因片段未得到扩增，或扩增片段大小与预期片段大小不一致。这表明样品中未检出对应植物成分，结果表述为“样品中未检出对应植物成分，检测结果为阴性”。

附 录 A
(资料性附录)
CpTI 基因特异性序列

1 GATCTGAACC ACCTCGGAAG TAATCATCAT GATGACTCAA GCGATGAACC
51 TTCTGAGTCT TCAGAACCAT GCTGCGATTC ATGCATCTGC ACTAAATCAA
101 TACCTCCTCA ATGCCATTGT ACAGATATCA GGTTGAATTC GTGTCACTCG
151 GCTTGCAAAT CCTGCATGTG TACACGATCA ATGCCAGGCA AGTGTCGTTG
201 CCTTGACATT GCTGATTTCT GTTACAAACC TTGCAAGTCC AGG

注:划线部分为引物序列。

ICS 65.020
B 04

中华人民共和国国家标准

农业部2031号公告—11—2013

转基因植物及其产品成分检测 *barstar*基因定性PCR方法

Detection of genetically modified plants and derived products—Qualitative PCR method for *barstar* gene

2013-12-04发布　　2013-12-04实施

中华人民共和国农业部　发布

前　言

本标准按照 GB/T 1.1—2009 给出的规则起草。

请注意本文件的某些内容可能涉及专利。本文件的发布机构不承担识别这些专利的责任。

本标准由中华人民共和国农业部提出。

本标准由全国农业转基因生物安全管理标准化技术委员会(SAC/TC 276)归口。

本标准起草单位:农业部科技发展中心、农业部环境保护科研监测所。

本标准主要起草人:杨殿林、沈平、修伟明、赵建宁、赵欣、李葱葱、李刚、王慧、刘红梅。

转基因植物及其产品成分检测
barstar 基因定性 PCR 方法

1 范围

本标准规定了转基因植物中 *barstar* 基因的定性 PCR 检测方法。

本标准适用于 *barstar* 基因及其转基因产品的定性 PCR 检测。

2 规范性引用文件

下列文件对于本文件的应用是必不可少的。凡是注日期的引用文件，仅注日期的版本适用于本文件。凡是不注日期的引用文件，其最新版本(包括所有的修改单)适用于本文件。

GB/T 6682 分析实验室用水规格和试验方法

NY/T 672 转基因植物及其产品检测 通用要求

农业部 2031 号公告—19—2013 转基因植物及其产品检测 抽样

农业部 1485 号公告—4—2010 转基因植物及其产品成分检测 DNA 提取和纯化

3 术语和定义

下列术语和定义适用于本文件。

3.1

***barstar* 基因 *barstar* gene**

来源于解淀粉芽孢杆菌(*Bacillus amyloliquefaciens*)，编码核糖核酸酶抑制物的基因。

4 原理

根据 *barstar* 基因序列设计特异性引物，对试样进行 PCR 扩增。依据是否扩增获得预期的特异性 DNA 片段，判断样品中是否含有 *barstar* 基因成分。

5 试剂和材料

除非另有说明，仅使用分析纯试剂和重蒸馏水或符合 GB/T 6682 规定的一级水。

5.1 琼脂糖。

5.2 10 g/L 溴化乙锭溶液：称取 1.0 g 溴化乙锭(EB)，溶解于 100 mL 水中，避光保存。

警告——溴化乙锭有致癌作用，配制和使用时应戴一次性手套操作并妥善处理废液。

5.3 10 mol/L 氢氧化钠溶液：在 160 mL 水中加入 80.0 g 氢氧化钠(NaOH)，溶解后再加水定容到 200 mL。

5.4 500 mmol/L 乙二铵四乙酸二钠溶液(pH8.0)：称取 18.6 g 乙二铵四乙酸二钠($EDTA\text{-}Na_2$)，加入 70 mL 水中，再加入适量氢氧化钠溶液(5.3)，加热至完全溶解后，冷却至室温，用氢氧化钠溶液(5.3)调 pH 至 8.0，加水定容至 100 mL。在 103.4 kPa(121℃)条件下灭菌 20 min。

5.5 1 mol/L 三羟甲基氨基甲烷—盐酸溶液(pH 8.0)：称取 121.1 g 三羟甲基氨基甲烷(Tris)溶解于 800 mL 水中，用盐酸(HCl)调 pH 至 8.0，加水定容至 1 000 mL。在 103.4 kPa(121℃)条件下灭菌 20 min。

5.6 TE 缓冲液(pH8.0):分别量取 10 mL 三羟甲基氨基甲烷—盐酸溶液(5.5)和 2 mL 乙二铵四乙酸二钠溶液(5.4),加水定容至 1 000 mL。在 103.4 kPa(121℃)条件下灭菌 20 min。

5.7 50×TAE 缓冲液:称取 242.2 g 三羟甲基氨基甲烷(Tris),先用 500 mL 水加热搅拌溶解后,加入 100 mL 乙二铵四乙酸二钠溶液(5.4),用冰乙酸调 pH 至 8.0,然后加水定容至 1 000 mL。使用时,用水稀释成 1×TAE。

5.8 加样缓冲液:称取 250.0 mg 溴酚蓝,加入 10 mL 水,在室温下溶解 12 h;称取 250.0 mg 二甲基苯腈蓝,加 10 mL 水溶解;称取 50.0 g 蔗糖,加 30 mL 水溶解。混合以上三种溶液,加水定容至 100 mL,在 4℃下保存。

5.9 DNA 分子量标准:可以清楚地区分 100 bp~1 000 bp 的 DNA 片段。

5.10 dNTPs 混合溶液:将浓度为 10 mmol/L 的 dATP、dTTP、dGTP、dCTP 四种脱氧核糖核苷酸溶液等体积混合。

5.11 Taq DNA 聚合酶、PCR 反应缓冲液及 25 mmol/L 氯化镁溶液。

5.12 *barstar* 基因引物:

barstar-F:5′-CAGAAGTATCAGCGACCTCC-3′;

barstar-R:5′-TCCATTCCAAAACGAGCGGGTA-3′;

预期扩增片段大小为 131 bp(参见附录 A)。

5.13 内标准基因引物:根据样品来源选择合适的内标准基因,确定对应的检测引物。

5.14 引物溶液:用 TE 缓冲液(5.6)或水分别将上述引物稀释到 10 μmol/L。

5.15 石蜡油。

5.16 DNA 提取试剂盒。

5.17 定性 PCR 反应试剂盒。

5.18 PCR 产物回收试剂盒。

6 仪器和设备

6.1 分析天平:感量 0.1 g 和 0.1 mg。

6.2 PCR 扩增仪:升降温速度>1.5℃/s,孔间温度差异<1.0℃。

6.3 电泳槽、电泳仪等电泳装置。

6.4 紫外透射仪。

6.5 凝胶成像系统或照相系统。

6.6 重蒸馏水发生器或纯水仪。

6.7 其他相关仪器设备。

7 分析步骤

7.1 抽样

按 NY/T 672 和农业部 2031 号公告—19—2013 的规定执行。

7.2 试样制备

按 NY/T 672 和农业部 2031 号公告—19—2013 的规定执行。

7.3 试样预处理

按农业部 1485 号公告—4—2010 的规定执行。

7.4 DNA 模板制备

按农业部 1485 号公告—4—2010 的规定执行。

7.5 PCR 反应

7.5.1 试样 PCR 反应

7.5.1.1 每个试样 PCR 反应设置 3 次平行。

7.5.1.2 在 PCR 反应管中按表 1 依次加入反应试剂，混匀，再加 25 μL 石蜡油(有热盖功能的 PCR 仪可不加)。也可采用经验证的、等效的定性 PCR 反应试剂盒配制反应体系。

表 1 PCR 检测反应体系

试剂	终浓度	体积
水		—
10×PCR 缓冲液	1×	2.5 μL
25 mmol/L 氯化镁溶液	1.5 mmol/L	1.5 μL
dNTPs 混合溶液(各 2.5 mmol/L)	各 0.2 mmol/L	2.0 μL
10 μmol/L barstar-F	0.4 μmol/L	1.0 μL
10 μmol/L barstar-R	0.4 μmol/L	1.0 μL
Taq DNA 聚合酶	0.025 U/μL	—
25 mg/L DNA 模板	2 mg/L	2.0 μL
总体积		25.0 μL
"—"表示体积不确定。如果 PCR 缓冲液中含有氯化镁，则不加氯化镁溶液，根据 Taq DNA 聚合酶的浓度确定其体积，并相应调整水的体积，使反应体系总体积达到 25.0 μL。		

7.5.1.3 将 PCR 管放在离心机上，500 g～3 000 g 离心 10 s；然后，取出 PCR 管，放入 PCR 扩增仪中。

7.5.1.4 进行 PCR 反应。反应程序为：94℃变性 3 min；94℃变性 30 s，58℃退火 30 s，72℃延伸 30 s，共进行 35 次循环；72℃延伸 5 min。

7.5.1.5 反应结束后取出 PCR 管，对 PCR 反应产物进行电泳检测。

7.5.2 对照 PCR 反应

在试样 PCR 反应的同时，应设置阴性对照、阳性对照和空白对照。

以与试样相同种类的非转基因植物基因组 DNA 作为阴性对照；以含有 *barstar* 基因的质量分数为 0.1%～1.0%的转基因植物基因组 DNA 作为阳性对照；以水作为空白对照。

各对照 PCR 反应体系中，除模板外，其余组分及 PCR 反应条件与 7.5.1 相同。

7.6 PCR 产物电泳检测

按 20 g/L 的质量浓度称量琼脂糖，加入 1×TAE 缓冲液中，加热溶解，配制成琼脂糖溶液。每 100 mL琼脂糖溶液中加入 5 μL EB 溶液，混匀。稍适冷却后，将其倒入电泳板上，插上梳板。室温下凝固成凝胶后，放入 1×TAE 缓冲液中，垂直向上轻轻拔去梳板。取 12 μL PCR 产物与 3 μL 加样缓冲液混合后加入凝胶点样孔，同时在其中一个点样孔中加入 DNA 分子量标准，接通电源在 2 V/cm～5 V/cm条件下电泳检测。

7.7 凝胶成像分析

电泳结束后，取出琼脂糖凝胶，置于凝胶成像系统或紫外透射仪上成像。根据 DNA 分子量标准估计扩增条带的大小，将电泳结果形成电子文件存档或用照相系统拍照。如需通过序列分析确认 PCR 扩增片段是否为目的 DNA 片段，按照 7.8 和 7.9 的规定执行。

7.8 PCR 产物回收

按 PCR 产物回收试剂盒说明书，回收 PCR 扩增的 DNA 片段。

7.9 PCR 产物测序验证

将回收的 PCR 产物克隆测序，与转基因植物中转入的 *barstar* 基因序列(参见附录 A)进行比对，确定 PCR 扩增的 DNA 片段是否为目的 DNA 片段。

8 结果分析与表述

8.1 对照检测结果分析

阳性对照的 PCR 反应中,内标准基因和 *barstar* 基因特异性序列均得到扩增,且扩增片段大小与预期片段大小一致;而阴性对照中仅扩增出内标准基因片段;空白对照中没有预期扩增片段,表明 PCR 反应体系正常工作。否则,重新检测。

8.2 样品检测结果分析和表述

8.2.1 内标准基因和 *barstar* 基因特异性序列均得到扩增,且扩增片段大小与预期片段大小一致,表明样品中检测出 *barstar* 基因成分,表述为"样品中检测出 *barstar* 基因成分,检测结果为阳性"。

8.2.2 内标准基因得到扩增,且扩增片段大小与预期片段大小一致,而 *barstar* 基因特异性序列未得到扩增,或扩增片段大小与预期片段大小不一致,表明样品中未检测出 *barstar* 基因成分,表述为"样品中未检测出 *barstar* 基因成分,检测结果为阴性"。

8.2.3 内标准基因片段未得到扩增,或扩增片段大小与预期片段大小不一致,表明样品中未检测出对应植物成分,结果表述为"样品中未检测出对应植物成分,检测结果为阴性"。

9 检出限

本标准方法的检出限为 1 g/kg。

附　录　A
（资料性附录）
***barstar* 基因特异性序列（GenBank Accession：X15545）**

1　CAGAAGTATC　AGCGACCTCC　ACCAGACATT　GAAAAAGGAG　CTTGCCCTTC
51　CGGAATACTA　CGGTGAAAAC　CTGGACGCTT　TATGGGATTG　TCTGACCGGA
101　TGGGTGGAGT　ACCCGCTCGT　TTTGGAATGG　A

注：划线部分为引物序列。

ICS 65.020
B 04

中华人民共和国国家标准

农业部2031号公告—12—2013

转基因植物及其产品成分检测 *Barnase* 基因定性 PCR 方法

Detection of genetically modified plants and derived products—Qualitative PCR method for *Barnase* gene

2013-12-04 发布　　2013-12-04 实施

中华人民共和国农业部 发布

前　　言

本标准按照 GB/T 1.1—2009 给出的规则起草。

请注意本文件的某些内容可能涉及专利。本文件的发布机构不承担识别这些专利的责任。

本标准由中华人民共和国农业部提出。

本标准由全国农业转基因生物安全管理标准化技术委员会(SAC/TC 276)归口。

本标准起草单位:农业部科技发展中心、中国农业科学院油料作物研究所。

本标准主要起草人:卢长明、宋贵文、武玉花、吴刚、沈平、曹应龙、李葱葱。

转基因植物及其产品成分检测
Barnase 基因定性 PCR 方法

1 范围

本标准规定了转基因植物中 *Barnase* 基因的定性 PCR 检测方法。

本标准适用于 *Barnase* 基因及其转基因产品的定性 PCR 检测。

2 规范性引用文件

下列文件对于本文件的应用是必不可少的。凡是注日期的引用文件，仅注日期的版本适用于本文件。凡是不注日期的引用文件，其最新版本(包括所有的修改单)适用于本文件。

GB/T 6682 分析实验室用水规格和试验方法

NY/T 672 转基因植物及其产品检测 通用要求

农业部 2031 号公告—19—2013 转基因植物及其产品检测 抽样

农业部 1485 号公告—4—2010 转基因植物及其产品成分检测 DNA 提取和纯化

3 术语和定义

下列术语和定义适用于本文件。

3.1

***Barnase* 基因 *Barnase* gene**

来源于解淀粉芽孢杆菌(*Bacillus amyloliquefaciens*)，编码核糖核酸酶(RNase)的基因。

4 原理

根据 *Barnase* 基因序列设计特异性引物和探针，对试样进行 PCR 扩增。依据是否扩增获得预期的特异性 DNA 片段或典型的扩增曲线，判断样品中是否含有 *Barnase* 基因成分。

5 试剂和材料

除非另有说明，仅使用分析纯试剂和重蒸馏水或符合 GB/T 6682 规定的一级水。

5.1 琼脂糖。

5.2 10 g/L 溴化乙锭溶液：称取 1.0 g 溴化乙锭(EB)，溶解于 100 mL 水中，避光保存。

警告——溴化乙锭有致癌作用，配制和使用时应戴一次性手套操作并妥善处理废液。

5.3 10 mol/L 氢氧化钠溶液：在 160 mL 水中加入 80.0 g 氢氧化钠(NaOH)，溶解后，冷却至室温，再加水定容到 200 mL。

5.4 500 mmol/L 乙二铵四乙酸二钠溶液(pH 8.0)：称取 18.6 g 乙二铵四乙酸二钠(EDTA - Na_2)，加入 70 mL 水中，再加入适量氢氧化钠溶液(5.3)，加热至完全溶解后，冷却至室温。用氢氧化钠溶液(5.3)调 pH 至 8.0，加水定容至 100 mL。在 103.4 kPa(121℃)条件下灭菌 20 min。

5.5 1 mol/L 三羟甲基氨基甲烷—盐酸溶液(pH8.0)：称取 121.1 g 三羟甲基氨基甲烷(Tris)溶解于 800 mL 水中，用盐酸(HCl)调 pH 至 8.0，加水定容至 1 000 mL。在 103.4 kPa(121℃)条件下灭菌 20 min。

5.6　TE 缓冲液(pH8.0):分别量取 10 mL 三羟甲基氨基甲烷—盐酸溶液(5.5)和 2 mL 乙二铵四乙酸二钠溶液(5.4),加水定容至 1 000 mL。在 103.4 kPa(121℃)条件下灭菌 20 min。

5.7　50×TAE 缓冲液:称取 242.2 g 三羟甲基氨基甲烷(Tris),先用 500 mL 水加热搅拌溶解后,加入 100 mL 乙二铵四乙酸二钠溶液(5.4),用冰乙酸调 pH 至 8.0,然后加水定容至 1 000 mL。使用时,用水稀释成 1×TAE。

5.8　加样缓冲液:称取 250.0 mg 溴酚蓝,加入 10 mL 水,在室温下溶解 12 h;称取 250.0 mg 二甲基苯腈蓝,加 10 mL 水溶解;称取 50.0 g 蔗糖,加 30 mL 水溶解。混合以上三种溶液,加水定容至 100 mL,在 4℃下保存。

5.9　DNA 分子量标准:可以清楚地区分 100 bp～1 000 bp 的 DNA 片段。

5.10　dNTPs 混合溶液:将浓度为 10 mmol/L 的 dATP、dTTP、dGTP、dCTP 四种脱氧核糖核苷酸溶液等体积混合。

5.11　Taq DNA 聚合酶、PCR 反应缓冲液及 25 mmol/L 氯化镁溶液。

5.12　普通 PCR 引物:

Barnase-F:5′-GGGGTTGCGGATTATCTTC-3′;

Barnase-R:5′-CCGTTGTTTTGTAAATCAGCC-3′;

预期扩增片段大小为 276 bp(参见附录 A)。

5.13　实时荧光 PCR 引物和探针:

qBarnase-F:5′-AATCAGAAGCACAAGCCCTCG -3′;

qBarnase-R:5′-AGTTTGCCTTCCCTGTTTGAGAA-3′;

qBarnase-P:5′-TGTCTCCGCCGATGCTTTTCCCCG-3′。

注:探针的 5′端标记荧光报告基团(如 FAM、HEX 等),3′端标记荧光淬灭基团(如 TAMRA、BHQ1 等)。

预期扩增片段大小为 109 bp(参见附录 A)。

5.14　内标准基因引物:根据样品来源选择合适的内标准基因,确定对应的检测引物。

5.15　引物和探针溶液:用 TE 缓冲液(5.6)或水分别将上述引物和探针稀释到 10 μmol/L。

5.16　石蜡油。

5.17　DNA 提取试剂盒。

5.18　定性 PCR 反应试剂盒。

5.19　实时荧光 PCR 反应试剂盒。

5.20　PCR 产物回收试剂盒。

6　仪器和设备

6.1　分析天平:感量 0.1 g 和 0.1 mg。

6.2　PCR 扩增仪:升降温速度>1.5℃/s,孔间温度差异<1.0℃。

6.3　荧光定量 PCR 仪。

6.4　电泳槽、电泳仪等电泳装置。

6.5　紫外透射仪。

6.6　凝胶成像系统或照相系统。

6.7　重蒸馏水发生器或纯水仪。

6.8　其他相关仪器设备。

7　分析步骤

7.1　抽样

按 NY/T 672 和农业部 2031 号公告—19—2013 的规定执行。

7.2 试样制备

按 NY/T 672 和农业部 2031 号公告—19—2013 的规定执行。

7.3 试样预处理

按农业部 1485 号公告—4—2010 的规定执行。

7.4 DNA 模板制备

按农业部 1485 号公告—4—2010 的规定执行。

7.5 PCR 反应

7.5.1 普通 PCR 方法

7.5.1.1 PCR 反应

7.5.1.1.1 试样 PCR 反应

7.5.1.1.1.1 每个试样 PCR 反应设置 3 次平行。

7.5.1.1.1.2 在 PCR 反应管中按表 1 依次加入反应试剂，混匀，再加 25 μL 石蜡油(有热盖功能的 PCR 仪可不加)。也可采用经验证的、等效的定性 PCR 反应试剂盒配制反应体系。

表 1 PCR 检测反应体系

试　剂	终浓度	体积
水		—
10×PCR 缓冲液	1×	2.5 μL
25 mmol/L 氯化镁溶液	1.5 mmol/L	1.5 μL
dNTPs 混合溶液(各 2.5 mmol/L)	各 0.2 mmol/L	2.0 μL
10 μmol/L Barnase -F	0.2 μmol/L	0.5 μL
10 μmol/L Barnase - R	0.2 μmol/L	0.5 μL
Taq DNA 聚合酶	0.025 U/μL	—
25 mg/L DNA 模板	2 mg/L	2.0 μL
总体积		25.0 μL
"—"表示体积不确定。如果 PCR 缓冲液中含有氯化镁，则不加氯化镁溶液，根据 Taq DNA 聚合酶的浓度确定其体积，并相应调整水的体积，使反应体系总体积达到 25.0 μL。		

7.5.1.1.1.3 将 PCR 管放在离心机上，500 g～3 000 g 离心 10 s，然后取出 PCR 管，放入 PCR 仪中。

7.5.1.1.1.4 进行 PCR 反应。反应程序为：94℃变性 5 min；94℃变性 30 s，58℃退火 30 s，72℃延伸 30 s，共进行 35 次循环；72℃延伸 2 min。

7.5.1.1.1.5 反应结束后取出 PCR 管，对 PCR 反应产物进行电泳检测。

7.5.1.1.2 对照 PCR 反应

在试样 PCR 反应的同时，应设置阴性对照、阳性对照和空白对照。

以与试样相同种类的非转基因植物基因组 DNA 作为阴性对照；以含有 *Barnase* 基因的质量分数为 0.1%～1.0%的转基因植物基因组 DNA 作为阳性对照；以水作为空白对照。

各对照 PCR 反应体系中，除模板外，其余组分及 PCR 反应条件与 7.5.1.1.1 相同。

7.5.1.2 PCR 产物电泳检测

按 20 g/L 的质量浓度称量琼脂糖，加入 1×TAE 缓冲液中，加热溶解，配制成琼脂糖溶液。每 100 mL琼脂糖溶液中加入 5 μL EB 溶液，混匀。稍适冷却后，将其倒入电泳板上，插上梳板。室温下凝固成凝胶后，放入 1×TAE 缓冲液中，垂直向上轻轻拔去梳板。取 12 μL PCR 产物与 3 μL 加样缓冲液混合后加入凝胶点样孔，同时在其中一个点样孔中加入 DNA 分子量标准，接通电源在 2 V/cm～5 V/cm 条件下电泳检测。

7.5.1.3 **凝胶成像分析**

电泳结束后，取出琼脂糖凝胶，置于凝胶成像系统或紫外透射仪上成像。根据 DNA 分子量标准估计扩增条带的大小，将电泳结果形成电子文件存档或用照相系统拍照。如需通过序列分析确认 PCR 扩增片段是否为目的 DNA 片段，按照 7.5.1.4 和 7.5.1.5 的规定执行。

7.5.1.4 **PCR 产物回收**

按 PCR 产物回收试剂盒说明书，回收 PCR 扩增的 DNA 片段。

7.5.1.5 **PCR 产物测序验证**

将回收的 PCR 产物克隆测序，与转基因植物中转入的 *Barnase* 基因序列（参见附录 A）进行比对，确定 PCR 扩增的 DNA 片段是否为目的 DNA 片段。

7.5.2 **实时荧光 PCR 方法**

7.5.2.1 **试样 PCR 反应**

7.5.2.1.1 每个试样 PCR 反应设置 3 次平行。

7.5.2.1.2 在 PCR 反应管中按表 2 依次加入反应试剂，混匀。也可采用经验证的、等效的实时荧光 PCR 反应试剂盒配制反应体系。

7.5.2.1.3 将 PCR 管放在离心机上，500 *g*～3 000 *g* 离心 10 s，然后取出 PCR 管，放入 PCR 仪中。

7.5.2.1.4 运行实时荧光 PCR 反应。反应程序为 95℃、5 min；95℃、15 s，60℃、1 min，循环数 40；在第二阶段的退火延伸（60℃）时段收集荧光信号。

注：可根据仪器要求将反应参数做适当调整。

表 2 实时荧光 PCR 反应体系

试　　剂	终浓度	体积
水		—
10×PCR 缓冲液	1×	2.0 μL
25 mmol/L 氯化镁溶液	3.0 mmol/L	2.4 μL
dNTPs 混合溶液（各 2.5 mmol/L）	各 0.3 mmol/L	0.6 μL
10 μmol/L qBarnase -P	0.1 μmol/L	0.2 μL
10 μmol/L qBarnase -F	0.2 μmol/L	0.4 μL
10 μmol/L qBarnase -R	0.2 μmol/L	0.4 μL
Taq DNA 聚合酶	0.04 U/μL	—
25 mg/L DNA 模板	2 mg/L	2.0 μL
总体积		20.0 μL
"—"表示体积不确定。如果 PCR 缓冲液中含有氯化镁，则不加氯化镁溶液，根据 Taq DNA 聚合酶的浓度确定其体积，并相应调整水的体积，使反应体系总体积达到 20.0 μL。		

7.5.2.2 **对照 PCR 反应**

在试样 PCR 反应的同时，应设置阳性对照、阴性对照和空白对照。

以与试样相同种类的非转基因植物基因组 DNA 作为阴性对照；以含有 *Barnase* 基因的质量分数为 0.1%～1.0%的转基因植物基因组 DNA 作为阳性对照；以水作为空白对照。

各对照 PCR 反应体系中，除模板外，其余组分及 PCR 反应条件与 7.5.2.1 相同。

8 结果分析与表述

8.1 普通 PCR 方法

8.1.1 **对照检测结果分析**

阳性对照 PCR 反应中，内标准基因和 *Barnase* 基因特异性序列均得到扩增，且扩增片段大小与预期片段大小一致；而阴性对照中仅扩增出内标准基因片段；空白对照中没有预期扩增片段，表明 PCR 反应体系正常工作。否则,重新检测。

8.1.2 样品检测结果分析和表述

8.1.2.1 内标准基因和 *Barnase* 基因特异性序列均得到扩增,且扩增片段大小与预期片段大小一致,表明样品中检测出 *Barnase* 基因成分,表述为“样品中检测出 *Barnase* 基因成分,检测结果为阳性”。

8.1.2.2 内标准基因得到扩增,且扩增片段大小与预期片段大小一致,而 *Barnase* 基因特异性序列未得到扩增,或扩增片段大小与预期片段大小不一致,表明样品中未检测出 *Barnase* 基因成分,表述为“样品中未检测出 *Barnase* 基因成分,检测结果为阴性”。

8.1.2.3 内标准基因片段未得到扩增,或扩增片段大小与预期片段大小不一致,表明样品中未检测出对应植物成分,结果表述为“样品中未检测出对应植物成分,检测结果为阴性”。

8.2 实时荧光 PCR 方法

8.2.1 阈值设定

实时荧光 PCR 反应结束后,以 PCR 刚好进入指数期扩增来设置荧光信号阈值,并根据仪器噪声情况进行调整。

8.2.2 对照检测结果分析

阴性对照和空白对照无典型扩增曲线,荧光信号低于设定的阈值,而阳性对照出现典型扩增曲线,且 *Ct* 值小于或等于 36,表明反应体系工作正常。否则,重新检测。

8.2.3 样品检测结果分析和表述

8.2.3.1 内标准基因和 *Barnase* 基因出现典型扩增曲线,且 *Ct* 值小于或等于 36,表明样品中检测出 *Barnase* 基因成分,表述为“样品中检测出 *Barnase* 基因成分,检测结果为阳性”。

8.2.3.2 内标准基因出现典型扩增曲线,且 *Ct* 值小于或等于 36,而 *Barnase* 基因无典型扩增曲线,表明样品中未检测出 *Barnase* 基因成分,表述为“样品中未检测出 *Barnase* 基因成分,检测结果为阴性”。

8.2.3.3 内标准基因和 *Barnase* 基因出现典型扩增曲线,但 *Ct* 值在 36～40 之间,应进行重复实验。如重复实验结果符合 8.2.3.1 或 8.2.3.2 的情况,依照 8.2.3.1 或 8.2.3.2 进行判断;如重复实验 *Barnase* 基因出现典型扩增曲线,但 *Ct* 值仍在 36～40 之间,表明样品中检测出 *Barnase* 基因成分,表述为“样品中检测出 *Barnase* 基因成分,检测结果为阳性”。

9 检出限

9.1 普通 PCR 方法的检出限为 4 g/kg。

9.2 实时荧光 PCR 方法的检出限为 0.5 g/kg。

附 录 A
（资料性附录）
Barnase 基因特异性序列

A.1 普通 PCR 扩增产物核苷酸序列(GenBank Accession No. M14442.1)

1 GGGGTTGCGG ATTATCTTCA GACATATCAT AAGCTACCTG ATAATTACAT
51 TACAAAATCA GAAGCACAAG CCCTCGGCTG GGTGGCATCA AAAGGGAACC
101 TTGCAGACGT CGCTCCGGGG AAAAGCATCG GCGGAGACAT CTTCTCAAAC
151 AGGGAAGGCA AACTCCCGGG CAAAAGCGGA CGAACATGGC GTGAAGCGGA
201 TATTAACTAT ACATCAGGCT TCAGAAATTC AGACCGGATT CTTTACTCAA
251 GCGACTGGCT GATTTACAAA ACAACGG

注：划线部分为普通 PCR 引物序列。

A.2 实时荧光 PCR 扩增产物核苷酸序列(GenBank Accession No. M14442.1)

1 AATCAGAAGC ACAAGCCCTC GGCTGGGTGG CATCAAAAGG GAACCTTGCA
51 GACGTCGCTC CGGGGAAAAG CATCGGCGGA GACATCTTCT CAAACAGGGA
101 AGGCAAACT

注：划线部分为实时荧光 PCR 引物序列；框内为探针序列。

第四部分　玉　　米

ICS 67.050
X 04

中华人民共和国国家标准

农业部869号公告—7—2007

转基因植物及其产品成分检测 抗虫和耐除草剂玉米TC1507及其衍生品种定性PCR方法

**Detection of genetically modified plants and derived products
Qualitative PCR method for insect-resistant and herbicide-tolerant maize TC1507 and its derivates**

2007-06-11发布　　2007-08-01实施

中华人民共和国农业部　发布

前　言

本标准由中华人民共和国农业部提出。

本标准归口全国农业转基因生物安全管理标准化技术委员会。

本标准起草单位：农业部科技发展中心、上海交通大学、上海市农业科学院、吉林省农业科学院。

本标准主要起草人：张大兵、刘信、杨立桃、宋贵文、沈平、潘爱虎、梁婉琪、张明。

转基因植物及其产品成分检测
抗虫和耐除草剂玉米 TC1507 及其衍生品种定性 PCR 方法

1 范围

本标准规定了转基因抗虫和耐除草剂玉米 TC1507 转化体特异性定性 PCR 检测方法。

本标准适用于转基因抗虫和耐除草剂玉米 TC1507 及其衍生品种，以及制品中 TC1507 的定性 PCR 检测。

2 规范性引用文件

下列文件中的条款通过本标准的引用而成为本标准的条款。凡是注日期的引用文件，其随后所有的修改单（不包括勘误的内容）或修订版均不适用于本标准，然而，鼓励根据本标准达成协议的各方研究是否可使用这些文件的最新版本。凡是不注日期的引用文件，其最新版本适合于本标准。

NY/T 672　转基因植物及其产品检测　通用要求

NY/T 673　转基因植物及其产品检测　抽样

NY/T 674　转基因植物及其产品检测　DNA 提取和纯化

3 术语和定义

下列术语和定义适用于本标准。

3.1

***zSS* Ⅱ*b* 基因　*zSS* Ⅱ*b* gene**

编码玉米淀粉合酶异构体 zSTSⅡ-2 的基因。

3.2

TC1507 转化体特异性序列　event-specific sequence of TC1507

外源插入片段 3′端与玉米基因组的连接区序列，包括 Pat 基因 3′端部分序列和玉米基因组的部分序列。

4 原理

根据转基因抗虫和耐除草剂玉米 TC1507 转化体特异性序列设计特异性引物，对试样进行 PCR 扩增。依据是否扩增获得预期 279 bp 的 DNA 片段，检测试样中是否含有转基因抗虫和耐除草剂玉米 TC1507。

5 试剂和材料

除非另有说明，仅使用分析纯试剂和重蒸馏水。

5.1 琼脂糖

5.2 10 g/L 溴化乙锭溶液

称取 1.0 g 溴化乙锭(EB)，溶于 100 mL 水中。

注：溴化乙锭有致癌作用，配制和使用时应戴一次性手套操作并妥善处理废液。

5.3 10 mol/L 氢氧化钠溶液

称取氢氧化钠(NaOH)80.0 g，先用 160 mL 水溶解后，再加水定容到 200 mL。

5.4 500 mmol/L 乙二铵四乙酸二钠溶液(pH 8.0)

称取18.6 g乙二铵四乙酸二钠(EDTA-Na_2),加入70 mL水中,再加入适量氢氧化钠溶液(5.3),加热至完全溶解后,冷却至室温,用氢氧化钠溶液(5.3)调pH至8.0,加水定容至100 mL。在103.4 kPa(121℃)条件下灭菌20 min。

5.5 1 mol/L 三羟甲基氨基甲烷-盐酸溶液(pH 8.0)

称取121.1 g三羟甲基氨基甲烷(Tris)溶解于800 mL水中,用盐酸调pH至8.0,加水定容至1 000 mL。在103.4 kPa(121℃)条件下灭菌20 min。

5.6 TE缓冲液(pH 8.0)

分别量取10 mL三羟甲基氨基甲烷-盐酸溶液(5.5)和2 mL乙二铵四乙酸二钠溶液(5.4),加水定容至1 000 mL。在103.4 kPa(121℃)条件下灭菌20 min。

5.7 50×TAE缓冲液

称取242.2 g三羟甲基氨基甲烷(Tris),先用300 mL水加热搅拌溶解后,加100 mL乙二铵四乙酸二钠溶液(5.4),用冰乙酸调pH至8.0,然后加水定容到1 000 mL。使用时用水稀释成1×TAE。

5.8 加样缓冲液

称取250.0 mg溴酚蓝,加10 mL水,在室温下溶解12 h;称取250.0 mg二甲基苯腈蓝,用10 mL水溶解;称取50.0 g蔗糖,用30 mL水溶解,混合三种溶液,加水定容至100 mL,在4℃下保存。

5.9 DNA分子量标准

可以清楚的区分50 bp~1 000 bp的DNA片段。

5.10 dNTPs混合溶液

将浓度为10 mmol/L的dATP、dTTP、dGTP、dCTP四种脱氧核糖核苷酸溶液等体积混合。

5.11 Taq DNA聚合酶(5 U/μL)及PCR反应缓冲液

5.12 引物

5.12.1 *zSSⅡb*基因。

zSSⅡb-F:5′-CGGTGGATGCTAAGGCTGATG-3′;

zSSⅡb-R:5′-AAAGGGCCAGGTTCATTATCCTC-3′;

预期扩增片段大小为88 bp。

5.12.2 TC1507转化体特异性序列。

TC1507-F:5′-CTTGTGGTGTTTGTGGCTCT-3′;

TC1507-R:5′-TGGCTCCTCCTTCGTATGT-3′;

预期扩增片段大小为279 bp。

5.13 引物溶液

用TE缓冲液(5.6)分别将上述引物稀释到10 μmol/L。

5.14 石蜡油

5.15 PCR产物回收试剂盒

6 仪器

6.1 分析天平,感量0.1 mg。

6.2 PCR扩增仪。

6.3 电泳槽、电泳仪等电泳装置。

6.4 紫外透射仪。

6.5 凝胶成像系统或照相系统。

6.6 重蒸馏水发生器或超纯水仪。

6.7 其他分子生物学实验室仪器设备。

7 操作步骤

7.1 抽样

按 NY/T 672 和 NY/T 673 规定执行。

7.2 制样

按 NY/T 672 和 NY/T 673 规定执行。

7.3 试样预处理

按 NY/T 674 规定执行。

7.4 DNA 模板制备

按 NY/T 674 规定执行。

7.5 PCR 反应

7.5.1 试样 PCR 反应

7.5.1.1 每个试样 PCR 反应设置三次重复。

7.5.1.2 在 PCR 反应管中按表 1 依次加入反应试剂，用手指轻弹混匀，再加约 50 μL 石蜡油（有热盖设备的 PCR 仪可不加）。

7.5.1.3 将 PCR 管放入台式离心机中离心 10 s 后插入 PCR 仪中。

7.5.1.4 运行 PCR 反应。反应程序为：95℃变性 5 min；进行 35 次循环扩增反应（94℃变性 30 s，58℃退火 30 s，72℃延伸 30 s。根据不同型号的 PCR 仪，可将 PCR 反应的退火和延伸时间适当延长）；72℃延伸 7 min。

7.5.1.5 反应结束后取出 PCR 反应管，对 PCR 反应产物进行电泳检测。

表 1 PCR 检测反应体系

试　剂	终浓度	体　积
无菌水		31.75 μL
10×PCR 缓冲液	1×	5 μL
25 mmol/L $MgCl_2$	2.5 mmol/L	5 μL
dNTPs	0.2 mmol/L	1 μL
10 μmol/L 上游引物	0.5 μmol/L	2.5 μL
10 μmol/L 下游引物	0.5 μmol/L	2.5 μL
5 U/μL Taq 酶	0.025 U/μL	0.25 μL
25 mg/L DNA 模板	1 mg/L	2.0 μL
总体积		50 μL

注 1：如果 PCR 缓冲液中含有氯化镁，则不加氯化镁溶液，加等体积无菌水。

注 2：玉米内标准基因 PCR 检测反应体系中，上下游引物分别为 zSSⅡb-F 和 zSSⅡb-R；转基因玉米 TC1507 转化体 PCR 检测反应体系中，上下游引物分别为 TC1507-F 和 TC1507-R。

7.5.2 对照 PCR 反应

7.5.2.1 在试样 PCR 反应的同时，应设置阴性对照、阳性对照和空白对照，各对照 PCR 反应体系中，除模板外其余组分及 PCR 反应条件与 7.5.1 相同。

7.5.2.2 以非转基因玉米材料中提取的DNA作为阴性对照PCR反应体系的模板。

7.5.2.3 以转基因抗虫和耐除草剂玉米TC1507含量为0.1%～1.0%的玉米材料中提取的DNA作为阳性对照PCR反应体系的模板。

7.5.2.4 以无菌水作为空白对照PCR反应体系的模板。

7.6 PCR产物电泳检测

按20 g/L的浓度称取琼脂糖，加入1×TAE缓冲液中，加热溶解，配制成琼脂糖溶液。按每100 mL琼脂糖溶液中加入5 μL EB溶液的比例加入EB溶液，混匀，稍适冷却后，将其倒入电泳板上，插上梳板，室温下凝固成凝胶后，放入1×TAE缓冲液中，垂直向上轻轻拔去梳板。取7 μL PCR产物与3 μL加样缓冲液混合后加入点样孔中，同时在其中一个点样孔中加入DNA分子量标准，接通电源在2 V/cm～5 V/cm条件下电泳。

7.7 凝胶成像分析

电泳结束后，取出琼脂糖凝胶，置于凝胶成像仪或紫外透射仪上成像。根据DNA分子量标准估计扩增条带的大小，将电泳结果形成电子文件存档或用照相系统拍照。根据琼脂糖凝胶电泳结果，按照8的规定对PCR扩增结果进行分析。如需确认PCR扩增片段是否为目的DNA片段，按照7.8和7.9的规定执行。

7.8 PCR产物回收

按PCR产物回收试剂盒说明书回收PCR扩增的DNA片段。

7.9 PCR产物的测序验证

将回收的PCR产物克隆测序，确定PCR扩增的DNA片段是否为目的DNA片段。

8 结果分析与表述

8.1 对照样品结果分析

阳性对照PCR反应中，*zSSⅡb*内标准基因和转化体特异性序列均得到扩增，且扩增片段大小与预期片段大小一致，而阴性对照中仅扩增出*zSSⅡb*基因片段，空白对照中没有任何扩增片段，表明PCR反应体系正常工作，否则重新检测。

8.2 试样检测结果分析和表述

a) *zSSⅡb*内标准基因和转化体特异性序列均得到扩增，且扩增片段大小与预期片段大小一致，表明试样中检测出转基因抗虫和耐除草剂玉米TC1507，结果表述为“试样中检测出转基因抗虫和耐除草剂玉米TC1507，检测结果为阳性”。

b) *zSSⅡb*内标准基因片段得到扩增，且扩增片段大小与预期片段大小一致，而转化体特异性序列未得到扩增，或扩增片段大小与预期片段大小不一致，表明试样中未检测出转基因抗虫和耐除草剂玉米TC1507，结果表述为“试样中未检测出转基因抗虫和耐除草剂玉米TC1507，检测结果为阴性”。

c) *zSSⅡb*内标准基因片段未得到扩增，或扩增片段大小与预期片段大小不一致，不作判定。

ICS 67.050
X 04

中华人民共和国国家标准

农业部869号公告—10—2007

转基因植物及其产品成分检测 抗虫玉米MON863及其衍生品种 定性PCR方法

Detection of genetically modified plants and derived products Qualitative PCR method for insect-resistant maize MON863 and its derivates

2007-06-11 发布　　2007-08-01 实施

中华人民共和国农业部　发布

前　　言

本标准由中华人民共和国农业部提出。

本标准归口全国农业转基因生物安全管理标准化技术委员会。

本标准起草单位:农业部科技发展中心、上海交通大学、上海市农业科学院、山东省农业科学院。

本标准主要起草人:张大兵、刘信、杨立桃、潘爱虎、沈平、宋贵文、路兴波。

转基因植物及其产品成分检测
抗虫玉米 MON863 及其衍生品种定性 PCR 方法

1 范围

本标准规定了转基因抗虫玉米 MON863 转化体特异性定性 PCR 检测方法。

本标准适用于转基因抗虫玉米 MON863 及其衍生品种，以及制品中 MON863 的定性 PCR 检测。

2 规范性引用文件

下列文件中的条款通过本标准的引用而成为本标准的条款。凡是注日期的引用文件，其随后所有的修改单（不包括勘误的内容）或修订版均不适用于本标准，然而，鼓励根据本标准达成协议的各方研究是否可使用这些文件的最新版本。凡是不注明日期的引用文件，其最新版本适合于本标准。

NY/T 672 转基因植物及其产品检测 通用要求

NY/T 673 转基因植物及其产品检测 抽样

NY/T 674 转基因植物及其产品检测 DNA 提取和纯化

3 术语和定义

下列术语和定义适用于本标准。

3.1

***zSS*Ⅱ*b* 基因 *zSS*Ⅱ*b* gene**

编码玉米淀粉合酶异构体 zSTSⅡ-2 的基因。

3.2

MON863 转化体特异性序列 event-specific sequence of MON863

外源插入片段 5′端与玉米基因组的连接区序列，包括 CaMV35s 启动子 5′端部分序列和玉米基因组的部分序列。

4 原理

根据转基因抗虫玉米 MON863 转化体特异性序列设计特异性引物，对试样进行 PCR 扩增。依据是否扩增获得预期的 411 bp DNA 片段，检测试样中是否含有 MON863。

5 试剂和材料

除非另有说明，仅使用分析纯试剂和重蒸馏水。

5.1 琼脂糖。

5.2 10 g/L 溴化乙锭溶液：称取 1.0 g 溴化乙锭（EB），溶于 100 mL 水中。

注：溴化乙锭有致癌作用，配制和使用时应戴一次性手套操作并妥善处理废液。

5.3 10 mol/L 氢氧化钠溶液：称取氢氧化钠（NaOH）80.0 g，先用 160 mL 水溶解后，再加水定容到 200 mL。

5.4 500 mmol/L 乙二铵四乙酸二钠溶液（pH8.0）：称取 18.6 g 乙二铵四乙酸二钠（EDTA-Na_2），加入 70 mL 水中，再加入适量氢氧化钠溶液（5.3），加热至完全溶解后，冷却至室温，用氢氧化钠溶液（5.3）

调 pH 至 8.0，加水定容至 100 mL。在 103.4 kPa(121℃)条件下灭菌 20 min。

5.5 1 mol/L 三羟甲基氨基甲烷—盐酸溶液(pH8.0)：称取 121.1 g 三羟甲基氨基甲烷(Tris)溶解于 800 mL 水中，用盐酸调 pH 至 8.0，加水定容至 1 000 mL。在 103.4 kPa(121℃)条件下灭菌 20 min。

5.6 TE 缓冲液(pH 8.0)：分别量取 10 mL 三羟甲基氨基甲烷—盐酸溶液(5.5)和 2 mL 乙二铵四乙酸二钠溶液(5.4)，加水定容至 1 000 mL。在 103.4 kPa(121℃)条件下灭菌 20 min。

5.7 50×TAE 缓冲液：称取 242.2 g 三羟甲基氨基甲烷(Tris)，先用 300 mL 水加热搅拌溶解后，加 100 mL 乙二铵四乙酸二钠溶液(5.4)，用冰乙酸调 pH 至 8.0，然后加水定容到 1 000 mL。使用时用水稀释成 1×TAE。

5.8 加样缓冲液：称取 250.0 mg 溴酚蓝，加 10 mL 水，在室温下溶解 12 h；称取 250.0 mg 二甲基苯腈蓝，用 10 mL 水溶解；称取 50.0 g 蔗糖，用 30 mL 水溶解，混合三种溶液，加水定容至 100 mL，在 4℃下保存。

5.9 DNA 分子量标准：可以清楚的区分 50 bp～1 000 bp 的 DNA 片段。

5.10 dNTPs 混合溶液：将浓度为 10 mmol/L 的 dATP、dTTP、dGTP、dCTP 四种脱氧核糖核苷酸溶液等体积混合。

5.11 Taq DNA 聚合酶(5 u/μL)及 PCR 反应缓冲液。

5.12 引物。

5.12.1 *zSSⅡb* 基因。

zSSⅡb - F：5′- CGGTGGATGCTAAGGCTGATG - 3′；

zSSⅡb - R：5′- AAAGGGCCAGGTTCATTATCCTC - 3′；

预期扩增片段大小为 88 bp。

5.12.2 MON863 转化体特异性序列。

MON863 - F：5′- GCACTCAAAGACCTGGCGAATGA - 3′；

MON863 - R：5′- CCATCTTTGGGACCACTGTCG - 3′；

预期扩增片段大小为 411 bp。

5.13 引物溶液：用 TE 缓冲液(5.6)分别将上述引物稀释到 10 μmol/L。

5.14 石蜡油。

5.15 PCR 产物回收试剂盒。

6 仪器

6.1 分析天平，感量 0.1 mg。

6.2 PCR 扩增仪。

6.3 电泳槽、电泳仪等电泳装置。

6.4 紫外透射仪。

6.5 凝胶成像系统或照相系统。

6.6 重蒸馏水发生器或超纯水仪。

6.7 其他分子生物学实验室仪器设备。

7 操作步骤

7.1 抽样

按 NY/T 672 和 NY/T 673 规定执行。

7.2 制样

按NY/T 672和NY/T 673规定执行。

7.3 试样预处理

按NY/T 674规定执行。

7.4 DNA模板制备

按NY/T 674规定执行。

7.5 PCR反应

7.5.1 试样PCR反应

7.5.1.1 每个试样PCR反应设置3次重复。

7.5.1.2 在PCR反应管中按表1依次加入反应试剂，用手指轻弹混匀，再加约50 μL石蜡油(有热盖设备的PCR仪可不加)。

7.5.1.3 将PCR管放入台式离心机中离心10 s后插入PCR仪中。

7.5.1.4 运行PCR反应。反应程序为：95℃变性5 min；进行35次循环扩增反应(94℃变性30 s，58℃退火30 s，72℃延伸30 s。根据不同型号的PCR仪，可将PCR反应的退火和延伸时间适当延长)；72℃延伸7 min。

7.5.1.5 反应结束后取出PCR反应管，对PCR反应产物进行电泳检测。

表1 PCR检测反应体系

试　剂	终浓度	体　积
无菌水		31.75 μL
10×PCR缓冲液	1×	5 μL
25 mmol/L氯化镁溶液	2.5 mmol/L	5 μL
dNTPs	0.2 mmol/L	1 μL
10 μmol/L上游引物	0.5 μmol/L	2.5 μL
10 μmol/L下游引物	0.5 μmol/L	2.5 μL
5 u/μL Taq酶	0.025 u/μL	0.25 μL
25 mg/L DNA模板	1 mg/L	2.0 μL
总体积		50 μL

注1：如果PCR缓冲液中含有氯化镁，则不加氯化镁溶液，加等体积无菌水。

注2：玉米内标准基因PCR检测反应体系中，上、下游引物分别为zSSⅡb-F和zSSⅡb-R；转基因玉米MON863转化体PCR检测反应体系中，上、下游引物分别为MON863-F和MON863-R。

7.5.2 对照PCR反应

7.5.2.1 在试样PCR反应的同时，应设置阴性对照、阳性对照和空白对照，各对照PCR反应体系中，除模板外其余组分及PCR反应条件与7.5.1相同。

7.5.2.2 以非转基因玉米中提取的DNA作为阴性对照PCR反应体系的模板。

7.5.2.3 以转基因抗虫玉米MON863含量为0.1%～1.0%的玉米中提取的DNA作为阳性对照PCR反应体系的模板。

7.5.2.4 以无菌水作为空白对照PCR反应体系的模板。

7.6 PCR产物电泳检测

按20 g/L的浓度称取琼脂糖，加入1×TAE缓冲液中，加热溶解，配制成琼脂糖溶液。按每100 mL琼脂糖溶液中加入5 μL EB溶液的比例加入EB溶液，混匀，稍适冷却后，将其倒入电泳板上，插上梳板，室温下凝固成凝胶后，放入1×TAE缓冲液中，垂直向上轻轻拔去梳板。取7 μL PCR产物与

3 μL加样缓冲液混合后加入点样孔中，同时在其中一个点样孔中加入 DNA 分子量标准，接通电源在 2 V/cm～5 V/cm 条件下电泳。

7.7 凝胶成像分析

电泳结束后，取出琼脂糖凝胶，置于凝胶成像仪或紫外透射仪上成像。根据 DNA 分子量标准估计扩增条带的大小，将电泳结果形成电子文件存档或用照相系统拍照。根据琼脂糖凝胶电泳结果，按照 8 的规定对 PCR 扩增结果进行分析。如需确认 PCR 扩增片段是否为目的 DNA 片段，按照 7.8 和 7.9 的规定执行。

7.8 PCR 产物回收

按 PCR 产物回收试剂盒说明书回收 PCR 扩增的 DNA 片段。

7.9 PCR 产物的测序验证

将回收的 PCR 产物克隆测序，确定 PCR 扩增的 DNA 片段是否为目的 DNA 片段。

8 结果分析与表述

8.1 对照样品结果分析

阳性对照 PCR 反应中，*zSSⅡb* 内标准基因和转化体特异性序列均得到扩增，且扩增片段大小与预期片段大小一致，而阴性对照中仅扩增出 *zSSⅡb* 基因片段，空白对照中没有任何扩增片段，表明 PCR 反应体系正常工作，否则重新检测。

8.2 试样检测结果分析和表述

a) *zSSⅡb* 内标准基因和转化体特异性序列均得到扩增，且扩增片段大小与预期片段大小一致，表明试样中检测出转基因抗虫玉米 MON863，结果表述为“试样中检测出转基因抗虫玉米 MON863，检测结果为阳性”。

b) *zSSⅡb* 内标准基因片段得到扩增，且扩增片段大小与预期片段大小一致，而转化体特异性序列未得到扩增，或扩增片段大小与预期片段大小不一致，表明试样中未检测出转基因抗虫玉米 MON863，结果表述为“试样中未检测出转基因抗虫玉米 MON863，检测结果为阴性”。

c) *zSSⅡb* 内标准基因片段未得到扩增，或扩增片段大小与预期片段大小不一致，不作判定。

ICS 67.050
X 04

中华人民共和国国家标准

农业部869号公告—12—2007

转基因植物及其产品成分检测 耐除草剂玉米GA21及其衍生品种 定性PCR方法

Detection of genetically modified plants and derived products Qualitative PCR method for herbicide-tolerant maize GA21 and its derivates

2007-06-11 发布　　2007-08-01 实施

中华人民共和国农业部　发布

前　　言

本标准由中华人民共和国农业部提出。

本标准归口全国农业转基因生物安全管理标准化技术委员会。

本标准起草单位:农业部科技发展中心、山东省农业科学院、上海交通大学、吉林省农业科学院。

本标准主要起草人:路兴波、宋贵文、孙红炜、张大兵、沈平、杨崇良、张明、林香青、尚佑芬、李飞武、连庆。

转基因植物及其产品成分检测
耐除草剂玉米GA21及其衍生品种定性PCR方法

1 范围

本标准规定了转基因耐除草剂玉米GA21转化体特异性定性PCR检测方法。

本标准适用于转基因耐除草剂玉米GA21及其衍生品种，以及制品中GA21的定性PCR检测。

2 规范性引用文件

下列文件中的条款通过本标准的引用而成为本标准的条款。凡是注日期的引用文件，其随后所有的修改单(不包括勘误的内容)或修订版均不适用于本标准，然而，鼓励根据本标准达成协议的各方研究是否可使用这些文件的最新版本。凡是不注明日期的引用文件，其最新版本适合于本标准。

NY/T 672 转基因植物及其产品检测 通用要求

NY/T 673 转基因植物及其产品检测 抽样

NY/T 674 转基因植物及其产品检测 DNA提取和纯化

3 术语和定义

下列术语和定义适用于本标准。

3.1

***zSS*Ⅱ*b* 基因 *zSS*Ⅱ*b* gene**

编码玉米淀粉合酶异构体zSTSⅡ-2的基因。

3.2

R-act I 启动子 R-actI promoter

来源于水稻肌动蛋白I基因的启动子。

3.3

GA21转化体特异性序列 event-specific sequence of GA21

转基因耐除草剂玉米GA21的外源插入片段5′端与玉米基因组的连接区序列，包括玉米基因组的部分序列和R-actI启动子5′端部分序列。

4 原理

根据转基因耐除草剂玉米GA21转化体特异性序列设计特异性引物，对试样进行PCR扩增。依据是否扩增获得预期112 bp的DNA片段，检测试样中是否含有耐除草剂玉米GA21。

5 试剂和材料

除非另有说明，仅使用分析纯试剂和重蒸馏水。

5.1 琼脂糖。

5.2 10 g/L溴化乙锭溶液：称取1.0 g溴化乙锭(EB)，溶于100 mL水中。

注：EB有致癌作用，配制和使用时应戴一次性手套操作并妥善处理废液。

5.3 10 mol/L氢氧化钠溶液：称取80.0 g氢氧化钠(NaOH)，先用160 mL水溶解后，再加水定容到

200 mL。

5.4 500 mmol/L 乙二铵四乙酸二钠溶液(pH 8.0):称取 18.6 g 乙二铵四乙酸二钠($EDTA-Na_2$),加入 70 mL 水中,再加入适量氢氧化钠溶液(5.3),加热至完全溶解后,冷却至室温,用氢氧化钠溶液(5.3)调 pH 至 8.0,加水定容至 100 mL。在 103.4 kPa(121℃)条件下灭菌 20 min。

5.5 1 mol/L 三羟甲基氨基甲烷—盐酸溶液(pH 8.0):称取 121.1 g 三羟甲基氨基甲烷(Tris)溶解于 800 mL 水中,用盐酸调 pH 至 8.0,加水定容至 1 000 mL。在 103.4 kPa(121℃)条件下灭菌 20 min。

5.6 TE 缓冲液(pH 8.0):分别量取 10 mL 三羟甲基氨基甲烷—盐酸溶液(5.5)和 2 mL 乙二铵四乙酸二钠溶液(5.4),加水定容至 1 000 mL。在 103.4 kPa(121℃)条件下灭菌 20 min。

5.7 50×TAE 缓冲液:称取 242.2 g 三羟甲基氨基甲烷,先用 300 mL 水加热搅拌溶解后,加 100 mL 乙二铵四乙酸二钠溶液(5.4),用冰乙酸调 pH 至 8.0,然后加水定容到 1 000 mL。使用时用水稀释成 1×TAE。

5.8 加样缓冲液:称取 250.0 mg 溴酚蓝,加 10 mL 水,在室温下溶解 12 h;称取 250.0 mg 二甲基苯腈蓝,用 10 mL 水溶解;称取 50.0 g 蔗糖,用 30 mL 水溶解,混合三种溶液,加水定容至 100 mL,在 4 ℃下保存。

5.9 DNA 分子量标准:能够清楚地区分 50 bp~1 000 bp 的 DNA 片段。

5.10 dNTPs 混合溶液:将浓度为 10 mmol/L 的 dATP、dTTP、dGTP、dCTP 四种脱氧核糖核苷酸等体积混合。

5.11 Taq DNA 聚合酶(5 u/μL)及 PCR 反应缓冲液。

5.12 引物。

5.12.1 *zSSⅡb* 基因。

zSSⅡb-F:5′-CGGTGGATGCTAAGGCTGATG-3′;

zSSⅡb-R:5′-AAAGGGCCAGGTTCATTATCCTC-3′;

预期扩增片段大小为 88 bp。

5.12.2 GA21 转化体特异性序列。

GA21-F:5′-CTTATCGTTATGCTATTTGCAACTT-3′

GA21-R:5′-TGGCTCGCGATCCTCCTCGCGTTTC-3′

预期扩增片段大小为 112 bp。

5.13 引物溶液:用 TE 缓冲液(5.6)分别将上述引物稀释到 10 μmol/L。

5.14 石蜡油。

5.15 PCR 产物回收试剂盒。

6 仪器

6.1 分析天平,感量 0.1 mg。

6.2 PCR 扩增仪。

6.3 泳槽、电泳仪等电泳装置。

6.4 紫外透射仪。

6.5 凝胶成像系统或照相系统。

6.6 重蒸馏水发生器或超纯水仪。

6.7 其他分子生物学实验室仪器设备。

7 操作步骤

7.1 抽样

按NY/T 672和NY/T 673规定执行。

7.2 **制样**

按NY/T 672和NY/T 673规定执行。

7.3 **试样预处理**

按NY/T 674规定执行。

7.4 **DNA模板制备**

按NY/T 674规定执行。

7.5 **PCR反应**

7.5.1 **试样PCR反应**

7.5.1.1 每个试样PCR反应设置3次重复。

7.5.1.2 在PCR反应管中按表1依次加入反应试剂,用手指轻弹混匀,再加50 μL石蜡油(有热盖设备的PCR仪可不加)。

7.5.1.3 将PCR管在台式离心机上离心10 s后插入PCR仪中。

7.5.1.4 进行PCR反应。反应程序为:94℃变性5 min;进行35次循环扩增反应(94℃变性30 s,58℃退火30 s,72℃延伸30 s。根据不同型号的PCR仪,可将PCR反应的退火和延伸时间适当延长);72℃延伸7 min。

7.5.1.5 反应结束后取出PCR反应管,对PCR反应产物进行电泳检测。

表1 PCR检测反应体系

试剂	终浓度	体积
无菌水		31.75 μL
10×PCR缓冲液	1×	5 μL
25 mmol/L氯化镁溶液	2.5 mmol/L	5 μL
dNTPs混合溶液	0.2 mmol/L	1 μL
10 μmol/L上游引物	0.5 μmol/L	2.5 μL
10 μmol/L下游引物	0.5 μmol/L	2.5 μL
5 u/μL Taq酶	0.025 u/μL	0.25 μL
25 mg/L DNA模板	1 mg/L	2.0 μL
总体积		50 μL

注1:如果PCR缓冲液中含有氯化镁,则不加氯化镁溶液,加等体积无菌水。

注2:玉米内标准基因PCR检测反应体系中,上、下游引物分别为zSSⅡb-F和zSSⅡb-R;转基因玉米GA21转化体PCR检测反应体系中,上、下游引物分别为GA21-F和GA21-R。

7.5.2 **对照PCR反应**

7.5.2.1 在试样PCR反应的同时,应设置阴性对照、阳性对照和空白对照。各对照PCR反应体系中,除模板外其余组分及PCR反应条件与7.5.1相同。

7.5.2.2 以非转基因玉米DNA作为阴性对照PCR反应体系的模板。

7.5.2.3 以GA21含量为0.1%~1.0%的玉米中提取的DNA作为阳性对照PCR反应体系的模板。

7.5.2.4 以无菌水作为空白对照PCR反应体系的模板。

7.6 **PCR产物电泳检测**

按20 g/L的浓度称取琼脂糖加入1×TAE缓冲液中,加热溶解,配制成琼脂糖溶液。按每100 mL

琼脂糖溶液中加入 5 μL EB 溶液的比例加入 EB 溶液，混匀，稍适冷却后，将其倒入电泳板上，插上梳板，室温下凝固成凝胶后，放入 1×TAE 缓冲液中，垂直向上轻轻拔去梳板。取 7 μL PCR 产物与 3 μL 加样缓冲液混合后加入凝胶点样孔中，同时在其中一个点样孔中加入 DNA 分子量标准，接通电源在 2 V/cm～5 V/cm 条件下电泳。

7.7 凝胶成像分析

电泳结束后，取出琼脂糖凝胶，置于凝胶成像仪或紫外透射仪上成像。根据 DNA 分子量标准估计扩增条带的大小，将电泳结果形成电子文件存档或用照相系统拍照。根据琼脂糖凝胶电泳结果，按照 8 的规定对 PCR 扩增结果进行分析。如需确认 PCR 扩增片段是否为目的 DNA 片段，按照 7.8 和 7.9 的规定执行。

7.8 PCR 产物回收

按 PCR 产物回收试剂盒说明书回收 PCR 扩增的 DNA 片段。

7.9 PCR 产物的测序验证

将回收的 PCR 产物克隆测序，确定 PCR 扩增的 DNA 片段是否为目的 DNA 片段。

8 结果分析与表述

8.1 对照样品结果分析

阳性对照 PCR 反应中，*zSS*Ⅱ*b* 内标准基因和转化体特异性序列均得到扩增，且扩增片段大小与预期片段大小一致，而阴性对照中仅扩增出 *zSS*Ⅱ*b* 基因片段，空白对照中没有任何扩增片段，表明 PCR 反应体系正常工作。否则重新检测。

8.2 试样检测结果分析和表述

a) *zSS*Ⅱ*b* 内标准基因、转化体特异性序列均得到了扩增，且扩增片段大小与预期片段大小一致，表明试样中检测出转基因耐除草剂玉米 GA21，表述为“试样中检测出转基因耐除草剂玉米 GA21，检测结果为阳性”。

b) *zSS*Ⅱ*b* 内标准基因片段得到扩增，且扩增片段大小与预期片段大小一致，而转化体特异性序列未得到扩增，或扩增片段大小与预期片段大小不一致，表明试样中未检测出转基因耐除草剂玉米 GA21，表述为“试样中未检测出转基因耐除草剂玉米 GA21，检测结果为阴性”。

c) *zSS*Ⅱ*b* 内标准基因片段未得到扩增，或扩增片段大小与预期片段大小不一致，不作判定。

ICS 67.050
X 04

中华人民共和国国家标准

农业部869号公告—13—2007

转基因植物及其产品成分检测 耐除草剂玉米NK603及其衍生品种 定性PCR方法

Detection of genetically modified plants and derived products Qualitative PCR method for herbicide-tolerant maize NK603 and its derivates

2007-06-11 发布 2007-08-01 实施

中华人民共和国农业部 发布

前　　言

本标准由中华人民共和国农业部提出。

本标准归口全国农业转基因生物安全管理标准化技术委员会。

本标准起草单位:农业部科技发展中心、山东省农业科学院、中国农业科学院生物技术研究所。

本标准主要起草人:杨崇良、沈平、路兴波、孙红炜、金芜军、尚佑芬、赵玖华、宋贵文、李宁。

转基因植物及其产品成分检测
耐除草剂玉米 NK603 及其衍生品种定性 PCR 方法

1 范围

本标准规定了转基因耐除草剂玉米 NK603 转化体特异性定性 PCR 检测方法。

本标准适用于转基因耐除草剂玉米 NK603 及其衍生品种，以及制品中 NK603 的定性 PCR 检测。

2 规范性引用文件

下列文件中的条款通过本标准的引用而成为本标准的条款。凡是注日期的引用文件，其随后所有的修改单(不包括勘误的内容)或修订版均不适用于本标准，然而，鼓励根据本标准达成协议的各方研究是否可使用这些文件的最新版本。凡是不注明日期的引用文件，其最新版本适合于本标准。

NY/T 672 转基因植物及其产品检测 通用要求

NY/T 673 转基因植物及其产品检测 抽样

NY/T 674 转基因植物及其产品检测 DNA 提取和纯化

3 术语和定义

下列术语和定义适用于本标准。

3.1

***zSS* Ⅱ *b* 基因 *zSS* Ⅱ *b* gene**

编码玉米淀粉合酶异构体 zSTSⅡ-2 的基因。

3.2

NK603 转化体特异性序列 event-specific sequence of NK603

转基因耐除草剂玉米 NK603 的外源插入片段 3′端与玉米基因组的连接区序列，包括 NOS 终止子 3′端部分序列和玉米基因组的部分序列。

4 原理

根据转基因耐除草剂玉米 NK603 转化体特异性序列设计特异性引物，对试样进行 PCR 扩增。依据是否扩增获得预期 108 bp 的 DNA 片段，检测试样中是否含有耐除草剂玉米 NK603。

5 试剂、材料及溶液配制

除非另有说明，仅使用分析纯试剂和重蒸馏水。

5.1 琼脂糖。

5.2 10 mg/mL 溴化乙锭溶液：称取 1.0 g 溴化乙锭(EB)，溶于 100 mL 水中。

注：EB 有致癌作用，配制和使用时应戴一次性手套操作并妥善处理废液。

5.3 10 mol/L 氢氧化钠溶液：称取 80.0 g 氢氧化钠(NaOH)，先用 160 mL 水溶解后，再加水定容到 200 mL。

5.4 500 mmol/L 乙二铵四乙酸二钠溶液(pH8.0)：称取 18.6 g 乙二铵四乙酸二钠(EDTA-Na_2)，加入 70 mL 水中，再加入适量氢氧化钠溶液(5.3)，加热至完全溶解后，冷却至室温，用氢氧化钠溶液(5.3)

调pH至8.0,加水定容至100 mL。在103.4 kPa(121℃)条件下灭菌20 min。

5.5 1 mol/L三羟甲基氨基甲烷—盐酸溶液(pH8.0):称取121.1 g三羟甲基氨基甲烷(Tris)溶解于800 mL水中,用盐酸调pH至8.0,加水定容至1 000 mL。在103.4 kPa(121℃)条件下灭菌20 min。

5.6 TE缓冲液(pH8.0):分别量取10 mL三羟甲基氨基甲烷—盐酸溶液(5.5)和2 mL乙二铵四乙酸二钠溶液(5.4),加水定容至1 000 mL。在103.4 kPa(121℃)条件下灭菌20 min。

5.7 50×TAE缓冲液:称取242.2 g三羟甲基氨基甲烷,先用300 mL水加热搅拌溶解后,加100 mL乙二铵四乙酸二钠溶液(5.4),用冰乙酸调pH至8.0,然后加水定容到1 000 mL。使用时用水稀释成1×TAE。

5.8 加样缓冲液:称取250.0 mg溴酚蓝,加10 mL水,在室温下溶解12 h;称取250.0 mg二甲基苯腈蓝,用10 mL水溶解;称取50.0 g蔗糖,用30 mL水溶解,混合三种溶液,加水定容至100 mL,在4℃下保存。

5.9 DNA分子量标准:能够清楚地区分50 bp～1 000 bpDNA片段。

5.10 dNTPs混合溶液:将浓度为10 mmol/L的dATP、dTTP、dGTP、dCTP四种脱氧核糖核苷酸等体积混合。

5.11 Taq DNA聚合酶(5 u/μL)及PCR反应缓冲液。

5.12 引物。

5.12.1 *zSSⅡb*基因。

zSSⅡb-F:5′-CGGTGGATGCTAAGGCTGATG-3′;

zSSⅡb-R:5′-AAAGGGCCAGGTTCATTATCCTC-3′;

预期扩增片段大小为88 bp。

5.12.2 NK603转化体特异性序列。

NK603-F:5′-ATGAATGACCTCGAGTAATCTTGTTAA-3′;

NK603-R:5′-AAGAGATAACAGGATCCACTCAAACACT-3′;

预期扩增片段大小为108 bp。

5.13 引物溶液:用TE缓冲液(5.6)分别将上述引物稀释到10 μmol/L。

5.14 石蜡油。

5.15 PCR产物回收试剂盒。

6 仪器

6.1 分析天平,感量0.1 mg。

6.2 PCR扩增仪。

6.3 泳槽、电泳仪等电泳装置。

6.4 紫外透射仪。

6.5 凝胶成像系统或照相系统。

6.6 重蒸馏水发生器或超纯水仪。

6.7 其他分子生物学实验室仪器设备。

7 操作步骤

7.1 抽样

按NY/T 672和NY/T 673规定执行。

7.2 制样

按NY/T 672和NY/T 673规定执行。

7.3 **试样预处理**

按NY/T 674规定执行。

7.4 **DNA模板制备**

按NY/T 674规定执行。

7.5 **PCR反应**

7.5.1 **试样PCR反应**

7.5.1.1 每个试样PCR反应设置3次重复。

7.5.1.2 在PCR反应管中按表1依次加入反应试剂，用手指轻弹混匀，再加50 μL石蜡油(有热盖设备的PCR仪可不加)。

7.5.1.3 将PCR管在台式离心机上离心10 s后插入PCR仪中。

7.5.1.4 进行PCR反应。反应程序为：94℃变性5 min；进行35次循环扩增反应(94℃变性30 s，58℃退火30 s，72℃延伸30 s。根据不同型号的PCR仪，可将PCR反应的退火和延伸时间适当延长)；72℃延伸7 min。

7.5.1.5 反应结束后取出PCR反应管，对PCR反应产物进行电泳检测。

表1 PCR检测反应体系

试剂	终浓度	体积
无菌水		31.75 μL
10×PCR缓冲液	1×	5 μL
25 mmol/L氯化镁溶液	2.5 mmol/L	5 μL
dNTPs混合溶液	0.2 mmol/L	1 μL
10 μmol/L上游引物	0.5 μmol/L	2.5 μL
10 μmol/L下游引物	0.5 μmol/L	2.5 μL
5 u/μL Taq酶	0.025 u/μL	0.25 μL
25 mg/L DNA模板	1 mg/L	2.0 μL
总体积		50 μL

注1：如果PCR缓冲液中含有氯化镁，则不加氯化镁溶液，加等体积无菌水。

注2：玉米内标准基因PCR检测反应体系中，上、下游引物分别为zSSⅡb-F和zSSⅡb-R；转基因玉米NK603转化体PCR检测反应体系中，上、下游引物分别为NK603-F和NK603-R。

7.5.2 **对照PCR反应**

7.5.2.1 在试样PCR反应的同时，应设置阴性对照、阳性对照和空白对照。各对照PCR反应体系中，除模板外其余组分及PCR反应条件与7.5.1相同。

7.5.2.2 以非转基因玉米DNA作为阴性对照PCR反应体系的模板。

7.5.2.3 以NK603含量为0.1%～1.0%的玉米中提取的DNA作为阳性对照PCR反应体系的模板。

7.5.2.4 以无菌水作为空白对照PCR反应体系的模板。

7.6 **PCR产物电泳检测**

按20 g/L的浓度称取琼脂糖加入1×TAE缓冲液中，加热溶解，配制成琼脂糖溶液。按每100 mL琼脂糖溶液中加入5 μL EB溶液的比例加入EB溶液，混匀，稍适冷却后，将其倒入电泳板上，插上梳板，室温下凝固成凝胶后，放入1×TAE缓冲液中，垂直向上轻轻拔去梳板。取7 μL PCR产物与3μL

加样缓冲液混合后加入凝胶点样孔中，同时在其中一个点样孔中加入DNA分子量标准，接通电源在2 V/cm～5 V/cm条件下电泳。

7.7 凝胶成像分析

电泳结束后，取出琼脂糖凝胶，置于凝胶成像仪或紫外透射仪上成像。根据DNA分子量标准估计扩增条带的大小，将电泳结果形成电子文件存档或用照相系统拍照。根据琼脂糖凝胶电泳结果，按照8的规定对PCR扩增结果进行分析。如需确认PCR扩增片段是否为目的DNA片段，按照7.8和7.9的规定执行。

7.8 PCR产物回收

按PCR产物回收试剂盒说明书回收PCR扩增的DNA片段。

7.9 PCR产物的测序验证

将回收的PCR产物克隆测序，确定PCR扩增的DNA片段是否为目的DNA片段。

8 结果分析与表述

8.1 对照样品结果分析

阳性对照PCR反应中，*zSSⅡb*内标准基因和转化体特异性序列均得到扩增，且扩增片段大小与预期片段大小一致，而阴性对照中仅扩增出*zSSⅡb*基因片段，空白对照中没有任何扩增片段，表明PCR反应体系正常工作。否则重新检测。

8.2 试样检测结果分析和表述

a) *zSSⅡb*内标准基因、转化体特异性序列均得到了扩增，且扩增片段大小与预期片段大小一致，表明试样中检测出转基因耐除草剂玉米NK603，表述为“试样中检测出转基因耐除草剂玉米NK603，检测结果为阳性”。

b) *zSSⅡb*内标准基因片段得到扩增，且扩增片段大小与预期片段大小一致，而转化体特异性序列未得到扩增，或扩增片段大小与预期片段大小不一致，表明试样中未检测出转基因耐除草剂玉米NK603，表述为“试样中未检测出转基因耐除草剂玉米NK603，检测结果为阴性”。

c) *zSSⅡb*内标准基因片段未得到扩增，或扩增片段大小与预期片段大小不一致，不作判定。

ICS 67.050
X 04

中华人民共和国国家标准

农业部869号公告—14—2007

转基因植物及其产品成分检测 耐除草剂玉米T25及其衍生品种 定性PCR方法

**Detection of genetically modified plant and derived products
Qualitative PCR method for herbicide-tolerant maize T25
and its derivates**

2007-06-11 发布　　2007-08-01 实施

中华人民共和国农业部　发布

前　　言

本标准由中华人民共和国农业部提出。

本标准归口全国农业转基因生物安全管理标准化技术委员会。

本标准起草单位:农业部科技发展中心、上海交通大学、上海市农业科学院、吉林省农业科学院。

本标准主要起草人:张大兵、刘信、杨立桃、潘爱虎、宋贵文、沈平、梁婉琪、张明。

转基因植物及其产品成分检测
耐除草剂玉米 T25 及其衍生品种定性 PCR 方法

1 范围

本标准规定了转基因耐除草剂玉米 T25 转化体特异性定性 PCR 检测方法。

本标准适用于转基因耐除草剂玉米 T25 及其衍生品种，以及制品中 T25 的定性 PCR 检测。

2 规范性引用文件

下列文件中的条款通过本标准的引用而成为本标准的条款。凡是注日期的引用文件，其随后所有的修改单(不包括勘误的内容)或修订版均不适用于本标准，然而，鼓励根据本标准达成协议的各方研究是否可使用这些文件的最新版本。凡是不注明日期的引用文件，其最新版本适合于本标准。

NY/T 672 转基因植物及其产品检测 通用要求

NY/T 673 转基因植物及其产品检测 抽样

NY/T 674 转基因植物及其产品检测 DNA 提取和纯化

3 术语和定义

下列术语和定义适用于本标准。

3.1

***zSS* Ⅱ *b* 基因 *zSS* Ⅱ *b* gene**

编码玉米淀粉合酶异构体 zSTSⅡ-2 的基因。

3.2

T25 转化体特异性序列 event-specific sequence of T25

外源插入片段 3′端与玉米基因组的连接区序列，包括 CaMV 35S 终止子 3′端部分序列和玉米基因组的部分序列。

4 原理

根据转基因耐除草剂玉米 T25 转化体特异性序列设计特异性引物，对试样进行 PCR 扩增。依据是否扩增获得预期 255 bp 的 DNA 片段，检测试样中是否含有转基因耐除草剂玉米 T25。

5 试剂和材料

除非另有说明，仅使用分析纯试剂和重蒸馏水。

5.1 琼脂糖。

5.2 10 g/L 溴化乙锭溶液：称取 1.0 g 溴化乙锭(EB)，溶于 100 mL 水中。

注：溴化乙锭有致癌作用，配制和使用时应戴一次性手套操作并妥善处理废液。

5.3 10 mol/L 氢氧化钠溶液：称取氢氧化钠(NaOH)80.0 g，先用 160 mL 水溶解后，再加水定容到 200 mL。

5.4 500 mmol/L 乙二铵四乙酸二钠溶液(pH 8.0)：称取 18.6 g 乙二铵四乙酸二钠(EDTA-Na_2)，加入 70 mL 水中，再加入适量氢氧化钠溶液(5.3)，加热至完全溶解后，冷却至室温，用氢氧化钠溶液(5.3)

调 pH 至 8.0，加水定容至 100 mL。在 103.4 kPa(121℃)条件下灭菌 20 min。

5.5 1 mol/L 三羟甲基氨基甲烷—盐酸溶液(pH 8.0)：称取 121.1 g 三羟甲基氨基甲烷(Tris)溶解于 800 mL 水中，用盐酸调 pH 至 8.0，加水定容至 1 000 mL。在 103.4 kPa(121℃)条件下灭菌 20 min。

5.6 TE 缓冲液(pH 8.0)：分别量取 10 mL 三羟甲基氨基甲烷—盐酸溶液(5.5)和 2 mL 乙二铵四乙酸二钠溶液(5.4)，加水定容至 1 000 mL。在 103.4 kPa(121℃)条件下灭菌 20 min。

5.7 50×TAE 缓冲液：称取 242.2 g 三羟甲基氨基甲烷(Tris)，先用 300 mL 水加热搅拌溶解后，加 100 mL 乙二铵四乙酸二钠溶液(5.4)，用冰乙酸调 pH 至 8.0，然后加水定容到 1 000 mL。使用时用水稀释成 1×TAE。

5.8 加样缓冲液：称取 250.0 mg 溴酚蓝，加 10 mL 水，在室温下溶解 12 h；称取 250.0 mg 二甲基苯腈蓝，用 10 mL 水溶解；称取 50.0 g 蔗糖，用 30 mL 水溶解，混合三种溶液，加水定容至 100 mL，在 4℃下保存。

5.9 DNA 分子量标准：可以清楚的区分50 bp～1 000 bp 的 DNA 片段。

5.10 dNTPs 混合溶液：将浓度为 10 mmol/L 的 dATP、dTTP、dGTP、dCTP 四种脱氧核糖核苷酸溶液等体积混合。

5.11 Taq DNA 聚合酶(5 U/μL)及 PCR 反应缓冲液。

5.12 引物。

5.12.1 *zSSⅡb* 基因。

zSSⅡb - F：5′- CGGTGGATGCTAAGGCTGATG - 3′；

zSSⅡb - R：5′- AAAGGGCCAGGTTCATTATCCTC - 3′；

预期扩增片段大小为 88 bp。

5.12.2 T25 转化体特异性序列。

T25 - F：5′- CAGCGACAATGGCGGAACGACTCAA - 3′；

T25 - R：5′- CCTTTCCTTTATCGCAATGATGGCA - 3′；

预期扩增片段大小为 255 bp。

5.13 引物溶液：用 TE 缓冲液(5.6)分别将上述引物稀释到 10 μmol/L。

5.14 石蜡油。

5.15 PCR 产物回收试剂盒。

6 仪器

6.1 分析天平，感量 0.1 mg。

6.2 PCR 扩增仪。

6.3 电泳槽、电泳仪等电泳装置。

6.4 紫外透射仪。

6.5 凝胶成像系统或照相系统。

6.6 重蒸馏水发生器或超纯水仪。

6.7 其他分子生物学实验室仪器设备。

7 操作步骤

7.1 抽样

按 NY/T 672 和 NY/T 673 规定执行。

7.2 制样

按 NY/T 672 和 NY/T 673 规定执行。

7.3 试样预处理

按 NY/T 674 规定执行。

7.4 DNA 模板制备

按 NY/T 674 规定执行。

7.5 PCR 反应

7.5.1 试样 PCR 反应

7.5.1.1 每个试样 PCR 反应设置 3 次重复。

7.5.1.2 在 PCR 反应管中按表 1 依次加入反应试剂，用手指轻弹混匀，再加 50 μL 石蜡油（有热盖设备的 PCR 仪可不加）。

7.5.1.3 将 PCR 管放入台式离心机中离心 10 s 后插入 PCR 仪中。

7.5.1.4 运行 PCR 反应。反应程序为：95℃变性 5 min；进行 35 次循环扩增反应（94℃变性 30 s，58℃退火 30 s，72℃延伸 30 s。根据不同型号的 PCR 仪，可将 PCR 反应的退火和延伸时间适当延长）；72℃延伸 7 min。

7.5.1.5 反应结束后取出 PCR 反应管，对 PCR 反应产物进行电泳检测。

表 1 PCR 检测反应体系

试　剂	终浓度	体　积
无菌水		31.75 μL
10×PCR 缓冲液	1×	5 μL
25 mmol/L 氯化镁溶液	2.5 mmol/L	5 μL
dNTPs	0.2 mmol/L	1 μL
10 μmol/L 上游引物	0.5 μmol/L	2.5 μL
10 μmol/L 下游引物	0.5 μmol/L	2.5 μL
5 U/μL Taq 酶	0.025 U/μL	0.25 μL
25 mg/L DNA 模板	1 mg/L	2.0 μL
总体积		50 μL

注 1：如果 PCR 缓冲液中含有氯化镁，则不加氯化镁溶液，加等体积无菌水。

注 2：玉米内标准基因 PCR 检测反应体系中，上、下游引物分别为 zSSⅡb-F 和 zSSⅡb-R；转基因玉米 T25 转化体 PCR 检测反应体系中，上、下游引物分别为 T25-F 和 T25-R。

7.5.2 对照 PCR 反应

7.5.2.1 在试样 PCR 反应的同时，应设置阴性对照、阳性对照和空白对照，各对照 PCR 反应体系中，除模板外其余组分及 PCR 反应条件与 7.5.1 相同。

7.5.2.2 以非转基因玉米材料中提取的 DNA 作为阴性对照 PCR 反应体系的模板。

7.5.2.3 以转基因耐除草剂玉米 T25 含量为0.1%～1.0%的玉米材料中提取的 DNA 作为阳性对照 PCR 反应体系的模板。

7.5.2.4 以无菌水作为空白对照 PCR 反应体系的模板。

7.6 PCR 产物电泳检测

按 20 g/L 的浓度称取琼脂糖，加入 1×TAE 缓冲液中，加热溶解，配制成琼脂糖溶液。按每 100 mL琼脂糖溶液中加入 5 μL EB 溶液的比例加入 EB 溶液，混匀，稍适冷却后，将其倒入电泳板上，插上梳板，室温下凝固成凝胶后，放入 1×TAE 缓冲液中，垂直向上轻轻拔去梳板。取 7 μL PCR 产物与

3 μL加样缓冲液混合后加入点样孔中，同时在其中一个点样孔中加入 DNA 分子量标准，接通电源在 2 V/cm～5 V/cm 条件下电泳。

7.7 凝胶成像分析

电泳结束后，取出琼脂糖凝胶，置于凝胶成像仪或紫外透射仪上成像。根据 DNA 分子量标准估计扩增条带的大小，将电泳结果形成电子文件存档或用照相系统拍照。根据琼脂糖凝胶电泳结果，按照 8 的规定对 PCR 扩增结果进行分析。如需确认 PCR 扩增片段是否为目的 DNA 片段，按照 7.8 和 7.9 的规定执行。

7.8 PCR 产物回收

按 PCR 产物回收试剂盒说明书回收 PCR 扩增的 DNA 片段。

7.9 PCR 产物的测序验证

将回收的 PCR 产物克隆测序，确定 PCR 扩增的 DNA 片段是否为目的 DNA 片段。

8 结果分析与表述

8.1 对照样品结果分析

阳性对照 PCR 反应中，*zSS*Ⅱ*b* 内标准基因和转化体特异性序列均得到扩增，且扩增片段大小与预期片段大小一致，而阴性对照中仅扩增出 *zSS*Ⅱ*b* 基因片段，空白对照中没有任何扩增片段，表明 PCR 反应体系正常工作，否则重新检测。

8.2 试样检测结果分析和表述

a) *zSS*Ⅱ*b* 内标准基因和转化体特异性序列均得到扩增，且扩增片段大小与预期片段大小一致，表明试样中检测出转基因耐除草剂玉米 T25，表述为“试样中检测出转基因耐除草剂玉米 T25，检测结果为阳性”。

b) *zSS*Ⅱ*b* 内标准基因片段得到扩增，且扩增片段大小与预期片段大小一致，而转化体特异性序列未得到扩增，或扩增片段大小与预期片段大小不一致，表明试样中未检测出转基因耐除草剂玉米 T25，表述为“试样中未检测出转基因耐除草剂玉米 T25，检测结果为阴性”。

c) *zSS*Ⅱ*b* 内标准基因片段未得到扩增，或扩增片段大小与预期片段大小不一致，不作判定。

ICS 65.020
B 04

中华人民共和国国家标准

农业部953号公告—1—2007

转基因植物及其产品成分检测 抗虫玉米Bt10及其衍生品种 定性PCR方法

Detection of genetically modified plants and derived products Qualitative PCR method for insect-resistant maize Bt10 and its derivates

2007-12-18 发布 2008-03-01 实施

中华人民共和国农业部 发布

前　　言

本标准由农业部科技教育司提出。

本标准由全国农业转基因生物安全管理标准化技术委员会归口。

本标准起草单位:农业部科技发展中心、上海交通大学。

本标准主要起草人:张大兵、刘信、杨立桃、沈平。

本标准为首次发布。

转基因植物及其产品成分检测 抗虫玉米Bt10及其衍生品种定性PCR方法

1 范围

本标准规定了转基因抗虫玉米Bt10转化体特异性定性PCR检测方法。

本标准适用于转基因抗虫玉米Bt10及其衍生品种,以及制品中Bt10的定性PCR检测。

2 规范性引用文件

下列文件中的条款通过本标准的引用而成为本标准的条款。凡是注日期的引用文件,其随后所有的修改单(不包括勘误的内容)或修订版均不适用于本标准,然而,鼓励根据本标准达成协议的各方研究是否可使用这些文件的最新版本。凡是不注明日期的引用文件,其最新版本适合于本标准。

NY/T 672 转基因植物及其产品检测 通用要求

NY/T 673 转基因植物及其产品检测 抽样

NY/T 674 转基因植物及其产品检测 DNA提取和纯化

3 术语和定义

下列术语和定义适用于本标准。

3.1

***zSS* Ⅱ *b* 基因 *zSS* Ⅱ *b* gene**

编码玉米淀粉合酶异构体zSTSⅡ-2的基因。

3.2

Bt10转化体特异性序列 event-specific sequence of Bt10

外源插入片段5′端与玉米基因组的连接区序列,包括外源插入载体氨苄青霉素抗性基因5′端序列和玉米基因组的部分序列。

4 原理

根据转基因抗虫玉米Bt10转化体特异性序列设计特异性引物,对试样进行PCR扩增。依据是否扩增获得预期130 bp的特异性DNA片段,判断试样中是否含有转基因抗虫玉米Bt10。

5 试剂和材料

除非另有说明,仅使用分析纯试剂和重蒸馏水。

5.1 琼脂糖。

5.2 10 g/L溴化乙锭溶液:称取1.0 g溴化乙锭(EB),溶于100 mL水中。

注:溴化乙锭有致癌作用,配制和使用时应戴一次性手套操作并妥善处理废液。

5.3 10mol/L氢氧化钠溶液:称取氢氧化钠(NaOH)80.0 g,先用160 mL水溶解后,再加水定容到200 mL。

5.4 500 mmol/L乙二铵四乙酸二钠溶液(pH8.0):称取18.6 g乙二铵四乙酸二钠($EDTA-Na_2$),加入70 mL水中,再加入适量氢氧化钠溶液(5.3),加热至完全溶解后,冷却至室温,用氢氧化钠溶液(5.3)

调 pH 至 8.0，加水定容至 100 mL。在 103.4kPa(121℃)条件下灭菌 20 min。

5.5 1 mol/L 三羟甲基氨基甲烷—盐酸溶液(pH 8.0)：称取 121.1 g 三羟甲基氨基甲烷(Tris)溶解于 800 mL 水中，用盐酸调 pH 至 8.0，加水定容至 1 000 mL。在 103.4 kPa(121℃)条件下灭菌 20 min。

5.6 TE 缓冲液(pH 8.0)：分别量取 10 mL 三羟甲基氨基甲烷—盐酸溶液(5.5)和 2 mL 乙二铵四乙酸二钠溶液(5.4)，加水定容至 1 000 mL。在 103.4 kPa(121℃)条件下灭菌 20 min。

5.7 50×TAE 缓冲液：称取 242.2 g 三羟甲基氨基甲烷(Tris)，先用 300 mL 水加热搅拌溶解后，加 100 mL 乙二铵四乙酸二钠溶液(5.4)，用冰乙酸调 pH 至 8.0，然后加水定容到 1 000 mL。使用时用水稀释成 1×TAE 缓冲液。

5.8 加样缓冲液：称取 250.0 mg 溴酚蓝，加 10 mL 水，在室温下溶解 12 h；称取 250.0 mg 二甲基苯腈蓝，用 10 mL 水溶解；称取 50.0 g 蔗糖，用 30 mL 水溶解，混合三种溶液，加水定容至 100 mL，在 4℃下保存。

5.9 DNA 分子量标准：可以清楚地区分 50 bp～1 000 bp 的 DNA 片段。

5.10 dNTPs 混合溶液：将浓度为 10 mmol/L 的 dATP、dTTP、dGTP、dCTP 四种脱氧核糖核苷酸溶液等体积混合。

5.11 Taq DNA 聚合酶(5 U/μL)及 PCR 反应缓冲液。

5.12 引物。

5.12.1 *zSSⅡb* 基因。

zSSⅡb - F：5′- CGGTGGATGCTAAGGCTGATG - 3′；

zSSⅡb - R：5′- AAAGGGCCAGGTTCATTATCCTC - 3′；

预期扩增片段大小为 88 bp。

5.12.2 Bt10 转化体特异性序列。

Bt10 - F：5′- CACACAGGAGATTATTATAGGGTTACTCA - 3′；

Bt10 - R：5′- GGGAATAAGGGCGACACGG - 3′；

预期扩增片段大小为 130 bp。

5.13 引物溶液。

用 TE 缓冲液(5.6)分别将上述引物稀释到 10 μmol/L。

5.14 石蜡油。

5.15 PCR 产物回收试剂盒。

6 仪器

6.1 分析天平，感量 0.1 mg。

6.2 PCR 扩增仪。

6.3 电泳槽、电泳仪等电泳装置。

6.4 紫外透射仪。

6.5 凝胶成像系统或照相系统。

6.6 重蒸馏水发生器或超纯水仪。

6.7 其他分子生物学实验室仪器设备。

7 操作步骤

7.1 抽样

按 NY/T 672 和 NY/T 673 规定执行。

7.2 制样

按 NY/T 672 和 NY/T 673 规定执行。

7.3 试样预处理

按 NY/T 674 规定执行。

7.4 DNA 模板制备

按 NY/T 674 规定执行。

7.5 PCR 反应

7.5.1 试样 PCR 反应

7.5.1.1 每个试样 PCR 反应设置三次重复。

7.5.1.2 在 PCR 反应管中按表 1 依次加入反应试剂，用手指轻弹混匀，再加 50 μL 石蜡油(有热盖设备的 PCR 仪可不加)。

7.5.1.3 将 PCR 管放入台式离心机中离心 10 s 后插入 PCR 仪中。

7.5.1.4 运行 PCR 反应。反应程序为：95℃变性 5 min；进行 35 次循环扩增反应(94℃变性 30 s，58℃退火 30 s，72℃延伸 30 s。根据不同型号的 PCR 仪，可将 PCR 反应的退火和延伸时间适当调整)；72℃延伸 7 min。

7.5.1.5 反应结束后取出 PCR 反应管，对 PCR 反应产物进行电泳检测。

表 1 PCR 检测反应体系

试 剂	终 浓 度	体 积
无菌水		31.75 μL
10×PCR 缓冲液	1×	5 μL
25 mmol/L 氯化镁溶液	2.5 mmol/L	5 μL
dNTPs	0.2 mmol/L	1 μL
10 μmol/L 上游引物	0.5 μmol/L	2.5 μL
10 μmol/L 下游引物	0.5 μmol/L	2.5 μL
5 U/μL Taq 酶	0.025 U/μL	0.25 μL
25 mg/L DNA 模板	1 mg/L	2.0 μL
总体积		50 μL
注 1：如果 PCR 缓冲液中含有氯化镁，则不加氯化镁溶液，加等体积无菌水。 注 2：玉米内标准基因 PCR 检测反应体系中，上下游引物分别为 zSSⅡb-F 和 zSSⅡb-R；转基因玉米 Bt10 转化体 PCR 检测反应体系中，上下游引物分别为 Bt10-F 和 Bt10-R。		

7.5.2 对照 PCR 反应

在试样 PCR 反应的同时，应设置阴性对照、阳性对照和空白对照，各对照 PCR 反应体系中，除模板外其余组分及 PCR 反应条件与 7.5.1 相同。以非转基因玉米材料中提取的 DNA 作为阴性对照 PCR 反应体系的模板；以 Bt10 玉米 DNA 含量为 0.1%～1.0%的玉米 DNA 作为阳性对照 PCR 反应体系的模板；空白对照中用无菌水代替 PCR 反应体系模板。

7.6 PCR 产物电泳检测

按 20 g/L 的浓度称取琼脂糖，加入 1×TAE 缓冲液中，加热溶解，配制成琼脂糖溶液。按每 100 mL琼脂糖溶液中加入 5 μL EB 溶液的比例加入 EB 溶液，混匀，适当冷却后，将其倒入电泳板上，插上梳板，室温下凝固成凝胶后，放入 1×TAE 缓冲液中，垂直向上轻轻拔去梳板。取 7 μL PCR 产物与 3 μL加样缓冲液混合后加入点样孔中，同时在其中一个点样孔中加入 DNA 分子量标准，接通电源在 2 V/cm～5 V/cm 条件下电泳。

7.7 凝胶成像分析

电泳结束后，取出琼脂糖凝胶，置于凝胶成像仪或紫外透射仪上成像。根据DNA分子量标准估计扩增条带的大小，将电泳结果形成电子文件存档或用照相系统拍照。根据琼脂糖凝胶电泳结果，按照8的规定对PCR扩增结果进行分析。如需确认PCR扩增片段是否为目的DNA片段，按照7.8和7.9的规定执行。

7.8 PCR产物回收

按PCR产物回收试剂盒说明书回收PCR扩增的DNA片段。

7.9 PCR产物的测序验证

将回收的PCR产物克隆测序，确定PCR扩增的DNA片段是否为目的DNA片段。

8 结果分析与表述

8.1 对照样品结果分析

阳性对照PCR反应中，*zSSⅡb*内标准基因和转化体特异性序列均得到扩增，且扩增片段大小与预期片段大小一致，而阴性对照中仅扩增出*zSSⅡb*基因片段，空白对照中没有任何扩增片段，表明PCR反应体系正常工作，否则重新检测。

8.2 试样检测结果分析和表述

a） *zSSⅡb*内标准基因和转化体特异性序列均得到扩增，且扩增片段大小与预期片段大小一致，表明试样中检测出转基因抗虫玉米Bt10，表述为“试样中检测出转基因抗虫玉米Bt10，检测结果为阳性”。

b） *zSSⅡb*内标准基因片段得到扩增，且扩增片段大小与预期片段大小一致，而转化体特异性序列未得到扩增，或扩增片段大小与预期片段大小不一致，表明试样中未检测出转基因抗虫玉米Bt10，表述为“试样中未检测出转基因抗虫玉米Bt10，检测结果为阴性”。

c） *zSSⅡb*内标准基因片段未得到扩增，或扩增片段大小与预期片段大小不一致，表明试样中未检测出玉米成分，表述为“试样中未检测出玉米成分，检测结果为阴性”。

ICS 65.020
B 04

中华人民共和国国家标准

农业部953号公告—2—2007

转基因植物及其产品成分检测 抗虫玉米CBH351及其衍生品种 定性PCR方法

Detection of genetically modified plants and derived products Qualitative PCR method for insect-resistant maize CBH351 and its derivates

2007-12-18发布　　2008-03-01实施

中华人民共和国农业部　发布

前　言

本标准由中华人民共和国农业部提出。

本标准由全国农业转基因生物安全管理标准化技术委员会归口。

本标准起草单位:农业部科技发展中心、上海交通大学。

本标准主要起草人:张大兵、刘信、杨立桃、宋贵文。

转基因植物及其产品成分检测
抗虫玉米CBH351及其衍生品种定性PCR方法

1 范围

本标准规定了转基因抗虫玉米CBH351转化体特异性定性PCR检测方法。

本标准适用于转基因抗虫玉米CBH351及其衍生品种，以及制品中CBH351的定性PCR检测。

2 规范性引用文件

下列文件中的条款通过本标准的引用而成为本标准的条款。凡是注日期的引用文件，其随后所有的修改单(不包括勘误的内容)或修订版均不适用于本标准，然而，鼓励根据本标准达成协议的各方研究是否可使用这些文件的最新版本。凡是不注明日期的引用文件，其最新版本适合于本标准。

NY/T 672 转基因植物及其产品检测 通用要求

NY/T 673 转基因植物及其产品检测 抽样

NY/T 674 转基因植物及其产品检测 DNA提取和纯化

3 术语和定义

下列术语和定义适用于本标准。

3.1

***zSS*Ⅱ*b* 基因 *zSS*Ⅱ*b* gene**

编码玉米淀粉合酶异构体zSTSⅡ-2的基因。

3.2

CBH351转化体特异性序列 event-specific sequence of CBH351

外源插入片段3′端与玉米基因组的连接区序列，包括NOS终止子3′端部分序列和玉米基因组的部分序列。

4 原理

根据转基因抗虫玉米CBH351转化体特异性序列设计特异性引物，对试样进行PCR扩增。依据是否扩增获得预期225 bp的特异性DNA片段，判断试样中是否含有转基因抗虫玉米CBH351。

5 试剂和材料

除非另有说明，仅使用分析纯试剂和重蒸馏水。

5.1 琼脂糖

5.2 10 g/L溴化乙锭溶液

称取1.0 g溴化乙锭(EB)，溶于100 mL水中。

注：溴化乙锭有致癌作用，配制和使用时应戴一次性手套操作并妥善处理废液。

5.3 10 mol/L氢氧化钠溶液

称取氢氧化钠(NaOH)80.0 g，先用160 mL水溶解后，再加水定容到200 mL。

5.4 500 mmol/L乙二铵四乙酸二钠溶液(pH 8.0)

称取18.6 g乙二铵四乙酸二钠(EDTA-Na_2),加入70 mL水中,再加入适量氢氧化钠溶液(5.3),加热至完全溶解后,冷却至室温,用氢氧化钠溶液(5.3)调pH至8.0,加水定容至100 mL。在103.4 kPa(121℃)条件下灭菌20 min。

5.5 **1 mol/L三羟甲基氨基甲烷-盐酸溶液(pH 8.0)**

称取121.1 g三羟甲基氨基甲烷(Tris)溶解于800 mL水中,用盐酸调pH至8.0,加水定容至1 000 mL。在103.4 kPa(121℃)条件下灭菌20 min。

5.6 **TE缓冲液(pH 8.0)**

分别量取10 mL三羟甲基氨基甲烷-盐酸溶液(5.5)和2 mL乙二铵四乙酸二钠溶液(5.4),加水定容至1 000 mL。在103.4 kPa(121℃)条件下灭菌20 min。

5.7 **50×TAE缓冲液**

称取242.2 g三羟甲基氨基甲烷(Tris),先用300 mL水加热搅拌溶解后,加100 mL乙二铵四乙酸二钠溶液(5.4),用冰乙酸调pH至8.0,然后加水定容到1 000 mL。使用时用水稀释成1×TAE缓冲液。

5.8 **加样缓冲液**

称取250.0 mg溴酚蓝,加10 mL水,在室温下溶解12 h;称取250.0 mg二甲基苯腈蓝,用10 mL水溶解;称取50.0 g蔗糖,用30 mL水溶解,混合三种溶液,加水定容至100 mL,在4℃下保存。

5.9 **DNA分子量标准**

可以清楚地区分50 bp~1 000 bp的DNA片段。

5.10 **dNTPs混合溶液**

将浓度为10 mmol/L的dATP、dTTP、dGTP、dCTP四种脱氧核糖核甘酸溶液等体积混合。

5.11 Taq DNA聚合酶(5 U/μL)及PCR反应缓冲液。

5.12 引物。

5.12.1 ***zSSⅡb*基因**

zSSⅡb-F:5′- CGGTGGATGCTAAGGCTGATG - 3′;

zSSⅡb-R:5′- AAAGGGCCAGGTTCATTATCCTC - 3′;

预期扩增片段大小为88 bp。

5.12.2 **CBH351转化体特异性序列**

CBH351-F:5′- GCGCGGTGTCATCTATGTTACTA - 3′;

CBH351-R:5′- TCAGTTTTCCATCTTCCATA - 3′;

预期扩增片段大小为225 bp。

5.13 引物溶液:用TE缓冲液(5.6)分别将上述引物稀释到10 μmol/L。

5.14 石蜡油。

5.15 PCR产物回收试剂盒。

6 仪器

6.1 分析天平,感量0.1 mg。

6.2 PCR扩增仪。

6.3 电泳槽、电泳仪等电泳装置。

6.4 紫外透射仪。

6.5 凝胶成像系统或照相系统。

6.6 重蒸馏水发生器或超纯水仪。

6.7 其他分子生物学实验室仪器设备。

7 操作步骤

7.1 抽样

按 NY/T 672 和 NY/T 673 规定执行。

7.2 制样

按 NY/T 672 和 NY/T 673 规定执行。

7.3 试样预处理

按 NY/T 674 规定执行。

7.4 DNA 模板制备

按 NY/T 674 规定执行。

7.5 PCR 反应

7.5.1 试样 PCR 反应

7.5.1.1 每个试样 PCR 反应设置 3 次重复。

7.5.1.2 在 PCR 反应管中按表 1 依次加入反应试剂，用手指轻弹混匀，再加 50 μL 石蜡油(有热盖设备的 PCR 仪可不加)。

7.5.1.3 将 PCR 管放入台式离心机中离心 10 s 后插入 PCR 仪中。

7.5.1.4 运行 PCR 反应。反应程序为：95℃变性 5 min；进行 35 次循环扩增反应(94℃变性 30 s，58℃退火 30 s，72℃延伸 30 s。根据不同型号的 PCR 仪，可将 PCR 反应的退火和延伸时间适当调整)；72℃延伸 7 min。

7.5.1.5 反应结束后取出 PCR 反应管，对 PCR 反应产物进行电泳检测。

表 1 PCR 检测反应体系

试　剂	终浓度	体　积
无菌水		31.75 μL
10×PCR 缓冲液	1×	5 μL
25 mmol/L 氯化镁溶液	2.5 mmol/L	5 μL
dNTPs	0.2 mmol/L	1 μL
10 μmol/L 上游引物	0.5 μmol/L	2.5 μL
10 μmol/L 下游引物	0.5 μmol/L	2.5 μL
5 U/μL Taq 酶	0.025 U/μL	0.25 μL
25 mg/L DNA 模板	1 mg/L	2.0 μL
总体积		50 μL

注 1：如果 PCR 缓冲液中含有氯化镁，则不加氯化镁溶液，加等体积无菌水。

注 2：玉米内标准基因 PCR 检测反应体系中，上下游引物分别为 zSSⅡb-F 和 zSSⅡb-R；转基因玉米 CBH351 转化体 PCR 检测反应体系中，上下游引物分别为 CBH351-F 和 CBH351-R。

7.5.2 对照 PCR 反应

在试样 PCR 反应的同时，应设置阴性对照、阳性对照和空白对照，各对照 PCR 反应体系中，除模板外其余组分及 PCR 反应条件与 7.5.1 相同。以非转基因玉米材料中提取的 DNA 作为阴性对照 PCR 反应体系的模板；以 CBH351 玉米 DNA 含量为 0.1%～1.0%的玉米 DNA 作为阳性对照 PCR 反应体系的模板；空白对照中用无菌水代替 PCR 反应体系模板。

7.6 PCR 产物电泳检测

按 20 g/L 的浓度称取琼脂糖，加入 1×TAE 缓冲液中，加热溶解，配制成琼脂糖溶液。按每

100 mL琼脂糖溶液中加入 5 μL EB 溶液的比例加入 EB 溶液，混匀，稍适冷却后，将其倒入电泳板上，插上梳板，室温下凝固成凝胶后，放入 1×TAE 缓冲液中，垂直向上轻轻拔去梳板。取 7 μLPCR 产物与 3 μL加样缓冲液混合后加入点样孔中，同时在其中一个点样孔中加入 DNA 分子量标准，接通电源在 2 V/cm～5 V/cm 条件下电泳。

7.7 凝胶成像分析

电泳结束后，取出琼脂糖凝胶，置于凝胶成像仪或紫外透射仪上成像。根据 DNA 分子量标准估计扩增条带的大小，将电泳结果形成电子文件存档或用照相系统拍照。根据琼脂糖凝胶电泳结果，按照 8 的规定对 PCR 扩增结果进行分析。如需确认 PCR 扩增片段是否为目的 DNA 片段，按照 7.8 和 7.9 的规定执行。

7.8 PCR 产物回收

按 PCR 产物回收试剂盒说明书回收 PCR 扩增的 DNA 片段。

7.9 PCR 产物的测序验证

将回收的 PCR 产物克隆测序，确定 PCR 扩增的 DNA 片段是否为目的 DNA 片段。

8 结果分析与表述

8.1 对照样品结果分析

阳性对照 PCR 反应中，*zSSⅡb* 内标准基因和转化体特异性序列均得到扩增，且扩增片段大小与预期片段大小一致，而阴性对照中仅扩增出 *zSSⅡb* 基因片段，空白对照中没有任何扩增片段，表明 PCR 反应体系正常工作，否则重新检测。

8.2 试样检测结果分析和表述

a) *zSSⅡb* 内标准基因和转化体特异性序列均得到扩增，且扩增片段大小与预期片段大小一致，表明试样中检测出转基因抗虫玉米 CBH351，表述为“试样中检测出转基因抗虫玉米 CBH351，检测结果为阳性”。

b) *zSSⅡb* 内标准基因片段得到扩增，且扩增片段大小与预期片段大小一致，而转化体特异性序列未得到扩增，或扩增片段大小与预期片段大小不一致，表明试样中未检测出转基因抗虫玉米 CBH351，表述为“试样中未检测出转基因抗虫玉米 CBH351，检测结果为阴性”。

c) *zSSⅡb* 内标准基因片段未得到扩增，或扩增片段大小与预期片段大小不一致，表明试样中未检测出玉米成分，表述为“试样中未检测出玉米成分，检测结果为阴性”。

ICS 65.020.01
B 04

中华人民共和国国家标准

农业部1485号公告—9—2010

转基因植物及其产品成分检测 抗虫耐除草剂玉米59122及其衍生品种定性PCR方法

Detection of genetically modified plants and derived products—Qualitative PCR method for insect-resistant and herbicide-tolerant maize 59122 and its derivates

2010-11-15 发布　　2011-01-01 实施

中华人民共和国农业部　发布

前　　言

本标准按照 GB/T 1.1—2009 给出的规则起草。

本标准由农业部科技教育司提出。

本标准由全国农业转基因生物安全管理标准化技术委员会(SAC/TC 276)归口。

本标准起草单位:农业部科技发展中心、中国农业科学院植物保护研究所。

本标准主要起草人:彭于发、沈平、谢家建、张永军、厉建萌。

转基因植物及其产品成分检测
抗虫耐除草剂玉米 59122 及其衍生品种定性 PCR 方法

1 范围

本标准规定了转基因抗虫耐除草剂玉米 59122 转化体特异性的定性 PCR 检测方法。

本标准适用于转基因抗虫耐除草剂玉米 59122 及其衍生品种，以及制品中 59122 转化体成分的定性 PCR 检测。

2 规范性引用文件

下列文件对于本文件的应用是必不可少的。凡是注日期的引用文件，仅注日期的版本适用于本文件。凡是不注日期的引用文件，其最新版本(包括所有的修改单)适用于本文件。

GB/T 6682 分析实验室用水规格和试验方法

NY/T 672 转基因植物及其产品检测 通用要求

NY/T 673 转基因植物及其产品检测 抽样

NY/T 674 转基因植物及其产品检测 DNA 提取和纯化

3 术语和定义

下列术语和定义适用于本文件。

3.1

***zSS* Ⅱ *b* 基因 *zSS* Ⅱ *b* gene**

编码玉米淀粉合酶异构体 zSTSⅡ-2 的基因。

3.2

59122 转化体特异性序列 event-specific sequence of 59122

外源插入片段 3′端与玉米基因组的连接区序列，包括转化载体 T-DNA 左边界区域部分序列和玉米基因组的部分序列。

4 原理

根据转基因抗虫耐除草剂玉米 59122 转化体特异性序列设计特异性引物，对试样进行 PCR 扩增。依据是否扩增获得预期 273 bp 的 DNA 片段，判断样品中是否含有 59122 转化体成分。

5 试剂和材料

除非另有说明，仅使用分析纯试剂和重蒸馏水或符合 GB/T 6682 规定的一级水。

5.1 琼脂糖。

5.2 10 g/L 溴化乙锭溶液：称取 1.0 g 溴化乙锭(EB)，溶于 100 mL 水中，避光保存。

注：溴化乙锭有致癌作用，配制和使用时宜戴一次性手套操作并妥善处理废液。

5.3 10 mol/L 氢氧化钠溶液：在 160 mL 水中加入 80.0 g 氢氧化钠(NaOH)，溶解后再加水定容至 200 mL。

5.4 500 mmol/L 乙二铵四乙酸二钠溶液(pH 8.0)：称取 18.6 g 乙二铵四乙酸二钠($EDTA-Na_2$)，加

入 70 mL 水中，再加入适量氢氧化钠溶液(5.3)，加热至完全溶解后，冷却至室温，用氢氧化钠溶液(5.3)调 pH 至 8.0，加水定容至 100 mL。在 103.4 kPa(121℃)条件下灭菌 20 min。

5.5 1 mol/L 三羟甲基氨基甲烷—盐酸溶液(pH 8.0)：称取 121.1 g 三羟甲基氨基甲烷(Tris)溶解于 800 mL 水中，用盐酸调 pH 至 8.0，加水定容至 1 000 mL。在 103.4 kPa(121℃)条件下灭菌 20 min。

5.6 TE 缓冲液(pH 8.0)：分别量取 10 mL 三羟甲基氨基甲烷—盐酸溶液(5.5)和 2 mL 乙二铵四乙酸二钠溶液(5.4)，加水定容至 1 000 mL。在 103.4 kPa(121℃)条件下灭菌 20 min。

5.7 50×TAE 缓冲液：称取 242.2 g 三羟甲基氨基甲烷(Tris)，先用 300 mL 水加热搅拌溶解后，加 100 mL 乙二铵四乙酸二钠溶液(5.4)，用冰乙酸调 pH 至 8.0，然后加水定容到 1 000 mL。使用时用水稀释成 1×TAE。

5.8 加样缓冲液：称取 250.0 mg 溴酚蓝，加 10 mL 水，在室温下溶解 12 h；称取 250.0 mg 二甲基苯腈蓝，用 10 mL 水溶解；称取 50.0 g 蔗糖，用 30 mL 水溶解。混合以上三种溶液，加水定容至 100 mL，在 4℃下保存。

5.9 DNA 分子量标准：可以清楚地区分 50 bp～1 000 bp 的 DNA 片段。

5.10 dNTPs 混合溶液：将浓度为 10 mmol/L 的 dATP、dTTP、dGTP、dCTP 四种脱氧核糖核苷酸溶液等体积混合。

5.11 Taq DNA 聚合酶及 PCR 反应缓冲液。

5.12 引物。

5.12.1 *zSSⅡb* 基因

zSSⅡb-F：5′-CGGTGGATGCTAAGGCTGATG-3′

zSSⅡb-R：5′-AAAGGGCCAGGTTCATTATCCTC-3′

预期扩增片段大小为 88 bp。

5.12.2 59122 转化体特异性序列

59122-F：5′-CGTCCGCAATGTGTTATTAAG-3′

59122-R：5′-TGACCAAGTGTCCACTTGAC-3′

预期扩增片段大小为 273 bp。

5.13 引物溶液：用 TE 缓冲液(5.6)分别将上述引物稀释到 10 μmol/L。

5.14 石蜡油。

5.15 PCR 产物回收试剂盒。

5.16 DNA 提取试剂盒。

6 仪器

6.1 分析天平：感量 0.1 g 和 0.1 mg。

6.2 PCR 扩增仪：升降温速度＞1.5℃/s，孔间温度差异＜1.0℃。

6.3 电泳槽、电泳仪等电泳装置。

6.4 紫外透射仪。

6.5 凝胶成像系统或照相系统。

6.6 重蒸馏水发生器或超纯水仪。

6.7 其他相关仪器和设备。

7 操作步骤

7.1 抽样

按 NY/T 672 和 NY/T 673 的规定执行。

7.2 制样

按 NY/T 672 和 NY/T 673 的规定执行。

7.3 试样预处理

按 NY/T 674 的规定执行。

7.4 DNA 模板制备

按 NY/T 674 的规定执行,或使用经验证适用于玉米 DNA 提取与纯化的 DNA 提取试剂盒。

7.5 PCR 反应

7.5.1 试样 PCR 反应

7.5.1.1 每个试样 PCR 反应设置 3 次重复。

7.5.1.2 在 PCR 反应管中按表 1 依次加入反应试剂,混匀,再加 25 μL 石蜡油(有热盖设备的 PCR 仪可不加)。

表 1 PCR 检测反应体系

试　剂	终 浓 度	体　积
水		—
10×PCR 缓冲液	1×	2.5 μL
25 mmol/L 氯化镁	1.5 mmol/L	1.5 μL
dNTPs 混合溶液(各 2.5 mmol/L)	各 0.2 mmol/L	2.0 μL
10 μmol/L 上游引物	0.4 μmol/L	1.0 μL
10 μmol/L 下游引物	0.4 μmol/L	1.0 μL
Taq 酶	0.025 U/μL	—
25 mg/L DNA 模板	2 mg/L	2.0 μL
总体积		25.0 μL

注 1:根据 Taq 酶的浓度确定其体积,并相应调整水的体积,使反应体系总体积达到 25.0 μL。如果 PCR 缓冲液中含有氯化镁,则不加氯化镁溶液,加等体积水。

注 2:玉米内标准基因 PCR 检测反应体系中,上、下游引物分别为 zSSⅡb-F 和 zSSⅡb-R;59122 转化体 PCR 检测反应体系中,上、下游引物分别为 59122-F 和 59122-R。

7.5.1.3 将 PCR 管放在离心机上,500 g~3 000 g 离心 10 s,然后取出 PCR 管,放入 PCR 仪中。

7.5.1.4 进行 PCR 反应。反应程序为:95℃变性 5 min;94℃变性 30 s,58℃退火 30 s,72℃延伸 30 s,共进行 35 次循环;72℃延伸 7 min。

7.5.1.5 反应结束后取出 PCR 管,对 PCR 反应产物进行电泳检测。

7.5.2 对照 PCR 反应

在试样 PCR 反应的同时,应设置阴性对照、阳性对照和空白对照。

以非转基因玉米材料中提取的 DNA 作为阴性对照;以转基因玉米 59122 质量分数为 0.1%~1.0%的玉米基因组 DNA 作为阳性对照;以水作为空白对照。

各对照 PCR 反应体系中,除模板外,其余组分及 PCR 反应条件与 7.5.1 相同。

7.6 PCR 产物电泳检测

按 20 g/L 的质量浓度称取琼脂糖,加入 1×TAE 缓冲液中,加热溶解,配制成琼脂糖溶液。每 100 mL琼脂糖溶液中加入 5 μL EB 溶液,混匀,稍适冷却后,将其倒入电泳板上,插上梳板,室温下凝固成凝胶后,放入 1×TAE 缓冲液中,垂直向上轻轻拔去梳板。取 12 μL PCR 产物与 3 μL 加样缓冲液混合后加入点样孔中,同时在其中一个点样孔中加入 DNA 分子量标准,接通电源在 2 V/cm~5 V/cm 条件下电泳检测。

7.7 凝胶成像分析

电泳结束后，取出琼脂糖凝胶，置于凝胶成像仪或紫外透射仪上成像。根据 DNA 分子量标准估计扩增条带的大小，将电泳结果形成电子文件存档或用照相系统拍照。如需通过序列分析确认 PCR 扩增片段是否为目的 DNA 片段，按照 7.8 和 7.9 的规定执行。

7.8 PCR 产物回收

按 PCR 产物回收试剂盒说明书，回收 PCR 扩增的 DNA 片段。

7.9 PCR 产物测序验证

将回收的 PCR 产物克隆测序，与 59122 转化体特异性序列（参见附录 A）进行比对，确定 PCR 扩增的 DNA 片段是否为目的 DNA 片段。

8 结果分析与表述

8.1 对照样品结果分析

阳性对照 PCR 反应中，*zSSⅡb* 内标准基因和转化体特异性序列均得到扩增，且扩增片段大小与预期片段大小一致，而阴性对照中仅扩增出 *zSSⅡb* 基因片段，空白对照中没有任何扩增片段，表明 PCR 反应体系正常工作，否则重新检测。

8.2 试样检测结果分析和表述

8.2.1 *zSSⅡb* 内标准基因和转化体特异性序列均得到扩增，且扩增片段大小与预期片段大小一致，表明样品中检测出转基因抗虫耐除草剂玉米 59122 转化体成分，结果表述为“样品中检测出转基因抗虫耐除草剂玉米 59122 转化体成分，检测结果为阳性”。

8.2.2 *zSSⅡb* 内标准基因片段得到扩增，且扩增片段大小与预期片段大小一致，而转化体特异性序列未得到扩增，或扩增片段大小与预期片段大小不一致，表明样品中未检测出转基因抗虫耐除草剂玉米 59122 转化体成分，结果表述为“样品中未检测出转基因抗虫耐除草剂玉米 59122 转化体成分，检测结果为阴性”。

8.2.3 *zSSⅡb* 内标准基因片段未得到扩增，或扩增片段大小与预期片段大小不一致，表明样品中未检测出玉米成分，表述为“样品中未检测出玉米成分，检测结果为阴性”。

附 录 A
(资料性附录)
59122 转化体特异性序列

1 CGTCCGCAAT GTGTTATTAA GTTGTCTAAG CGTCAATTTT TCCCTTCTAT
51 GGTCCCGTTT GTTTATCCTC TAAATTATAT AATCCAGCTT AAATAAGTTA
101 AGAGACAAAC AAACAACACA GATTATTAAA TAGATTATGT AATCTAGATA
151 CCTAGATTAT GTAATCCATA AGTAGAATAT CAGGTGCTTA TATAATCTAT
201 GAGCTCGATT ATATAATCTT AAAAGAAAAC AAACAGAGCC CCTATAAAAA
251 GGGGTCAAGT GGACACTTGG TCA

注:划线部分为引物序列。

ICS 65.020.01
B 04

中华人民共和国国家标准

农业部1485号公告—15—2010

转基因植物及其产品成分检测 抗虫耐除草剂玉米MON88017及其衍生品种定性PCR方法

Detection of genetically modified plants and derived products—Qualitative PCR method for insect-resistant and herbicide-tolerant maize MON88017 and its derivates

2010-11-15 发布　　2011-01-01 实施

中华人民共和国农业部　发布

前　　言

本标准按照 GB/T 1.1—2009 给出的规则起草。

本标准由农业部科技教育司提出。

本标准由全国农业转基因生物安全管理标准化技术委员会(SAC/TC 276)归口。

本标准起草单位:农业部科技发展中心、中国农业科学院油料作物研究所。

本标准主要起草人:卢长明、周云龙、武玉花、吴刚、厉建萌、瞿勇、曹应龙、李飞武。

转基因植物及其产品成分检测 抗虫耐除草剂玉米 MON88017 及其衍生品种定性 PCR 方法

1 范围

本标准规定了转基因抗虫耐除草剂玉米 MON88017 转化体特异性的定性 PCR 检测方法。

本标准适用于转基因抗虫耐除草剂玉米 MON88017 及其衍生品种，以及制品中 MON88017 转化体成分的定性 PCR 检测。

2 规范性引用文件

下列文件对于本文件的应用是必不可少的。凡是注日期的引用文件，仅注日期的版本适用于本文件。凡是不注日期的引用文件，其最新版本(包括所有的修改单)适用于本文件。

GB/T 6682 分析实验室用水规格和试验方法

NY/T 672 转基因植物及其产品检测 通用要求

NY/T 673 转基因植物及其产品检测 抽样

NY/T 674 转基因植物及其产品检测 DNA 提取和纯化

3 术语和定义

下列术语和定义适用于本文件。

3.1

***zSSⅡb* 基因 *zSSⅡb* gene**

编码玉米淀粉合酶异构体 zSTSⅡ-2 的基因。

3.2

MON88017 转化体特异性序列 event-specific sequence of MON88017

外源插入载体 3′端与玉米基因组的连接区序列，包括外源水稻 actin1 启动子序列和玉米基因组的部分序列。

4 原理

根据转基因抗虫耐除草剂玉米 MON88017 转化体特异性序列设计特异性引物，对试样进行 PCR 扩增。依据是否扩增获得预期 199 bp 的特异性 DNA 片段，判断样品中是否含有 MON88017 转化体成分。

5 试剂和材料

除非另有说明，仅使用分析纯试剂和重蒸馏水或符合 GB/T 6682 规定的一级水。

5.1 琼脂糖。

5.2 10 g/L 溴化乙锭溶液：称取 1.0 g 溴化乙锭(EB)，溶解于 100 mL 水中，避光保存。

注：溴化乙锭有致癌作用，配制和使用时宜戴一次性手套操作并妥善处理废液。

5.3 10 mol/L 氢氧化钠溶液：在 160 mL 水中加入 80.0 g 氢氧化钠(NaOH)，溶解后再加水定容至 200 mL。

5.4 500 mmol/L 乙二铵四乙酸二钠溶液(pH 8.0):称取 18.6 g 乙二铵四乙酸二钠(EDTA-Na_2),加入 70 mL 水中,再加入适量氢氧化钠溶液(5.3),加热至完全溶解后,冷却至室温,用氢氧化钠溶液(5.3)调 pH 至 8.0,加水定容至 100 mL。在 103.4 kPa(121℃)条件下灭菌 20 min。

5.5 1 mol/L 三羟甲基氨基甲烷—盐酸溶液(pH 8.0):称取 121.1 g 三羟甲基氨基甲烷(Tris)溶解于 800 mL 水中,用盐酸(HCl)调 pH 至 8.0,加水定容到 1 000 mL。在 103.4 kPa(121℃)条件下灭菌 20 min。

5.6 TE 缓冲液(pH 8.0):分别量取 10 mL 三羟甲基氨基甲烷—盐酸溶液(5.5)和 2 mL 乙二铵四乙酸二钠溶液(5.4)溶液,加水定容至 1 000 mL。在 103.4 kPa(121℃)条件下灭菌 20 min。

5.7 50×TAE 缓冲液:称取 242.2 g 三羟甲基氨基甲烷,先用 500 mL 水加热搅拌溶解后,加入 100 mL 乙二铵四乙酸二钠溶液(5.4),用冰乙酸调 pH 至 8.0,然后加水定容至 1 000 mL。使用时用水稀释成 1×TAE。

5.8 加样缓冲液:称取 250.0 mg 溴酚蓝,加入 10 mL 水,在室温下溶解 12 h;称取 250.0 mg 二甲基苯腈蓝,加 10 mL 水溶解;称取 50.0 g 蔗糖,加 30 mL 水溶解。混合以上三种溶液,加水定容至 100 mL,在 4℃下保存。

5.9 DNA 分子量标准:可以清楚地区分 50 bp~1 000 bp 的 DNA 片段。

5.10 dNTPs 混合溶液:将浓度为 10 mmol/L 的 dATP、dTTP、dGTP、dCTP 四种脱氧核糖核苷酸溶液等体积混合。

5.11 Taq DNA 聚合酶及 PCR 反应缓冲液。

5.12 引物。

5.12.1 ***zSS* Ⅱ *b* 基因**

zSSⅡb - F:5′- CGGTGGATGCTAAGGCTGATG - 3′

zSSⅡb - R:5′- AAAGGGCCAGGTTCATTATCCTC - 3′

预期扩增片段大小为 88 bp。

5.12.2 **MON88017 转化体特异性序列**

MON88017 - LF:5′- TTGTCCTGAACCCCTAAAATCC - 3′

MON88017 - LR:5′- CCCGGACATGAAGCCATTTA - 3′

预期扩增片段大小为 199 bp。

5.13 引物溶液:用 TE 缓冲液(5.6)分别将上述引物稀释到 10 μmol/L。

5.14 石蜡油。

5.15 PCR 产物回收试剂盒。

5.16 DNA 提取试剂盒。

6 仪器

6.1 分析天平:感量 0.1 g 和 0.1 mg。

6.2 PCR 扩增仪:升降温速度>1.5℃/s,孔间温度差异<1.0℃。

6.3 电泳槽、电泳仪等电泳装置。

6.4 紫外透射仪。

6.5 凝胶成像系统或照相系统。

6.6 重蒸馏水发生器或超纯水仪。

6.7 其他相关仪器和设备。

7 操作步骤

7.1 抽样

按 NY/T 672 和 NY/T 673 的规定执行。

7.2 制样

按 NY/T 672 和 NY/T 673 的规定执行。

7.3 试样预处理

按 NY/T 674 的规定执行。

7.4 DNA 模板制备

按 NY/T 674 的规定执行，或使用经验证适用于玉米 DNA 提取与纯化的 DNA 提取试剂盒。

7.5 PCR 反应

7.5.1 试样 PCR 反应

7.5.1.1 每个试样 PCR 反应设置 3 次重复。

7.5.1.2 在 PCR 反应管中按表 1 依次加入反应试剂，混匀，再加 25 μL 石蜡油(有热盖设备的 PCR 仪可不加)。

表 1 PCR 反应体系

试 剂	终浓度	体 积
水		—
10×PCR 缓冲液	1×	2.5 μL
25 mmol/L 氯化镁溶液	2.5 mmol/L	2.5 μL
dNTPs 混合溶液(各 2.5 mmol/L)	各 0.2 mmol/L	2 μL
10 μmol/L 上游引物	0.2 μmol/L	0.5 μL
10 μmol/L 下游引物	0.2 μmol/L	0.5 μL
Taq 酶	0.025 U/μL	—
25 mg/L DNA 模板	2 mg/L	2.0 μL
总体积		25.0 μL

注 1：根据 Taq 酶的浓度确定其体积，并相应调整水的体积，使反应体系总体积达到 25.0 μL。如果 PCR 缓冲液中含有氯化镁，则不加氯化镁溶液，加等体积水。

注 2：玉米内标准基因 PCR 检测反应体系中，上、下游引物分别为 zSSⅡb - F 和 zSSⅡb - R；MON88017 转化体 PCR 检测反应体系中，上、下游引物分别为 MON88017 - LF 和 MON88017 - LR。

7.5.1.3 将 PCR 管放在离心机上，500 *g*～3 000 *g* 离心 10 s，然后取出 PCR 管，放入 PCR 仪中。

7.5.1.4 进行 PCR 反应。反应程序为：94℃变性 5 min；94℃变性 30 s，58℃退火 30 s，72℃延伸 30 s，共进行 35 次循环；72℃延伸 7 min。

7.5.1.5 反应结束后取出 PCR 管，对 PCR 反应产物进行电泳检测。

7.5.2 对照 PCR 反应

在试样 PCR 反应的同时，应设置阴性对照、阳性对照和空白对照。

以非转基因玉米材料提取的 DNA 作为阴性对照；以转基因玉米 MON88017 质量分数为 0.1%～1.0%的玉米基因组 DNA 作为阳性对照；以水作为空白对照。

上述各对照 PCR 反应体系中，除模板外，其余组分及 PCR 反应条件与 7.5.1 相同。

7.6 PCR 产物电泳检测

按 20 g/L 的质量浓度称量琼脂糖加入 1×TAE 缓冲液中，加热溶解，配制成琼脂糖溶液。每 100 mL琼脂糖溶液中加入 5 μL EB 溶液，混匀，稍适冷却后，将其倒入电泳板上，插上梳板，室温下凝固成凝胶后，放入 1×TAE 缓冲液中，垂直向上轻轻拔去梳板。取 12 μL PCR 产物与 3 μL 加样缓冲液混合后加入凝胶点样孔，同时在其中一个点样孔中加入 DNA 分子量标准，接通电源在 2 V/cm～5 V/cm 条件下电泳检测。

7.7 凝胶成像分析

电泳结束后，取出琼脂糖凝胶，置于凝胶成像仪上或紫外透射仪上成像。根据 DNA 分子量标准估计扩增条带的大小，将电泳结果形成电子文件存档或用照相系统拍照。如需通过序列分析确认 PCR 扩增片段是否为目的 DNA 片段，按照 7.8 和 7.9 的规定执行。

7.8 PCR 产物回收

按 PCR 产物回收试剂盒说明书，回收 PCR 扩增的 DNA 片段。

7.9 PCR 产物测序验证

将回收的 PCR 产物克隆测序，与抗虫耐除草剂玉米 MON88017 转化体特异性序列（参见附录 A）进行比对，确定 PCR 扩增的 DNA 片段是否为目的 DNA 片段。

8 结果分析与表述

8.1 对照检测结果分析

阳性对照 PCR 反应中，*zSSⅡb* 内标准基因和 MON88017 转化体特异性序列均得到扩增，且扩增片段大小与预期片段大小一致，而阴性对照中仅扩增出 *zSSⅡb* 基因片段，空白对照中没有任何扩增片段，表明 PCR 反应体系正常工作，否则重新检测。

8.2 样品检测结果分析和表述

8.2.1 *zSSⅡb* 内标准基因和 MON88017 转化体特异性序列均得到了扩增，且扩增片段大小与预期片段大小一致，表明样品中检测出转基因抗虫耐除草剂玉米 MON88017 转化体成分，表述为"样品中检测出转基因抗虫耐除草剂玉米 MON88017 转化体成分，检测结果为阳性"。

8.2.2 *zSSⅡb* 内标准基因片段得到扩增，且扩增片段大小与预期片段大小一致，而 MON88017 转化体特异性序列未得到扩增，或扩增片段大小与预期片段大小不一致，表明样品中未检测出抗虫耐除草剂玉米 MON88017 转化体成分，表述为"样品中未检测出抗虫耐除草剂玉米 MON88017 转化体成分，检测结果为阴性"。

8.2.3 *zSSⅡb* 内标准基因片段未得到扩增，或扩增片段大小与预期片段大小不一致，表明样品中未检测出玉米成分，表述为"样品中未检测出玉米成分，检测结果为阴性"。

附 录 A
(资料性附录)
抗虫耐除草剂玉米 MON88017 转化体特异性序列

1 TTGTCCTGAA CCCCTAAAAT CCCAGGACCG CCACCTATCA TATACATACA
51 TGATCTTCTA AATACCCGAT CAGAGCGCTA AGCAGCAGAA TCGTGTGACA
101 ACGCTAGCAG CTCTCCTCCA ACACATCATC GACAAGCACC TTTTTTGCCG
151 GAGTATGACG GTGACGATAT ATTCAATTGT AAATGGCTTC ATGTCCGGG

注:划线部分为引物序列。

ICS 65.020.01
B 04

中华人民共和国国家标准

农业部1485号公告—16—2010

转基因植物及其产品成分检测 抗虫玉米MIR604及其衍生品种 定性PCR方法

Detection of genetically modified plants and derived products—Qualitative PCR method for insect-resistant maize MIR604 and its derivates

2010-11-15 发布　　2011-01-01 实施

中华人民共和国农业部　发布

前 言

本标准按照 GB/T 1.1—2009 给出的规则起草。

本标准由农业部科技教育司提出。

本标准由全国农业转基因生物安全管理标准化技术委员会(SAC/TC 276)归口。

本标准起草单位:农业部科技发展中心、中国农业科学院油料作物研究所。

本标准主要起草人:卢长明、刘信、武玉花、吴刚、岳云峰、曹应龙、赵欣。

转基因植物及其产品成分检测
抗虫玉米 MIR604 及其衍生品种定性 PCR 方法

1 范围

本标准规定了转基因抗虫玉米 MIR604 转化体特异性的定性 PCR 检测方法。

本标准适用于转基因抗虫玉米 MIR604 及其衍生品种，以及制品中 MIR604 转化体成分的定性 PCR 检测。

2 规范性引用文件

下列文件对于本文件的应用是必不可少的。凡是注日期的引用文件，仅注日期的版本适用于本文件。凡是不注日期的引用文件，其最新版本(包括所有的修改单)适用于本文件。

GB/T 6682 分析实验室用水规格和试验方法

NY/T 672 转基因植物及其产品检测 通用要求

NY/T 673 转基因植物及其产品检测 抽样

NY/T 674 转基因植物及其产品检测 DNA 提取和纯化

3 术语和定义

下列术语和定义适用于本文件。

3.1

***zSS* Ⅱ *b* 基因 *zSS* Ⅱ *b* gene**

编码玉米淀粉合酶异构体 zSTSⅡ-2 的基因。

3.2

MIR604 转化体特异性序列 event-specific sequence of MIR604

外源插入载体 3′端与玉米基因组的连接区序列，包括 Nos 终止子序列和玉米基因组的部分序列。

4 原理

根据转基因抗虫玉米 MIR604 转化体特异性序列设计特异性引物，对试样进行 PCR 扩增。依据是否扩增获得预期 142 bp 的特异性 DNA 片段，判断样品中是否含有 MIR604 转化体成分。

5 试剂和材料

除非另有说明，仅使用分析纯试剂和重蒸馏水或符合 GB/T 6682 规定的一级水。

5.1 琼脂糖。

5.2 10 g/L 溴化乙锭溶液：称取 1.0 g 溴化乙锭(EB)，溶解于 100 mL 水中，避光保存。

注：溴化乙锭有致癌作用，配制和使用时宜戴一次性手套操作并妥善处理废液。

5.3 10 mol/L 氢氧化钠溶液：在 160 mL 水中加入 80.0 g 氢氧化钠(NaOH)，溶解后再加水定容至 200 mL。

5.4 500 mmol/L 乙二铵四乙酸二钠溶液(pH 8.0)：称取 18.6 g 乙二铵四乙酸二钠($EDTA-Na_2$)，加入 70 mL 水中，加入适量氢氧化钠溶液(5.3)，加热至完全溶解后，冷却至室温，用氢氧化钠溶液(5.3)调

pH 至 8.0，加水定容至 100 mL。在 103.4 kPa(121℃)条件下灭菌 20 min。

5.5 1 mol/L 三羟甲基氨基甲烷—盐酸溶液(pH 8.0)：称取 121.1 g 三羟甲基氨基甲烷(Tris)溶解于 800 mL 水中，用盐酸(HCl)调 pH 至 8.0，加水定容至 1 000 mL。在 103.4 kPa(121℃)条件下灭菌 20 min。

5.6 TE 缓冲液(pH 8.0)：分别量取 10 mL 三羟甲基氨基甲烷—盐酸溶液(5.5)和 2 mL 乙二铵四乙酸二钠溶液(5.4)溶液，加水定容至 1 000 mL。在 103.4 kPa(121℃)条件下灭菌 20 min。

5.7 50×TAE 缓冲液：称取 242.2 g 三羟甲基氨基甲烷，先用 500 mL 水加热搅拌溶解后，加入 100 mL 乙二铵四乙酸二钠溶液(5.4)，用冰乙酸调 pH 至 8.0，然后加水定容至 1 000 mL。使用时用水稀释成 1×TAE。

5.8 加样缓冲液：称取 250.0 mg 溴酚蓝，加入 10 mL 水，在室温下溶解 12 h；称取 250.0 mg 二甲基苯腈蓝，加 10 mL 水溶解；称取 50.0 g 蔗糖，加 30 mL 水溶解。混合以上三种溶液，加水定容至 100 mL，在 4℃下保存。

5.9 DNA 分子量标准：可以清楚地区分 50 bp～1 000 bp 的 DNA 片段。

5.10 dNTPs 混合溶液：将浓度为 10 mmol/L 的 dATP、dTTP、dGTP、dCTP 四种脱氧核糖核苷酸溶液等体积混合。

5.11 Taq DNA 聚合酶及 PCR 反应缓冲液。

5.12 引物。

5.12.1 ***zSSⅡb*** **基因**

zSSⅡb-F：5′-CGGTGGATGCTAAGGCTGATG-3′

zSSⅡb-R：5′-AAAGGGCCAGGTTCATTATCCTC-3′

预期扩增片段大小为 88 bp。

5.12.2 **MIR604 转化体特异性序列**

MIR604-1F：5′-TCGCGCGCGGTGTCATCTATG-3′

MIR604-1R：5′-CGCGACACACCTCGTTAGTTAA-3′

预期扩增片段大小为 142 bp。

5.13 引物溶液：用 TE 缓冲液(5.6)或水分别将上述引物稀释到 10 μmol/L。

5.14 石蜡油。

5.15 PCR 产物回收试剂盒。

5.16 DNA 提取试剂盒。

6 仪器

6.1 分析天平：感量 0.1 g 和 0.1 mg。

6.2 PCR 扩增仪：升降温速度>1.5℃/s，孔间温度差异<1.0℃。

6.3 电泳槽、电泳仪等电泳装置。

6.4 紫外透射仪。

6.5 凝胶成像系统或照相系统。

6.6 重蒸馏水发生器或超纯水仪。

6.7 其他相关仪器和设备。

7 操作步骤

7.1 抽样

按 NY/T 672 和 NY/T 673 的规定执行。

7.2 制样

按 NY/T 672 和 NY/T 673 的规定执行。

7.3 试样预处理

按 NY/T 674 的规定执行。

7.4 DNA 模板制备

按 NY/T 674 的规定执行，或使用经验证适用于玉米 DNA 提取与纯化的 DNA 提取试剂盒。

7.5 PCR 反应

7.5.1 试样的 PCR 反应

7.5.1.1 每个试样 PCR 反应设置 3 次重复。

7.5.1.2 在 PCR 反应管中按表 1 依次加入反应试剂，混匀，再加 25 μL 石蜡油(有热盖设备的 PCR 仪可不加)。

表 1 PCR 反应体系

试剂	终浓度	体积
水		—
10×PCR 缓冲液	1×	2.5 μL
25 mmol/L 氯化镁溶液	2.5 mmol/L	2.5 μL
dNTPs 混合溶液(各 2.5 mmol/L)	各 0.2 mmol/L	2 μL
10 μmol/L 上游引物	0.5 μmol/L	1.25 μL
10 μmol/L 下游引物	0.5 μmol/L	1.25 μL
Taq 酶	0.025 U/μL	—
25 mg/L DNA 模板	2 mg/L	2.0 μL
总体积		25.0 μL

注 1：根据 Taq 酶浓度确定其体积，并相应调整水的体积，使反应体系总体积达到 25.0 μL。如果 PCR 缓冲液中含有氯化镁，则不加氯化镁溶液，加等体积水。

注 2：玉米内标准基因 PCR 检测反应体系中，上、下游引物分别为 zSSⅡb-F 和 zSSⅡb-R；MIR604 转化体 PCR 检测反应体系中，上、下游引物分别为 MIR604-1F 和 MIR604-1R。

7.5.1.3 将 PCR 管放在离心机上，500 g～3 000 g 离心 10 s，然后取出 PCR 管，放入 PCR 仪中。

7.5.1.4 进行 PCR 反应。反应程序为：94℃变性 5 min；94℃变性 30 s，58℃退火 30 s，72℃延伸 30 s，共进行 35 次循环；72℃延伸 7 min。

7.5.1.5 反应结束后取出 PCR 管，对 PCR 反应产物进行电泳检测。

7.5.2 对照 PCR 反应

在试样 PCR 反应的同时，应设置阴性对照、阳性对照和空白对照。

以非转基因玉米材料提取的 DNA 作为阴性对照；以转基因玉米 MIR604 质量分数为 0.1%～1.0%的玉米基因组 DNA 作为阳性对照；以水作为空白对照。

各对照 PCR 反应体系中，除模板外，其余组分及 PCR 反应条件与 7.5.1 相同。

7.6 PCR 产物的电泳检测

按 20 g/L 的质量浓度称量琼脂糖，加入 1×TAE 缓冲液中，加热溶解，配制成琼脂糖溶液。每 100 mL琼脂糖溶液中加入 5 μL EB 溶液，混匀，稍适冷却后，将其倒入电泳板上，插上梳板，室温下凝固成凝胶后，放入 1×TAE 缓冲液中，垂直向上轻轻拔去梳板。取 12 μL PCR 产物与 3 μL 加样缓冲液混合后加入凝胶点样孔，同时在其中一个点样孔中加入 DNA 分子量标准，接通电源在 2 V/cm～5 V/cm 条件下电泳检测。

7.7 凝胶成像分析

电泳结束后，取出琼脂糖凝胶，置于凝胶成像仪上或紫外透射仪上成像。根据 DNA 分子量标准估计扩增条带的大小，将电泳结果形成电子文件存档或用照相系统拍照。如需通过序列分析确认 PCR 扩增片段是否为目的 DNA 片段，按照 7.8 和 7.9 的规定执行。

7.8 PCR 产物回收

按 PCR 产物回收试剂盒说明书，回收 PCR 扩增的 DNA 片段。

7.9 PCR 产物测序验证

将回收的 PCR 产物克隆测序，与抗虫玉米 MIR604 转化体特异性序列（参见附录 A）进行比对，确定 PCR 扩增的 DNA 片段是否为目的 DNA 片段。

8 结果分析与表述

8.1 对照检测结果分析

阳性对照的 PCR 反应中，*zSS*Ⅱ*b* 内标准基因和 MIR604 转化体特异性序列均得到扩增，且扩增片段大小与预期片段大小一致，而阴性对照中仅扩增出 *zSS*Ⅱ*b* 基因片段，空白对照中没有任何扩增片段，表明 PCR 反应体系正常工作，否则重新检测。

8.2 样品检测结果分析和表述

8.2.1 *zSS*Ⅱ*b* 内标准基因和 MIR604 转化体特异性序列均得到了扩增，且扩增片段大小与预期片段大小一致，表明样品中检测出转基因抗虫玉米 MIR604 转化体成分，表述为“样品中检测出转基因抗虫玉米 MIR604 转化体成分，检测结果为阳性”。

8.2.2 *zSS*Ⅱ*b* 内标准基因片段得到扩增，且扩增片段大小与预期片段大小一致，而 MIR604 转化体特异性序列未得到扩增，或扩增片段大小与预期片段大小不一致，表明样品中未检测出抗虫玉米 MIR604 转化体成分，表述为“样品中未检测出抗虫玉米 MIR604 转化体成分，检测结果为阴性”。

8.2.3 *zSS*Ⅱ*b* 内标准基因片段未得到扩增，或扩增片段大小与预期片段大小不一致，表明样品中未检测出玉米成分，表述为“样品中未检测出玉米成分，检测结果为阴性”。

附 录 A
(资料性附录)
抗虫玉米 MIR604 转化体特异性序列

1 TCGCGCGCGG TGTCATCTAT GTTACTAGAT CTGCTAGCCC TGCAGGAAAT
51 TTACCGGTGC CCGGGCGGCC AGCATGGCCG TATCCGCAAT GTGTTATTAA
101 GAGTTGGTGG TACGGGTACT TTAACTAACG AGGTGTGTCG CG

注:划线部分为引物序列。

ICS 65.020
B 04

中华人民共和国国家标准

农业部1782号公告—10—2012

转基因植物及其产品成分检测 转植酸酶基因玉米BVLA430101 构建特异性定性PCR方法

Detection of genetically modified plants and derived products—Construct-specific qualitative PCR method for phytase transgenic maize BVLA430101

2012-06-06 发布

2012-09-01 实施

中华人民共和国农业部 发布

前　　言

本标准按照 GB/T 1.1—2009 给出的规则起草。

本标准由中华人民共和国农业部提出。

本标准由全国农业转基因生物安全管理标准化技术委员会(SAC/TC 276)归口。

本标准起草单位:农业部科技发展中心、中国农业科学院植物保护研究所。

本标准主要起草人:谢家建、沈平、彭于发、宋贵文、张永军、孙爻。

转基因植物及其产品成分检测
转植酸酶基因玉米 BVLA430101 构建特异性定性 PCR 方法

1 范围

本标准规定了转植酸酶基因玉米 BVLA430101 的信号肽/植酸酶基因构建特异性定性 PCR 检测方法。

本标准适用于转植酸酶基因玉米 BVLA430101、含有与转植酸酶基因玉米 BVLA430101 相同信号肽/植酸酶基因载体构建特征的转基因植物,以及制品中转植酸酶基因玉米 BVLA430101 的信号肽/植酸酶基因构建特异性序列的定性 PCR 检测。

2 规范性引用文件

下列文件对于本文件的应用是必不可少的。凡是注日期的引用文件,仅注日期的版本适用于本文件。凡是不注日期的引用文件,其最新版本(包括所有的修改单)适用于本文件。

GB/T 6682 分析实验室用水规格和试验方法

NY/T 672 转基因植物及其产品检测 通用要求

NY/T 673 转基因植物及其产品检测 抽样

农业部 1485 号公告—4—2010 转基因植物及其产品成分检测 DNA 提取和纯化

3 术语和定义

下列术语和定义适用于本文件。

3.1

转植酸酶玉米 BVLA430101 构建特异性序列 construct-specific sequence of phytase transgenic maize BVLA430101

转植酸酶玉米外源插入片段中信号肽与植酸酶基因的连接区序列,包括信号肽区域部分序列和植酸酶基因的部分序列。

4 原理

根据转植酸酶基因玉米 BVLA430101 信号肽/植酸酶基因构建特异性序列设计特异性引物,对试样进行 PCR 扩增。依据是否扩增获得预期的 DNA 片段,判断样品中是否含有与转植酸酶基因玉米 BVLA430101 相同的信号肽/植酸酶基因构建成分。

5 试剂和材料

除非另有说明,仅使用分析纯试剂和重蒸馏水或符合 GB/T 6682 规定的一级水。

5.1 琼脂糖。

5.2 10 g/L 溴化乙锭溶液:称取 1.0 g 溴化乙锭(EB),溶于 100 mL 水中,避光保存。

注:溴化乙锭有致癌作用,配制和使用时应戴一次性手套操作并妥善处理废液。

5.3 10 mol/L 氢氧化钠溶液:在 160 mL 水中加入 80.0 g 氢氧化钠(NaOH),溶解后再加水定容至 200 mL。

5.4 500 mmol/L 乙二铵四乙酸二钠溶液(pH 8.0):称取 18.6 g 乙二铵四乙酸二钠($EDTA-Na_2$),加

入 70 mL 水中，再加入适量氢氧化钠溶液(5.3)，加热至完全溶解后，冷却至室温。用氢氧化钠溶液(5.3)调 pH 至 8.0，加水定容至 100 mL。在 103.4 kPa(121℃)条件下灭菌 20 min。

5.5 1 mol/L 三羟甲基氨基甲烷—盐酸溶液(pH 8.0)：称取 121.1 g 三羟甲基氨基甲烷(Tris)溶解于 800 mL 水中，用盐酸调 pH 至 8.0，加水定容至 1 000 mL。在 103.4 kPa(121℃)条件下灭菌 20 min。

5.6 TE 缓冲液(pH 8.0)：分别量取 10 mL 三羟甲基氨基甲烷—盐酸溶液(5.5)和 2 mL 乙二铵四乙酸二钠溶液(5.4)，加水定容至 1 000 mL。在 103.4 kPa(121℃)条件下灭菌 20 min。

5.7 50×TAE 缓冲液：称取 242.2 g 三羟甲基氨基甲烷(Tris)，先用 300 mL 水加热搅拌溶解后，加 100 mL 乙二铵四乙酸二钠溶液(5.4)。用冰乙酸调 pH 至 8.0，然后加水定容到 1 000 mL。使用时，用水稀释成 1×TAE。

5.8 加样缓冲液：称取 250.0 mg 溴酚蓝，加 10 mL 水，在室温下溶解 12 h；称取 250.0 mg 二甲基苯腈蓝，用 10 mL 水溶解；称取 50.0 g 蔗糖，用 30 mL 水溶解。混合以上三种溶液，加水定容至 100 mL，在 4℃下保存。

5.9 DNA 分子量标准：可以清楚地区分 50 bp～1 000 bp 的 DNA 片段。

5.10 dNTPs 混合溶液：将浓度为 10 mmol/L 的 dATP、dTTP、dGTP、dCTP 四种脱氧核糖核苷酸溶液等体积混合。

5.11 Taq DNA 聚合酶、PCR 反应缓冲液及 25 mmol/L 氯化镁溶液。

5.12 石蜡油。

5.13 PCR 产物回收试剂盒。

5.14 DNA 提取试剂盒。

5.15 引物和探针：见附录 A 和附录 B。

6 仪器

6.1 分析天平：感量 0.1 g 和 0.1 mg。

6.2 PCR 扩增仪：升降温速度>1.5℃/s，孔间温度差异<1.0℃。

6.3 荧光定量 PCR 仪。

6.4 电泳槽、电泳仪等电泳装置。

6.5 紫外透射仪。

6.6 凝胶成像系统或照相系统。

6.7 重蒸馏水发生器或纯水仪。

6.8 其他相关仪器和设备。

7 操作步骤

7.1 抽样

按 NY/T 672 和 NY/T 673 的规定执行。

7.2 制样

按 NY/T 672 和 NY/T 673 的规定执行。

7.3 试样预处理

按农业部 1485 号公告—4—2010 的规定执行。

7.4 DNA 模板制备

按农业部 1485 号公告—4—2010 的规定执行。

7.5 PCR 反应

7.5.1 方法一

见附录 A。

7.5.2 方法二

见附录 B。

8 结果分析与表述

8.1 方法一

见附录 A。

8.2 方法二

见附录 B。

附　录　A
（规范性附录）
普通 PCR 方法

A.1　引物

A.1.1　信号肽/植酸酶基因构建特异性序列引物：

phy-CF：5′-TTCGCGGACTCGAACCCGAT-3′

phy-CR：5′-CTGATCGACCGTATCGCAAG-3′

预期扩增片段大小为 117 bp。

A.1.2　内标准基因引物：

根据样品来源选择合适的内标准基因，确定对应的检测引物。

A.1.3　用 TE 缓冲液（pH8.0）或水分别将引物稀释到 10 μmol/L。

A.2　PCR 反应

A.2.1　试样 PCR 反应

A.2.1.1　每个试样 PCR 反应设置 3 次重复。

A.2.1.2　在 PCR 反应管中按表 A.1 依次加入反应试剂，混匀，再加 25 μL 石蜡油（有热盖设备的 PCR 仪可不加）。

表 A.1　PCR 检测反应体系

试　剂	终浓度	体　积
水		—
10×PCR 缓冲液	1×	2.5 μL
25 mmol/L 氯化镁溶液	1.5 mmol/L	1.5 μL
dNTPs 混合溶液（各 2.5 mmol/L）	各 0.2 mmol/L	2.0 μL
10 μmol/L phy-CF	0.4 μmol/L	1.0 μL
10 μmol/L phy-CR	0.4 μmol/L	1.0 μL
Taq 酶	0.025 U/μL	—
25 mg/L DNA 模板	2 mg/L	2.0 μL
总体积		25.0 μL
根据 Taq 酶的浓度确定其体积，并相应调整水的体积，使反应体系总体积达到 25.0 μL。如果 PCR 缓冲液中含有氯化镁，则不加氯化镁溶液，加等体积水。		

A.2.1.3　将 PCR 管放在离心机上，500 *g*～3 000 *g* 离心 10 s，然后取出 PCR 管，放入 PCR 仪中。

A.2.1.4　进行 PCR 反应。反应程序为：94℃变性 5 min；94℃变性 30 s，60℃退火 30 s，72℃延伸 30 s，共进行 35 次循环；72℃延伸 7 min。

A.2.1.5　反应结束后取出 PCR 管，对 PCR 反应产物进行电泳检测。

A.2.2　对照 PCR 反应

A.2.2.1　在试样 PCR 反应的同时，应设置阴性对照、阳性对照和空白对照。

A.2.2.2 以所检测植物的非转基因材料基因组 DNA 作为阴性对照；以转植酸酶基因玉米 BVLA430101质量分数为 0.5%的基因组 DNA 作为阳性对照；以水作为空白对照。

A.2.2.3 各对照 PCR 反应体系中，除模板外，其余组分及 PCR 反应条件与 A.2.1 相同。

A.3 PCR 产物电泳检测

按 20 g/L 的质量浓度称量琼脂糖，加入 1×TAE 缓冲液中，加热溶解，配制成琼脂糖溶液。每 100 mL琼脂糖溶液中加入 5 μL EB 溶液，混匀。稍适冷却后，将其倒入电泳板上，插上梳板。室温下凝固成凝胶后，放入 1×TAE 缓冲液中，垂直向上轻轻拔去梳板。取 12 μL PCR 产物与 3 μL 加样缓冲液混合后加入凝胶点样孔，同时在其中一个点样孔中加入 DNA 分子量标准，接通电源在 2 V/cm～5 V/cm条件下电泳检测。

A.4 凝胶成像分析

电泳结束后，取出琼脂糖凝胶，置于凝胶成像仪上或紫外透射仪上成像。根据 DNA 分子量标准估计扩增条带的大小，将电泳结果形成电子文件存档或用照相系统拍照。如需通过序列分析确认 PCR 扩增片段是否为目的 DNA 片段，按照 A.5 和 A.6 的规定执行。

A.5 PCR 产物回收

按 PCR 产物回收试剂盒说明书，回收 PCR 扩增的 DNA 片段。

A.6 PCR 产物测序验证

将回收的 PCR 产物克隆测序，与转植酸酶基因玉米 BVLA430101 的信号肽/植酸酶基因构建特异性序列(参见附录 C)进行比对，确定 PCR 扩增的 DNA 片段是否为目的 DNA 片段。

A.7 结果分析与表述

A.7.1 对照检测结果分析

阳性对照的 PCR 反应中，内标准基因和 BVLA430101 信号肽/植酸酶基因构建特异性序列均得到扩增，且扩增片段大小与预期片段大小一致；而阴性对照中仅扩增出内标准基因片段；空白对照中除引物二聚体外没有任何扩增片段。这表明 PCR 反应体系正常工作，否则重新检测。

A.7.2 样品检测结果分析和表述

A.7.2.1 内标准基因和 BVLA430101 信号肽/植酸酶基因构建特异性序列均得到扩增，且扩增片段大小与预期片段大小一致。这表明样品中检测出 BVLA430101 信号肽/植酸酶基因构建相同的特异性序列，结果表述为“样品中检测出转植酸酶基因玉米 BVLA430101 信号肽/植酸酶基因构建相同的转基因成分，检测结果为阳性”。

A.7.2.2 内标准基因片段得到扩增，且扩增片段大小与预期片段大小一致，而 BVLA430101 信号肽/植酸酶基因构建特异性序列均未得到扩增，或扩增片段大小与预期片段大小不一致。这表明样品中未检测出 BVLA430101 信号肽/植酸酶基因构建相同的特异性序列，结果表述为“样品中未检测出转植酸酶基因玉米 BVLA430101 信号肽/植酸酶基因构建相同的转基因成分，检测结果为阴性”。

A.7.2.3 内标准基因片段未得到扩增，或扩增片段大小与预期片段大小不一致。这表明样品中未检出对应植物成分，结果表述为“样品中未检出对应植物成分，检测结果为阴性”。

附 录 B
（规范性附录）
实时荧光 PCR 方法

B.1 引物/探针

B.1.1 信号肽/植酸酶基因构建特异性序列引物/探针：

正向引物 phy-CF：5′-TTCGCGGACTCGAACCCGAT-3′

反向引物 phy-CR：5′-CTGATCGACCGTATCGCAAG-3′

探　　针 phy-CP：5′-CTGGCAGTCCCCGCCTCGAG-3′

预期扩增片段大小为 117 bp。

注：探针的 5′端标记荧光报告基团(如 FAM、HEX 等)，3′端标记荧光淬灭基团(如 TAMRA、BHQ1 等)。

B.1.2 内标准基因引物/探针：

根据样品来源选择合适的内标准基因，确定对应的检测引物和探针。

B.1.3 用 TE 缓冲液(pH8.0)或水分别将引物稀释到 10 μmol/L。

B.2 PCR 反应

B.2.1 对照设置

在试样 PCR 反应的同时，应设置阴性对照、阳性对照和空白对照。

以所检测植物的非转基因材料基因组 DNA 作为阴性对照；以转植酸酶基因玉米 BVLA430101 质量分数为 0.5%的基因组 DNA 作为阳性对照；以水作为空白对照。

B.2.2 PCR 反应体系

按表 B.1 配制 PCR 扩增反应体系，也可采用等效的实时荧光 PCR 反应试剂盒配制反应体系，每个试样和对照设 3 次重复。

表 B.1 实时荧光 PCR 反应体系

试　剂	终浓度	单样品体积
水		26.6 μL
10×PCR 缓冲液	1×	5.0 μL
25 mmol/L $MgCl_2$	2.5 mmol/L	5.0 μL
dNTPs	0.2 mmol/L	4.0 μL
10 μmol/L phy-CP	0.2 μmol/L	1.0 μL
10 μmol/L phy-CF	0.4 μmol/L	2.0 μL
10 μmol/L phy-CR	0.4μmol/L	2.0 μL
5 U/μL Taq 酶	0.04 U/μL	0.4 μL
25 ng/μL DNA 模板	2 mg/L	4.0 μL
总体积		50.0 μL
根据 Taq 酶的浓度确定其体积，并相应调整水的体积，使反应体系总体积达到 50.0 μL。如果 PCR 缓冲液中含有氯化镁，则不加氯化镁溶液，加等体积水。		

B.2.3 PCR 反应程序

PCR 反应按以下程序运行：第一阶段 95℃，5 min；第二阶段 95℃、5 s，60℃、30 s，循环数 40；在第二阶段的 60℃时段收集荧光信号。

注：不同仪器可根据仪器要求将反应参数作适当调整。

B.3 结果分析与表述

B.3.1 阈值设定

实时荧光 PCR 反应结束后，设置荧光信号阈值。阈值设定原则根据仪器噪声情况进行调整，阈值设置原则以刚好超过正常阴性样品扩增曲线的最高点为准。

B.3.2 对照检测结果分析

在内标准基因扩增时，空白对照荧光曲线平直，阴性对照和阳性对照出现典型的扩增曲线，或空白对照的 *Ct* 值大于或等于 40；在 BVLA430101 信号肽/植酸酶基因构建特异性序列扩增时，空白对照和阴性对照的荧光曲线平直，阳性对照出现典型的扩增曲线，或空白对照和阴性对照的 *Ct* 值大于或等于 40。这表明反应体系工作正常。否则，表明 PCR 反应体系不正常，需要查找原因重新检测。

B.3.3 样品检测结果分析和表述

B.3.3.1 内标准基因和 BVLA430101 信号肽/植酸酶基因构建特异性序列出现典型的扩增曲线，且检测 *Ct* 值小于或等于阳性对照的 *Ct* 值。这表明样品中检测出 BVLA430101 信号肽/植酸酶基因构建相同的特异性序列。结果表述为"样品中检测出转植酸酶基因玉米 BVLA430101 信号肽/植酸酶基因构建相同的转基因成分，检测结果为阳性"。

B.3.3.2 内标准基因出现典型的扩增曲线，且检测 *Ct* 值小于或等于阳性对照的 *Ct* 值，BVLA430101 信号肽/植酸酶基因构建特异性序列未出现典型的扩增曲线，或检测 *Ct* 值大于或等于 40。这表明样品中未检测出 BVLA430101 信号肽/植酸酶基因构建相同的特异性序列，结果表述为"样品中未检测出转植酸酶基因玉米 BVLA430101 信号肽/植酸酶基因构建相同的转基因成分，检测结果为阴性"。

B.3.3.3 内标准基因未出现典型的扩增曲线，或检测 *Ct* 值大于或等于 40。这表明样品中未检测出对应植物成分，表述为"样品中未检测出对应植物成分，检测结果为阴性"。

B.3.3.4 内标准基因和/或 BVLA430101 信号肽/植酸酶基因构建特异性序列出现典型的扩增曲线，检测 *Ct* 值大于阳性对照的 *Ct* 值但小于 40，可调整模板浓度，进行重复实验。如重复实验仍出现典型的扩增曲线，且检测 *Ct* 值小于 40，则判定样品检出内标准基因和/或 BVLA430101 信号肽/植酸酶基因构建相同的特异性序列。如重复检测 *Ct* 值大于或等于 40，则判定样品未检出内标准基因和/或 BVLA430101 信号肽/植酸酶基因构建相同的特异性序列，参照 B.3.3.1～B.3.3.3 对样品进行判定。

附 录 C
(资料性附录)
转植酸酶基因玉米 BVLA430101 信号肽/植酸酶基因构建特异性序列

1 TTCGCGGACT CGAACCCGAT CCGCCCCGTC ACCGACCGCG CGGCCTCCGC GCTCGAGGGA
61 TCAATGCTGG CAGTCCCCGC CTCGAGAAAT CAGTCCACTT GCGATACGGT CGATCAG

注 1:划线部分为引物序列。

注 2:1～63 位为信号肽序列,64～117 位为植酸酶基因序列。

ICS 65.020
B 04

中华人民共和国国家标准

农业部1782号公告—11—2012

转基因植物及其产品成分检测 转植酸酶基因玉米BVLA430101及其衍生品种定性PCR方法

Detection of genetically modified plants and derived products—Qualitative PCR method for phytase transgenic maize BVLA430101 and its derivates

2012-06-06 发布　　2012-09-01 实施

中华人民共和国农业部　发布

前　言

本标准按照 GB/T 1.1—2009 给出的规则起草。

本标准由中华人民共和国农业部提出。

本标准由全国农业转基因生物安全管理标准化技术委员会(SAC/TC 276)归口。

本标准起草单位:农业部科技发展中心、山东省农业科学院、中国农业科学院植物保护研究所。

本标准主要起草人:孙红炜、沈平、谢家建、彭于发、宋贵文、路兴波、孙爻、兰青阔。

转基因植物及其产品成分检测
转植酸酶基因玉米 BVLA430101 及其衍生品种定性 PCR 方法

1 范围

本标准规定了转植酸酶基因玉米 BVLA430101 的转化体特异性定性 PCR 检测方法。

本标准适用于转植酸酶基因玉米 BVLA430101 及其衍生品种以及制品中 BVLA430101 转化体成分的定性 PCR 检测。

2 规范性引用文件

下列文件对于本文件的应用是必不可少的。凡是注日期的引用文件，仅注日期的版本适用于本文件。凡是不注日期的引用文件，其最新版本(包括所有的修改单)适用于本文件。

GB/T 6682 分析实验室用水规格和试验方法

NY/T 672 转基因植物及其产品检测 通用要求

NY/T 673 转基因植物及其产品检测 抽样

农业部 1485 号公告—4—2010 转基因植物及其产品成分检测 DNA 提取和纯化

3 术语和定义

下列术语和定义适用于本文件。

3.1

***zSS*Ⅱ*b* 基因 *zSS*Ⅱ*b* gene**

编码玉米淀粉合酶异构体 zSTSⅡ-2 的基因。

3.2

BVLA430101 转化体特异性序列 event-specific sequence of BVLA430101

外源插入片段与玉米基因组的连接区序列，包括 LEG 终止子区域部分序列和玉米基因组的部分序列。

4 原理

根据转植酸酶基因玉米 BVLA430101 转化体特异性序列设计特异性引物，对试样进行 PCR 扩增。依据是否扩增获得预期的 DNA 片段，判断样品中是否含有 BVLA430101 转化体成分。

5 试剂和材料

除非另有说明，仅使用分析纯试剂和重蒸馏水或符合 GB/T 6682 规定的一级水。

5.1 琼脂糖。

5.2 10 g/L 溴化乙锭溶液：称取 1.0 g 溴化乙锭(EB)，溶于 100 mL 水中，避光保存。

注：溴化乙锭有致癌作用，配制和使用时应戴一次性手套操作并妥善处理废液。

5.3 10 mol/L 氢氧化钠溶液：在 160 mL 水中加入 80.0 g 氢氧化钠(NaOH)，溶解后，冷却至室温，再加水定容至 200 mL。

5.4 500 mmol/L 乙二铵四乙酸二钠溶液(pH 8.0)：称取 18.6 g 乙二铵四乙酸二钠(EDTA-Na_2)，加

入 70 mL 水中，再加入适量氢氧化钠溶液(5.3)，加热至完全溶解后，冷却至室温。用氢氧化钠溶液(5.3)调 pH 至 8.0，加水定容至 100 mL。在 103.4 kPa(121℃)条件下灭菌 20 min。

5.5 1 mol/L 三羟甲基氨基甲烷—盐酸溶液(pH 8.0)：称取 121.1 g 三羟甲基氨基甲烷(Tris)溶解于 800 mL 水中，用盐酸调 pH 至 8.0，加水定容至 1 000 mL。在 103.4 kPa(121℃)条件下灭菌 20 min。

5.6 TE 缓冲液(pH 8.0)：分别量取 10 mL 三羟甲基氨基甲烷—盐酸溶液(5.5)和 2 mL 乙二铵四乙酸二钠溶液(5.4)，加水定容至 1 000 mL。在 103.4 kPa(121℃)条件下灭菌 20 min。

5.7 50×TAE 缓冲液：称取 242.2 g 三羟甲基氨基甲烷(Tris)，先用 300 mL 水加热搅拌溶解后，加 100 mL 乙二铵四乙酸二钠溶液(5.4)。用冰乙酸调 pH 至 8.0，然后加水定容到 1 000 mL。使用时，用水稀释成 1×TAE。

5.8 加样缓冲液：称取 250.0 mg 溴酚蓝，加 10 mL 水，在室温下溶解 12 h；称取 250.0 mg 二甲基苯腈蓝，用 10 mL 水溶解；称取 50.0 g 蔗糖，用 30 mL 水溶解。混合以上三种溶液，加水定容至 100 mL，在 4℃下保存。

5.9 DNA 分子量标准：可以清楚地区分 50 bp～1 000 bp 的 DNA 片段。

5.10 dNTPs 混合溶液：将浓度为 10 mmol/L 的 dATP、dTTP、dGTP、dCTP 四种脱氧核糖核苷酸溶液等体积混合。

5.11 Taq DNA 聚合酶、PCR 反应缓冲液及 25 mmol/L 氯化镁溶液。

5.12 石蜡油。

5.13 PCR 产物回收试剂盒。

5.14 DNA 提取试剂盒。

5.15 引物和探针：见附录 A 和附录 B。

6 仪器

6.1 分析天平：感量 0.1 g 和 0.1 mg。

6.2 PCR 扩增仪：升降温速度>1.5 ℃/s，孔间温度差异<1.0℃。

6.3 定量 PCR 仪。

6.4 电泳槽、电泳仪等电泳装置。

6.5 紫外透射仪。

6.6 凝胶成像系统或照相系统。

6.7 重蒸馏水发生器或纯水仪。

6.8 其他相关仪器和设备。

7 操作步骤

7.1 抽样

按 NY/T 672 和 NY/T 673 的规定执行。

7.2 制样

按 NY/T 672 和 NY/T 673 的规定执行。

7.3 试样预处理

按农业部 1485 号公告—4—2010 的规定执行。

7.4 DNA 模板制备

按农业部 1485 号公告—4—2010 的规定执行。

7.5 PCR 反应

7.5.1 方法一

见附录 A。

7.5.2 方法二

见附录 B。

8 结果分析与表述

8.1 方法一

见附录 A。

8.2 方法二

见附录 B。

附　录　A
（规范性附录）
普通 PCR 方法

A.1　引物

A.1.1　内标准基因引物：

zSSⅡb - F：5′- CGGTGGATGCTAAGGCTGATG - 3′

zSSⅡb - R：5′- AAAGGGCCAGGTTCATTATCCTC - 3′

预期扩增片段大小为 88 bp。

A.1.2　转化体特异性序列引物：

101 - F：5′- AATTGCGTTGCGCTCACT - 3′

101 - R：5′- GCAACACATGGGCACATACC - 3′

预期扩增片段大小为 152 bp。

A.1.3　用 TE 缓冲液（pH 8.0）或水分别将引物稀释到 10 μmol/L。

A.2　PCR 反应

A.2.1　试样 PCR 反应

A.2.1.1　每个试样 PCR 反应设置 3 次重复。

A.2.1.2　在 PCR 反应管中按表 A.1 依次加入反应试剂、混匀，再加 25 μL 石蜡油（有热盖设备的 PCR 仪可不加）。

表 A.1　PCR 检测反应体系

试　剂	终浓度	体　积
水		—
10×PCR 缓冲液	1×	2.5 μL
25 mmol/L 氯化镁溶液	1.5 mmol/L	1.5 μL
dNTPs 混合溶液（各 2.5 mmol/L）	各 0.2 mmol/L	2.0 μL
10 μmol/L 上游引物	0.4 μmol/L	1.0 μL
10 μmol/L 下游引物	0.4 μmol/L	1.0 μL
Taq 酶	0.025 U/μL	—
25 mg/L DNA 模板	2 mg/L	2.0 μL
总体积		25.0 μL

注 1：根据 Taq 酶的浓度确定其体积，并相应调整水的体积，使反应体系总体积达到 25.0 μL。如果 PCR 缓冲液中含有氯化镁，则不加氯化镁溶液，加等体积水。

注 2：玉米内标准基因 PCR 检测反应体系中，上、下游引物分别为 zSSⅡb - F 和 zSSⅡb - R；转化体特异性序列 PCR 检测反应体系中，上、下游引物分别为 101 - F 和 101 - R。

A.2.1.3　将 PCR 管放在离心机上，500 g～3 000 g 离心 10 s，然后取出 PCR 管，放入 PCR 仪中。

A.2.1.4　进行 PCR 反应。反应程序为：94℃变性 5 min；94℃变性 30 s，60℃退火 30 s，72℃延伸 30 s，共进行 35 次循环；72℃延伸 7 min。

A.2.1.5 反应结束后取出 PCR 管，对 PCR 反应产物进行电泳检测。

A.2.2 对照 PCR 反应

A.2.2.1 在试样 PCR 反应的同时，应设置阴性对照、阳性对照和空白对照。

A.2.2.2 以非转基因玉米基因组 DNA 作为阴性对照；以转植酸酶基因玉米 BVLA430101 质量分数为 0.5%的基因组 DNA 作为阳性对照；以水作为空白对照。

A.2.2.3 各对照 PCR 反应体系中，除模板外，其余组分及 PCR 反应条件同 A.2.1。

A.3 PCR 产物电泳检测

按 20 g/L 的质量浓度称量琼脂糖，加入 1×TAE 缓冲液中，加热溶解，配制成琼脂糖溶液。每 100 mL琼脂糖溶液中加入 5 μL EB 溶液，混匀。稍适冷却后，将其倒入电泳板上，插上梳板。室温下凝固成凝胶后，放入 1×TAE 缓冲液中，垂直向上轻轻拔去梳板。取 12 μL PCR 产物与 3 μL 加样缓冲液混合后加入凝胶点样孔，同时在其中一个点样孔中加入 DNA 分子量标准，接通电源在 2 V/cm～5 V/cm条件下电泳检测。

A.4 凝胶成像分析

电泳结束后，取出琼脂糖凝胶，置于凝胶成像仪上或紫外透射仪上成像。根据 DNA 分子量标准估计扩增条带的大小，将电泳结果形成电子文件存档或用照相系统拍照。如需通过序列分析确认 PCR 扩增片段是否为目的 DNA 片段，按照 A.5 和 A.6 的规定执行。

A.5 PCR 产物回收

按 PCR 产物回收试剂盒说明书，回收 PCR 扩增的 DNA 片段。

A.6 PCR 产物测序验证

将回收的 PCR 产物克隆测序，与转植酸酶基因玉米 BVLA430101 的转化体特异性序列(参见附录 C)进行比对，确定 PCR 扩增的 DNA 片段是否为目的 DNA 片段。

A.7 结果分析与表述

A.7.1 对照检测结果分析

阳性对照的 PCR 反应中，*zSSⅡb* 内标准基因和 BVLA430101 转化体特异性序列均得到扩增，且扩增片段大小与预期片段大小一致；而阴性对照中仅扩增出 *zSSⅡb* 内标准基因片段；空白对照中没有任何扩增片段。这表明 PCR 反应体系正常工作，否则重新检测。

A.7.2 样品检测结果分析和表述

A.7.2.1 *zSSⅡb* 内标准基因和 BVLA430101 转化体特异性序列均得到扩增，且扩增片段大小与预期片段大小一致。这表明样品中检测出转植酸酶基因玉米 BVLA430101 转化体成分，结果表述为“样品中检测出转植酸酶基因玉米 BVLA430101 转化体成分，检测结果为阳性”。

A.7.2.2 *zSSⅡb* 内标准基因片段得到扩增，且扩增片段大小与预期片段大小一致，而 BVLA430101 转化体特异性序列未得到扩增，或扩增片段大小与预期片段大小不一致。这表明样品中未检测出转植酸酶基因玉米 BVLA430101 转化体成分，结果表述为“样品中未检测出转植酸酶基因玉米BVLA430101 转化体成分，检测结果为阴性”。

A.7.2.3 *zSSⅡb* 内标准基因片段未得到扩增，或扩增片段大小与预期片段大小不一致。这表明样品中未检测出玉米成分，表述为“样品中未检测出玉米成分，检测结果为阴性”。

附 录 B
(规范性附录)
实时荧光 PCR 方法

B.1 引物/探针

B.1.1 内标准基因引物:

zSSⅡb-F:5′-CGGTGGATGCTAAGGCTGATG-3′

zSSⅡb-R:5′-AAAGGGCCAGGTTCATTATCCTC-3′

zSSⅡb-P:5′-TAAGGAGCACTCGCCGCCGCATCTG-3′

预期扩增片段大小为 88 bp。

注:探针的 5′端标记荧光报告基团(如 FAM、HEX 等),3′端标记荧光淬灭基团(如 TAMRA、BHQ1 等)。

B.1.2 转化体特异性序列引物:

101-F:5′-AATTGCGTTGCGCTCACT-3′

101-R:5′-GCAACACATGGGCACATACC-3′

101-P:5′-CCAGTCGGGAAACCTGTCGTGCC-3′

预期扩增片段大小为 152 bp。

注:探针的 5′端标记荧光报告基团(如 FAM、HEX 等),3′端标记荧光淬灭基团(如 TAMRA、BHQ1 等)。

B.1.3 用 TE 缓冲液(pH 8.0)或水分别将引物稀释到 10 μmol/L。

B.2 PCR 反应

B.2.1 对照设置

B.2.1.1 在试样 PCR 反应的同时,应设置阴性对照、阳性对照和空白对照。

B.2.1.2 以非转基因玉米基因组 DNA 作为阴性对照;以转植酸酶基因玉米 BVLA430101 质量分数为 0.5%的基因组 DNA 作为阳性对照;以水作为空白对照。

B.2.2 PCR 反应体系

按表 B.1 配制 PCR 扩增反应体系,也可采用等效的实时荧光 PCR 反应试剂盒配制反应体系,每个试样和对照设 3 次重复。

表 B.1 实时荧光 PCR 反应体系

试 剂	终浓度	单样品体积
水	—	—
10×PCR 缓冲液	1×	5.0 μL
25 mmol/L $MgCl_2$	2.5 mmol/L	5.0 μL
dNTPs	0.2 mmol/L	4.0 μL
10 μmol/L 探针	0.2 μmol/L	1.0 μL
10 μmol/L 上游引物	0.4 μmol/L	2.0 μL
10 μmol/L 下游引物	0.4 μmol/L	2.0 μL
Taq 酶	0.04 U/μL	—
25 ng/μL DNA 模板	2 mg/L	4.0 μL

表 B.1（续）

试 剂	终浓度	单样品体积
总体积		50.0 μL

注 1：根据 Taq 酶的浓度确定其体积，并相应调整水的体积，使反应体系总体积达到 50.0 μL。如果 PCR 缓冲液中含有氯化镁，则不加氯化镁溶液，加等体积水。

注 2：玉米内标准基因 PCR 检测反应体系中，上、下游引物和探针分别为 zSSⅡb-F、zSSⅡb-R 和 zSSⅡb-P；BVLA430101 转化体 PCR 检测反应体系中，上下游引物和探针分别为 101-F、101-R 和 101-P。

B.2.3 PCR 反应程序

PCR 反应按以下程序运行：第一阶段 95℃，5 min；第二阶段 95℃、5 s，60℃、30 s，循环数 40；在第二阶段的 60℃时段收集荧光信号。

注：不同仪器可根据仪器要求将反应参数作适当调整。

B.3 结果分析与表述

B.3.1 阈值设定

实时荧光 PCR 反应结束后，设置荧光信号阈值。阈值设定原则根据仪器噪声情况进行调整，阈值设置原则以刚好超过正常阴性样品扩增曲线的最高点为准。

B.3.2 对照检测结果分析

在 *zSSⅡb* 内标准基因扩增时，空白对照荧光曲线平直，阴性对照和阳性对照出现典型的扩增曲线，或空白对照的 *Ct* 值大于或等于 40；在转化体特异性序列扩增时，空白对照和阴性对照的荧光曲线平直，阳性对照出现典型的扩增曲线，或空白对照和阴性对照的 *Ct* 值大于或等于 40。这表明反应体系工作正常。否则，表明 PCR 反应体系不正常，需要查找原因重新检测。

B.3.3 样品检测结果分析和表述

B.3.3.1 *zSSⅡb* 内标准基因和 BVLA430101 转化体特异性序列出现典型的扩增曲线，且检测 *Ct* 值小于或等于阳性对照的 *Ct* 值。这表明样品中检测出转植酸酶基因玉米 BVLA430101 转化体成分，结果表述为“样品中检测出转植酸酶基因玉米 BVLA430101 转化体成分，检测结果为阳性”。

B.3.3.2 *zSSⅡb* 内标准基因出现典型的扩增曲线，且检测 *Ct* 值小于或等于阳性对照的 *Ct* 值，BVLA430101转化体特异性序列未出现典型的扩增曲线，或检测 *Ct* 值大于或等于 40。这表明样品中未检测出转植酸酶基因玉米 BVLA430101 转化体成分，结果表述为“样品中未检测出转植酸酶基因玉米 BVLA430101 转化体成分，检测结果为阴性”。

B.3.3.3 *zSSⅡb* 内标准基因未出现典型的扩增曲线，或检测 *Ct* 值大于或等于 40。这表明样品中未检测出玉米成分，表述为“样品中未检测出玉米成分，检测结果为阴性”。

B.3.3.4 *zSSⅡb* 内标准基因和/或 BVLA430101 转化体特异性序列出现典型的扩增曲线，检测 *Ct* 值大于阳性对照的 *Ct* 值但小于 40，可调整模板浓度，进行重复实验。如重复实验仍出现典型的扩增曲线，且检测 *Ct* 值小于 40，则判定样品检出 *zSSⅡb* 内标准基因和/或 BVLA430101 转化体特异性序列；如重复检测 *Ct* 值大于或等于 40，则判定样品未检出 *zSSⅡb* 内标准基因和/或 BVLA430101 转化体特异性序列，参照 B.3.3.1～B.3.3.3 对样品进行判定。

附　录　C
（资料性附录）
转植酸酶基因玉米 BVLA430101 转化体特异性序列

1　AATTGCGTTG CGCTCACTGC CCGCTTTCCA GTCGGGAAAC CTGTCGTGCC AGTCACTCAA
61　ATGTCTACCC TTCTTATTAG TTACTACATC ATATAGTCAT ACACTCATAC ATGCAGAGTT
121　ATACAGTCAC TAGGTATGTG CCCATGTGTT GC

注 1：划线部分为引物序列。

注 2：1～61 位为载体序列，62～152 位为玉米基因组序列。

ICS 65.020.01
B 04

中华人民共和国国家标准

农业部1861号公告—3—2012

转基因植物及其产品成分检测 玉米内标准基因定性PCR方法

Detection of genetically modified plants and derived products—Target-taxon-specific qualitative PCR method for maize

2012-11-28 发布　　2013-01-01 实施

中华人民共和国农业部 发布

前　　言

本标准按照 GB/T 1.1—2009 给出的规则起草。

请注意本文件的某些内容可能涉及专利。本文件的发布机构不承担识别这些专利的责任。

本标准由中华人民共和国农业部提出。

本标准由全国农业转基因生物安全管理标准化技术委员会(SAC/TC 276)归口。

本标准起草单位:农业部科技发展中心、上海交通大学、中国农业科学院生物技术研究所。

本标准主要起草人:杨立桃、刘信、张大兵、沈平、郭金超、金芜军。

转基因植物及其产品成分检测
玉米内标准基因定性 PCR 方法

1 范围

本标准规定了玉米内标准基因 *zSSⅡb* 的定性 PCR 检测方法。

本标准适用于转基因植物及其制品中玉米成分的定性 PCR 检测。

2 规范性引用文件

下列文件对于本文件的应用是必不可少的。凡是注日期的引用文件，仅注日期的版本适用于本文件。凡是不注日期的引用文件，其最新版本(包括所有的修改单)适用于本文件。

GB/T 6682 分析实验室用水规格和试验方法

NY/T 672 转基因植物及其产品检测 通用要求

NY/T 673 转基因植物及其产品检测 抽样

农业部 1485 号公告—4—2010 转基因植物及其产品成分检测 DNA 提取和纯化

3 术语和定义

下列术语和定义适用于本文件。

3.1

***zSSⅡb* 基因 *zSSⅡb* gene**

编码玉米淀粉合酶异构体 zSTSⅡ-2 的基因。

4 原理

根据 *zSSⅡb* 基因序列设计特异性引物，对试样进行 PCR 扩增。依据是否扩增获得预期的 DNA 片段或典型的荧光扩增曲线，判断样品中是否含玉米成分。

5 试剂和材料

除非另有说明，仅使用分析纯试剂和符合 GB/T 6682 规定的一级水。

5.1 琼脂糖。

5.2 10 g/L 溴化乙锭溶液：称取 1.0 g 溴化乙锭(EB)，溶解于 100 mL 水中，避光保存。

警告——溴化乙锭有致癌作用，配制和使用时应戴一次性手套操作并妥善处理废液。

5.3 10 mol/L 氢氧化钠溶液：在 160 mL 水中加入 80.0 g 氢氧化钠(NaOH)，溶解后，冷却至室温，再加水定容至 200 mL。

5.4 500 mmol/L 乙二铵四乙酸二钠溶液(pH 8.0)：称取 18.6 g 乙二铵四乙酸二钠($EDTA\text{-}Na_2$)，加入 70 mL 水中，再加入适量氢氧化钠溶液(5.3)，加热至完全溶解后，冷却至室温，用氢氧化钠溶液(5.3)调 pH 至 8.0，加水定容至 100 mL。在 103.4 kPa(121℃)条件下灭菌20 min。

5.5 1 mol/L 三羟甲基氨基甲烷—盐酸溶液(pH 8.0)：称取 121.1 g 三羟甲基氨基甲烷(Tris)溶解于 800 mL 水中，用盐酸(HCl)调 pH 至 8.0，加水定容至 1 000 mL。在 103.4 kPa(121℃)条件下灭菌 20 min。

5.6　TE 缓冲液(pH 8.0):分别量取 10 mL 三羟甲基氨基甲烷—盐酸溶液(5.5)和 2 mL 乙二铵四乙酸二钠溶液(5.4)溶液,加水定容至 1 000 mL。在 103.4 kPa(121℃)条件下灭菌 20 min。

5.7　50×TAE 缓冲液:称取 242.2 g 三羟甲基氨基甲烷(Tris),先用 500 mL 水加热搅拌溶解后,加入 100 mL 乙二铵四乙酸二钠溶液(5.4),用冰乙酸调 pH 至 8.0,然后加水定容到 1 000 mL。使用时用水稀释成 1×TAE。

5.8　加样缓冲液:称取 250.0 mg 溴酚蓝,加入 10 mL 水,在室温下溶解 12 h;称取 250.0 mg 二甲基苯腈蓝,加 10 mL 水溶解;称取 50.0 g 蔗糖,加 30 mL 水溶解。混合以上三种溶液,加水定容至 100 mL,在 4℃下保存。

5.9　DNA 分子量标准:可以清楚地区分 100 bp～1 000 bp 的 DNA 片段。

5.10　dNTPs 混合溶液:将浓度为 10 mmol/L 的 dATP、dTTP、dGTP、dCTP 四种脱氧核糖核苷酸溶液等体积混合。

5.11　Taq DNA 聚合酶、PCR 反应缓冲液及 25 mmol/L 氯化镁溶液。

5.12　普通 PCR 引物:

zSSⅡb-1F:5′-CTC CCA ATC CTT TGA CAT CTG C-3′

zSSⅡb-2R:5′-TCG ATT TCT CTC TTG GTG ACA GG-3′

预期扩增片段大小 151 bp(参见附录 A)。

5.13　实时荧光 PCR 引物和探针:

zSSⅡb-3F:5′-CGG TGG ATG CTA AGG CTG ATG-3′

zSSⅡb-4R:5′-AAA GGG CCA GGT TCA TTA TCC TC-3′

zSSⅡb-P:5′-FAM-TAA GGA GCA CTC GCC GCC GCA TCT G-BHQ1-3′

预期扩增片段大小 88 bp(参见附录 A)。

5.14　引物溶液:用 TE 缓冲液(pH 8.0)或水分别将引物稀释到 10 μmol/L。

5.15　石蜡油。

5.16　DNA 提取试剂盒。

5.17　定性 PCR 反应试剂盒。

5.18　实时荧光 PCR 反应试剂盒。

5.19　PCR 产物回收试剂盒。

6　仪器和设备

6.1　分析天平:感量 0.1 g 和 0.1 mg。

6.2　PCR 扩增仪:升降温速度>1.5℃/s,孔间温度差异<1.0℃。

6.3　荧光定量 PCR 仪。

6.4　电泳槽、电泳仪等电泳装置。

6.5　紫外透射仪。

6.6　凝胶成像系统或照相系统。

6.7　重蒸馏水发生器或纯水仪。

6.8　其他相关仪器设备。

7　操作步骤

7.1　抽样

按 NY/T 672 和 NY/T 673 的规定执行。

7.2 **制样**

按 NY/T 672 和 NY/T 673 的规定执行。

7.3 **试样预处理**

按农业部 1485 号公告—4—2010 的规定执行。

7.4 **DNA 模板制备**

按农业部 1485 号公告—4—2010 的规定执行。

7.5 **PCR 方法**

7.5.1 **普通 PCR 方法**

7.5.1.1 **PCR 反应**

7.5.1.1.1 **试样 PCR 反应**

7.5.1.1.1.1 每个试样 PCR 反应设置 3 次重复。

7.5.1.1.1.2 在 PCR 反应管中按表 1 依次加入反应试剂，混匀，再加 25 μL 石蜡油（有热盖设备的 PCR 仪可不加）。也可采用经验证的、等效的定性 PCR 反应试剂盒配制反应体系。

表 1 PCR 检测反应体系

试剂	终浓度	体积
水		—
10×PCR 缓冲液	1×	2.5 μL
25 mmol/L 氯化镁溶液	1.5 mmol/L	1.5 μL
dNTPs 混合溶液（各 2.5 mmol/L）	各 0.2 mmol/L	2.0 μL
10 μmol/L zSSⅡb-1F	0.2 μmol/L	1.0 μL
10 μmol/L zSSⅡb-2R	0.2 μmol/L	1.0 μL
Taq DNA 聚合酶	0.025 U/μL	—
25 mg/L DNA 模板	2 mg/L	2.0 μL
总体积		25.0 μL
“—”表示体积不确定。如果 PCR 缓冲液中含有氯化镁，则不加氯化镁溶液，根据 Taq 酶的浓度确定其体积，并相应调整水的体积，使反应体系总体积达到 25.0 μL。		

7.5.1.1.1.3 将 PCR 管放在离心机上，500 *g*～3 000 *g* 离心 10 s，然后取出 PCR 管，放入 PCR 仪中。

7.5.1.1.1.4 进行 PCR 反应。反应程序为：94℃变性 5 min；94℃变性 30 s，58℃退火 30 s，72℃延伸 30 s，共进行 35 次循环；72℃延伸 5 min。

7.5.1.1.1.5 反应结束后取出 PCR 管，对 PCR 反应产物进行电泳检测。

7.5.1.1.2 **对照 PCR 反应**

在试样 PCR 反应的同时，应设置阳性对照、阴性对照和空白对照。

以玉米基因组 DNA 质量分数为 0.1%～1.0%的植物 DNA 作为阳性对照；以不含玉米基因组 DNA 的 DNA 样品（如鲑鱼精 DNA）为阴性对照；以水作为空白对照。

各对照 PCR 反应体系中，除模板外，其余组分及 PCR 反应条件与 7.5.1.1.1 相同。

7.5.1.2 **PCR 产物电泳检测**

按 20 g/L 的质量浓度称量琼脂糖，加入 1×TAE 缓冲液中，加热溶解，配制成琼脂糖溶液。每 100 mL琼脂糖溶液中加入 5 μL EB 溶液，混匀，稍适冷却后，将其倒入电泳板上，插上梳板，室温下凝固成凝胶后，放入 1×TAE 缓冲液中，垂直向上轻轻拔去梳板。取 12 μL PCR 产物与 3 μL 加样缓冲液混合后加入凝胶点样孔，同时在其中一个点样孔中加入 DNA 分子量标准，接通电源在 2 V/cm～5 V/cm 条件下电泳检测。

7.5.1.3 **凝胶成像分析**

电泳结束后，取出琼脂糖凝胶，置于凝胶成像仪上或紫外透射仪上成像。根据 DNA 分子量标准估计扩增条带的大小，将电泳结果形成电子文件存档或用照相系统拍照。如需通过序列分析确认 PCR 扩增片段是否为目的 DNA 片段，按照 7.5.1.4 和 7.5.1.5 的规定执行。

7.5.1.4 **PCR 产物回收**

按 PCR 产物回收试剂盒说明书，回收 PCR 扩增的 DNA 片段。

7.5.1.5 **PCR 产物测序验证**

将回收的 PCR 产物克隆测序，与玉米内标准基因 *zSSⅡb* 的核苷酸序列(参见附录 A)进行比对，确定 PCR 扩增的 DNA 片段是否为目的 DNA 片段。

7.5.2 **实时荧光 PCR 方法**

7.5.2.1 **试样 PCR 反应**

7.5.2.1.1 每个试样 PCR 反应设置 3 次重复。

7.5.2.1.2 在 PCR 反应管中按表 2 依次加入反应试剂，混匀，再加 25 μL 石蜡油(有热盖设备的 PCR 仪可不加)。也可采用经验证的、等效的实时荧光 PCR 反应试剂盒配制反应体系。

7.5.2.1.3 将 PCR 管放在离心机上，500 *g*～3 000 *g* 离心 10 s，然后取出 PCR 管，放入 PCR 仪中。

7.5.2.1.4 运行实时荧光 PCR 反应。反应程序为 95℃、5 min；95℃、15 s，60℃、60 s，循环数 40；在第二阶段的退火延伸(60℃)时段收集荧光信号。

注：不同仪器可根据仪器要求将反应参数作适当调整。

7.5.2.2 **对照 PCR 反应**

在试样 PCR 反应的同时，应设置阳性对照、阴性对照和空白对照。

以玉米基因组 DNA 质量分数为 0.1%～1.0%的植物 DNA 作为阳性对照；以不含玉米基因组 DNA 的 DNA 样品(如鲑鱼精 DNA)为阴性对照；以水作为空白对照。

各对照 PCR 反应体系中，除模板外，其余组分及 PCR 反应条件与 7.5.2.1 相同。

表 2 实时荧光 PCR 反应体系

试剂	终浓度	体积
水		—
10×PCR 缓冲液	1×	2.5 μL
25 mmol/L 氯化镁溶液	6 mmol/L	6.0 μL
10 mmol/L dNTPs 混合溶液	0.2 mmol/L	0.5 μL
10 μmol/L zSSⅡb-P	0.16 μmol/L	0.4 μL
10 μmol/L zSSⅡb-3F	0.4 μmol/L	1.0 μL
10 μmol/L zSSⅡb-4R	0.4 μmol/L	1.0 μL
Taq DNA 聚合酶	0.04 U/μL	—
25 mg/L DNA 模板	2 mg/L	2.0 μL
总体积		25.0 μL
“—”表示体积不确定。如果 PCR 缓冲液中含有氯化镁，则不加氯化镁溶液，根据 Taq 酶的浓度确定其体积，并相应调整水的体积，使反应体系总体积达到 25.0 μL。		

8 结果分析与表述

8.1 普通 PCR 方法

8.1.1 **对照检测结果分析**

阳性对照的 PCR 反应中，*zSSⅡb* 基因特异性序列得到扩增，且扩增片段大小与预期片段大小一致，而阴性对照和空白对照中未扩增出目的 DNA 片段，表明 PCR 反应体系正常工作。否则，重新检测。

8.1.2 **样品检测结果分析和表述**

8.1.2.1　*zSS* Ⅱ*b* 基因特异性序列得到扩增，且扩增片段与预期片段大小一致，表明样品中检测出玉米成分，表述为"样品中检测出玉米成分"。

8.1.2.2　*zSS* Ⅱ*b* 基因特异性序列未得到扩增，或扩增片段大小与预期片段大小不一致，表明样品中未检测出玉米成分，表述为"样品中未检测出玉米成分"。

8.2　实时荧光 PCR 方法

8.2.1　阈值设定

实时荧光 PCR 反应结束后，以 PCR 刚好进入指数期扩增来设置荧光信号阈值，并根据仪器噪声情况进行调整。

8.2.2　对照检测结果分析

阴性对照和空白对照无典型扩增曲线，荧光信号低于设定的阈值，而阳性对照出现典型扩增曲线，且 *Ct* 值小于或等于 36，表明反应体系工作正常。否则重新检测。

8.2.3　样品检测结果分析和表述

8.2.3.1　*zSS* Ⅱ*b* 基因出现典型扩增曲线，且 *Ct* 值小于或等于 36，表明样品中检测出玉米成分，表述为"样品中检测出玉米成分"。

8.2.3.2　*zSS* Ⅱ*b* 基因无典型扩增曲线，荧光信号低于设定的阈值，表明样品中未检测出玉米成分，表述为"样品中未检测出玉米成分"。

8.2.3.3　*zSS* Ⅱ*b* 基因出现典型扩增曲线，但 *Ct* 值在 36～40 之间，应进行重复实验。如重复实验结果符合 8.2.3.1～8.2.3.2 的情形，依照 8.2.3.1～8.2.3.2 进行判断；如重复实验 *zSS* Ⅱ*b* 基因出现典型扩增曲线，但检测 *Ct* 值仍在 36～40 之间，表明样品中检测出玉米成分，表述为"样品中检测出玉米成分"。

9　检出限

本标准方法未确定绝对检测下限，相对检测下限为 1 g/kg（含预期 DNA 片段的样品/总样品）。

附 录 A
(资料性附录)
玉米内标准基因特异性序列

A.1 *zSS*Ⅱ*b* 基因普通 PCR 扩增产物核苷酸序列

1 CTCCCAATCC TTTGACATCT GCTCCGAAGC AAAGTCAGAG CGCTGCAATG CAAAACGGAA
61 CGAGTGGGGG CAGCAGCGCG AGCACCGCCG CGCCGGTGTC CGGACCCAAA GCTGATCATC
121 CATCAGCTCC TGTCACCAAG AGAGAAATCG A

注:划线部分为引物序列。

A.2 *zSS*Ⅱ*b* 基因实时荧光 PCR 扩增产物核苷酸序列

1 CGGTGGATGC TAAGGCTGAT GCAGCTCCGG CTACAGATGC GGCGGCGAGT GCTCCTTATG
61 ACAGGGAGGA TAATGAACCT GGCCCTTT

注:划线部分为引物序列;框内为探针序列。

ICS 65.020.01
B 04

中华人民共和国国家标准

农业部1861号公告—4—2012

转基因植物及其产品成分检测 抗虫玉米MON89034及其衍生品种 定性PCR方法

Detection of genetically modified plants and derived products—Qualitative PCR method for insect-resistant maize line MON89034 and its derivates

2012-11-28 发布　　2013-01-01 实施

中华人民共和国农业部　发布

前　言

本标准按照 GB/T 1.1—2009 给出的规则起草。

请注意本文件的某些内容可能涉及专利。本文件的发布机构不承担识别这些专利的责任。

本标准由中华人民共和国农业部提出。

本标准由全国农业转基因生物安全管理标准化技术委员会(SAC/TC 276)归口。

本标准起草单位:农业部科技发展中心、吉林省农业科学院。

本标准主要起草人:张明、沈平、李飞武、李葱葱、刘信、董立明、邵改革、邢珍娟、刘娜、夏蔚。

转基因植物及其产品成分检测
抗虫玉米 MON89034 及其衍生品种定性 PCR 方法

1 范围

本标准规定了转基因抗虫玉米 MON89034 转化体特异性的定性 PCR 检测方法。

本标准适用于转基因抗虫玉米 MON89034 及其衍生品种，以及制品中 MON89034 转化体成分的定性 PCR 检测。

2 规范性引用文件

下列文件对于本文件的应用是必不可少的。凡是注日期的引用文件，仅注日期的版本适用于本文件。凡是不注日期的引用文件，其最新版本(包括所有的修改单)适用于本文件。

GB/T 6682 分析实验室用水规格和试验方法

NY/T 672 转基因植物及其产品检测 通用要求

NY/T 673 转基因植物及其产品检测 抽样

农业部 1485 号公告—4—2010 转基因植物及其产品检测 DNA 提取和纯化

3 术语和定义

下列术语和定义适用于本文件。

3.1

抗虫玉米 MON89034 insect-resistant maize line MON89034

含有 *cry1A.105* 和 *cry2Ab2* 基因的抗虫转基因玉米，其基因组上插入了一段约 9.4 kb 的单拷贝外源 DNA 片段，该片段 5′端与玉米基因组的连接区序列依次为右边界、CaMV35S 增强型启动子，具有品种特异性。

3.2

***zSS*Ⅱ*b* 基因 *zSS*Ⅱ*b* gene**

编码玉米淀粉合酶异构体 zSTSⅡ-2 的基因，在本标准中用作玉米内标准基因。

3.3

MON89034 转化体特异性序列 event-specific sequence of MON89034

MON89034 外源插入片段 5′端与玉米基因组的连接区序列，包括 CaMV35S 增强型启动子 5′端部分序列、插入片段右边界序列和玉米基因组的部分序列。

4 原理

根据转基因抗虫玉米 MON89034 转化体特异性序列设计特异性引物，对试样 DNA 进行 PCR 扩增。依据是否扩增获得预期 207 bp 的特异性 DNA 片段，判断样品中是否含有 MON89034 转化体成分。

5 试剂和材料

除非另有说明，仅使用分析纯试剂和重蒸馏水或符合 GB/T 6682 规定的一级水。

5.1 琼脂糖。

5.2 溴化乙锭溶液：称取 1.0 g 溴化乙锭(EB)，溶解于 100 mL 水中，避光保存。

警告——溴化乙锭有致癌作用，配制和使用时应戴一次性手套操作并妥善处理废液。

5.3 10 mol/L 氢氧化钠溶液：在 160 mL 水中加入 80.0 g 氢氧化钠(NaOH)，溶解后再加水定容到 200 mL。

5.4 500 mmol/L 乙二铵四乙酸二钠溶液(pH 8.0)：称取 18.6 g 乙二铵四乙酸二钠(EDTA - Na_2)，加入 70 mL 水中，再加入适量氢氧化钠溶液(5.3)，加热至完全溶解后，冷却至室温，用氢氧化钠溶液(5.3)调 pH 至 8.0，加水定容至 100 mL。在 103.4 kPa(121℃)条件下灭菌 20 min。

5.5 1 mol/L 三羟甲基氨基甲烷—盐酸溶液(pH 8.0)：称取 121.1 g 三羟甲基氨基甲烷(Tris)溶解于 800 mL 水中，用盐酸(HCl)调 pH 至 8.0，加水定容至 1 000 mL。在 103.4 kPa(121℃)条件下灭菌 20 min。

5.6 TE 缓冲液(pH 8.0)：分别量取 10 mL 三羟甲基氨基甲烷—盐酸溶液(5.5)和 2 mL 乙二铵四乙酸二钠溶液(5.4)溶液，加水定容至 1 000 mL。在 103.4 kPa(121℃)条件下灭菌 20 min。

5.7 50×TAE 缓冲液：称取 242.2 g 三羟甲基氨基甲烷(Tris)，先用 500 mL 水加热搅拌溶解后，加入 100 mL 乙二铵四乙酸二钠溶液(5.4)，用冰乙酸调 pH 至 8.0，然后加水定容到 1 000 mL。使用时用水稀释成 1×TAE。

5.8 加样缓冲液：称取 250.0 mg 溴酚蓝，加入 10 mL 水，在室温下溶解 12 h；称取 250.0 mg 二甲基苯腈蓝，加 10 mL 水溶解；称取 50.0 g 蔗糖，加 30 mL 水溶解。混合以上三种溶液，加水定容至 100 mL，在 4℃下保存。

5.9 DNA 分子量标准：可以清楚地区分 100 bp～1 000 bp 的 DNA 片段。

5.10 dNTPs 混合溶液：将浓度为 10 mmol/L 的 dATP、dTTP、dGTP、dCTP 四种脱氧核糖核苷酸溶液等体积混合。

5.11 Taq DNA 聚合酶、PCR 反应缓冲液及 25 mmol/L 氯化镁溶液。

5.12 *zSSⅡb* 基因引物：

zSSⅡb - F：5′- CGGTGGATGCTAAGGCTGATG - 3′

zSSⅡb - R：5′- AAAGGGCCAGGTTCATTATCCTC - 3′

预期扩增片段大小为 88 bp。

5.13 MON89034 转化体特异性序列引物：

89034 - F：5′- GCTGCTACTACTATCAAGCCAATA - 3′

89034 - R：5′- TGCTTTCGCCTATAAATACGAC - 3′

预期扩增片段大小为 207 bp(参见附录 A)。

5.14 引物溶液：用 TE 缓冲液(5.6)或水分别将上述引物稀释到 10 μmol/L。

5.15 石蜡油。

5.16 PCR 产物回收试剂盒。

5.17 DNA 提取试剂盒。

6 仪器和设备

6.1 分析天平：感量 0.1 g 和 0.1 mg。

6.2 PCR 扩增仪：升降温速度>1.5℃/s，孔间温度差异<1.0℃。

6.3 电泳槽、电泳仪等电泳装置。

6.4 紫外透射仪。

6.5 凝胶成像系统或照相系统。

6.6 重蒸馏水发生器或纯水仪。

6.7 其他相关仪器设备。

7 操作步骤

7.1 抽样

按 NY/T 672 和 NY/T 673 的规定执行。

7.2 制样

按 NY/T 672 和 NY/T 673 的规定执行。

7.3 试样预处理

按农业部 1485 号公告—4—2010 的规定执行。

7.4 DNA 模板制备

按农业部 1485 号公告—4—2010 的规定执行，或使用经验证适用于玉米 DNA 提取与纯化的 DNA 提取试剂盒。

7.5 PCR 反应

7.5.1 试样 PCR 反应

7.5.1.1 每个试样 PCR 反应设置 3 次重复。

7.5.1.2 在 PCR 反应管中按表 1 依次加入反应试剂，混匀，再加 25 μL 石蜡油(有热盖设备的 PCR 仪可不加)。

表 1 PCR 检测反应体系

试剂	终浓度	体积
水		—
10×PCR 缓冲液	1×	2.5μL
25 mmol/L 氯化镁溶液	1.5 mmol/L	1.5μL
dNTPs 混合溶液(各 2.5 mmol/L)	各 0.2 mmol/L	2.0μL
10 μmol/L 上游引物	0.4 μmol/L	1.0μL
10 μmol/L 下游引物	0.4 μmol/L	1.0μL
Taq DNA 聚合酶	0.025 U/μL	—
25 mg/L DNA 模板	2 mg/L	2.0μL
总体积		25.0μL

"—"表示体积不确定。如果 PCR 缓冲液中含有氯化镁，则不加氯化镁溶液，根据 Taq 酶的浓度确定其体积，并相应调整水的体积，使反应体系总体积达到 25.0 μL。

注：玉米内标准基因 PCR 检测反应体系中，上下游引物分别为 zSSⅡb-F 和 zSSⅡb-R；MON89034 转化体 PCR 检测反应体系中，上下游引物分别为 89034-F 和 89034-R。

7.5.1.3 将 PCR 管放在离心机上，500 *g*～3 000 *g* 离心 10 s，然后取出 PCR 管，放入 PCR 仪中。

7.5.1.4 进行 PCR 反应。反应程序为：94℃变性 5 min；94℃变性 30 s，56℃退火 30 s，72℃延伸 30 s，共进行 35 次循环；72℃延伸 7 min。

7.5.1.5 反应结束后取出 PCR 管，对 PCR 反应产物进行电泳检测。

7.5.2 对照 PCR 反应

在试样 PCR 反应的同时，应设置阴性对照、阳性对照和空白对照。

以非转基因玉米基因组 DNA 作为阴性对照；以转基因玉米 MON89034 质量分数为 0.5%的玉米基因组 DNA 或含有适量拷贝数的 MON89034 转化体特异性序列和 *zSS*Ⅱ*b* 基因的质粒 DNA 作为阳性对照；以水作为空白对照。

各对照 PCR 反应体系中，除模板外，其余组分及 PCR 反应条件与 7.5.1 相同。

7.6 PCR产物电泳检测

按20 g/L的质量浓度称量琼脂糖，加入1×TAE缓冲液中，加热溶解，配制成琼脂糖溶液。每100 mL琼脂糖溶液中加入5 μL EB溶液，混匀，稍适冷却后，将其倒入电泳板上，插上梳板，室温下凝固成凝胶后，放入1×TAE缓冲液中，垂直向上轻轻拔去梳板。取12 μL PCR产物与3 μL加样缓冲液混合后加入凝胶点样孔，同时在其中一个点样孔中加入DNA分子量标准，接通电源在2 V/cm～5 V/cm条件下电泳检测。

7.7 凝胶成像分析

电泳结束后，取出琼脂糖凝胶，置于凝胶成像仪上或紫外透射仪上成像。根据DNA分子量标准估计扩增条带的大小，将电泳结果形成电子文件存档或用照相系统拍照。如需通过序列分析确认PCR扩增片段是否为目的DNA片段，按照7.8和7.9的规定执行。

7.8 PCR产物回收

按PCR产物回收试剂盒说明书，回收PCR扩增的DNA片段。

7.9 PCR产物测序验证

将回收的PCR产物克隆测序，与抗虫玉米MON89034转化体特异性序列(参见附录A)进行比对，确定PCR扩增的DNA片段是否为目的DNA片段。

8 结果分析与表述

8.1 对照检测结果分析

阳性对照的PCR反应中，*zSS*Ⅱ*b*基因和MON89034转化体特异性序列均得到扩增，且扩增片段大小与预期片段大小一致，而阴性对照中仅扩增出*zSS*Ⅱ*b*基因片段，空白对照没有任何扩增片段，表明PCR反应体系正常工作，否则重新检测。

8.2 样品检测结果分析和表述

8.2.1 *zSS*Ⅱ*b*基因和MON89034转化体特异性序列均得到扩增，且扩增片段大小与预期片段大小一致，表明样品中检测出转基因抗虫玉米MON89034转化体成分，表述为“样品中检测出转基因抗虫玉米MON89034转化体成分，检测结果为阳性”。

8.2.2 *zSS*Ⅱ*b*基因片段得到扩增，且扩增片段大小与预期片段大小一致，而MON89034转化体特异性序列未得到扩增，或扩增片段大小与预期片段大小不一致，表明样品中未检测出抗虫玉米MON89034转化体成分，表述为“样品中未检测出抗虫玉米MON89034转化体成分，检测结果为阴性”。

8.2.3 *zSS*Ⅱ*b*基因片段未得到扩增，或扩增片段大小与预期片段大小不一致，表明样品中未检测出玉米成分，表述为“样品中未检测出玉米成分，检测结果为阴性”。

附 录 A
(资料性附录)
抗虫玉米 MON89034 转化体特异性序列

1 GCTGCTACTA CTATCAAGCC AATAAAAGGA TGGTAATGAG TATGATGGAT
51 CAGCAATGAG TATGATGGTC AATATGGAGA AAAAGAAAGA GTAATTACCA
101 ATTTTTTTTC AATTCAAAAA TGTAGATGTC CGCAGCGTTA TTATAAAATG
151 AAAGTACATT TTGATAAAAC GACAAATTAC GATCCGTCGT ATTTATAGGC
201 GAAAGCA

注 1:划线部分为引物序列。

注 2:1～55 为玉米基因组部分序列;56～207 为外源插入片段部分序列。

ICS 65.020
B 04

中华人民共和国国家标准

农业部2031号公告—5—2013

转基因植物及其产品成分检测 耐旱玉米MON87460及其衍生品种定性PCR方法

Detection of genetically modified plants and derived products—Qualitative PCR method for drought-tolerant maize MON87460 and its derivates

2013-12-04 发布　　2013-12-04 实施

中华人民共和国农业部　发布

前　　言

本标准按照 GB/T 1.1—2009 给出的规则起草。

请注意本文件的某些内容可能涉及专利。本文件的发布机构不承担识别这些专利的责任。

本标准由中华人民共和国农业部提出。

本标准由全国农业转基因生物安全管理标准化技术委员会(SAC/TC 276)归口。

本标准起草单位:农业部科技发展中心、吉林省农业科学院、中国农业科学院作物科学研究所。

本标准主要起草人:李飞武、赵欣、李葱葱、宋新元、宋贵文、翁建峰、张明、董立明、闫伟、邢珍娟、夏蔚、李新海。

转基因植物及其产品成分检测
耐旱玉米 MON87460 及其衍生品种定性 PCR 方法

1 范围

本标准规定了转基因耐旱玉米 MON87460 转化体特异性定性 PCR 检测方法。

本标准适用于转基因耐旱玉米 MON87460 及其衍生品种以及制品中 MON87460 转化体成分的定性 PCR 检测。

2 规范性引用文件

下列文件对于本文件的应用是必不可少的。凡是注日期的引用文件，仅注日期的版本适用于本文件。凡是不注日期的引用文件，其最新版本(包括所有的修改单)适用于本文件。

GB/T 6682 分析实验室用水规格和试验方法

NY/T 672 转基因植物及其产品检测 通用要求

农业部 2031 号公告—19—2013 转基因植物及其产品检测 抽样

农业部 1485 号公告—4—2010 转基因植物及其产品成分检测 DNA 提取和纯化

3 术语和定义

下列术语和定义适用于本文件。

3.1

***zSS* Ⅱ *b* 基因 *zSS* Ⅱ *b* gene**

编码玉米淀粉合酶异构体 zSTSⅡ-2 的基因。

3.2

MON87460 转化体特异性序列 event-specific sequence of MON87460

外源插入片段 5′端与玉米基因组的连接区序列，包括玉米基因组的部分序列和外源插入片段 5′端的水稻肌动蛋白启动子序列。

4 原理

根据转基因耐旱玉米 MON87460 转化体特异性序列设计特异性引物，对试样进行 PCR 扩增。依据是否扩增获得预期的特异性 DNA 片段，判断样品中是否含有 MON87460 转化体成分。

5 试剂和材料

除非另有说明，仅使用分析纯试剂和重蒸馏水或符合 GB/T 6682 规定的一级水。

5.1 琼脂糖。

5.2 10 g/L 溴化乙锭溶液：称取 1.0 g 溴化乙锭(EB)，溶解于 100 mL 水中，避光保存。

警告——溴化乙锭有致癌作用，配制和使用时应戴一次性手套操作并妥善处理废液。

5.3 10 mol/L 氢氧化钠溶液：在 160 mL 水中加入 80.0 g 氢氧化钠(NaOH)，溶解后，冷却至室温，再加水定容到 200 mL。

5.4 500 mmol/L 乙二铵四乙酸二钠溶液(pH 8.0)：称取 18.6 g 乙二铵四乙酸二钠($EDTA-Na_2$)，加

入70 mL水中，再加入适量氢氧化钠溶液(5.3)，加热至完全溶解后，冷却至室温，用氢氧化钠溶液(5.3)调pH至8.0，加水定容至100 mL。在103.4 kPa(121℃)条件下灭菌20 min。

5.5 1 mol/L三羟甲基氨基甲烷—盐酸溶液(pH 8.0)：称取121.1 g三羟甲基氨基甲烷(Tris)溶解于800 mL水中，用盐酸(HCl)调pH至8.0，加水定容至1 000 mL。在103.4 kPa(121℃)条件下灭菌20 min。

5.6 TE缓冲液(pH 8.0)：分别量取10 mL三羟甲基氨基甲烷—盐酸溶液(5.5)和2 mL乙二铵四乙酸二钠溶液(5.4)，加水定容至1 000 mL。在103.4 kPa(121℃)条件下灭菌20 min。

5.7 50×TAE缓冲液：称取242.2 g三羟甲基氨基甲烷(Tris)，先用500 mL水加热搅拌溶解后，加入100 mL乙二铵四乙酸二钠溶液(5.4)，用冰乙酸调pH至8.0，然后加水定容到1 000 mL。使用时，用水稀释成1×TAE。

5.8 加样缓冲液：称取250.0 mg溴酚蓝，加入10 mL水，在室温下溶解12 h；称取250.0 mg二甲基苯腈蓝，加10 mL水溶解；称取50.0 g蔗糖，加30 mL水溶解。混合以上三种溶液，加水定容至100 mL，在4℃下保存。

5.9 DNA分子量标准：可以清楚地区分100 bp～1 000 bp的DNA片段。

5.10 dNTPs混合溶液：将浓度为10 mmol/L的dATP、dTTP、dGTP、dCTP四种脱氧核糖核苷酸溶液等体积混合。

5.11 Taq DNA聚合酶、PCR反应缓冲液及25 mmol/L氯化镁溶液。

5.12 *zSSⅡb*基因引物：

zSSⅡb-F：5′-CTCCCAATCCTTTGACATCTGC-3′；

zSSⅡb-R：5′-TCGATTTCTCTCTTGGTGACAGG-3′；

预期扩增片段大小为151 bp。

5.13 MON87460转化体特异性序列引物：

MON87460-F：5′-ATCCACCTGTCAGCTCAAGTT-3′；

MON87460-R：5′-GGTATGTATATAGTGGCGATG-3′；

预期扩增片段大小为368 bp(参见附录A)。

5.14 引物溶液：用TE缓冲液(5.6)或水分别将上述引物稀释到10 μmol/L。

5.15 石蜡油。

5.16 DNA提取试剂盒。

5.17 定性PCR反应试剂盒。

5.18 PCR产物回收试剂盒。

6 仪器和设备

6.1 分析天平：感量0.1 g和0.1 mg。

6.2 PCR扩增仪：升降温速度>1.5℃/s，孔间温度差异<1.0℃。

6.3 电泳槽、电泳仪等电泳装置。

6.4 紫外透射仪。

6.5 凝胶成像系统或照相系统。

6.6 重蒸馏水发生器或纯水仪。

6.7 其他相关仪器设备。

7 分析步骤

7.1 抽样

按NY/T 672和农业部2031号公告—19—2013的规定执行。

7.2 试样制备

按NY/T 672和农业部2031号公告—19—2013的规定执行。

7.3 试样预处理

按农业部1485号公告—4—2010的规定执行。

7.4 DNA模板制备

按农业部1485号公告—4—2010的规定执行。

7.5 PCR反应

7.5.1 试样PCR反应

7.5.1.1 每个试样PCR反应设置3次平行。

7.5.1.2 在PCR反应管中按表1依次加入反应试剂，混匀，再加25 μL石蜡油(有热盖功能的PCR仪可不加)。也可采用经验证的、等效的定性PCR反应试剂盒配制反应体系。

表1 PCR检测反应体系

试　剂	终浓度	体积
水		—
10×PCR缓冲液	1×	2.5 μL
25 mmol/L氯化镁溶液	1.5 mmol/L	1.5 μL
dNTPs混合溶液(各2.5 mmol/L)	各0.2 mmol/L	2.0 μL
10 μmol/L上游引物	0.4 μmol/L	1.0 μL
10 μmol/L下游引物	0.4 μmol/L	1.0 μL
Taq DNA聚合酶	0.025 U/μL	—
25 mg/L DNA模板	2 mg/L	2.0 μL
总体积		25.0 μL

“—”表示体积不确定。如果PCR缓冲液中含有氯化镁，则不加氯化镁溶液，根据Taq DNA聚合酶的浓度确定其体积，并相应调整水的体积，使反应体系总体积达到25.0 μL。

注：玉米内标准基因PCR检测反应体系中，上、下游引物分别为zSSⅡb-F和zSSⅡb-R；MON87460转化体PCR检测反应体系中，上、下游引物分别为MON87460-F和MON87460-R。

7.5.1.3 将PCR管放在离心机上，500 g～3 000 g离心10 s，然后取出PCR管，放入PCR仪中。

7.5.1.4 进行PCR反应。反应程序为：94℃变性5 min；94℃变性30 s，58℃退火30 s，72℃延伸30 s，共进行35次循环；72℃延伸7 min。

7.5.1.5 反应结束后取出PCR管，对PCR反应产物进行电泳检测。

7.5.2 对照PCR反应

在试样PCR反应的同时，应设置阴性对照、阳性对照和空白对照。

以非转基因玉米基因组DNA作为阴性对照；以转基因玉米MON87460质量分数为0.1%～1.0%的玉米基因组DNA，或采用MON87460转化体特异性序列与非转基因玉米基因组相比的拷贝数分数为0.1%～1.0%的DNA溶液作为阳性对照；以水作为空白对照。

各对照PCR反应体系中，除模板外，其余组分及PCR反应条件与7.5.1相同。

7.6 PCR产物电泳检测

按20 g/L的质量浓度称量琼脂糖，加入1×TAE缓冲液中，加热溶解，配制成琼脂糖溶液。每100 mL琼脂糖溶液中加入5 μL EB溶液，混匀。稍适冷却后，将其倒入电泳板上，插上梳板。室温下凝固成凝胶后，放入1×TAE缓冲液中，垂直向上轻轻拔去梳板。取12 μL PCR产物与3 μL加样缓冲液混合后加入凝胶点样孔，同时在其中一个点样孔中加入DNA分子量标准，接通电源在2 V/cm～5 V/cm条件下电泳检测。

7.7 凝胶成像分析

电泳结束后，取出琼脂糖凝胶，置于凝胶成像仪上或紫外透射仪上成像。根据 DNA 分子量标准估计扩增条带的大小，将电泳结果形成电子文件存档或用照相系统拍照。如需通过序列分析确认 PCR 扩增片段是否为目的 DNA 片段，按照 7.8 和 7.9 的规定执行。

7.8 PCR 产物回收

按 PCR 产物回收试剂盒说明书，回收 PCR 扩增的 DNA 片段。

7.9 PCR 产物测序验证

将回收的 PCR 产物克隆测序，与转基因耐旱玉米 MON87460 转化体特异性序列（参见附录 A）进行比对，确定 PCR 扩增的 DNA 片段是否为目的 DNA 片段。

8 结果分析与表述

8.1 对照检测结果分析

阳性对照 PCR 反应中，*zSSⅡb* 内标准基因和 MON87460 转化体特异性序列得到扩增，且扩增片段大小与预期片段大小一致；而阴性对照中仅扩增出 *zSSⅡb* 内标准基因片段；空白对照中没有预期扩增片段，表明 PCR 反应体系正常工作。否则，重新检测。

8.2 样品检测结果分析和表述

8.2.1 *zSSⅡb* 内标准基因和 MON87460 转化体特异性序列均得到扩增，且扩增片段大小与预期片段大小一致，表明样品中检测出 MON87460 转化体成分，表述为"样品中检测出转基因耐旱玉米 MON87460 转化体成分，检测结果为阳性"。

8.2.2 *zSSⅡb* 内标准基因片段得到扩增，且扩增片段大小与预期片段大小一致，而 MON87460 转化体特异性序列未得到扩增，或扩增片段大小与预期片段大小不一致，表明样品中未检测出 MON87460 转化体成分，表述为"样品中未检测出转基因耐旱玉米 MON87460 转化体成分，检测结果为阴性"。

8.2.3 *zSSⅡb* 内标准基因片段未得到扩增，或扩增片段大小与预期片段大小不一致，表明样品中未检出玉米成分，结果表述为"样品中未检测出玉米成分，检测结果为阴性"。

9 检出限

本标准方法的检出限为 1 g/kg。

附 录 A
(资料性附录)
耐旱玉米 MON87460 转化体特异性序列

1 ATCCACCTGT CAGCTCAAGT TATTGGGTTT AGGAAACAGG GACCTACGTG
51 GAGATGTGTG CTGGACGGGC GGGCCTCCCA CCTGTCACGC CGCAGGCGGA
101 ACGGTGCGAA ACGACGCACG CTTTTGCTGT GCGCCTGTGC GTCTGGCGGT
151 CAGCGCGAGC GTGACTGCGT TTTCGTTTGC GTTAGACGAC GATCATCGCT
201 GGAAATTTGG TATTCTCTCA CGTTGAAGGA AAATGGATTG GAGGGAGTAT
251 GTAGATAAAT TTTCAAAGCG TTAGACGGCT GTCTTTGAGG AGGATCGCGA
301 GCCAGCGACG AGGCCGGCCC TCCCTCCGCT TCCAAAGAAA CGCCCCCCAT
351 CGCCACTATA TACATACC

注 1:划线部分为 MON87460-F 和 MON87460-R 引物序列。

注 2:1～286 为玉米基因组部分序列,287～368 为外源插入片段 5′端的水稻肌动蛋白启动子序列。

ICS 65.020
B 04

中华人民共和国国家标准

农业部2031号公告—6—2013

转基因植物及其产品成分检测 抗虫玉米MIR162及其衍生品种 定性PCR方法

Detection of genetically modified plants and derived products—Qualitative PCR method for insect-resistant maize MIR162 and its derivates

2013-12-04 发布　　2013-12-04 实施

中华人民共和国农业部 发布

前　言

本标准按照 GB/T 1.1—2009 给出的规则起草。

请注意本文件的某些内容可能涉及专利。本文件的发布机构不承担识别这些专利的责任。

本标准由中华人民共和国农业部提出。

本标准由全国农业转基因生物安全管理标准化技术委员会(SAC/TC 276)归口。

本标准起草单位:农业部科技发展中心、山东省农业科学院植物保护研究所、河南省农业科学院农业质量标准与检测技术研究中心。

本标准主要起草人:路兴波、沈平、马莹、孙红炜、赵欣、李凡、杨淑珂、尹海燕。

转基因植物及其产品成分检测
抗虫玉米 MIR162 及其衍生品种定性 PCR 方法

1 范围

本标准规定了转基因抗虫玉米 MIR162 转化体特异性的定性 PCR 检测方法。

本标准适用于转基因抗虫玉米 MIR162 及其衍生品种以及制品中 MIR162 转化体成分的定性 PCR 检测。

2 规范性引用文件

下列文件对于本文件的应用是必不可少的。凡是注日期的引用文件，仅注日期的版本适用于本文件。凡是不注日期的引用文件，其最新版本(包括所有的修改单)适用于本文件。

GB/T 6682 分析实验室用水规格和试验方法

NY/T 672 转基因植物及其产品检测 通用要求

农业部 2031 号公告—19—2013 转基因植物及其产品检测 抽样

农业部 1485 号公告—4—2010 转基因植物及其产品成分检测 DNA 提取和纯化

3 术语和定义

下列术语和定义适用于本文件。

3.1

***zSSⅡb* 基因 *zSSⅡb* gene**

编码玉米淀粉合酶异构体 zSTSⅡ-2 的基因，本标准中用作玉米内标准基因。

3.2

MIR162 转化体特异性序列 event-specific sequence of MIR162

MIR162 外源插入片段 3′端与玉米基因组的连接区序列，包括转化载体 3′端骨架序列和玉米基因组的部分序列。

4 原理

根据转基因抗虫玉米 MIR162 转化体特异性序列设计特异性引物，对试样 DNA 进行 PCR 扩增。依据是否扩增获得预期的特异性 DNA 片段，判断样品中是否含有 MIR162 转化体成分。

5 试剂和材料

除非另有说明，仅使用分析纯试剂和重蒸馏水或符合 GB/T 6682 规定的一级水。

5.1 琼脂糖。

5.2 10 g/L 溴化乙锭溶液：称取 1.0 g 溴化乙锭(EB)，溶解于 100 mL 水中，避光保存。

警告——溴化乙锭有致癌作用，配制和使用时应戴一次性手套操作并妥善处理废液。

5.3 10 mol/L 氢氧化钠溶液：在 160 mL 水中加入 80.0 g 氢氧化钠(NaOH)，溶解后，冷却至室温，再加水定容到 200 mL。

5.4 500 mmol/L 乙二铵四乙酸二钠溶液(pH 8.0)：称取 18.6 g 乙二铵四乙酸二钠($EDTA-Na_2$)，加

入70 mL水中,再加入适量氢氧化钠溶液(5.3),加热至完全溶解后,冷却至室温,用氢氧化钠溶液(5.3)调pH至8.0,加水定容至100 mL。在103.4 kPa(121℃)条件下灭菌20 min。

5.5 1 mol/L三羟甲基氨基甲烷—盐酸溶液(pH8.0):称取121.1 g三羟甲基氨基甲烷(Tris)溶解于800 mL水中,用盐酸(HCl)调pH至8.0,加水定容至1 000 mL。在103.4 kPa(121℃)条件下灭菌20 min。

5.6 TE缓冲液(pH8.0):分别量取10 mL三羟甲基氨基甲烷—盐酸溶液(5.5)和2 mL乙二铵四乙酸二钠溶液(5.4),加水定容至1 000 mL。在103.4 kPa(121℃)条件下灭菌20 min。

5.7 50×TAE缓冲液:称取242.2 g三羟甲基氨基甲烷(Tris),先用500 mL水加热搅拌溶解后,加入100 mL乙二铵四乙酸二钠溶液(5.4),用冰乙酸调pH至8.0,然后加水定容到1 000 mL。使用时,用水稀释成1×TAE。

5.8 加样缓冲液:称取250.0 mg溴酚蓝,加入10 mL水,在室温下溶解12 h;称取250.0 mg二甲基苯腈蓝,加10 mL水溶解;称取50.0 g蔗糖,加30 mL水溶解。混合以上三种溶液,加水定容至100 mL,在4℃下保存。

5.9 DNA分子量标准:可以清楚地区分100 bp~1 000 bp的DNA片段。

5.10 dNTPs混合溶液:将浓度为10 mmol/L的dATP、dTTP、dGTP、dCTP四种脱氧核糖核苷酸溶液等体积混合。

5.11 Taq DNA聚合酶、PCR反应缓冲液及25 mmol/L氯化镁溶液。

5.12 *zSSⅡb*基因引物:

zSSⅡb-F:5′-CTCCCAATCCTTTGACATCTGC-3′;

zSSⅡb-R:5′-TCGATTTCTCTCTTGGTGACAGG-3′;

预期扩增片段大小为151 bp。

5.13 MIR162转化体特异性序列引物:

MIR162-F:5′-CCCGGGTCTAGACAATTCAGT-3′;

MIR162-R:5′-GCCCAGTAAAACAACTACCACAAG-3′;

预期扩增片段大小为97 bp(参见附录A)。

5.14 引物溶液:用TE缓冲液(5.6)或水分别将上述引物稀释到10 μmol/L。

5.15 石蜡油。

5.16 DNA提取试剂盒。

5.17 定性PCR反应试剂盒。

5.18 PCR产物回收试剂盒。

6 仪器和设备

6.1 分析天平:感量0.1 g和0.1 mg。

6.2 PCR扩增仪:升降温速度>1.5℃/s,孔间温度差异<1.0℃。

6.3 电泳槽、电泳仪等电泳装置。

6.4 紫外透射仪。

6.5 凝胶成像系统或照相系统。

6.6 重蒸馏水发生器或纯水仪。

6.7 其他相关仪器设备。

7 分析步骤

7.1 抽样

按 NY/T 672 和农业部 2031 号公告—19—2013 的规定执行。

7.2 制样

按 NY/T 672 和农业部 2031 号公告—19—2013 的规定执行。

7.3 试样预处理

按农业部 1485 号公告—4—2010 的规定执行。

7.4 DNA 模板制备

按农业部 1485 号公告—4—2010 的规定执行。

7.5 PCR 反应

7.5.1 试样 PCR 反应

7.5.1.1 每个试样 PCR 反应设置 3 次平行。

7.5.1.2 在 PCR 反应管中按表 1 依次加入反应试剂，混匀，再加 25 μL 石蜡油(有热盖功能的 PCR 仪可不加)。也可采用经验证的、等效的定性 PCR 反应试剂盒配制反应体系。

表 1 PCR 检测反应体系

试　　剂	终浓度	体积
水		—
10×PCR 缓冲液	1×	2.5 μL
25 mmol/L 氯化镁溶液	1.5 mmol/L	1.5 μL
dNTPs 混合溶液(各 2.5 mmol/L)	各 0.2 mmol/L	2.0 μL
10 μmol/L 上游引物	0.5 μmol/L	1.25 μL
10 μmol/L 下游引物	0.5 μmol/L	1.25 μL
Taq DNA 聚合酶	0.025 U/μL	—
25 mg/L DNA 模板	2 mg/L	2.0 μL
总体积		25.0 μL
"—"表示体积不确定。如果 PCR 缓冲液中含有氯化镁，则不加氯化镁溶液，根据 Taq DNA 聚合酶的浓度确定其体积，并相应调整水的体积，使反应体系总体积达到 25.0 μL。 注：玉米内标准基因 PCR 检测反应体系中，上、下游引物分别为 zSSⅡb-F 和 zSSⅡb-R；MIR162 转化体 PCR 检测反应体系中，上、下游引物分别为 MIR162-F 和 MIR162-R。		

7.5.1.3 将 PCR 管放在离心机上，500 g～3 000 g 离心 10 s，然后取出 PCR 管，放入 PCR 仪中。

7.5.1.4 进行 PCR 反应。反应程序为：95℃变性 5 min；94℃变性 30 s，58℃退火 30 s，72℃延伸 30 s，进行 35 次循环；72℃延伸 7 min。

7.5.1.5 反应结束后取出 PCR 管，对 PCR 反应产物进行电泳检测。

7.5.2 对照 PCR 反应

在试样 PCR 反应的同时，应设置阴性对照、阳性对照和空白对照。

以非转基因玉米基因组 DNA 作为阴性对照；以转基因玉米 MIR162 质量分数为 0.1%～1.0%的玉米基因组 DNA 作为阳性对照(或采用 MIR162 玉米与非转基因玉米基因组相比的拷贝数分数为 0.1%～1.0%的 DNA 溶液)；以水作为空白对照。

各对照 PCR 反应体系中，除模板外，其余组分及 PCR 反应条件与 7.5.1 相同。

7.6 PCR 产物电泳检测

按 20 g/L 的质量浓度称量琼脂糖，加入 1×TAE 缓冲液中，加热溶解，配制成琼脂糖溶液。每 100 mL琼脂糖溶液中加入 5 μL EB 溶液，混匀，稍适冷却后，将其倒入电泳板上，插上梳板，室温下凝固成凝胶后，放入 1×TAE 缓冲液中，垂直向上轻轻拔去梳板。取 12 μL PCR 产物与 3 μL 加样缓冲液混合后加入凝胶点样孔，同时在其中一个点样孔中加入 DNA 分子量标准，接通电源在 2 V/cm～5 V/cm 条件下电泳检测。

7.7 凝胶成像分析

电泳结束后,取出琼脂糖凝胶,置于凝胶成像仪上或紫外透射仪上成像。根据DNA分子量标准估计扩增条带的大小,将电泳结果形成电子文件存档或用照相系统拍照。如需通过序列分析确认PCR扩增片段是否为目的DNA片段,按照7.8和7.9的规定执行。

7.8 PCR产物回收

按PCR产物回收试剂盒说明书,回收PCR扩增的DNA片段。

7.9 PCR产物测序验证

将回收的PCR产物克隆测序,与抗虫玉米MIR162转化体特异性序列(参见附录A)进行比对,确定PCR扩增的DNA片段是否为目的DNA片段。

8 结果分析与表述

8.1 对照检测结果分析

阳性对照的PCR反应中,*zSS*Ⅱ*b*内标准基因和MIR162转化体特异性序列均得到扩增,且扩增片段大小与预期片段大小一致,阴性对照中仅扩增出*zSS*Ⅱ*b*基因片段,空白对照中没有预期扩增片段,表明PCR反应体系正常工作。否则,重新检测。

8.2 样品检测结果分析和表述

8.2.1 *zSS*Ⅱ*b*内标准基因和MIR162转化体特异性序列均得到扩增,且扩增片段大小与预期片段大小一致,表明样品中检测出抗虫玉米MIR162转化体成分,表述为"样品中检测出抗虫玉米MIR162转化体成分,检测结果为阳性"。

8.2.2 *zSS*Ⅱ*b*内标准基因片段得到扩增,且扩增片段大小与预期片段大小一致,而MIR162转化体特异性序列未得到扩增,或扩增片段大小与预期片段大小不一致,表明样品中未检测出抗虫玉米MIR162转化体成分,表述为"样品中未检测出抗虫玉米MIR162转化体成分,检测结果为阴性"。

8.2.3 *zSS*Ⅱ*b*内标准基因片段未得到扩增,或扩增片段大小与预期片段大小不一致,表明样品中未检测出玉米成分,表述为"样品中未检测出玉米成分,检测结果为阴性"。

9 检出限

本标准方法的检出限为1 g/kg。

附 录 A
(资料性附录)
抗虫玉米 MIR162 转化体特异性序列

1 CCCGGGTCTAGACAATTCAGTACATTAAAAACGTCCGCCATGGTCTGAAG

51 GCAACAGATAAGGCATACTGGGCCTTGTGGTAGTTGTTTTACTGGGC

注 1:划线部分为引物序列;

注 2:1～38 为转化载体序列,39～97 为玉米基因组序列。

ICS 65.020
B 04

中华人民共和国国家标准

农业部2031号公告—13—2013

转基因植物及其产品成分检测 转淀粉酶基因玉米3272及其衍生品种定性PCR方法

Detection of genetically modified plants and derived products—Qualitative PCR method for thremostable amylase transgenic maize 3272 and its derivates

2013-12-04 发布　　2013-12-04 实施

中华人民共和国农业部　发布

前　言

本标准按照 GB/T 1.1—2009 给出的规则起草。

本标准由中华人民共和国农业部提出。

本标准由全国农业转基因生物安全管理标准化技术委员会(SAC/TC 276)归口。

本标准起草单位:农业部科技发展中心、天津市农业质量标准与检测技术研究所、中国农业科学院饲料研究所。

本标准主要起草人:兰青阔、赵欣、王永、王建华、赵新、沈平、朱珠、陈锐、郭永泽、程奕、滕达、王秀敏。

转基因植物及其产品成分检测
转淀粉酶基因玉米 3272 及其衍生品种定性 PCR 方法

1 范围

本标准规定了转淀粉酶基因玉米 3272 转化体特异性定性 PCR 检测方法。

本标准适用于转淀粉酶基因玉米 3272 及其衍生品种以及制品中 3272 转化体成分的定性 PCR 检测。

2 规范性引用文件

下列文件对于本文件的应用是必不可少的。凡是注日期的引用文件，仅注日期的版本适用于本文件。凡是不注日期的引用文件，其最新版本(包括所有的修改单)适用于本文件。

GB/T 6682 分析实验室用水规格和试验方法

NY/T 672 转基因植物及其产品检测 通用要求

农业部 2031 号公告—19—2013 转基因植物及其产品检测 抽样

农业部 1485 号公告—4—2010 转基因植物及其产品成分检测 DNA 提取和纯化

3 术语和定义

下列术语和定义适用于本文件。

3.1

***zSSⅡb* 基因 *zSSⅡb* gene**

编码玉米淀粉合酶异构体 zSTSⅡ-2 的基因。

3.2

3272 转化体特异性序列 event-specific sequence of 3272

玉米基因组与 3272 玉米外源插入片段 5′的连接区序列，包括玉米基因组部分序列和转化载体部分序列。

4 原理

根据转淀粉酶基因玉米 3272 转化体特异性序列设计特异性引物，对试样 DNA 进行 PCR 扩增。依据是否扩增获得预期的 DNA 片段，判断样品中是否含有 3272 转化体成分。

5 试剂和材料

除非另有说明，仅使用分析纯试剂和重蒸馏水或符合 GB/T 6682 规定的一级水。

5.1 琼脂糖。

5.2 10 g/L 溴化乙锭溶液：称取 1.0 g 溴化乙锭(EB)，溶于 100 mL 水中，避光保存。

警告——溴化乙锭有致癌作用，配制和使用时应戴一次性手套操作并妥善处理废液。

5.3 10 mol/L 氢氧化钠溶液：在 160 mL 水中加入 80.0 g 氢氧化钠(NaOH)，溶解后，冷却至室温，再加水定容到 200 mL。

5.4 500 mmol/L 乙二铵四乙酸二钠溶液(pH 8.0)：称取 18.6 g 乙二铵四乙酸二钠($EDTA-Na_2$)，加

入70 mL水中，再加入适量氢氧化钠溶液(5.3)，加热至完全溶解后，冷却至室温，用氢氧化钠溶液(5.3)调pH至8.0，加水定容至100 mL。在103.4 kPa(121℃)条件下灭菌20 min。

5.5　1 mol/L三羟甲基氨基甲烷—盐酸溶液(pH 8.0)：称取121.1 g三羟甲基氨基甲烷(Tris)溶解于800 mL水中，用盐酸调pH至8.0，加水定容至1 000 mL。在103.4 kPa(121℃)条件下灭菌20 min。

5.6　TE缓冲液(pH 8.0)：分别量取10 mL三羟甲基氨基甲烷—盐酸溶液(5.5)和2 mL乙二铵四乙酸二钠溶液(5.4)，加水定容至1 000 mL。在103.4 kPa(121℃)条件下灭菌20 min。

5.7　50×TAE缓冲液：称取242.2 g三羟甲基氨基甲烷(Tris)，先用300 mL水加热搅拌溶解后，加100 mL乙二铵四乙酸二钠溶液(5.4)，用冰乙酸调pH至8.0，然后加水定容到1 000 mL。使用时，用水稀释成1×TAE。

5.8　加样缓冲液：称取250.0 mg溴酚蓝，加10 mL水，在室温下溶解12 h；称取250.0 mg二甲基苯腈蓝，用10 mL水溶解；称取50.0 g蔗糖，用30 mL水溶解。混合以上三种溶液，加水定容至100 mL，在4℃下保存。

5.9　DNA分子量标准：可以清楚地区分50 bp～1 000 bp的DNA片段。

5.10　dNTPs混合溶液：将浓度为10 mmol/L的dATP、dTTP、dGTP、dCTP四种脱氧核糖核苷酸溶液等体积混合。

5.11　Taq DNA聚合酶、PCR反应缓冲液及25 mmol/L氯化镁溶液。

5.12　*zSSⅡb*基因：

zSSⅡb-1F：5′-CTCCCAATCCTTTGACATCTGC-3′；

zSSⅡb-2R：5′-TCGATTTCTCTCTTGGTGACAGG-3′；

预期扩增片段大小为151 bp。

5.13　3272转化体特异性序列：

3272-F：5′-CTGGCCGATAAACTGACCAT-3′；

3272-R：5′-CCAAACGTAAAACGGCTTGT-3′；

预期扩增片段大小为221 bp(参见附录A)。

5.14　引物溶液：用TE缓冲液(5.6)或水分别将上述引物稀释到10 μmol/L。

5.15　石蜡油。

5.16　DNA提取试剂盒。

5.17　定性PCR反应试剂盒。

5.18　PCR产物回收试剂盒。

6　仪器和设备

6.1　分析天平：感量0.1 g和0.1 mg。

6.2　PCR扩增仪：升降温速度＞1.5℃/s，孔间温度差异＜1.0℃。

6.3　电泳槽、电泳仪等电泳装置。

6.4　紫外透射仪。

6.5　凝胶成像系统或照相系统。

6.6　重蒸馏水发生器或纯水仪。

6.7　其他相关仪器设备。

7　分析步骤

7.1　抽样

按 NY/T 672 和农业部 2031 号公告—19—2013 的规定执行。

7.2 制样

按 NY/T 672 和农业部 2031 号公告—19—2013 的规定执行。

7.3 试样预处理

按农业部 1485 号公告—4—2010 的规定执行。

7.4 DNA 模板制备

按农业部 1485 号公告—4—2010 的规定执行。

7.5 PCR 反应

7.5.1 试样 PCR 反应

7.5.1.1 每个试样 PCR 反应设置 3 次平行。

7.5.1.2 在 PCR 反应管中按表 1 依次加入反应试剂，混匀，再加 25 μL 石蜡油(有热盖功能的 PCR 扩增仪可不加)。也可采用经验证的、等效的定性 PCR 反应试剂盒配制反应体系。

表 1 PCR 检测反应体系

试　　剂	终浓度	体积
水		—
10×PCR 缓冲液	1×	2.5 μL
25 mmol/L 氯化镁溶液	1.5 mmol/L	1.5 μL
dNTPs 混合溶液(各 2.5 mmol/L)	各 0.2 mmol/L	2.0 μL
10 μmol/L 上游引物	0.4 μmol/L	1.0 μL
10 μmol/L 下游引物	0.4 μmol/L	1.0 μL
Taq DNA 聚合酶	0.025 U/μL	—
25 mg/L DNA 模板	2 mg/L	2.0 μL
总体积		25.0 μL
"—"表示体积不确定。如果 PCR 缓冲液中含有氯化镁，则不加氯化镁溶液，根据 Taq DNA 聚合酶的浓度确定其体积，并相应调整水的体积，使反应体系总体积达到 25.0 μL。 注：玉米内标准基因 PCR 检测反应体系中，上、下游引物分别为 zSSⅡb-1F 和 zSSⅡb-2R；3272 转化体特异性序列 PCR 检测反应体系中，上、下游引物分别为 3272-F 和 3272-R。		

7.5.1.3 将 PCR 管放在离心机上，500 g～3 000 g 离心 10 s；然后，取出 PCR 管，放入 PCR 仪中。

7.5.1.4 进行 PCR 反应。反应程序为：94℃变性 5 min；94℃变性 30 s，58℃退火 30 s，72℃延伸 30 s，共进行 35 次循环；72℃延伸 7 min。

7.5.1.5 反应结束后取出 PCR 管，对 PCR 反应产物进行电泳检测。

7.5.2 对照 PCR 反应

在试样 PCR 反应的同时，应设置阴性对照、阳性对照和空白对照。

以非转基因玉米基因组 DNA 作为阴性对照；以转淀粉酶基因玉米 3272 质量分数为 0.1%～1.0% 的基因组 DNA，或采用 3272 玉米与非转基因玉米基因组相比的拷贝数分数为 0.1%～1.0%的 DNA 溶液作为阳性对照；以水作为空白对照。

各对照 PCR 反应体系中，除模板外，其余组分及 PCR 反应条件与 7.5.1 相同。

7.6 PCR 产物电泳检测

按 20 g/L 的质量浓度称量琼脂糖，加入 1×TAE 缓冲液中，加热溶解，配制成琼脂糖溶液。每 100 mL琼脂糖溶液中加入 5 μL EB 溶液，混匀。稍适冷却后，将其倒入电泳板上，插上梳板。室温下凝固成凝胶后，放入 1×TAE 缓冲液中，垂直向上轻轻拔去梳板。取 12 μL PCR 产物与 3 μL 加样缓冲液混合后加入凝胶点样孔，同时在其中一个点样孔中加入 DNA 分子量标准，接通电源在 2 V/cm～5 V/cm 条件下电泳检测。

7.7 凝胶成像分析

电泳结束后，取出琼脂糖凝胶，置于凝胶成像仪上或紫外透射仪上成像。根据 DNA 分子量标准估计扩增条带的大小，将电泳结果形成电子文件存档或用照相系统拍照。如需通过序列分析确认 PCR 扩增片段是否为目的 DNA 片段，按照 7.8 和 7.9 的规定执行。

7.8 PCR 产物回收

按 PCR 产物回收试剂盒说明书，回收 PCR 扩增的 DNA 片段。

7.9 PCR 产物测序验证

将回收的 PCR 产物克隆测序，与转淀粉酶基因玉米 3272 的转化体特异性序列（参见附录 A）进行比对，确定 PCR 扩增的 DNA 片段是否为目的 DNA 片段。

8 结果分析与表述

8.1 对照检测结果分析

阳性对照的 PCR 反应中，*zSSⅡb* 内标准基因和 3272 转化体特异性序列得到扩增，且扩增片段大小与预期片段大小一致；而阴性对照中仅扩增出 *zSSⅡb* 内标准基因片段；空白对照中没有预期扩增片段，表明 PCR 反应体系正常工作。否则，重新检测。

8.2 样品检测结果分析和表述

8.2.1 *zSSⅡb* 内标准基因和 3272 转化体特异性序列均得到扩增，且扩增片段大小与预期片段大小一致，表明样品中检测出 3272 转化体成分，表述为"样品中检测出转淀粉酶基因玉米 3272 转化体成分，检测结果为阳性"。

8.2.2 *zSSⅡb* 内标准基因片段得到扩增，且扩增片段大小与预期片段大小一致，而 3272 转化体特异性序列未得到扩增，或扩增片段大小与预期片段大小不一致，表明样品中未检测出 3272 转化体成分，表述为"样品中未检测出转淀粉酶基因玉米 3272 转化体成分，检测结果为阴性"。

8.2.3 *zSSⅡb* 内标准基因片段未得到扩增，或扩增片段大小与预期片段大小不一致，表明样品中未检测出玉米成分，表述为"样品中未检测出玉米成分，检测结果为阴性"。

9 检出限

本标准方法的检出限为 1 g/kg。

附 录 A
(资料性附录)
转淀粉酶基因玉米 3272 转化体特异性序列

1 CTGGCCGATA AACTGACCAT CTATTTATCT CCAATCGATC GAATTCATCA GACCAGATTC
61 TCTTTTATGG CCGGCCGGCC GGCCCTGCTG ACTGCTGACG CGGCCAAACA CTGATAGTTT
121 AAACTGAAGG CGGGAAACGA CAATCTGATC ATGAGCGGAG AATTAAGGGA GTCACGTTAT
181 GACCCCCGCC GATGACGCGG GACAAGCCGT TTTACGTTTG G

注 1:划线部分为 3272 - F 和 3272 - R 引物序列。

注 2:1～104 为玉米基因组序列,105～221 为转化载体部分序列。

ICS 65.020.01
B 04

中华人民共和国国家标准

农业部2122号公告—9—2014

转基因植物及其产品成分检测 耐除草剂玉米DAS-40278-9及其衍生品种定性PCR方法

Detection of genetically modified plants and derived products—Qualitative PCR method for herbicide-tolerant maize DAS-40278-9 and its derivates

2014-07-07 发布　　2014-08-01 实施

中华人民共和国农业部 发布

前　　言

本标准按照 GB/T 1.1—2009 给出的规则起草。

请注意本文件的某些内容可能涉及专利。本文件的发布机构不承担识别这些专利的责任。

本标准由中华人民共和国农业部提出。

本标准由全国农业转基因生物安全管理标准化技术委员会(SAC/TC 276)归口。

本标准起草单位:农业部科技发展中心、安徽省农业科学院水稻研究所、浙江省农业科学院。

本标准主要起草人:杨剑波、沈平、马卉、尹全、李莉、徐俊锋、汪秀峰、倪大虎、魏鹏程、陆徐忠、宋丰顺、王淑云、麦霄黎。

转基因植物及其产品成分检测
耐除草剂玉米 DAS-40278-9 及其衍生品种定性 PCR 方法

1 范围

本标准规定了转基因耐除草剂玉米 DAS-40278-9 转化体特异性定性 PCR 检测方法。

本标准适用于转基因耐除草剂玉米 DAS-40278-9 及其衍生品种，以及制品中 DAS-40278-9 转化体成分的定性 PCR 检测。

2 规范性引用文件

下列文件对于本文件的应用是必不可少的。凡是注日期的引用文件，仅注日期的版本适用于本文件。凡是不注日期的引用文件，其最新版本(包括所有的修改单)适用于本文件。

GB/T 6682 分析实验室用水规格和试验方法

农业部 1485 号公告—4—2010 转基因植物及其产品成分检测 DNA 提取和纯化

农业部 1861 号公告—3—2012 转基因植物及其产品成分检测 玉米内标准基因定性 PCR 方法

农业部 2031 号公告—19—2013 转基因植物及其产品成分检测 抽样

NY/T 672 转基因植物及其产品检测 通用要求

3 术语和定义

下列术语和定义适用于本文件。

3.1

***zSS* Ⅱ *b* 基因 *zSS* Ⅱ *b* gene**

编码玉米淀粉合酶异构体 zSTSⅡ-2 的基因，在本文件中作为玉米的内标准基因。

3.2

DAS-40278-9 转化体特异性序列 event-specific sequence of DAS-40278-9

DAS-40278-9 外源插入片段 5′ 端与玉米基因组的连接区序列，包括玉米基因组序列与转化载体部分序列。

4 原理

根据转基因耐除草剂玉米 DAS-40278-9 转化体特异性序列设计特异性引物，对试样进行 PCR 扩增。依据是否扩增获得预期的 DNA 片段，判断样品中是否含有 DAS-40278-9 转化体成分。

5 试剂和材料

除非另有说明，仅使用分析纯试剂和重蒸馏水或符合 GB/T 6682 规定的一级水。

5.1 琼脂糖。

5.2 10 g/L 溴化乙锭溶液：称取 1.0 g 溴化乙锭(EB)，溶解于 100 mL 水中，避光保存。

警告——溴化乙锭有致癌作用，配制和使用时应戴一次性手套操作并妥善处理废液。

5.3 10 mol/L 氢氧化钠溶液：在 160 mL 水中加入 80.0 g 氢氧化钠(NaOH)，溶解后，冷却至室温，再加水定容到 200 mL。

5.4 500 mmol/L 乙二铵四乙酸二钠溶液(pH 8.0):称取 18.6 g 乙二铵四乙酸二钠($EDTA\text{-}Na_2$),加入 70 mL 水中,缓慢滴加氢氧化钠溶液(5.3)直至 $EDTA\text{-}Na_2$ 完全溶解,用氢氧化钠溶液(5.3)调 pH 至 8.0,加水定容至 100 mL。在 103.4 kPa(121 ℃)条件下灭菌 20 min。

5.5 1 mol/L 三羟甲基氨基甲烷—盐酸溶液(pH 8.0):称取 121.1 g 三羟甲基氨基甲烷(Tris)溶解于 800 mL 水中,用盐酸(HCl)调 pH 至 8.0,加水定容至 1 000 mL。在 103.4 kPa(121℃)条件下灭菌 20 min。

5.6 TE 缓冲液(pH 8.0):分别量取 10 mL 三羟甲基氨基甲烷—盐酸溶液(5.5)和 2 mL 乙二铵四乙酸二钠溶液(5.4),加水定容至 1 000 mL。在 103.4 kPa(121℃)条件下灭菌 20 min。

5.7 50×TAE 缓冲液:称取 242.2 g 三羟甲基氨基甲烷(Tris),先用 500 mL 水加热搅拌溶解后,加入 100 mL 乙二铵四乙酸二钠溶液(5.4),用冰乙酸调 pH 至 8.0,然后加水定容到 1 000 mL。使用时,用水稀释成 1×TAE。

5.8 加样缓冲液:称取 250.0 mg 溴酚蓝,加入 10 mL 水,在室温下溶解 12 h;称取 250.0 mg 二甲基苯腈蓝,加 10 mL 水溶解;称取 50.0 g 蔗糖,加 30 mL 水溶解。混合以上三种溶液,加水定容至 100 mL,在 4℃下保存。

5.9 DNA 分子量标准:可以清楚地区分 100 bp~1 000 bp 的 DNA 片段。

5.10 dNTPs 混合溶液:将浓度为 10 mmol/L 的 dATP、dTTP、dGTP、dCTP 四种脱氧核糖核苷酸溶液等体积混合。

5.11 Taq DNA 聚合酶、PCR 反应缓冲液及 25 mmol/L 氯化镁溶液。

5.12 zSSⅡb 基因引物:

zSSⅡb-1F:5′-CTCCCAATCCTTTGACATCTGC-3′

zSSⅡb-2R:5′-TCGATTTCTCTCTTGGTGACAGG-3′

预期扩增片段大小为 151 bp。

5.13 DAS-40278-9 转化体特异性序列引物:

DAS-40278-9-F:5′-CCATTCAGGAGACCTCGCTTG-3′

DAS-40278-9-R:5′-CGAGCTTCAATCACTTTATGG-3′

预期扩增片段大小为 238 bp(参见附录 A)。

5.14 引物溶液:用 TE 缓冲液(5.6)或水分别将上述引物稀释到 10 μmol/L。

5.15 石蜡油。

5.16 DNA 提取试剂盒。

5.17 定性 PCR 反应试剂盒。

5.18 PCR 产物回收试剂盒。

6 主要仪器和设备

6.1 分析天平:感量 0.1 g 和 0.1 mg。

6.2 PCR 扩增仪:升降温速度>1.5℃/s,孔间温度差异<1.0℃。

6.3 电泳槽、电泳仪等电泳装置。

6.4 紫外透射仪。

6.5 凝胶成像系统或照相系统。

6.6 重蒸馏水发生器或纯水仪。

7 分析步骤

7.1 抽样

按 NY/T 672 和农业部 2031 号公告—19—2013 的规定执行。

7.2 试样制备

按 NY/T 672 和农业部 2031 号公告—19—2013 的规定执行。

7.3 试样预处理

按农业部 1485 号公告—4—2010 的规定执行。

7.4 DNA 模板制备

按农业部 1485 号公告—4—2010 的规定执行。

7.5 PCR 反应

7.5.1 试样 PCR 反应

7.5.1.1 玉米内标准基因 PCR 反应

按农业部 1861 号公告—3—2012 的规定执行。

7.5.1.2 转化体特异性序列 PCR 反应

7.5.1.2.1 每个试样 PCR 反应设置 3 次平行。

7.5.1.2.2 在 PCR 反应管中按表 1 依次加入反应试剂，混匀，再加 25 μL 石蜡油（有热盖功能的 PCR 仪可不加）。也可采用经验证的、等效的定性 PCR 反应试剂盒配制反应体系。

表 1 PCR 检测反应体系

试　　剂	终浓度	体积
水		—
10×PCR 缓冲液	1×	2.5 μL
25 mmol/L 氯化镁溶液	1.5 mmol/L	1.5 μL
dNTPs 混合溶液（各 2.5 mmol/L）	各 0.2 mmol/L	2.0 μL
10 μmol/L DAS-40278-9-F	0.2 μmol/L	0.5 μL
10 μmol/L DAS-40278-9-R	0.2 μmol/L	0.5 μL
Taq DNA 聚合酶	0.025 U/μL	—
25 mg/L DNA 模板	2 mg/L	2.0 μL
总体积		25.0 μL
"—"表示体积不确定。如果 PCR 缓冲液中含有氯化镁，则不加氯化镁溶液。根据 Taq DNA 聚合酶的浓度确定其体积，并相应调整水的体积，使反应体系总体积达到 25.0 μL。		

7.5.1.2.3 将 PCR 管放在离心机上，500 *g*～3 000 *g* 离心 10 s，然后取出 PCR 管，放入 PCR 仪中。

7.5.1.2.4 进行 PCR 反应。反应程序为：94℃变性 5 min；94℃变性 30 s，56℃退火 30 s，72℃延伸 30 s，共进行 35 次循环；72℃延伸 7 min。

7.5.1.2.5 反应结束后取出 PCR 管，对 PCR 反应产物进行电泳检测。

7.5.2 对照 PCR 反应

在试样 PCR 反应的同时，应设置阴性对照、阳性对照和空白对照。

以非转基因玉米基因组 DNA 作为阴性对照；以转基因玉米 DAS-40278-9 质量分数为 0.1%～1.0%的玉米基因组 DNA，或采用 DAS-40278-9 转化体特异性序列与非转基因玉米基因组相比的拷贝数分数为 0.1%～1.0%的 DNA 溶液作为阳性对照；以水作为空白对照。

各对照 PCR 反应体系中，除模板外，其余组分及 PCR 反应条件与 7.5.1.1 和 7.5.1.2 相同。

7.6 PCR 产物电泳检测

按 20 g/L 的质量浓度称量琼脂糖，加入 1×TAE 缓冲液中，加热溶解，配制成琼脂糖溶液。每 100 mL 琼脂糖溶液中加入 5 μL EB 溶液，混匀，稍适冷却后，将其倒入电泳板上，插上梳板，室温下凝固成凝胶后，放入 1×TAE 缓冲液中，垂直向上轻轻拔去梳板。取 12 μL PCR 产物与 3 μL 加样缓冲液混合

后加入凝胶点样孔，同时在其中一个点样孔中加入 DNA 分子量标准，接通电源在 2 V/cm～5 V/cm 条件下电泳检测。

7.7 凝胶成像分析

电泳结束后，取出琼脂糖凝胶，置于凝胶成像仪上或紫外透射仪上成像。根据 DNA 分子量标准估计扩增条带的大小，将电泳结果形成电子文件存档或用照相系统拍照。如需通过序列分析确认 PCR 扩增片段是否为目的 DNA 片段，按照 7.8 和 7.9 的规定执行。

7.8 PCR 产物回收

按 PCR 产物回收试剂盒说明书，回收 PCR 扩增的 DNA 片段。

7.9 PCR 产物测序验证

将回收的 PCR 产物克隆测序，与转基因耐除草剂玉米 DAS-40278-9 转化体特异性序列(参见附录 A)进行比对，确定 PCR 扩增的 DNA 片段是否为目的 DNA 片段。

8 结果分析与表述

8.1 对照检测结果分析

阳性对照 PCR 反应中，玉米内标准基因和 DAS-40278-9 转化体特异性序列得到扩增，且扩增片段大小与预期片段大小一致，而阴性对照中仅扩增出玉米内标准基因片段，空白对照中没有预期扩增片段，表明 PCR 反应体系正常工作；否则，重新检测。

8.2 样品检测结果分析和表述

8.2.1 玉米内标准基因和 DAS-40278-9 转化体特异性序列均得到扩增，且扩增片段大小与预期片段大小一致，表明样品中检测出 DAS-40278-9 转化体成分，表述为“样品中检测出转基因耐除草剂玉米 DAS-40278-9 转化体成分，检测结果为阳性”。

8.2.2 玉米内标准基因片段得到扩增，且扩增片段大小与预期片段大小一致，而 DAS-40278-9 转化体特异性序列未得到扩增，或扩增片段大小与预期片段大小不一致，表明样品中未检测出 DAS-40278-9 转化体成分，表述为“样品中未检测出转基因耐除草剂玉米 DAS-40278-9 转化体成分，检测结果为阴性”。

8.2.3 玉米内标准基因片段未得到扩增，或扩增片段大小与预期片段大小不一致，表明样品中未检出玉米成分，结果表述为“样品中未检测出玉米成分，检测结果为阴性”。

9 检出限

本标准方法的检出限为 1 g/kg。

附　录　A

(资料性附录)

耐除草剂玉米 DAS-40278-9 转化体特异性序列

1 CCATTCAGGA GACCTCGCTT GTAACCCACC ACATATAGAT CCATCCCAAG AAGTAGTGTA
61 TTACGCCTCT CTAAGCGGCC CAAACTTGCA GAAAACCGCC TATCCCTCTC TCGTGCGTCC
121 AGCACGAACC ATTGAGTTAC AATCAACAGC ACCGTACCTT GAAGCGGAAT ACAATGAAGG
181 TTAGCTACGA TTTACAGCAA AGCCAGAATA CAATGAACCA TAAAGTGATT GAAGCTCG

注 1:划线部分为 DAS-40278-9-F 和 DAS-40278-9-R 引物序列。

注 2:1～176 为玉米基因组部分序列,177～238 为外源插入片段部分序列。

ICS 65.020.01
B 04

中华人民共和国国家标准

农业部2122号公告—14—2014
代替农业部869号公告—3—2007

转基因植物及其产品成分检测 抗虫和耐除草剂玉米Bt11及其衍生品种 定性PCR方法

Detection of genetically modified plants and derived products—Qualitative PCR method for insect-resistant and herbicide-tolerant maize Bt11 and its derivates

2014-07-07发布 2014-08-01实施

中华人民共和国农业部 发布

前　言

本标准按照 GB/T 1.1—2009 给出的规则起草。

本标准代替农业部 869 号公告—3—2007《转基因植物及其产品成分检测　抗虫和耐除草剂玉米 Bt11 及其衍生品种定性 PCR 方法》。本标准与农业部 869 号公告—3—2007 相比，除编辑性修改外，主要技术变化如下：

——修改了原理中关于预期扩增产物的表述（见 4，2007 年版的 4）；

——修改了定性 PCR 方法的引物序列（见 5.12～5.13，2007 年版的 5.12）；

——修改了定性 PCR 方法的反应体系（见表 1，2007 年版的表 1）；

——增加了方法检出限的表述（见 9）；

——增加了资料性附录（见附录 A）。

请注意本文件的某些内容可能涉及专利。本文件的发布机构不承担识别这些专利的责任。

本标准由中华人民共和国农业部提出。

本标准由全国农业转基因生物安全管理标准化技术委员会（SAC/TC 276）归口。

本标准起草单位：农业部科技发展中心、吉林省农业科学院、浙江省农业科学院。

本标准主要起草人：李飞武、宋贵文、夏蔚、沈平、李葱葱、李昂、董立明、龙丽坤、闫伟、张明、邵改革、徐俊锋、陈笑芸。

本标准的历次版本发布情况为：

——农业部 869 号公告—3—2007。

转基因植物及其产品成分检测
抗虫和耐除草剂玉米 Bt11 及其衍生品种定性 PCR 方法

1 范围

本标准规定了转基因抗虫和耐除草剂玉米 Bt11 转化体特异性定性 PCR 检测方法。

本标准适用于转基因抗虫和耐除草剂玉米 Bt11 及其衍生品种，以及制品中 Bt11 转化体成分的定性 PCR 检测。

2 规范性引用文件

下列文件对于本文件的应用是必不可少的。凡是注日期的引用文件，仅注日期的版本适用于本文件。凡是不注日期的引用文件，其最新版本(包括所有的修改单)适用于本文件。

GB/T 6682 分析实验室用水规格和试验方法

农业部 1485 号公告—4—2010 转基因植物及其产品成分检测 DNA 提取和纯化

农业部 1861 号公告—3—2012 转基因植物及其产品成分检测 玉米内标准基因定性 PCR 方法

农业部 2031 号公告—19—2013 转基因植物及其产品成分检测 抽样

NY/T 672 转基因植物及其产品检测 通用要求

3 术语和定义

下列术语和定义适用于本文件。

3.1

***zSS* Ⅱ *b* 基因 *zSS* Ⅱ *b* gene**

编码玉米淀粉合酶异构体 zSTSⅡ-2 的基因，在本文件中作为玉米的内标准基因。

3.2

Bt11 转化体特异性序列 event-specific sequence of Bt11

外源插入片段 3′ 端与玉米基因组的连接区序列，包括外源插入片段的部分载体序列和玉米基因组的部分序列。

4 原理

根据转基因抗虫和耐除草剂玉米 Bt11 转化体特异性序列设计特异性引物及探针，对试样进行 PCR 扩增。依据是否扩增获得预期的 DNA 片段，判断样品中是否含有 Bt11 转化体成分。

5 试剂和材料

除非另有说明，仅使用分析纯试剂和重蒸馏水或符合 GB/T 6682 规定的一级水。

5.1 琼脂糖。

5.2 10 g/L 溴化乙锭溶液：称取 1.0 g 溴化乙锭(EB)，溶解于 100 mL 水中，避光保存。

警告——溴化乙锭有致癌作用，配制和使用时应戴一次性手套操作并妥善处理废液。

5.3 10 mol/L 氢氧化钠溶液：在 160 mL 水中加入 80.0 g 氢氧化钠(NaOH)，溶解后，冷却至室温，再加水定容到 200 mL。

5.4 500 mmol/L 乙二铵四乙酸二钠溶液(pH 8.0):称取 18.6 g 乙二铵四乙酸二钠(EDTA - Na_2),加入 70 mL 水中,再加入适量氢氧化钠溶液(5.3),至完全溶解后,用氢氧化钠溶液(5.3)调 pH 至 8.0,加水定容至 100 mL。在 103.4 kPa(121℃)条件下灭菌 20 min。

5.5 1 mol/L 三羟甲基氨基甲烷—盐酸溶液(pH 8.0):称取 121.1 g 三羟甲基氨基甲烷(Tris)溶解于 800 mL 水中,用盐酸(HCl)调 pH 至 8.0,加水定容至 1 000 mL。在 103.4 kPa(121 ℃)条件下灭菌 20 min。

5.6 TE 缓冲液(pH 8.0):分别量取 10 mL 三羟甲基氨基甲烷—盐酸溶液(5.5)和 2 mL 乙二铵四乙酸二钠溶液(5.4),加水定容至 1 000 mL。在 103.4 kPa(121 ℃)条件下灭菌 20 min。

5.7 50×TAE 缓冲液:称取 242.2 g 三羟甲基氨基甲烷(Tris),先用 500 mL 水加热搅拌溶解后,加入 100 mL 乙二铵四乙酸二钠溶液(5.4),用冰乙酸调 pH 至 8.0,然后加水定容到 1 000 mL。使用时用水稀释成 1×TAE。

5.8 加样缓冲液:称取 250.0 mg 溴酚蓝,加入 10 mL 水,在室温下溶解 12 h;称取 250.0 mg 二甲基苯腈蓝,加 10 mL 水溶解;称取 50.0 g 蔗糖,加 30 mL 水溶解。混合以上三种溶液,加水定容至 100 mL,在 4℃下保存。

5.9 DNA 分子量标准:可以清楚的区分 100 bp～1 000 bp 的 DNA 片段。

5.10 dNTPs 混合溶液:将浓度为 10 mmol/L 的 dATP、dTTP、dGTP、dCTP 四种脱氧核糖核苷酸溶液等体积混合。

5.11 Taq DNA 聚合酶、PCR 反应缓冲液及 25 mmol/L 氯化镁溶液。

5.12 *zSSⅡb* 基因引物:

zSSⅡb - F:5′- CTCCCAATCCTTTGACATCTGC - 3′

zSSⅡb - R:5′- TCGATTTCTCTCTTGGTGACAGG - 3′

预期扩增片段大小为 151 bp。

5.13 Bt11 转化体特异性序列引物:

Bt11 - F:5′- GCCTCGTGATACGCCTATTTTT - 3′

Bt11 - R:5′- CAAAAATCCAAGAATCCCTCCA - 3′

预期扩增片段大小为 163 bp(参见附录 A)。

5.14 引物溶液:用 TE 缓冲液(5.6)或水分别将上述引物稀释到 10 μmol/L。

5.15 石蜡油。

5.16 DNA 提取试剂盒。

5.17 定性 PCR 反应试剂盒。

5.18 PCR 产物回收试剂盒。

6 主要仪器和设备

6.1 分析天平:感量 0.1 g 和 0.1 mg。

6.2 PCR 扩增仪:升降温速度>1.5℃/s,孔间温度差异<1.0℃。

6.3 电泳槽、电泳仪等电泳装置。

6.4 紫外透射仪。

6.5 凝胶成像系统或照相系统。

6.6 重蒸馏水发生器或纯水仪。

7 分析步骤

7.1 抽样

按 NY/T 672 和农业部 2031 号公告—19—2013 的规定执行。

7.2 试样制备

按 NY/T 672 和农业部 2031 号公告—19—2013 的规定执行。

7.3 试样预处理

按农业部 1485 号公告—4—2010 的规定执行。

7.4 DNA 模板制备

按农业部 1485 号公告—4—2010 的规定执行。

7.5 PCR 方法

7.5.1 试样 PCR 反应

7.5.1.1 玉米内标准基因 PCR 反应

按农业部 1861 号公告—3—2012 的规定执行。

7.5.1.2 转化体特异性序列 PCR 反应

7.5.1.2.1 每个试样 PCR 反应设置 3 次平行。

7.5.1.2.2 在 PCR 反应管中按表 1 依次加入反应试剂，混匀，再加 25 μL 石蜡油(有热盖功能的 PCR 仪可不加)。也可采用经验证的、等效的定性 PCR 反应试剂盒配制反应体系。

表 1 PCR 检测反应体系

试　　剂	终浓度	体积
水		—
10×PCR 缓冲液	1×	2.5 μL
25 mmol/L 氯化镁溶液	1.5 mmol/L	1.5 μL
dNTPs 混合溶液(各 2.5 mmol/L)	各 0.2 mmol/L	2.0 μL
10 μmol/L Bt11 - F	0.2 μmol/L	0.5 μL
10 μmol/L Bt11 - R	0.2 μmol/L	0.5 μL
Taq DNA 聚合酶	0.025 U/μL	—
25 mg/L DNA 模板	2 mg/L	2.0 μL
总体积		25.0 μL
"—"表示体积不确定。如果 PCR 缓冲液中含有氯化镁，则不加氯化镁溶液。根据 Taq DNA 聚合酶的浓度确定其体积，并相应调整水的体积，使反应体系总体积达到 25.0 μL。		

7.5.1.2.3 将 PCR 管放在离心机上，500 g～3 000 g 离心 10 s，然后取出 PCR 管，放入 PCR 仪中。

7.5.1.2.4 进行 PCR 反应。反应程序为：94℃变性 5 min；94℃变性 30 s，56℃退火 30 s，72℃延伸 30 s，共进行 35 次循环；72℃延伸 7 min。

7.5.1.2.5 反应结束后取出 PCR 管，对 PCR 反应产物进行电泳检测。

7.5.2 对照 PCR 反应

在试样 PCR 反应的同时，应设置阴性对照、阳性对照和空白对照。

以非转基因玉米基因组 DNA 作为阴性对照；以转基因玉米 Bt11 质量分数为 0.1%～1.0%的玉米基因组 DNA，或采用 Bt11 转化体特异性序列与非转基因玉米基因组相比的拷贝数分数为 0.1%～1.0%的 DNA 溶液作为阳性对照；以水作为空白对照。

各对照 PCR 反应体系中，除模板外，其余组分及 PCR 反应条件与 7.5.1.1 和 7.5.1.2 相同。

7.6 PCR 产物电泳检测

按 20 g/L 的质量浓度称量琼脂糖，加入 1×TAE 缓冲液中，加热溶解，配制成琼脂糖溶液。每 100 mL 琼脂糖溶液中加入 5 μL EB 溶液，混匀，稍适冷却后，将其倒入电泳板上，插上梳板，室温下凝固成凝胶后，放入 1×TAE 缓冲液中，垂直向上轻轻拔去梳板。取 12 μL PCR 产物与 3 μL 加样缓冲液混合

后加入凝胶点样孔，同时在其中一个点样孔中加入 DNA 分子量标准，接通电源在 2 V/cm～5 V/cm 条件下电泳检测。

7.7 凝胶成像分析

电泳结束后，取出琼脂糖凝胶，置于凝胶成像仪上或紫外透射仪上成像。根据 DNA 分子量标准估计扩增条带的大小，将电泳结果形成电子文件存档或用照相系统拍照。如需通过序列分析确认 PCR 扩增片段是否为目的 DNA 片段，按照 7.8 和 7.9 的规定执行。

7.8 PCR 产物回收

按 PCR 产物回收试剂盒说明书，回收 PCR 扩增的 DNA 片段。

7.9 PCR 产物测序验证

将回收的 PCR 产物克隆测序，与转基因抗虫和耐除草剂玉米 Bt11 转化体特异性序列（参见附录 A）进行比对，确定 PCR 扩增的 DNA 片段是否为目的 DNA 片段。

8 结果分析与表述

8.1 对照检测结果分析

阳性对照 PCR 反应中，玉米内标准基因和 Bt11 转化体特异性序列得到扩增，且扩增片段大小与预期片段大小一致，而阴性对照中仅扩增出玉米内标准基因片段，空白对照中没有预期扩增片段，表明 PCR 反应体系正常工作。否则，重新检测。

8.2 样品检测结果分析和表述

8.2.1 玉米内标准基因和 Bt11 转化体特异性序列均得到扩增，且扩增片段大小与预期片段大小一致，表明样品中检测出 Bt11 转化体成分，表述为“样品中检测出转基因抗虫和耐除草剂玉米 Bt11 转化体成分，检测结果为阳性”。

8.2.2 玉米内标准基因片段得到扩增，且扩增片段大小与预期片段大小一致，而 Bt11 转化体特异性序列未得到扩增，或扩增片段大小与预期片段大小不一致，表明样品中未检测出 Bt11 转化体成分，表述为“样品中未检测出转基因抗虫和耐除草剂玉米 Bt11 转化体成分，检测结果为阴性”。

8.2.3 玉米内标准基因片段未得到扩增，或扩增片段大小与预期片段大小不一致，表明样品中未检出玉米成分，结果表述为“样品中未检测出玉米成分，检测结果为阴性”。

9 检出限

本标准方法的检出限为 1 g/kg。

附　录　A
（资料性附录）
抗虫和耐除草剂玉米 Bt11 转化体特异性序列

1 GCCTCGTGAT ACGCCTATTT TTATAGGTTA ATGTCATGAT AATAATGGTT TCTTAGACGT
61 CAGGTGGCAC TTTTCGGGGA AATGTGCGCG GAACCCCTAT TTGTTTATTT TTCTAAATAC
121 ATTCAAATAT GTATCCGCTC ATGGAGGGAT TCTTGGATTT TTG

注 1：划线部分为 Bt11－F 和 Bt11－R 引物序列。

注 2：1～148 为外源插入片段部分序列，149～163 为玉米基因组部分序列。

ICS 65.020.01
B 04

中华人民共和国国家标准

农业部2122号公告—15—2014
代替农业部869号公告—8—2007

转基因植物及其产品成分检测 抗虫和耐除草剂玉米Bt176及其衍生品种定性PCR方法

Detection of genetically modified plants and derived products—Qualitative PCR method for insect-resistant and herbicide-tolerance maize Bt176 and its derivates

2014-07-07 发布　　2014-08-01 实施

中华人民共和国农业部　发布

前　　言

本标准按照 GB/T 1.1—2009 给出的规则起草。

本标准代替农业部 869 号公告—8—2007《转基因植物及其产品成分检测　抗虫和耐除草剂玉米 Bt176 及其衍生品种定性 PCR 方法》。本标准与农业部 869 号公告—8—2007 相比，除编辑性修改外，主要技术变化如下：

——修改并增加了规范性引用文件（见 2，2007 年版的 2）；

——修改了 Bt176 的转化体特异性引物序列（见 5.13，2007 年版的 5.12.2）；

——修改了 PCR 检测反应体系（见表 1，2007 年版的表 1）；

——修改了 PCR 检测实验操作的技术细节（见 7，2007 年版的 7）；

——修改了样品检测结果分析和表述（见 8.2，2007 年版的 8.2）；

——增加了检出限（见 9）；

——增加了资料性附录（见附录 A）。

请注意本文件的某些内容可能涉及专利。本文件的发布机构不承担识别这些专利的责任。

本标准由中华人民共和国农业部提出。

本标准由全国农业转基因生物安全管理标准化技术委员会（SAC/TC 276）归口。

本标准起草单位：农业部科技发展中心、黑龙江省农业科学院。

本标准主要起草人：张瑞英、李文龙、温洪涛、沈平、关海涛、王伟威、丁一佳、黄盈莹。

本标准的历次版本发布情况为：

——农业部 869 号公告—8—2007。

转基因植物及其产品成分检测　抗虫和耐除草剂玉米 Bt176 及其衍生品种定性 PCR 方法

1　范围

本标准规定了转基因抗虫和耐除草剂玉米 Bt176 转化体特异性定性 PCR 检测方法。

本标准适用于转基因抗虫和耐除草剂玉米 Bt176 及其衍生品种，以及制品中 Bt176 转化体成分的定性 PCR 检测。

2　规范性引用文件

下列文件对于本文件的应用是必不可少的。凡是注日期的引用文件，仅注日期的版本适用于本文件。凡是不注日期的引用文件，其最新版本（包括所有的修改单）适用于本文件。

GB/T 6682　分析实验室用水规格和试验方法

农业部 1485 号公告—4—2010　转基因植物及其产品成分检测　DNA 提取和纯化

农业部 1861 号公告—3—2012　转基因植物及其产品成分检测　玉米内标准基因定性 PCR 方法

农业部 2031 号公告—19—2013　转基因植物及其产品成分检测　抽样

NY/T 672　转基因植物及其产品检测　通用要求

3　术语和定义

下列术语和定义适用于本文件。

3.1

zSSⅡb **基因**　***zSSⅡb*** **gene**

编码玉米淀粉合酶异构体 zSTSⅡ-2 的基因，在本标准中作为玉米的内标准基因。

3.2

Bt176 转化体特异性序列　event-specific sequence of Bt176

外源插入片段 3′端与玉米基因组的连接区序列，包括外源插入片段 *bar* 终止子 3′端部分序列和玉米基因组的部分序列。

4　原理

根据转基因抗虫和耐除草剂玉米 Bt176 转化体特异性序列设计特异性引物，对试样进行 PCR 扩增。依据是否扩增获得预期的特异性 DNA 片段，判断样品中是否含有 Bt176 转化体成分。

5　试剂和材料

除非另有说明，仅使用分析纯试剂和重蒸馏水或符合 GB/T 6682 规定的一级水。

5.1　琼脂糖。

5.2　10 g/L 溴化乙锭溶液：称取 1.0 g 溴化乙锭（EB），溶解于 100 mL 水中，避光保存。

警告——溴化乙锭有致癌作用，配制和使用时应戴一次性手套操作并妥善处理废液。

5.3　10 mol/L 氢氧化钠溶液：在 160 mL 水中加入 80.0 g 氢氧化钠（NaOH），溶解后，冷却至室温，再加水定容到 200 mL。

5.4 500 mmol/L 乙二铵四乙酸二钠溶液(pH 8.0):称取 18.6 g 乙二铵四乙酸二钠(EDTA - Na_2),加入 70 mL 水中,再加入适量氢氧化钠溶液(5.3),至完全溶解后,用氢氧化钠溶液(5.3)调 pH 至 8.0,加水定容至 100 mL。在 103.4 kPa(121℃)条件下灭菌 20 min。

5.5 1 mol/L 三羟甲基氨基甲烷—盐酸溶液(pH 8.0):称取 121.1 g 三羟甲基氨基甲烷(Tris)溶解于 800 mL 水中,用盐酸(HCl)调 pH 至 8.0,加水定容至 1 000 mL。在 103.4 kPa(121 ℃)条件下灭菌 20 min。

5.6 TE 缓冲液(pH 8.0):分别量取 10 mL 三羟甲基氨基甲烷—盐酸溶液(5.5)和 2 mL 乙二铵四乙酸二钠溶液(5.4),加水定容至 1 000 mL。在 103.4 kPa(121℃)条件下灭菌 20 min。

5.7 50×TAE 缓冲液:称取 242.2 g 三羟甲基氨基甲烷(Tris),先用 500 mL 水加热搅拌溶解后,加入 100 mL 乙二铵四乙酸二钠溶液(5.4),用冰乙酸调 pH 至 8.0,然后加水定容到 1 000 mL。使用时用水稀释成 1×TAE。

5.8 加样缓冲液:称取 250.0 mg 溴酚蓝,加入 10 mL 水,在室温下溶解 12 h;称取 250.0 mg 二甲基苯腈蓝,加 10 mL 水溶解;称取 50.0 g 蔗糖,加 30 mL 水溶解。混合以上三种溶液,加水定容至 100 mL,在 4℃下保存。

5.9 DNA 分子量标准:可以清楚的区分 100 bp~1 000 bp 的 DNA 片段。

5.10 dNTPs 混合溶液:将浓度为 10 mmol/L 的 dATP、dTTP、dGTP、dCTP 四种脱氧核糖核苷酸溶液等体积混合。

5.11 Taq DNA 聚合酶、PCR 反应缓冲液及 25 mmol/L 氯化镁溶液。

5.12 *zSSⅡb* 基因引物:

zSSⅡb - 1F:5′- CTCCCAATCCTTTGACATCTGC - 3′

zSSⅡb - 1R:5′- TCGATTTCTCTCTTGGTGACAGG - 3′

预期扩增片段大小为 151 bp。

5.13 Bt176 转化体特异性序列引物:

Bt176 - F1:5′- TTCAAGCACGGGAACTGGC - 3′

Bt176 - R1:5′- GAGCGAGAACACGAGAAGAGG - 3′

预期扩增片段大小为 270 bp(参见附录 A)。

5.14 引物溶液:用 TE 缓冲液(5.6)或水分别将上述引物稀释到 10 μmol/L。

5.15 石蜡油。

5.16 DNA 提取试剂盒。

5.17 定性 PCR 反应试剂盒。

5.18 PCR 产物回收试剂盒。

6 主要仪器和设备

6.1 分析天平:感量 0.1 g 和 0.1 mg。

6.2 PCR 扩增仪:升降温速度>1.5℃/s,孔间温度差异<1.0℃。

6.3 电泳槽、电泳仪等电泳装置。

6.4 紫外透射仪。

6.5 凝胶成像系统或照相系统。

6.6 重蒸馏水发生器或纯水仪。

7 分析步骤

7.1 抽样

按 NY/T 672 和农业部 2031 号公告—19—2013 的规定执行。

7.2 试样制备

按 NY/T 672 和农业部 2031 号公告—19—2013 的规定执行。

7.3 试样预处理

按农业部 1485 号公告—4—2010 的规定执行。

7.4 DNA 模板制备

按农业部 1485 号公告—4—2010 的规定执行。

7.5 PCR 反应

7.5.1 试样 PCR 反应

7.5.1.1 玉米内标准基因 PCR 反应

按农业部 1861 号公告—3—2012 的规定执行。

7.5.1.2 转化体特异性序列 PCR 反应

7.5.1.2.1 每个试样 PCR 反应设置 3 次平行。

7.5.1.2.2 在 PCR 反应管中按表 1 依次加入反应试剂，混匀，再加 25 μL 石蜡油(有热盖功能的 PCR 仪可不加)。也可采用经验证的、等效的定性 PCR 反应试剂盒配制反应体系。

表 1 PCR 检测反应体系

试　剂	终浓度	体积
水		—
10×PCR 缓冲液	1×	2.5 μL
25 mmol/L 氯化镁溶液	1.5 mmol/L	1.5 μL
dNTPs 混合溶液(各 2.5 mmol/L)	各 0.2 mmol/L	2.0 μL
10 μmol/L Bt176‑F1	0.4 μmol/L	1.0 μL
10 μmol/L Bt176‑R1	0.4 μmol/L	1.0 μL
Taq DNA 聚合酶	0.025 U/μL	—
25 mg/L DNA 模板	2 mg/L	2.0 μL
总体积		25.0 μL
"—"表示体积不确定。如果 PCR 缓冲液中含有氯化镁，则不加氯化镁溶液。根据 Taq 酶的浓度确定其体积，并相应调整水的体积，使反应体系总体积达到 25.0 μL。		

7.5.1.2.3 将 PCR 管放在离心机上，2 000 g～3 000 g 离心 10 s 后取出 PCR 管，放入 PCR 仪中。

7.5.1.2.4 进行 PCR 反应。反应程序为：94℃变性 5 min；94℃变性30 s，58℃退火 30 s，72℃延伸30 s，共进行 35 次循环；72℃延伸 7 min。

7.5.1.2.5 反应结束后取出 PCR 管，对 PCR 反应产物进行电泳检测。

7.5.2 对照 PCR 反应

在试样 PCR 反应的同时，应设置阴性对照、阳性对照和空白对照。

以非转基因玉米基因组 DNA 作为阴性对照；以转基因玉米 Bt176 质量分数为 0.1%～1.0%的玉米基因组 DNA，或采用 Bt176 转化体特异性序列与非转基因玉米基因组相比的拷贝数分数为 0.1%～1.0%的 DNA 溶液作为阳性对照；以水作为空白对照。

各对照 PCR 反应体系中，除模板外，其余组分及 PCR 反应条件与 7.5.1.1 和 7.5.1.2 相同。

7.6 PCR 产物电泳检测

按 20 g/L 的质量浓度称量琼脂糖，加入 1×TAE 缓冲液中，加热溶解，配制成琼脂糖溶液。每 100 mL 琼脂糖溶液中加入 5 μL EB 溶液，混匀，稍适冷却后，将其倒入电泳板上，插上梳板，室温下凝固成凝胶后，放入 1×TAE 缓冲液中，垂直向上轻轻拔去梳板。取 10 μL PCR 产物与 3 μL 加样缓冲液混合

后加入凝胶点样孔，同时在其中一个点样孔中加入 DNA 分子量标准，接通电源在 2 V/cm～5 V/cm 条件下电泳检测。

7.7 凝胶成像分析

电泳结束后，取出琼脂糖凝胶，置于凝胶成像仪上或紫外透射仪上成像。根据 DNA 分子量标准估计扩增条带的大小，将电泳结果形成电子文件存档或用照相系统拍照。根据琼脂糖凝胶电泳结果，按照 8 的规定对 PCR 扩增结果进行分析。如需通过序列分析确认 PCR 扩增片段是否为目的 DNA 片段，按照 7.8 和 7.9 的规定执行。

7.8 PCR 产物回收

按 PCR 产物回收试剂盒说明书，回收 PCR 扩增的 DNA 片段。

7.9 PCR 产物测序验证

将回收的 PCR 产物克隆测序，与转基因抗虫和耐除草剂玉米 Bt176 转化体特异性序列（参见附录 A）进行比对，确定 PCR 扩增的 DNA 片段是否为目的 DNA 片段。

8 结果分析与表述

8.1 对照检测结果分析

阳性对照 PCR 反应中，玉米内标准基因和 Bt176 转化体特异性序列得到扩增，且扩增片段大小与预期片段大小一致，而阴性对照中仅扩增出玉米内标准基因片段，空白对照中没有任何扩增片段，表明 PCR 反应体系正常工作。否则重新检测。

8.2 样品检测结果分析和表述

8.2.1 玉米内标准基因和 Bt176 转化体特异性序列均得到扩增，且扩增片段大小与预期片段大小一致，表明样品中检测出 Bt176 转化体成分，表述为“样品中检测出转基因抗虫和耐除草剂玉米 Bt176 转化体成分，检测结果为阳性”。

8.2.2 玉米内标准基因片段得到扩增，且扩增片段大小与预期片段大小一致，而 Bt176 转化体特异性序列未得到扩增，或扩增片段大小与预期片段大小不一致，表明样品中未检测出 Bt176 转化体成分，表述为“样品中未检测出转基因抗虫和耐除草剂玉米 Bt176 转化体成分，检测结果为阴性”。

8.2.3 玉米内标准基因片段未得到扩增，或扩增片段大小与预期片段大小不一致，表明样品中未检出玉米成分，结果表述为“样品中未检出玉米成分，检测结果为阴性”。

9 检出限

本标准方法的检出限为 1 g/kg。

附　录　A
（资料性附录）
抗虫和耐除草剂玉米 Bt176 转化体特异性序列

```
1   TTCAAGCACG GGAACTGGCA TGACGTGGGT TTCTGGCAGC TGGACTTCAG
51  CCTGCCGGTA CTGCCCCGTC CGGTCCTGCC CGTCACCGAG ATCTGATGTT
101 CTCTCCTCCA TTGATGCACG CCATCAATGG CCTTGAAGCC TTGGCCGACC
151 GTTTCTCCCT TCCCCCTGGG CTCCCTCTCT CTCCCTCTCC CTTCCTATAA
201 AGTCGATACC ACGCCCACGG AGTTCTCCCT CCCACATCCG AGCTCGCTCC
251 CTCTTCTCGT GTTCTCGCTC
```

注 1：划线部分为 Bt176 - F1 和 Bt176 - R1 引物序列。

注 2：1～125 为外源插入片段 *bar* 终止子 3′端部分序列，126～270 为玉米基因组部分序列。

ICS 65.020.01
B 04

中华人民共和国国家标准

农业部2122号公告—16—2014
代替农业部869号公告—9—2007

转基因植物及其产品成分检测 抗虫玉米MON810及其衍生品种 定性PCR方法

Detection of genetically modified plants and derived products—Qualitative PCR method for insect-resistant maize MON810 and its derivates

2014-07-07 发布　　2014-08-01 实施

中华人民共和国农业部 发布

前　言

本标准按照 GB/T 1.1—2009 给出的规则起草。

本标准代替农业部 869 号公告—9—2007《转基因植物及其产品成分检测　抗虫玉米 MON810 及其衍生品种定性 PCR 方法》。本标准与农业部 869 号公告—9—2007 相比，除编辑性修改外，主要技术变化如下：

——修改了原理中关于预期扩增产物的表述(见 4，2007 年版的 4)；

——修改了定性 PCR 方法的引物序列(见 5.12～5.13，2007 年版的 5.12)；

——修改了定性 PCR 方法的反应体系(见表 1，2007 年版的表 1)；

——增加了方法检出限的表述(见 9)；

——增加了资料性附录(见附录 A)。

请注意本文件的某些内容可能涉及专利。本文件的发布机构不承担识别这些专利的责任。

本标准由中华人民共和国农业部提出。

本标准由全国农业转基因生物安全管理标准化技术委员会(SAC/TC 276)归口。

本标准起草单位：农业部科技发展中心、中国热带农业科学院热带生物技术研究所。

本标准主要起草人：易小平、李文龙、郭安平、沈平、李美英、李昂、肖苏生、贺萍萍、杨小亮、谢翔。

本标准的历次版本发布情况为：

——农业部 869 号公告—9—2007。

转基因植物及其产品成分检测
抗虫玉米 MON810 及其衍生品种定性 PCR 方法

1 范围

本标准规定了转基因抗虫玉米 MON810 转化体特异性定性 PCR 检测方法。

本标准适用于转基因抗虫玉米 MON810 及其衍生品种，以及制品中 MON810 转化体成分的定性 PCR 检测。

2 规范性引用文件

下列文件对于本文件的应用是必不可少的。凡是注日期的引用文件，仅注日期的版本适用于本文件。凡是不注日期的引用文件，其最新版本(包括所有的修改单)适用于本文件。

GB/T 6682 分析实验室用水规格和试验方法

农业部 1485 号公告—4—2010 转基因植物及其产品成分检测 DNA 提取和纯化

农业部 1861 号公告—3—2012 转基因植物及其产品成分检测 玉米内标准基因定性 PCR 方法

农业部 2031 号公告—19—2013 转基因植物及其产品成分检测 抽样

NY/T 672 转基因植物及其产品检测 通用要求

3 术语和定义

下列术语和定义适用于本文件。

3.1

***zSSⅡb* 基因 *zSSⅡb* gene**

编码玉米淀粉合酶异构体 zSTSⅡ-2 的基因，在本文件中作为玉米的内标准基因。

3.2

MON810 转化体特异性序列 event-specific sequence of MON810

转基因抗虫玉米 MON810 的外源插入片段 3′端与玉米基因组的连接区序列，包括外源插入片段的部分载体序列和玉米基因组的部分序列。

4 原理

根据转基因抗虫玉米 MON810 转化体特异性序列设计特异性引物，对试样进行 PCR 扩增。依据是否扩增获得预期的 DNA 片段，判断样品中是否含有 MON810 转化体成分。

5 试剂和材料

除非另有说明，仅使用分析纯试剂和重蒸馏水或符合 GB/T 6682 规定的一级水。

5.1 琼脂糖。

5.2 10 g/L 溴化乙锭溶液：称取 1.0 g 溴化乙锭(EB)，溶解于 100 mL 水中，避光保存。

注意——溴化乙锭有致癌作用，配制和使用时应戴一次性手套操作并妥善处理废液。

5.3 10 mol/L 氢氧化钠溶液：在 160 mL 水中加入 80.0 g 氢氧化钠(NaOH)，溶解后，冷却至室温，再加水定容到 200 mL。

5.4 500 mmol/L 乙二铵四乙酸二钠溶液(pH 8.0):称取 18.6 g 乙二铵四乙酸二钠(EDTA-Na_2),加入 70 mL 水中,再加入适量氢氧化钠溶液(5.3),至完全溶解后,用氢氧化钠溶液(5.3)调 pH 至 8.0,加水定容至 100 mL。在 103.4 kPa(121℃)条件下灭菌 20 min。

5.5 1 mol/L 三羟甲基氨基甲烷—盐酸溶液(pH 8.0):称取 121.1 g 三羟甲基氨基甲烷(Tris)溶解于 800 mL 水中,用盐酸(HCl)调 pH 至 8.0,加水定容至 1 000 mL。在 103.4 kPa(121 ℃)条件下灭菌 20 min。

5.6 TE 缓冲液(pH 8.0):分别量取 10 mL 三羟甲基氨基甲烷—盐酸溶液(5.5)和 2 mL 乙二铵四乙酸二钠溶液(5.4),加水定容至 1 000 mL。在 103.4 kPa(121 ℃)条件下灭菌 20 min。

5.7 50×TAE 缓冲液:称取 242.2 g 三羟甲基氨基甲烷(Tris),先用 500 mL 水加热搅拌溶解后,加入 100 mL 乙二铵四乙酸二钠溶液(5.4),用冰乙酸调 pH 至 8.0,然后加水定容到 1 000 mL。使用时用水稀释成 1×TAE。

5.8 加样缓冲液:称取 250.0 mg 溴酚蓝,加入 10 mL 水,在室温下溶解 12 h;称取 250.0 mg 二甲基苯腈蓝,加 10 mL 水溶解;称取 50.0 g 蔗糖,加 30 mL 水溶解。混合以上三种溶液,加水定容至 100 mL,在 4℃下保存。

5.9 DNA 分子量标准:可以清楚的区分 100 bp~1 000 bp 的 DNA 片段。

5.10 dNTPs 混合溶液:将浓度为 10 mmol/L 的 dATP、dTTP、dGTP、dCTP 四种脱氧核糖核苷酸溶液等体积混合。

5.11 Taq DNA 聚合酶、PCR 反应缓冲液及 25 mmol/L 氯化镁溶液。

5.12 *zSSⅡb* 基因 PCR 引物:

zSSⅡb-F:5′-CTCCCAATCCTTTGACATCTGC-3′

zSSⅡb-R:5′-TCGATTTCTCTCTTGGTGACAGG-3′

预期扩增片段大小为 151 bp。

5.13 MON810 转化体特异性序列 PCR 引物:

MON810-F:5′-ACCTCGAGATTTACCTGATCCG-3′

MON810-R:5′-TGCTGCAGGTGGTCTTACATC-3′

预期扩增片段大小为 326 bp(参见附录 A)。

5.14 引物溶液:用 TE 缓冲液(5.6)或水分别将上述引物稀释到 10 μmol/L。

5.15 石蜡油。

5.16 DNA 提取试剂盒。

5.17 定性 PCR 反应试剂盒。

5.18 PCR 产物回收试剂盒。

6 主要仪器和设备

6.1 分析天平:感量 0.1 g 和 0.1 mg。

6.2 PCR 扩增仪:升降温速度>1.5℃/s,孔间温度差异<1.0℃。

6.3 电泳槽、电泳仪等电泳装置。

6.4 紫外透射仪。

6.5 凝胶成像系统或照相系统。

6.6 重蒸馏水发生器或纯水仪。

7 分析步骤

7.1 抽样

按NY/T 672和农业部2031号公告—19—2013的规定执行。

7.2 试样制备

按NY/T 672和农业部2031号公告—19—2013的规定执行。

7.3 试样预处理

按农业部1485号公告—4—2010的规定执行。

7.4 DNA模板制备

按农业部1485号公告—4—2010的规定执行。

7.5 PCR反应

7.5.1 试样PCR反应

7.5.1.1 玉米内标准基因PCR反应

按农业部1861号公告—3—2012的规定执行。

7.5.1.2 转化体特异性序列PCR反应

7.5.1.2.1 每个试样PCR反应设置3次平行。

7.5.1.2.2 在PCR反应管中按表1依次加入反应试剂，混匀，再加25 μL石蜡油(有热盖功能的PCR仪可不加)。也可采用经验证的、等效的定性PCR反应试剂盒配制反应体系。

表1 PCR检测反应体系

试　剂	终浓度	体积
水		—
10×PCR缓冲液	1×	2.5 μL
25 mmol/L氯化镁溶液	1.5 mmol/L	1.5 μL
dNTPs混合溶液(各2.5 mmol/L)	各0.2 mmol/L	2.0 μL
10 μmol/L MON810-F	0.4 μmol/L	1.0 μL
10 μmol/L MON810-R	0.4 μmol/L	1.0 μL
Taq DNA聚合酶	0.025 U/μL	—
25 mg/L DNA模板	2 mg/L	2.0 μL
总体积		25.0 μL
"—"表示体积不确定。如果PCR缓冲液中含有氯化镁，则不加氯化镁溶液。根据Taq DNA聚合酶的浓度确定其体积，并相应调整水的体积，使反应体系总体积达到25.0 μL。		

7.5.1.2.3 将PCR管放在离心机上，500 g～3 000 g离心10 s，然后取出PCR管，放入PCR仪中。

7.5.1.2.4 进行PCR反应。反应程序为：94℃变性5 min；94℃变性30 s，56℃退火30 s，72℃延伸30 s，共进行35次循环；72℃延伸7 min。

7.5.1.2.5 反应结束后取出PCR管，对PCR反应产物进行电泳检测。

7.5.2 对照PCR反应

在试样PCR反应的同时，应设置阴性对照、阳性对照和空白对照。

以非转基因玉米基因组DNA作为阴性对照PCR反应体系的模板。以转基因玉米MON810质量分数为0.1%～1.0%的玉米基因组DNA，或采用MON810转化体特异性序列与非转基因玉米基因组相比的拷贝数分数为0.1%～1.0%的DNA溶液作为阳性对照；以无菌水作为空白对照PCR反应体系的模板。

各对照PCR反应体系中，除模板外其余组分及反应条件与7.5.1.1和7.5.1.2相同。

7.6 PCR产物电泳检测

按20 g/L的质量浓度称量琼脂糖，加入1×TAE缓冲液中，加热溶解，配制成琼脂糖溶液。每100 mL琼脂糖溶液中加入5 μL EB溶液，混匀，稍适冷却后，将其倒入电泳板上，插上梳板，室温下凝固成凝胶后，放入 1×TAE 缓冲液中，垂直向上轻轻拔去梳板。取 12 μL PCR 产物与 3 μL 加样缓冲液混合后加入凝胶点样孔，同时在其中一个点样孔中加入 DNA 分子量标准，接通电源在 2 V/cm～5 V/cm 条件下电泳检测。

7.7 凝胶成像分析

电泳结束后，取出琼脂糖凝胶，置于凝胶成像仪上或紫外透射仪上成像。根据 DNA 分子量标准估计扩增条带的大小，将电泳结果形成电子文件存档或用照相系统拍照。如需通过序列分析确认 PCR 扩增片段是否为目的 DNA 片段，按照 7.8 和 7.9 的规定执行。

7.8 PCR 产物回收

按 PCR 产物回收试剂盒说明书，回收 PCR 扩增的 DNA 片段。

7.9 PCR 产物测序验证

将回收的 PCR 产物克隆测序，与转基因抗虫玉米 MON810 转化体特异性序列（参见附录 A）进行比对，确定 PCR 扩增的 DNA 片段是否为目的 DNA 片段。

8 结果分析与表述

8.1 对照检测结果分析

阳性对照 PCR 反应中，*zSSⅡb* 内标准基因和 MON810 转化体特异性序列得到扩增，且扩增片段大小与预期片段大小一致，而阴性对照中仅扩增出 *zSSⅡb* 内标准基因片段，空白对照中没有预期扩增片段，表明 PCR 反应体系正常工作。否则，重新检测。

8.2 样品检测结果分析和表述

8.2.1 *zSSⅡb* 内标准基因和 MON810 转化体特异性序列均得到扩增，且扩增片段大小与预期片段大小一致，表明样品中检测出 MON810 转化体成分，表述为“样品中检测出转基因抗虫玉米 MON810 转化体成分，检测结果为阳性”。

8.2.2 *zSSⅡb* 内标准基因片段得到扩增，且扩增片段大小与预期片段大小一致，而 MON810 转化体特异性序列未得到扩增，或扩增片段大小与预期片段大小不一致，表明样品中未检测出 MON810 转化体成分，表述为“样品中未检测出转基因抗虫玉米 MON810 转化体成分，检测结果为阴性”。

8.2.3 *zSSⅡb* 内标准基因片段未得到扩增，或扩增片段大小与预期片段大小不一致，表明样品中未检出玉米成分，结果表述为“样品中未检测出玉米成分，检测结果为阴性”。

9 检出限

本标准 PCR 方法的检出限为 1 g/kg。

附 录 A
(资料性附录)
抗虫玉米 MON810 转化体特异性序列

1 ACCTCGAGAT TTACCTGATC CGCTACAACG CCAAGCACGA GACCGTCAAC GTGCCCGGTA CTGGTTCCCT
71 CTGGCCGCTG AGCGCCCCCA GCCCGATCGG CAAGTGTGCC CACCACAGCC ACCACTTCTC CTTGGACATC
141 GATGTGGGCT GCACCGACCT GAACGAGGAC TTTCGGTAGC CTTCTTTCAT TTCCGAATTT GCTTGCGAGC
211 AGTCAGGTCC TTTTGATTCA TCTGAGTTTG GCTTTACAAT AGCTTTTCCT TTTCCTTTGG CAGTACTAGT
281 GCTTTCATCA TGAGAATCCT TCTTAGATGT AAGACCACCT GCAGCA

注 1:划线部分为引物序列。

注 2:1～179 为外源插入片段部分序列,180～326 为玉米基因组部分序列。

ICS 65.020.01
B 04

中华人民共和国国家标准

农业部2259号公告—10—2015

转基因植物及其产品成分检测 抗虫玉米IE09S034及其衍生品种定性PCR方法

Detection of genetically modified plants and derived products—Qualitative PCR method for insect-resistant maize IE09S034 and its derivates

2015-05-21 发布　　2015-08-01 实施

中华人民共和国农业部 发布

前　　言

本标准按照 GB/T 1.1—2009 给出的规则起草。

请注意本文件的某些内容可能涉及专利。本文件的发布机构不承担识别这些专利的责任。

本标准由中华人民共和国农业部提出。

本标准由全国农业转基因生物安全管理标准化技术委员会(SAC/TC 276)归口。

本标准起草单位:农业部科技发展中心、浙江省农业科学院、吉林省农业科学院、安徽省农业科学院水稻研究所。

本标准主要起草人:徐俊锋、沈平、李飞武、李文龙、汪小福、陈笑芸、徐晓丽、秦瑞英、彭城、龙丽坤、李葱葱、刘慧、马卉。

转基因植物及其产品成分检测
抗虫玉米 IE09S034 及其衍生品种定性 PCR 方法

1 范围

本标准规定了转基因抗虫玉米 IE09S034 转化体特异性定性 PCR 检测方法。

本标准适用于转基因抗虫玉米 IE09S034 及其衍生品种，以及制品中 IE09S034 转化体成分的定性 PCR 检测。

2 规范性引用文件

下列文件对于本文件的应用是必不可少的。凡是注日期的引用文件，仅注日期的版本适用于本文件。凡是不注日期的引用文件，其最新版本（包括所有的修改单）适用于本文件。

GB/T 6682 分析实验室用水规格和试验方法

农业部 1485 号公告—4—2010 转基因植物及其产品成分检测 DNA 提取和纯化

农业部 1861 号公告—3—2012 转基因植物及其产品成分检测 玉米内标准基因定性 PCR 方法

农业部 2031 号公告—19—2013 转基因植物及其产品成分检测 抽样

NY/T 672 转基因植物及其产品检测 通用要求

3 术语和定义

农业部 1861 号公告—3—2012 界定的以及下列术语和定义适用于本文件。

3.1

IE09S034 转化体特异性序列 event-specific sequence of IE09S034

IE09S034 外源插入片段 5′ 端与玉米基因组的连接区序列，包括玉米基因组序列与转化载体部分序列。

4 原理

根据转基因抗虫玉米 IE09S034 转化体特异性序列设计特异性引物，对试样进行 PCR 扩增。依据是否扩增获得预期的 DNA 片段，判断样品中是否含有 IE09S034 转化体成分。

5 试剂和材料

除非另有说明，仅使用分析纯试剂和重蒸馏水或符合 GB/T 6682 规定的一级水。

5.1 琼脂糖。

5.2 10 g/L 溴化乙锭溶液：称取 1.0 g 溴化乙锭（EB），溶解于 100 mL 水中，避光保存。

警告——溴化乙锭有致癌作用，配制和使用时应戴一次性手套操作并妥善处理废液。

5.3 10 mol/L 氢氧化钠溶液：在 160 mL 水中加入 80.0 g 氢氧化钠（NaOH），溶解后，冷却至室温，再加水定容到 200 mL。

5.4 500 mmol/L 乙二铵四乙酸二钠溶液（pH 8.0）：称取 18.6 g 乙二铵四乙酸二钠（EDTA－Na_2），加入 70 mL 水中，缓慢滴加氢氧化钠溶液直至 EDTA－Na_2完全溶解，用氢氧化钠溶液调 pH 至 8.0，加水定容至 100 mL。在 103.4 kPa（121℃）条件下灭菌 20 min。

5.5 1 mol/L 三羟甲基氨基甲烷—盐酸溶液(pH 8.0):称取 121.1 g 三羟甲基氨基甲烷(Tris)溶解于 800 mL 水中,用盐酸(HCl)调 pH 至 8.0,加水定容至 1 000 mL。在 103.4 kPa(121℃)条件下灭菌 20 min。

5.6 TE 缓冲液(pH 8.0):分别量取 10 mL 三羟甲基氨基甲烷—盐酸溶液和 2 mL 乙二铵四乙酸二钠溶液,加水定容至 1 000 mL。在 103.4 kPa(121℃)条件下灭菌 20 min。

5.7 50×TAE 缓冲液:称取 242.2 g 三羟甲基氨基甲烷(Tris),先用 500 mL 水加热搅拌溶解后,加入 100 mL 乙二铵四乙酸二钠溶液,用冰乙酸调 pH 至 8.0,然后加水定容到 1 000 mL。使用时用水稀释成 1×TAE。

5.8 加样缓冲液:称取 250.0 mg 溴酚蓝,加入 10 mL 水,在室温下溶解 12 h;称取 250.0 mg 二甲基苯腈蓝,加 10 mL 水溶解;称取 50.0 g 蔗糖,加 30 mL 水溶解。混合以上 3 种溶液,加水定容至 100 mL,在 4℃下保存。

5.9 DNA 分子量标准:可以清楚区分 100 bp~1 000 bp 的 DNA 片段。

5.10 dNTPs 混合溶液:将浓度为 10 mmol/L 的 dATP、dTTP、dGTP、dCTP 4 种脱氧核糖核苷酸溶液等体积混合。

5.11 Taq DNA 聚合酶、PCR 缓冲液及 25 mmol/L 氯化镁溶液。

5.12 *zSSⅡb* 基因引物:

zSSⅡb-1F:5′-CTCCCAATCCTTTGACATCTGC-3′

zSSⅡb-2R:5′-TCGATTTCTCTCTTGGTGACAGG-3′

预期扩增片段大小为 151 bp。

5.13 IE09S034 转化体特异性序列引物:

IE09S034-F:5′-TGCAGGAGAAGTTTGATGGA-3′

IE09S034-R:5′-GGGTTTCGCTCATGTGTTG-3′

预期扩增片段大小为 258 bp(参见附录 A)。

5.14 引物溶液:用 TE 缓冲液(5.6)或水分别将上述引物稀释到 10 μmol/L。

5.15 石蜡油。

5.16 DNA 提取试剂盒。

5.17 定性 PCR 试剂盒。

5.18 PCR 产物回收试剂盒。

6 主要仪器和设备

6.1 分析天平:感量 0.1 g 和 0.1 mg。

6.2 PCR 扩增仪:升降温速度>1.5℃/s,孔间温度差异<1.0℃。

6.3 电泳槽、电泳仪等电泳装置。

6.4 紫外透射仪。

6.5 凝胶成像系统或照相系统。

7 分析步骤

7.1 抽样

按 NY/T 672 和农业部 2031 号公告—19—2013 的规定执行。

7.2 试样制备

按 NY/T 672 和农业部 2031 号公告—19—2013 的规定执行。

7.3 试样预处理

按农业部 1485 号公告—4—2010 的规定执行。

7.4 DNA 模板制备

按农业部 1485 号公告—4—2010 的规定执行。

7.5 PCR 扩增

7.5.1 试样 PCR 扩增

7.5.1.1 玉米内标准基因 PCR 扩增

按农业部 1861 号公告—3—2012 中 7.5.1.1.1 的规定执行。

7.5.1.2 转化体特异性序列 PCR 扩增

7.5.1.2.1 每个试样 PCR 设置 3 次平行。

7.5.1.2.2 在 PCR 管中按表 1 依次加入反应试剂，混匀，再加 25 μL 石蜡油（有热盖功能的 PCR 仪可不加）。也可采用经验证的、等效的定性 PCR 试剂盒配制反应体系。

表 1 PCR 检测反应体系

试 剂	终 浓 度	体 积
水		—
10×PCR 缓冲液	1×	2.5 μL
25 mmol/L 氯化镁溶液	1.5 mmol/L	1.5 μL
dNTPs 混合溶液（各 2.5 mmol/L）	各 0.2 mmol/L	2.0 μL
10 μmol/L IE09S034-F	0.2 μmol/L	0.5 μL
10 μmol/L IE09S034-R	0.2 μmol/L	0.5 μL
Taq DNA 聚合酶	0.025 U/μL	—
50 mg/L DNA 模板	4 mg/L	2.0 μL
总体积		25.0 μL
"—"表示体积不确定，如果 PCR 缓冲液中含有氯化镁，则不加氯化镁溶液，根据 Taq DNA 聚合酶的浓度确定其体积，并相应调整水的体积，使反应体系总体积达到 25.0 μL。		

7.5.1.2.3 将 PCR 管放在离心机上，500 *g*～3 000 *g* 离心 10 s，然后取出 PCR 管，放入 PCR 仪中。

7.5.1.2.4 进行 PCR 扩增。反应程序为：95℃变性 5 min；95℃变性 30 s，58℃退火 30 s，72℃延伸 30 s，共进行 35 次循环；72℃延伸 7 min。

7.5.1.2.5 反应结束后取出 PCR 管，对 PCR 扩增产物进行电泳检测。

7.5.2 对照 PCR 扩增

在试样 PCR 扩增的同时，应设置阴性对照、阳性对照和空白对照。

以非转基因玉米基因组 DNA 作为阴性对照；以转基因玉米 IE09S034 质量分数为 0.1%～1.0%的基因组 DNA，或采用转基因玉米 IE09S034 转化体特异性序列与非转基因玉米基因组相比的拷贝数分数为 0.1%～1.0%的 DNA 溶液作为阳性对照；以水作为空白对照。

除模板外，对照 PCR 扩增与 7.5.1 相同。

7.6 PCR 产物电泳检测

按 20 g/L 的质量浓度称量琼脂糖，加入 1×TAE 缓冲液中，加热溶解，配制成琼脂糖溶液。每 100 mL琼脂糖溶液中加入 5 μL EB 溶液，混匀，稍适冷却后，将其倒入电泳板上，插上梳板，室温下凝固成凝胶后，放入 1×TAE 缓冲液中，垂直向上轻轻拔去梳板。取 12 μL PCR 产物与 3 μL 加样缓冲液混合后加入凝胶点样孔，同时在其中一个点样孔中加入 DNA 分子量标准，接通电源在 2 V/cm～5 V/cm 条件下电泳检测。

7.7 凝胶成像分析

电泳结束后，取出琼脂糖凝胶，置于凝胶成像仪上或紫外透射仪上成像。根据 DNA 分子量标准估计扩增条带的大小，将电泳结果形成电子文件存档或用照相系统拍照。如需通过序列分析确认 PCR 扩增片段是否为目的 DNA 片段，按照 7.8 和 7.9 的规定执行。

7.8 PCR 产物回收

按 PCR 产物回收试剂盒说明书，回收 PCR 扩增的 DNA 片段。

7.9 PCR 产物测序验证

将回收的 PCR 产物克隆测序，与转基因抗虫玉米 IE09S034 转化体特异性序列(参见附录 A)进行比对，确定 PCR 扩增的 DNA 片段是否为目的 DNA 片段。

8 结果分析与表述

8.1 对照检测结果分析

阳性对照 PCR 中，玉米内标准基因和 IE09S034 转化体特异性序列得到扩增，且扩增片段大小与预期片段大小一致，而阴性对照中仅扩增出玉米内标准基因片段，空白对照中没有预期扩增片段，表明 PCR 检测反应体系正常工作；否则，重新检测。

8.2 样品检测结果分析和表述

8.2.1 玉米内标准基因和 IE09S034 转化体特异性序列均得到扩增，且扩增片段大小与预期片段大小一致，表明样品中检测出 IE09S034 转化体成分，表述为“样品中检测出转基因抗虫玉米 IE09S034 转化体成分，检测结果为阳性”。

8.2.2 玉米内标准基因片段得到扩增，且扩增片段大小与预期片段大小一致，而 IE09S034 转化体特异性序列未得到扩增，或扩增片段大小与预期片段大小不一致，表明样品中未检测出 IE09S034 转化体成分，表述为“样品中未检测出转基因抗虫玉米 IE09S034 转化体成分，检测结果为阴性”。

8.2.3 玉米内标准基因片段未得到扩增，或扩增片段大小与预期片段大小不一致，表明样品中未检出玉米成分，结果表述为“样品中未检测出玉米成分，检测结果为阴性”。

9 检出限

本标准方法的检出限为 0.1%(含靶序列样品 DNA / 总样品 DNA)。

注：本标准的检出限是以 PCR 检测反应体系中加入 100 ng DNA 模板进行测算的。

附　录　A
(资料性附录)
抗虫玉米 IE09S034 转化体特异性序列

1　ATGCCAGGGG CTCCTCTGTT GTTGTATGTG GCAGCTTCGC ACTCAGCAGT AAGTGCGGCG
61　CTTGTGCAGG AGAAGTTTGA TGGACAAATC AAGAAGCAGG TCCCAGTATA TTTTGTGGTG
121　TAAACAAATT GACGCTTAGA CAACTTAATA ACACATTGCG GACGTTTTTA ATGTACTGAA
181　TTAACGCCGA ATTAATTCGG GGGATCTGGA TTTTAGTACT GGATTTTGGT TTTAGGAATT
241　AGAAATTTTA TTGATAGAAG TATTTTACAA ATACAAATAC ATACTAAGGG TTTCTTATAT
301　GCTCAACACA TGAGCGAAAC CC

注 1:划线部分为 IE09S034-F 和 IE09S034-R 引物序列。

注 2:1～118 为玉米基因组部分序列,119～322 为外源插入片段部分序列。

ICS 65.020.01
B 04

中华人民共和国国家标准

农业部2259号公告—12—2015

转基因植物及其产品成分检测 抗虫耐除草剂玉米双抗12-5及其衍生品种 定性PCR方法

Detection of genetically modified plants and derived products—Qualitative PCR method for insect-resistant and herbicide-tolerant maize Shuangkang 12-5 and its derivates

2015-05-21 发布

2015-08-01 实施

中华人民共和国农业部 发布

前　言

本标准按照 GB/T 1.1—2009 给出的规则起草。

请注意本文件的某些内容可能涉及专利。本文件的发布机构不承担识别这些专利的责任。

本标准由中华人民共和国农业部提出。

本标准由全国农业转基因生物安全管理标准化技术委员会(SAC/TC 276)归口。

本标准起草单位:农业部科技发展中心、中国农业科学院油料作物研究所、农业部环境保护科研监测所。

本标准主要起草人:吴刚、沈平、武玉花、李昂、修伟明、朱莉、李允静、李俊、沈旻伟。

转基因植物及其产品成分检测
抗虫耐除草剂玉米双抗 12-5 及其衍生品种定性 PCR 方法

1 范围

本标准规定了转基因抗虫耐除草剂玉米双抗 12-5 转化体特异性定性 PCR 检测方法。

本标准适用于转基因抗虫耐除草剂玉米双抗 12-5 及其衍生品种，以及制品中双抗 12-5 转化体成分的定性 PCR 检测。

2 规范性引用文件

下列文件对于本文件的应用是必不可少的。凡是注日期的引用文件，仅注日期的版本适用于本文件。凡是不注日期的引用文件，其最新版本(包括所有的修改单)适用于本文件。

GB/T 6682 分析实验室用水规格和试验方法

农业部 1485 号公告—4—2010 转基因植物及其产品成分检测 DNA 提取和纯化

农业部 1861 号公告—3—2012 转基因植物及其产品成分检测 玉米内标准基因定性 PCR 方法

农业部 2031 号公告—19—2013 转基因植物及其产品成分检测 抽样

NY/T 672 转基因植物及其产品检测 通用要求

3 术语和定义

农业部 1861 号公告—3—2012 界定的以及下列术语和定义适用于本文件。

3.1

双抗 12-5 转化体特异性序列 event-specific sequence of Shuangkang 12-5

双抗 12-5 玉米基因组与外源插入片段 5′ 端的连接区序列，包括玉米基因组序列与转化载体部分序列。

4 原理

根据转基因抗虫耐除草剂玉米双抗 12-5 转化体特异性序列设计特异性引物和探针，对试样进行 PCR 扩增。依据是否扩增获得预期的 DNA 片段或典型扩增曲线，判断样品中是否含有双抗 12-5 转化体成分。

5 试剂和材料

除非另有说明，仅使用分析纯试剂和重蒸馏水或符合 GB/T 6682 规定的一级水。

5.1 琼脂糖。

5.2 10 g/L 溴化乙锭溶液：称取 1.0 g 溴化乙锭(EB)，溶解于 100 mL 水中，避光保存。

警告——溴化乙锭有致癌作用，配制和使用时应戴一次性手套操作并妥善处理废液。

5.3 10 mol/L 氢氧化钠溶液：在 160 mL 水中加入 80.0 g 氢氧化钠(NaOH)，溶解后，冷却至室温，再加水定容到 200 mL。

5.4 500 mmol/L 乙二铵四乙酸二钠溶液(pH 8.0)：称取 18.6 g 乙二铵四乙酸二钠(EDTA-Na_2)，加入 70 mL 水中，缓慢滴加氢氧化钠溶液直至 EDTA-Na_2完全溶解，用氢氧化钠溶液(5.3)调 pH 至 8.0，加水定容至 100 mL。在 103.4 kPa(121℃)条件下灭菌 20 min。

5.5 1 mol/L 三羟甲基氨基甲烷—盐酸溶液(pH 8.0):称取 121.1 g 三羟甲基氨基甲烷(Tris)溶解于 800 mL 水中,用盐酸(HCl)调 pH 至 8.0,加水定容至 1 000 mL。在 103.4 kPa(121℃)条件下灭菌 20 min。

5.6 TE 缓冲液(pH 8.0):分别量取 10 mL 三羟甲基氨基甲烷—盐酸溶液和 2 mL 乙二铵四乙酸二钠溶液,加水定容至 1 000 mL。在 103.4 kPa(121℃)条件下灭菌 20 min。

5.7 50×TAE 缓冲液:称取 242.2 g 三羟甲基氨基甲烷(Tris),先用 500 mL 水加热搅拌溶解后,加入 100 mL 乙二铵四乙酸二钠溶液,用冰乙酸调 pH 至 8.0,然后加水定容到 1 000 mL。使用时用水稀释成 1×TAE。

5.8 加样缓冲液:称取 250.0 mg 溴酚蓝,加入 10 mL 水,在室温下溶解 12 h;称取 250.0 mg 二甲基苯腈蓝,加 10 mL 水溶解;称取 50.0 g 蔗糖,加 30 mL 水溶解。混合以上 3 种溶液,加水定容至 100 mL,在 4℃下保存。

5.9 DNA 分子量标准:可以清楚区分 100 bp～1 000 bp 的 DNA 片段。

5.10 dNTPs 混合溶液:将浓度为 10 mmol/L 的 dATP、dTTP、dGTP、dCTP4 种脱氧核糖核苷酸溶液等体积混合。

5.11 Taq DNA 聚合酶、PCR 缓冲液及 25 mmol/L 氯化镁溶液。

5.12 zSSⅡb 基因引物

5.12.1 普通 PCR 方法引物:

zSSⅡb-1F:5′-CTCCCAATCCTTTGACATCTGC-3′

zSSⅡb-2R:5′-TCGATTTCTCTCTTGGTGACAGG-3′

预期扩增片段大小为 151 bp。

5.12.2 实时荧光 PCR 方法引物/探针:

zSSⅡb-3F:5′-CGGTGGATGCTAAGGCTGATG-3′

zSSⅡb-4R:5′-AAAGGGCCAGGTTCATTATCCTC-3′

zSSⅡb-P:5′-FAM-TAAGGAGCACTCGCCGCCGCATCTG-BHQ1-3′

预期扩增片段大小为 88 bp。

5.13 双抗 12-5 转化体特异性序列引物

5.13.1 普通 PCR 方法引物:

SK12-5F:5′-CAACGTCGTGACTGGGAAAA-3′

SK12-5R:5′-TGGAAGACAAGTTCTACGGGCT-3′

预期扩增片段大小为 256 bp(参见附录 A)。

5.13.2 实时荧光 PCR 方法引物/探针:

qSK12-5F:5′-GTCGTTTCCCGCCTTCAGTT-3′

qSK12-5R:5′-GGTGCCTGGAAGACAAGTTCTA-3′

qSK12-5P:5′-FAM-AGCTCAACCACATCGCCCGACGC-BHQ1-3′

预期扩增片段大小为 94 bp(参见附录 A)。

5.14 引物溶液:用 TE 缓冲液或水分别将上述引物稀释到 10 μmol/L。

5.15 石蜡油。

5.16 DNA 提取试剂盒。

5.17 定性 PCR 试剂盒。

5.18 PCR 产物回收试剂盒。

5.19 实时荧光定量 PCR 试剂盒。

6 主要仪器和设备

6.1 分析天平:感量 0.1 g 和 0.1 mg。

6.2 PCR 扩增仪:升降温速度>1.5℃/s,孔间温度差异<1.0℃。

6.3 实时荧光定量 PCR 仪。

6.4 电泳槽、电泳仪等电泳装置。

6.5 紫外透射仪。

6.6 凝胶成像系统或照相系统。

7 分析步骤

7.1 抽样

按 NY/T 672 和农业部 2031 号公告—19—2013 的规定执行。

7.2 试样制备

按 NY/T 672 和农业部 2031 号公告—19—2013 的规定执行。

7.3 试样预处理

按农业部 1485 号公告—4—2010 的规定执行。

7.4 DNA 模板制备

按农业部 1485 号公告—4—2010 的规定执行。

7.5 PCR 扩增

7.5.1 普通 PCR 方法

7.5.1.1 试样 PCR 扩增

7.5.1.1.1 玉米内标准基因 PCR 扩增

按农业部 1861 号公告—3—2012 中 7.5.1.1.1 的规定执行。

7.5.1.1.2 转化体特异性序列 PCR 扩增

7.5.1.1.2.1 每个试样 PCR 设置 3 次平行。

7.5.1.1.2.2 在 PCR 扩增管中按表 1 依次加入反应试剂,混匀,再加 25 μL 石蜡油(有热盖功能的 PCR 仪可不加)。也可采用经验证的、等效的定性 PCR 试剂盒配制反应体系。

表 1 普通 PCR 检测反应体系

试 剂	终 浓 度	体 积
水		—
10×PCR 缓冲液	1×	2.5 μL
25 mmol/L 氯化镁溶液	1.5 mmol/L	1.5 μL
dNTPs 混合溶液(各 2.5 mmol/L)	各 0.2 mmol/L	2.0 μL
10 μmol/L SK12 - 5F	0.2 μmol/L	0.5 μL
10 μmol/L SK12 - 5R	0.2 μmol/L	0.5 μL
Taq DNA 聚合酶	0.025 U/μL	—
50 mg/L DNA 模板	4 mg/L	2.0 μL
总体积		25.0 μL
"—"表示体积不确定,如果 PCR 缓冲液中含有氯化镁,则不加氯化镁溶液,根据 Taq DNA 聚合酶的浓度确定其体积,并相应调整水的体积,使反应体系总体积达到 25.0 μL。		

7.5.1.1.2.3 将 PCR 管放在离心机上,500 *g*~3 000 *g* 离心 10 s,然后取出 PCR 管,放入 PCR 仪中。

7.5.1.1.2.4 进行 PCR 扩增。反应程序为:94℃变性 5 min;94℃变性 30 s,58℃退火 30 s,72℃延伸

30 s,共进行 35 个循环;72℃延伸 7 min。

7.5.1.1.2.5 PCR 结束后取出 PCR 管,对 PCR 产物进行电泳检测。

7.5.1.2 对照 PCR 扩增

在试样 PCR 扩增的同时,应设置阴性对照、阳性对照和空白对照。

以非转基因玉米基因组 DNA 作为阴性对照;以转基因玉米双抗 12-5 质量分数为 0.1%～1.0% 的基因组 DNA,或采用双抗 12-5 转化体特异性序列与非转基因玉米基因组相比的拷贝数分数为 0.1%～1.0%的 DNA 溶液作为阳性对照;以水作为空白对照。

除 DNA 模板外,对照 PCR 扩增与 7.5.1.1 相同。

7.5.1.3 PCR 产物电泳检测

按 20 g/L 的质量浓度称量琼脂糖,加入 1×TAE 缓冲液中,加热溶解,配制成琼脂糖溶液。每 100 mL琼脂糖溶液中加入 5 μL EB 溶液,混匀,稍适冷却后,将其倒入电泳板上,插上梳板,室温下凝固成凝胶后,放入 1×TAE 缓冲液中,垂直向上轻轻拔去梳板。取 12 μL PCR 产物与 3 μL 加样缓冲液混合后加入凝胶点样孔,同时在其中一个点样孔中加入 DNA 分子量标准,接通电源在 2 V/cm～5 V/cm 条件下电泳检测。

7.5.1.4 凝胶成像分析

电泳结束后,取出琼脂糖凝胶,置于凝胶成像仪上或紫外透射仪上成像。根据 DNA 分子量标准估计扩增条带的大小,将电泳结果形成电子文件存档或用照相系统拍照。如需通过序列分析确认 PCR 扩增片段是否为目的 DNA 片段,按照 7.5.1.5 和 7.5.1.6 的规定执行。

7.5.1.5 PCR 产物回收

按 PCR 产物回收试剂盒说明书,回收 PCR 扩增的 DNA 片段。

7.5.1.6 PCR 产物测序验证

将回收的 PCR 产物克隆测序,与转基因抗虫耐除草剂玉米双抗 12-5 转化体特异性序列(参见附录 A)进行比对,确定 PCR 扩增的 DNA 片段是否为目的 DNA 片段。

7.5.2 实时荧光 PCR 方法

7.5.2.1 试样 PCR 扩增

7.5.2.1.1 玉米内标准基因 PCR 扩增

按农业部 1861 号公告—3—2012 中 7.5.2.1 的规定执行。

7.5.2.1.2 转化体特异性序列 PCR 扩增

7.5.2.1.2.1 每个试样 PCR 设置 3 次平行。

7.5.2.1.2.2 在 PCR 扩增管中按表 2 依次加入反应试剂,混匀。也可采用经验证的、等效的实时荧光定量 PCR 试剂盒配制反应体系。

7.5.2.1.2.3 将 PCR 管放在离心机上,500 g～3 000 g 离心 10 s,然后取出 PCR 管,放入 PCR 仪中。

7.5.2.1.2.4 运行实时荧光 PCR。反应程序为 95℃变性 5 min;95℃变性 15 s,60℃退火延伸 60 s,共进行 40 个循环;在第二阶段的退火延伸(60℃)时段收集荧光信号。

注:不同仪器可根据仪器要求将反应参数做适当调整。

表 2 实时荧光 PCR 检测反应体系

试 剂	终 浓 度	体 积
水		—
10×PCR 缓冲液	1×	2.0 μL
25 mmol/L $MgCl_2$	1.5 mmol/L	1.2 μL
10 mmol/L dNTPs	0.3 mmol/L	0.6 μL
10 μmol/L qSK12-5P	0.2 μmol/L	0.4 μL

表 2 （续）

试 剂	终 浓 度	体 积
10 μmol/L qSK12-5F	0.4 μmol/L	0.8 μL
10 μmol/L qSK12-5R	0.4 μmol/L	0.8 μL
TaqDNA 聚合酶	0.04 U/μL	—
50 mg/L DNA 模板	5 mg/L	2.0 μL
总体积		20.0 μL
"—"表示体积不确定。如果 PCR 缓冲液中含有氯化镁，则不加氯化镁溶液，根据 Taq DNA 聚合酶的浓度确定其体积，并相应调整水的体积，使反应体系总体积达到 20.0 μL。		

7.5.2.2 对照 PCR 扩增

在试样 PCR 扩增的同时，应设置阳性对照、阴性对照和空白对照。

以非转基因玉米基因组 DNA 作为阴性对照；以转基因玉米双抗 12-5 质量分数为 0.1%～1.0% 的基因组 DNA，或采用双抗 12-5 转化体特异性序列与非转基因玉米基因组相比的拷贝数分数为 0.1%～1.0% 的 DNA 溶液作为阳性对照；以水作为空白对照。

除 DNA 模板外，对照 PCR 扩增与 7.5.2.1 相同。

8 结果分析与表述

8.1 普通 PCR 方法

8.1.1 对照检测结果分析

阳性对照 PCR 中，玉米内标准基因和双抗 12-5 转化体特异性序列均得到扩增，且扩增片段大小与预期片段大小一致，而阴性对照中仅扩增出玉米内标准基因片段，空白对照中没有预期扩增片段，表明 PCR 检测反应体系正常工作。否则，重新检测。

8.1.2 样品检测结果分析和表述

8.1.2.1 玉米内标准基因和双抗 12-5 转化体特异性序列均得到扩增，且扩增片段大小与预期片段大小一致，表明样品中检测出双抗 12-5 转化体成分，表述为"样品中检测出转基因抗虫耐除草剂玉米双抗 12-5 转化体成分，检测结果为阳性"。

8.1.2.2 玉米内标准基因片段得到扩增，且扩增片段大小与预期片段大小一致，而双抗 12-5 转化体特异性序列未得到扩增，或扩增片段大小与预期片段大小不一致，表明样品中未检测出双抗 12-5 转化体成分，表述为"样品中未检测出转基因抗虫耐除草剂玉米双抗 12-5 转化体成分，检测结果为阴性"。

8.1.2.3 玉米内标准基因片段未得到扩增，或扩增片段大小与预期片段大小不一致，表明样品中未检测出玉米成分，结果表述为"样品中未检测出玉米成分，检测结果为阴性"。

8.2 实时荧光 PCR 方法

8.2.1 阈值设定

实时荧光 PCR 结束后，以 PCR 刚好进入指数期扩增来设置荧光信号阈值，并根据仪器噪声情况进行调整。

8.2.2 对照检测结果分析

阳性对照 PCR 中，玉米内标准基因和双抗 12-5 转化体特异性序列均出现典型扩增曲线，且 *Ct* 值小于或等于 38，而阴性对照中仅玉米内标准基因出现典型扩增曲线，且 *Ct* 值小于或等于 36，空白对照中无典型扩增曲线，荧光信号低于设定的阈值，表明 PCR 检测反应体系工作正常。否则，重新检测。

8.2.3 样品检测结果分析和表述

8.2.3.1 玉米内标准基因和双抗 12-5 转化体特异性序列均出现典型扩增曲线，且 *Ct* 值小于或等于 38，表明样品中检测出双抗 12-5 转化体成分，表述为"样品中检测出转基因抗虫耐除草剂玉米双抗 12-

5 转化体成分,检测结果为阳性”。

8.2.3.2 玉米内标准基因出现典型扩增曲线,且 *Ct* 值小于或等于 36,而双抗 12-5 转化体特异性序列无典型扩增曲线或 *Ct* 值大于 38,表明样品中未检测出双抗 12-5 转化体成分,表述为“样品中未检测出转基因抗虫耐除草剂玉米双抗 12-5 转化体成分,检测结果为阴性”。

8.2.3.3 玉米内标准基因 *Ct* 值大于 36,表明样品中未检测出玉米成分,表述为“样品中未检测出玉米成分,检测结果为阴性”。

9 检出限

9.1 普通 PCR 方法的检出限为 0.1%(含靶序列样品 DNA / 总样品 DNA)。

9.2 实时荧光 PCR 方法的检出限为 0.05%(含靶序列样品 DNA / 总样品 DNA)。

注:本标准的检出限是以 PCR 检测反应体系中加入 100 ng DNA 模板进行测算的。

附 录 A
(资料性附录)
抗虫耐除草剂玉米双抗 12-5 转化体特异性序列

1 CAACGTCGTG ACTGGGAAAA CCCTGGCGTT ACCCAACTTA ATCGCCTTGC AGCACATCCC
61 CCTTTCGCCA GCTGGCGTAA TAGCGAAGAG GCCCGCACCG ATCGCCCTTC CCAACAGTTG
121 CGCAGCCTGA ATGGCGAATG CTAGAGCAGC TTGAGCTTGG ATCAGATTGT CGTTTCCCGC
181 CTTCAGTTTA AACTATCAGT CTCGTTGTAG CGTCGGGCGA TGTGGTTGAG CTCGAGCCCG
241 TAGAACTTGT CTTCCAGGCA CC

注 1:单下划线部分为普通 PCR 方法 SK12-5F 和 SK12-5R 引物序列,双下划线部分为实时荧光 PCR 方法 qSK12-5F 和 qSK12-5R 引物序列,方框内部分为实时荧光 PCR 方法 qSK12-5P 探针序列。

注 2:1～200 为外源插入片段部分序列,201～262 为玉米基因组部分序列。

第五部分　大　　豆

ICS 65.020.99
B 20

中华人民共和国农业行业标准

NY/T 675—2003

转基因植物及其产品检测 大豆定性PCR方法

Detection of genetically modified plant organisms and derived products—Qualitative PCR methods for soybeans

2003-04-01 发布　　2003-05-15 实施

中华人民共和国农业部 发布

前　　言

本标准由农业部科技教育司提出。

本标准起草单位:中国农业大学、上海市农业科学院、中国农业科学院生物技术所、农业部科技发展中心。

本标准主要起草人:罗云波、黄昆仑、张大兵、贾士荣、彭于发、金芜军、李宁、汪其怀。

本标准首次发布。

转基因植物及其产品检测　大豆定性 PCR 方法

1　范围

本标准规定了转基因大豆及其产品的定性 PCR 检测方法。

本标准适用于转基因抗草甘膦大豆及其产品、转基因抗草丁膦大豆及其产品、转基因高油酸大豆及其产品，包括大豆种子、大豆、豆粕、大豆粉、大豆油及其他大豆制品中转基因成分的定性 PCR 检测。

2　规范性引用文件

下列文件中的条款通过本标准的引用而成为本标准的条款。凡是注日期的引用文件，其随后所有的修改单(不包括勘误的内容)或修订版均不适用于本标准，然而，鼓励根据本标准达成协议的各方研究是否可使用这些文件的最新版本。凡是不注日期的引用文件，其最新版本适合于本标准。

NY/T 672　转基因植物及其产品检测　通用要求

NY/T 674　转基因植物及其产品检测　DNA 提取和纯化

3　原理

针对转基因抗草甘膦大豆(GTS 40－3－2)含有的 *CaMV* 35*S* 启动子、*nos* 终止子、矮牵牛花的 *CTP*4、*Cp* 4－*epsps* 基因以及大豆内标准基因 *lectin*，设计特异性引物进行 PCR 扩增，以检测试样中是否含有转基因抗草甘膦大豆的成分。转基因抗草丁膦大豆和转基因高油酸大豆含有共同的元件 *CaMV*-35*S* 启动子基因以及内标准基因 *lectin*，用上述的引物进行 PCR 扩增以检测试样中是否含有转基因抗草丁膦大豆和转基因高油酸大豆的成分。

4　试剂与材料

除非另有说明，在分析中仅使用分析纯试剂；配制好的溶液经高温灭菌后使用。

4.1　各 10 mmol/L 的四种脱氧核糖核苷酸(dATP，dCTP，dGTP，dTTP)混合溶液。

4.2　10 mol/L 氢氧化钠溶液：称取氢氧化钠 80 g，先用 160 mL 水溶解后，再加水定容到 200 mL。

4.3　500 mmol/L 乙二铵四乙酸二钠盐(EDTA)溶液：称取乙二铵四乙酸二钠 18.6 g，加入 70 mL 水中，再加入 10 mol/L 氢氧化钠溶液，加热溶解后，冷却至室温，再用 10 mol/L 氢氧化钠溶液调 pH 至 8.0，用水定容到 100 mL，在103.4 kPa灭菌 20 min。

4.4　50×TAE 缓冲液：称取 Tris 242.2 g，先用 300 mL 水加热搅拌溶解后，加 100 mL 500 mmol/L EDTA 的水溶液(pH 8.0)，用冰乙酸调 pH 至 8.0，然后用水定容到 1 000 mL。

4.5　Taq DNA 聚合酶(5 单位/μL)及 10×PCR 反应缓冲液(含 25 mmol/L Mg^{2+})。

4.6　10 mg/mL 溴化乙锭溶液。

注：溴化乙锭(EB)有致癌作用，使用时要戴一次性手套。

4.7　DNA 分子量标记(DNA Molecular Weight Marker)。

4.8　1 mol/L Tris－HCl(pH 8.0)溶液：

称取 121.1 g Tris 碱溶解于 800 mL 水中，用浓盐酸调 pH 至 8.0，用水定容至 1 000 mL，在103.4 kPa灭菌 20 min。

4.9　TE 缓冲液(pH 8.0)：

1 mol/L Tris－HCl(pH 8.0)10 mL 和 500 mmol/L EDTA(pH 8.0)溶液 2 mL，用水定容至 1 000 mL。

4.10 加样缓冲液：称取溴酚蓝 250 mg，加水 10 mL，在室温下过夜溶解；再称取二甲苯腈蓝 250 mg，用 10 mL 水溶解；称取蔗糖 50 g，用 30 mL 水溶解，合并三种溶液，用水定容至 100 mL，在 4℃中保存。

4.11 引物。

4.11.1 *lectin* 基因。

Lec - F1：5′GCCCTCTACTCCACCCCCATCC3′；

Lec - R1：5′GCCCATCTGCAAGCCTTTTTGTG3′；

预期扩增片段为 118 bp。

4.11.2 35*S* - *CTP*4 基因。

SC - F1：5′TGATGTGATATCTCCACTGACG3′；

SC - R1：5′TGTATCCCTTGAGCCATGTTGT3′；

预期扩增片段为 172 bp。

4.11.3 *Cp* 4 - epsps 基因。

CE - F1：5′CCTTCATGTTCGGCGGTCTCG3′；

CE - R1：5′GCGTCATGATCGGCTCGATG3′；

预期扩增片段为 498 bp。

4.11.4 *nos* 终止子基因。

Pnos - F1：5′GAATCCTGTTGCCGGTCTTG3′；

Pnos - R1：5′TTATCCTAGTTTGCGCGCTA3′；

预期扩增片段为 180 bp。

4.11.5 *CaMV*35*S* 启动子基因。

35S - F：5′GCTCCTACAAATGCCATCATTGC3′；

35S - R：5′GATAGTGGGATTGTGCGTCATCCC3′；

预期扩增片段为 195 bp。

4.12 引物溶液：用 TE 缓冲液(pH 8.0)分别将上述引物稀释到 25 μmol/L。

4.13 PCR 产物回收试剂盒：按使用说明操作。

4.14 限制性内切酶 Xmn Ⅰ 及反应缓冲液。

4.15 石蜡油。

5 仪器

5.1 通常实验室仪器设备。

5.2 PCR 扩增仪。

5.3 电泳仪。

5.4 紫外透射仪。

5.5 凝胶成像系统或照相系统。

5.6 重蒸馏水仪。

6 操作步骤

6.1 DNA 模板的制备

按 NY/T 674 的规定制备试样、GMO 阳性对照和 GMO 阴性对照的 DNA 模板。

6.2 PCR 反应

6.2.1 试样的 PCR 反应

在 200 μL 或 500 μL 的 PCR 反应管中依次加入 10×PCR 缓冲液 5 μL、1 μL 各 10 mmol/L 的四种脱氧核糖核苷酸(dATP,dCTP,dGTP,dTTP)混合溶液、引物溶液(含上下游引物)各 1 μL、试样 DNA 模板用量 25 ng～50 ng、Taq DNA 聚合酶 1 μL,根据 DNA 模板的用量加入无菌重蒸馏水,使 PCR 反应体系达到 50 μL。再加约 50 μL 石蜡油(有热盖设备的 PCR 仪可以不加石蜡油)。每个试样 3 次重复。

以 4 000 r/min 离心 10 s 后,将 PCR 管插入 PCR 仪中。95℃恒温 5 min;进行 35 次扩增反应循环(95℃恒温 30 s、58℃恒温 30 s、72℃恒温 30 s);然后 72℃恒温 7 min,取出 PCR 反应管,对反应产物进行电泳检测或在 4℃下保存。

6.2.2 对照的 PCR 反应

在试样 PCR 反应的同时,应设置 GMO 阴性对照、GMO 阳性对照和空白对照。

GMO 阴性对照是指用非转基因大豆材料中提取的 DNA 作为 PCR 反应体系的 DNA 模板;GMO 阳性对照是指用转基因大豆材料中提取的 DNA 作为 PCR 反应体系的 DNA 模板;空白对照是指用无菌重蒸水作为 PCR 反应体系的 DNA 模板。上述对照 PCR 反应体系中,除模板外其余组分与 6.2.1 相同。

6.3 PCR 产物的电泳检测

将适量的琼脂糖加入 TAE 缓冲液中,加热将其溶解,配制成琼脂糖浓度为 2%的溶液,然后按每 100 mL 琼脂糖溶液中加入 5 μL 溴化乙锭溶液的比例,加入溴化乙锭溶液,混匀,稍适冷却后,将其倒入电泳板上,室温下凝固成凝胶后,放入 TAE 缓冲液中。在每个泳道中加入 7.5 μL 的 PCR 产物(需和上样缓冲液混合),其中一个泳道中加入 DNA 分子量标记,接通电源进行电泳。

6.4 凝胶成像分析(照相)

电泳结束后,将琼脂糖凝胶置于凝胶成像仪上或紫外透射仪上成像。根据 DNA 分子量标记判断扩增出的目的条带的大小,将电泳结果形成电子文件存档或用照相系统拍照。

6.5 PCR 产物的回收

将 100 μL PCR 反应液与上样缓冲液混合后,加入预制好的含 2%琼脂糖凝胶的泳道中,在其中的一个泳道中加入 DNA 分子量标记,接通电源进行电泳。其余步骤按 PCR 产物回收试剂盒说明进行。

6.6 PCR 产物的酶切鉴定

*CaMV*35*S* 启动子基因扩增产物为 195 bp,可以被限制性内切酶 Xmn Ⅰ 切成大小为 80 bp 和 115 bp的两个片段。具体操作为:取 15 μL 回收的 PCR 产物放入酶切管中,加入 1 μL 的限制性内切酶 Xmn Ⅰ,再加入 2 μL 反应酶切反应缓冲液,加水 2 μL 配成 20 μL 反应体系,在 37℃恒温水浴保温反应 3 h。将 20 μL 反应液与上样缓冲液混合后加入预制好的含 2.5%琼脂糖凝胶的一个泳道中,按 6.3 和 6.4 的步骤操作进行分析。

7 结果分析和表述

7.1 如果在试样和 GMO 阳性对照的 PCR 反应中,*CaMV*35*S* 启动子、*nos* 终止子、*Cp*4-*epsps*、*CaMV* 35*S* 启动子和叶绿体转移肽基因片段(*CaMV*35*S*-*CTP*4)以及内标准 *lectin* 这五个基因都得到了扩增,且扩增片段与预期片段一致,而在 GMO 阴性对照中仅扩增出 *lectin* 基因片段,空白对照中没有任何扩增片段,表明该样品为阳性结果,检出了 *CaMV*35*S* 启动子基因、*nos* 终止子基因、*CaMV*35*S* 启动子和叶绿体转移肽基因片段(*CaMV*35*S*-*CTP*4)、抗草甘膦基因。

如果在试样和 GMO 阳性对照的 PCR 反应中,*CaMV*35*S* 启动子和内标准 *lectin* 这两个基因都得到了扩增,且扩增片段与预期片段一致,而在 GMO 阴性对照中仅扩增出 *lectin* 基因片段,空白对照中没有任何扩增片段,在对试样的 *CaMV*35*S* 启动子扩增片段的酶切鉴定中,扩增片段可以被切成 80 bp 和 115 bp 两个片段,表明该样品为阳性结果,检出 *CaMV*35*S* 启动子基因。

7.2 如果在试样和 GMO 阴性对照的 PCR 反应中,仅有 *lectin* 基因片段得到扩增;GMO 阳性对照中

*CaMV*35*S* 启动子、*nos* 终止子、*Cp*4 - *epsps*、*CaMV*35*S* - *CTP*4 以及 *lectin* 基因都得到扩增；空白对照中没有任何扩增片段。表明该样品为阴性结果，未检出 *CaMV* 35*S* 启动子、*nos* 终止子、*CaMV* 35*S* - *CTP*4、抗草甘膦基因。

如果在试样和 GMO 阴性对照的 PCR 反应中，仅有 *lectin* 基因片段得到扩增；GMO 阳性对照中 *CaMV*35*S* 启动子和 *lectin* 基因都得到扩增；空白对照中没有任何扩增片段。表明该样品为阴性结果，未检出 *CaMV*35*S* 启动子基因。

7.3 如果在试样、GMO 阳性对照和 GMO 阴性对照 PCR 反应中，*lectin* 基因片段均未得到扩增，说明在 DNA 模板制备或 PCR 反应体系中的某个环节存在问题，需查找原因重新检测。

如果在 GMO 阴性对照 PCR 反应中，除 *lectin* 基因得到扩增外，还有其他外源基因得到扩增；或者空白对照中扩增出了产物片段，则说明检测过程中发生了污染，需查找原因重新检测。

ICS 65.020.01
B 04

中华人民共和国国家标准

农业部1485号公告—6—2010

转基因植物及其产品成分检测 耐除草剂大豆MON89788及其衍生品种定性PCR方法

Detection of genetically modified plants and derived products—Qualitative PCR method for herbicide-tolerant soybean MON89788 and its derivates

2010-11-15 发布　　2011-01-01 实施

中华人民共和国农业部　发布

前　言

本标准按照 GB/T 1.1—2009 给出的规则起草。

本标准由农业部科技教育司提出。

本标准由全国农业转基因生物安全管理标准化技术委员会(SAC/TC 276)归口。

本标准起草单位:农业部科技发展中心、吉林省农业科学院、上海交通大学。

本标准主要起草人:张明、宋贵文、李飞武、李葱葱、沈平、董立明、邢珍娟、赵宁、刘乐庭、杨立桃。

转基因植物及其产品成分检测
耐除草剂大豆 MON89788 及其衍生品种定性 PCR 方法

1 范围

本标准规定了转基因耐除草剂大豆 MON89788 转化体特异性的定性 PCR 检测方法。

本标准适用于转基因耐除草剂大豆 MON89788 及其衍生品种，以及制品中 MON89788 转化体成分的定性 PCR 检测。

2 规范性引用文件

下列文件对于本文件的应用是必不可少的。凡是注日期的引用文件，仅注日期的版本适用于本文件。凡是不注日期的引用文件，其最新版本(包括所有的修改单)适用于本文件。

GB/T 6682 分析实验室用水规格和试验方法

NY/T 672 转基因植物及其产品检测 通用要求

NY/T 673 转基因植物及其产品检测 抽样

NY/T 674 转基因植物及其产品检测 DNA 提取和纯化

3 术语和定义

下列术语和定义适用于本文件。

3.1

***Lectin* 基因 *Lectin* gene**

编码凝集素前体蛋白的基因。

3.2

MON89788 转化体特异性序列 event-specific sequence of MON89788

MON89788 外源插入片段 5′端与大豆基因组的连接区序列，包括 FMV 35S 启动子 5′端部分序列和大豆基因组的部分序列。

4 原理

根据转基因耐除草剂大豆 MON89788 转化体特异性序列设计特异性引物，对试样 DNA 进行 PCR 扩增。依据是否扩增获得预期 223 bp 的特异性 DNA 片段，判断样品中是否含有 MON89788 转化体成分。

5 试剂和材料

除非另有说明，仅使用分析纯试剂和重蒸馏水或符合 GB/T 6682 规定的一级水。

5.1 琼脂糖。

5.2 10 g/L 溴化乙锭溶液：称取 1.0 g 溴化乙锭(EB)，溶解于 100 mL 水中，避光保存。

注：溴化乙锭有致癌作用，配制和使用时宜戴一次性手套操作并妥善处理废液。

5.3 10 mol/L 氢氧化钠溶液：在 160 mL 水中加入 80.0 g 氢氧化钠(NaOH)，溶解后再加水定容至 200 mL。

5.4 500 mmol/L 乙二铵四乙酸二钠溶液(pH 8.0):称取 18.6 g 乙二铵四乙酸二钠(EDTA-Na_2),加入 70 mL 水中,再加入适量氢氧化钠溶液(5.3),加热至完全溶解后,冷却至室温,用氢氧化钠溶液(5.3)调 pH 至 8.0,加水定容至 100 mL。在 103.4 kPa(121℃)条件下灭菌 20 min。

5.5 1 mol/L 三羟甲基氨基甲烷—盐酸溶液(pH 8.0):称取 121.1 g 三羟甲基氨基甲烷(Tris)溶解于 800 mL 水中,用盐酸(HCl)调 pH 至 8.0,加水定容至 1 000 mL。在 103.4 kPa(121℃)条件下灭菌 20 min。

5.6 TE 缓冲液(pH 8.0):分别量取 10 mL 三羟甲基氨基甲烷—盐酸溶液(5.5)和 2 mL 乙二铵四乙酸二钠溶液(5.4)溶液,加水定容至 1 000 mL。在 103.4 kPa(121℃)条件下灭菌 20 min。

5.7 50×TAE 缓冲液:称取 242.2 g 三羟甲基氨基甲烷(Tris),先用 500 mL 水加热搅拌溶解后,加入 100 mL 乙二铵四乙酸二钠溶液(5.4),用冰乙酸调 pH 至 8.0,然后加水定容到 1 000 mL。使用时用水稀释成 1×TAE。

5.8 加样缓冲液:称取 250.0 mg 溴酚蓝,加入 10 mL 水,在室温下溶解 12 h;称取 250.0 mg 二甲基苯腈蓝,加 10 mL 水溶解;称取 50.0 g 蔗糖,加 30 mL 水溶解。混合以上三种溶液,加水定容至 100 mL,在 4℃下保存。

5.9 DNA 分子量标准:可以清楚地区分 100 bp~1 000 bp 的 DNA 片段。

5.10 dNTPs 混合溶液:将浓度为 10 mmol/L 的 dATP、dTTP、dGTP、dCTP 四种脱氧核糖核苷酸溶液等体积混合。

5.11 Taq DNA 聚合酶及 PCR 反应缓冲液。

5.12 引物。

5.12.1 ***Lectin* 基因**

lec-F:5′-GCCCTCTACTCCACCCCCATCC-3′

lec-R:5′-GCCCATCTGCAAGCCTTTTTGTG-3′

预期扩增片段大小为 118 bp。

5.12.2 **MON89788 转化体特异性序列**

Mon89788-F:5′-CTGCTCCACTCTTCCTTT-3′

Mon89788-R:5′-AGACTCTGTACCCTGACCT-3′

预期扩增片段大小为 223 bp。

5.13 引物溶液:用 TE 缓冲液(5.6)或水分别将上述引物稀释到 10 μmol/L。

5.14 石蜡油。

5.15 PCR 产物回收试剂盒。

5.16 DNA 提取试剂盒。

6 仪器

6.1 分析天平:感量 0.1 g 和 0.1 mg。

6.2 PCR 扩增仪:升降温速度>1.5℃/s,孔间温度差异<1.0℃。

6.3 电泳槽、电泳仪等电泳装置。

6.4 紫外透射仪。

6.5 凝胶成像系统或照相系统。

6.6 重蒸馏水发生器或超纯水仪。

6.7 其他相关仪器和设备。

7 操作步骤

7.1 抽样

按 NY/T 672 和 NY/T 673 的规定执行。

7.2 制样

按 NY/T 672 和 NY/T 673 的规定执行。

7.3 试样预处理

按 NY/T 674 的规定执行。

7.4 DNA 模板制备

按 NY/T 674 的规定执行，或使用经验证适用于大豆 DNA 提取与纯化的 DNA 提取试剂盒。

7.5 PCR 反应

7.5.1 试样 PCR 反应

7.5.1.1 每个试样 PCR 反应设置 3 次重复。

7.5.1.2 在 PCR 反应管中按表 1 依次加入反应试剂，混匀，再加 25 μL 石蜡油(有热盖设备的 PCR 仪可不加)。

表 1 PCR 检测反应体系

试　　剂	终　浓　度	体　　积
水		—
10×PCR 缓冲液	1×	2.5 μL
25 mmol/L 氯化镁溶液	1.5 mmol/L	1.5 μL
dNTPs 混合溶液(各 2.5 mmol/L)	各 0.2 mmol/L	2 μL
10 μmol/L 上游引物	0.2 μmol/L	0.5 μL
10 μmol/L 下游引物	0.2 μmol/L	0.5 μL
Taq 酶	0.025 U/μL	—
25 mg/L DNA 模板	2 mg/L	2.0 μL
总体积		25.0 μL
注 1：根据 Taq 酶的浓度确定其体积，并相应调整水的体积，使反应体系总体积达到 25.0 μL。如果 PCR 缓冲液中含有氯化镁，则不加氯化镁溶液，加等体积水。 注 2：大豆内标准基因 PCR 检测反应体系中，上、下游引物分别为 lec-F 和 lec-R；MON89788 转化体 PCR 检测反应体系中，上、下游引物分别为 MON89788-F 和 MON89788-R。		

7.5.1.3 将 PCR 管放在离心机上，500 g～3 000 g 离心 10 s，然后取出 PCR 管，放入 PCR 仪中。

7.5.1.4 进行 PCR 反应。反应程序为：94℃变性 5 min；94℃变性 30 s，56℃退火 30 s，72℃延伸 30 s，共进行 35 次循环；72℃延伸 7 min。

7.5.1.5 反应结束后取出 PCR 管，对 PCR 反应产物进行电泳检测。

7.5.2 对照 PCR 反应

在试样 PCR 反应的同时，应设置阴性对照、阳性对照和空白对照。

以非转基因大豆材料提取的 DNA 作为阴性对照；以转基因大豆 MON89788 质量分数为 0.1%～1.0%的大豆基因组 DNA 作为阳性对照；以水作为空白对照。

各对照 PCR 反应体系中，除模板外，其余组分及 PCR 反应条件与 7.5.1 相同。

7.6 PCR 产物电泳检测

按 20 g/L 的质量浓度称量琼脂糖，加入 1×TAE 缓冲液中，加热溶解，配制成琼脂糖溶液。每 100 mL琼脂糖溶液中加入 5 μL EB 溶液，混匀，稍适冷却后，将其倒入电泳板上，插上梳板，室温下凝固成凝胶后，放入 1×TAE 缓冲液中，垂直向上轻轻拔去梳板。取 12 μL PCR 产物与 3 μL 加样缓冲液混合后加入凝胶点样孔，同时在其中一个点样孔中加入 DNA 分子量标准，接通电源在 2 V/cm～5 V/cm 条件下电泳检测。

7.7 凝胶成像分析

电泳结束后，取出琼脂糖凝胶，置于凝胶成像仪上或紫外透射仪上成像。根据 DNA 分子量标准估计扩增条带的大小，将电泳结果形成电子文件存档或用照相系统拍照。如需通过序列分析确认 PCR 扩增片段是否为目的 DNA 片段，按照 7.8 和 7.9 的规定执行。

7.8 PCR 产物回收

按 PCR 产物回收试剂盒说明书，回收 PCR 扩增的 DNA 片段。

7.9 PCR 产物测序验证

将回收的 PCR 产物克隆测序，与耐除草剂大豆 MON89788 转化体特异性序列（参见附录 A）进行比对，确定 PCR 扩增的 DNA 片段是否为目的 DNA 片段。

8 结果分析与表述

8.1 对照检测结果分析

阳性对照的 PCR 反应中，*Lectin* 内标准基因和 MON89788 转化体特异性序列均得到扩增，且扩增片段大小与预期片段大小一致，而阴性对照中仅扩增出 *Lectin* 基因片段，空白对照中没有任何扩增片段，表明 PCR 反应体系正常工作，否则重新检测。

8.2 样品检测结果分析和表述

8.2.1 *Lectin* 内标准基因和 MON89788 转化体特异性序列均得到扩增，且扩增片段大小与预期片段大小一致，表明样品中检测出转基因耐除草剂大豆 MON89788 转化体成分，表述为“样品中检测出转基因耐除草剂大豆 MON89788 转化体成分，检测结果为阳性”。

8.2.2 *Lectin* 内标准基因片段得到扩增，且扩增片段大小与预期片段大小一致，而 MON89788 转化体特异性序列未得到扩增，或扩增片段大小与预期片段大小不一致，表明样品中未检测出耐除草剂大豆 MON89788 转化体成分，表述为“样品中未检测出耐除草剂大豆 MON89788 转化体成分，检测结果为阴性”。

8.2.3 *Lectin* 内标准基因片段未得到扩增，或扩增片段大小与预期片段大小不一致，表明样品中未检测出大豆成分，表述为“样品中未检测出大豆成分，检测结果为阴性”。

附　录　A
（资料性附录）
耐除草剂大豆 MON89788 转化体特异性序列

1 CTGCTCCACT CTTCCTTTTG GGCTTTTTTG TTTCCCGCTC TAGCGCTTCA
51 ATCGTGGTTA TCAAGCTCCA AACACTGATA GTTTAAACTG AAGGCGGGAA
101 ACGACAATCT GATCCCCATC AAGCTCTAGC TAGAGCGGCC GCGTTATCAA
151 GCTTCTGCAG GTCCTGCTCG AGTGGAAGCT AATTCTCAGT CCAAAGCCTC
201 AACAAGGTCA GGGTACAGAG TCT

注：划线部分为引物序列。

ICS 65.020.01
B 04

中华人民共和国国家标准

农业部1485号公告—7—2010

转基因植物及其产品成分检测 耐除草剂大豆A2704-12及其衍生品种 定性PCR方法

Detection of genetically modified plants and derived products—Qualitative PCR method for herbicide-tolerant soybean A2704-12 and its derivates

2010-11-15 发布　　2011-01-01 实施

中华人民共和国农业部　发布

前　言

本标准按照 GB/T 1.1—2009 给出的规则起草。

本标准由农业部科技教育司提出。

本标准由全国农业转基因生物安全管理标准化技术委员会(SAC/TC 276)归口。

本标准起草单位:农业部科技发展中心、安徽省农业科学院水稻研究所、上海交通大学、中国农业科学院生物技术研究所。

本标准主要起草人:杨剑波、沈平、汪秀峰、杨立桃、宋贵文、李莉、马卉、陆徐忠、倪大虎、宋丰顺、金芜军。

转基因植物及其产品成分检测
耐除草剂大豆 A2704-12 及其衍生品种定性 PCR 方法

1 范围

本标准规定了转基因耐除草剂大豆 A2704-12 转化体特异性的定性 PCR 检测方法。

本标准适用于转基因耐除草剂大豆 A2704-12 及其衍生品种，以及制品中 A2704-12 转化体成分的定性 PCR 检测。

2 规范性引用文件

下列文件对于本文件的应用是必不可少的。凡是注日期的引用文件，仅注日期的版本适用于本文件。凡是不注日期的引用文件，其最新版本（包括所有的修改单）适用于本文件。

GB/T 6682 分析实验室用水规格和试验方法

NY/T 672 转基因植物及其产品检测 通用要求

NY/T 673 转基因植物及其产品检测 抽样

NY/T 674 转基因植物及其产品检测 DNA 提取和纯化

3 术语和定义

下列术语和定义适用于本文件。

3.1

***Lectin* 基因 *Lectin* gene**

编码凝集素前体蛋白的基因。

3.2

A2704-12 转化体特异性序列 event-specific sequence of A2704-12

外源插入片段 5′端与大豆基因组的连接区序列，包括大豆基因组部分序列、转化载体部分序列和外源 *pat* 基因部分序列。

4 原理

根据转基因耐除草剂大豆 A2704-12 转化体特异性序列设计特异性引物，对试样进行 PCR 扩增。依据是否扩增获得预期 239 bp 的特异性 DNA 片段，判断样品中是否含有 A2704-12 转化体成分。

5 试剂和材料

除非另有说明，仅使用分析纯试剂和重蒸馏水或符合 GB/T 6682 规定的一级水。

5.1 琼脂糖。

5.2 10 g/L 溴化乙锭溶液：称取 1.0 g 溴化乙锭（EB），溶于 100 mL 水中，避光保存。

注：溴化乙锭有致癌作用，配制和使用时宜戴一次性手套操作并妥善处理废液。

5.3 10 mol/L 氢氧化钠溶液：在 160 mL 水中加入 80.0 g 氢氧化钠（NaOH），溶解后再加水定容至 200 mL。

5.4 500 mmol/L 乙二铵四乙酸二钠溶液（pH 8.0）：称取 18.6 g 乙二铵四乙酸二钠（EDTA-Na_2），加

入 70 mL 水中，再加入适量氢氧化钠溶液(5.3)，加热至完全溶解后，冷却至室温，再用氢氧化钠溶液(5.3)调 pH 至 8.0，加水定容至 100 mL。在 103.4 kPa(121℃)条件下灭菌 20 min。

5.5　1 mol/L 三羟甲基氨基甲烷—盐酸溶液(pH 8.0)：称取 121.1 g 三羟甲基氨基甲烷(Tris)溶解于 800 mL 水中，用盐酸调 pH 至 8.0，加水定容至 1 000 mL。在 103.4 kPa(121℃)条件下灭菌 20 min。

5.6　TE 缓冲液(pH 8.0)：分别量取 10 mL 三羟甲基氨基甲烷—盐酸溶液(5.5)和 2 mL 乙二铵四乙酸二钠溶液(5.4)，加水定容至 1 000 mL。在 103.4 kPa(121℃)条件下灭菌 20 min。

5.7　50×TAE 缓冲液：称取 242.2 g 三羟甲基氨基甲烷(Tris)，先用 300 mL 水加热搅拌溶解后，加 100 mL 乙二铵四乙酸二钠溶液(5.4)，用冰乙酸调 pH 至 8.0，然后加水定容到 1 000 mL。使用时用水稀释成 1×TAE。

5.8　加样缓冲液：称取 250.0 mg 溴酚蓝，加 10 mL 水，在室温下溶解 12 h；称取 250.0 mg 二甲基苯腈蓝，用 10 mL 水溶解；称取 50.0 g 蔗糖，用 30 mL 水溶解。混合以上三种溶液，加水定容至 100 mL，在 4℃下保存。

5.9　DNA 分子量标准：可以清楚地区分 50 bp～1 000 bp 的 DNA 片段。

5.10　dNTPs 混合溶液：将浓度为 10 mmol/L 的 dATP、dTTP、dGTP、dCTP 四种脱氧核糖核苷酸溶液等体积混合。

5.11　Taq DNA 聚合酶及 PCR 反应缓冲液。

5.12　引物。

5.12.1　***Lectin* 基因**

Lec-F：5′-GCCCTCTACTCCACCCCCATCC-3′

Lec-R：5′-GCCCATCTGCAAGCCTTTTTGTG-3′

预期扩增片段大小为 118 bp。

5.12.2　**A2704-12 转化体特异性序列**

A2704-F：5′-TGAGGGGGTCAAAGACCAAG-3′

A2704-R：5′-CCAGTCTTTACGGCGAGT-3′

预期扩增片段大小为 239 bp。

5.13　引物溶液：用 TE 缓冲液(5.6)分别将上述引物稀释到 10 μmol/L。

5.14　石蜡油。

5.15　PCR 产物回收试剂盒。

5.16　DNA 提取试剂盒。

6　仪器

6.1　分析天平：感量 0.1 g 和 0.1 mg。

6.2　PCR 扩增仪：升降温速度＞1.5℃/s，孔间温度差异＜1.0℃。

6.3　电泳槽、电泳仪等电泳装置。

6.4　紫外透射仪。

6.5　凝胶成像系统或照相系统。

6.6　重蒸馏水发生器或超纯水仪。

6.7　其他相关仪器和设备。

7　操作步骤

7.1　抽样

按 NY/T 672 和 NY/T 673 的规定执行。

7.2 制样

按 NY/T 672 和 NY/T 673 的规定执行。

7.3 试样预处理

按 NY/T 674 的规定执行。

7.4 DNA 模板制备

按 NY/T 674 的规定执行，或使用经验证适用于大豆 DNA 提取和纯化的 DNA 提取试剂盒。

7.5 PCR 反应

7.5.1 试样 PCR 反应

7.5.1.1 每个试样 PCR 反应设置三次重复。

7.5.1.2 在 PCR 反应管中按表 1 依次加入反应试剂，混匀，再加 25 μL 石蜡油(有热盖设备的 PCR 仪可不加)。

表 1 PCR 检测反应体系

试 剂	终 浓 度	体 积
水		—
10×PCR 缓冲液	1×	2.5 μL
25 mmol/L 氯化镁溶液	1.5 mmol/L	1.5 μL
dNTPs 混合溶液(各 2.5 mmol/L)	各 0.2 mmol/L	2 μL
10 μmol/L 上游引物	0.2 μmol/L	0.5 μL
10 μmol/L 下游引物	0.2 μmol/L	0.5 μL
Taq 酶	0.025 U/μL	—
25 mg/L DNA 模板	2 mg/L	2.0 μL
总体积		25.0 μL

注 1：根据 Taq 酶的浓度确定其体积，并相应调整水的体积，使反应体系总体积达到 25.0 μL。如果 PCR 缓冲液中含有氯化镁，则不加氯化镁溶液，加等体积水。

注 2：大豆内标准基因 PCR 检测反应体系中，上、下游引物分别为 Lec-F 和 Lec-R；转基因大豆 A2704 - 12 转化体 PCR 检测反应体系中，上、下游引物分别为 A2704 - F 和 A2704 - R。

7.5.1.3 将 PCR 管放在离心机上，500 g～3 000 g 离心 10 s，然后取出 PCR 管，放入 PCR 仪中。

7.5.1.4 进行 PCR 反应。反应程序为：95℃变性 5 min；94℃变性 30 s，58℃退火 30 s，72℃延伸 30 s，共进行 35 次循环；72℃延伸 7 min。

7.5.1.5 反应结束后取出 PCR 管，对 PCR 反应产物进行电泳检测。

7.5.2 对照 PCR 反应

在试样 PCR 反应的同时，应设置阴性对照、阳性对照和空白对照。

以非转基因大豆材料中提取的 DNA 作为阴性对照；以转基因大豆 A2704 - 12 质量分数为 0.1%～1.0%的大豆 DNA 作为阳性对照；以水作为空白对照。

各对照 PCR 反应体系中，除模板外，其余组分及 PCR 反应条件与 7.5.1 相同。

7.6 PCR 产物电泳检测

按 20 g/L 的质量浓度称取琼脂糖，加入 1×TAE 缓冲液中，加热溶解，配制成琼脂糖溶液。每 100 mL琼脂糖溶液中加入 5 μL EB 溶液，混匀。适当冷却后，将其倒入电泳板上，插上梳板，室温下凝固成凝胶后，放入 1×TAE 缓冲液中，垂直向上轻轻拔去梳板。取 12 μL PCR 产物与 3 μL 加样缓冲液混合后加入点样孔中，同时，在其中一个点样孔中加入 DNA 分子量标准，接通电源在 2 V/cm～5 V/cm 条件下电泳检测。

7.7 凝胶成像分析

电泳结束后，取出琼脂糖凝胶，置于凝胶成像仪或紫外透射仪上成像。根据 DNA 分子量标准估计扩增条带的大小，将电泳结果形成电子文件存档或用照相系统拍照。如需通过序列分析确认 PCR 扩增片段是否为目的 DNA 片段，按照 7.8 和 7.9 的规定执行。

7.8 PCR 产物回收

按 PCR 产物回收试剂盒说明书，回收 PCR 扩增的 DNA 片段。

7.9 PCR 产物测序验证

将回收的 PCR 产物克隆测序，与耐除草剂大豆 A2704 - 12 转化体特异性序列（参见附录 A）进行比对，确定 PCR 扩增的 DNA 片段是否为目的 DNA 片段。

8 结果分析与表述

8.1 对照检测结果分析

阳性对照 PCR 反应中，*Lectin* 内标准基因和 A2704 - 12 转化体特异性序列均得到扩增，且扩增片段大小与预期片段大小一致，而阴性对照中仅扩增出 *Lectin* 基因片段，空白对照中没有任何扩增片段，这表明 PCR 反应体系正常工作，否则重新检测。

8.2 样品检测结果分析和表述

8.2.1 *Lectin* 内标准基因和 A2704 - 12 转化体特异性序列均得到扩增，且扩增片段大小与预期片段大小一致，表明样品中检测出转基因耐除草剂大豆 A2704 - 12 转化体成分，表述为“样品中检测出转基因耐除草剂大豆 A2704 - 12 转化体成分，检测结果为阳性”。

8.2.2 *Lectin* 内标准基因片段得到扩增，且扩增片段大小与预期片段大小一致，而 A2704 - 12 转化体特异性序列未得到扩增，或扩增片段大小与预期片段大小不一致，表明样品中未检测出转基因耐除草剂大豆 A2704 - 12 转化体成分，表述为“样品中未检测出转基因耐除草剂大豆 A2704 - 12 转化体成分，检测结果为阴性”。

8.2.3 *Lectin* 内标准基因片段未得到扩增，或扩增片段大小与预期片段大小不一致，表明样品中未检测出大豆成分，表述为“样品中未检测出大豆成分，检测结果为阴性”。

附 录 A
(资料性附录)
转基因耐除草剂大豆 A2704 - 12 转化体特异性序列

1 TGAGGGGGTC AAAGACCAAG AAGTGAGTTA TTTATCAGCC AAGCATTCTA
51 TTCTTCTTAT GTCGGTGCGG GCCTCTTCGC TATTACGCCA GCTGGCGAAA
101 GGGGGATGTG CTGCAAGGCG ATTAAGTTGG GTAACGCCAG GGTTTTCCCA
151 GTCACGACGT TGTAAAACGA CGGCCAGTGA ATTCCCATGG AGTCAAAGAT
201 TCAAATAGAG GACCTAACAG AACTCGCCGT AAAGACTGG

注:划线部分为引物序列。

ICS 65.020.01
B 04

中华人民共和国国家标准

农业部1485号公告—8—2010

转基因植物及其产品成分检测 耐除草剂大豆A5547-127及其衍生品种 定性PCR方法

Detection of genetically modified plants and derived products—Qualitative PCR method for herbicide-tolerant soybean A5547-127 and its derivates

2010-11-15 发布　　2011-01-01 实施

中华人民共和国农业部　发布

前　言

本标准按照 GB/T 1.1—2009 给出的规则起草。

本标准由中华人民共和国农业部科技教育司提出。

本标准由全国农业转基因生物安全管理标准化技术委员会(SAC/TC 276)归口。

本标准起草单位:农业部科技发展中心、上海交通大学、安徽省农业科学院水稻研究所。

本标准主要起草人:杨立桃、沈平、张大兵、宋贵文、汪秀峰、马卉。

转基因植物及其产品成分检测
耐除草剂大豆 A5547－127 及其衍生品种定性 PCR 方法

1 范围

本标准规定了转基因耐除草剂大豆 A5547－127 转化体特异性的定性 PCR 检测方法。

本标准适用于转基因耐除草剂大豆 A5547－127 及其衍生品种，以及制品中 A5547－127 转化体成分的定性 PCR 检测。

2 规范性引用文件

下列文件对于本文件的应用是必不可少的。凡是注日期的引用文件，仅注日期的版本适用于本文件。凡是不注日期的引用文件，其最新版本(包括所有的修改单)适用于本文件。

GB/T 6682 分析实验室用水规格和试验方法

NY/T 672 转基因植物及其产品检测 通用要求

NY/T 673 转基因植物及其产品检测 抽样

NY/T 674 转基因植物及其产品检测 DNA 提取和纯化

3 术语和定义

下列术语和定义适用于本文件。

3.1

***Lectin* 基因 *Lectin* gene**

编码凝集素前体蛋白的基因。

3.2

A5547－127 转化体特异性序列 event-specific sequence of A5547－127

外源插入片段 5′端与大豆基因组的连接区序列，包括大豆基因组和外源插入 *bla* 基因序列的部分序列。

4 原理

根据转基因耐除草剂大豆 A5547－127 转化体特异性序列设计特异性引物，对试样进行 PCR 扩增。依据是否扩增获得预期 317 bp 的特异性 DNA 片段，判断样品中是否含有 A5547－127 转化体成分。

5 试剂和材料

除非另有说明，仅使用分析纯试剂和重蒸馏水或符合 GB/T 6682 规定的一级水。

5.1 琼脂糖。

5.2 10 g/L 溴化乙锭溶液：称取 1.0 g 溴化乙锭(EB)，溶于 100 mL 水中，避光保存。

注：溴化乙锭有致癌作用，配制和使用时宜戴一次性手套操作并妥善处理废液，避光保存。

5.3 10 mol/L 氢氧化钠溶液：在 160 mL 水中加入 80.0 g 氢氧化钠(NaOH)，溶解后再加水定容至 200 mL。

5.4 500 mmol/L 乙二铵四乙酸二钠溶液(pH 8.0)：称取 18.6 g 乙二铵四乙酸二钠(EDTA－Na_2)，加

入 70 mL 水中，再加入适量氢氧化钠溶液(5.3)，加热至完全溶解后，冷却至室温，用氢氧化钠溶液(5.3)调 pH 至 8.0，加水定容至 100 mL。在 103.4 kPa(121℃)条件下灭菌 20 min。

5.5　1 mol/L 三羟甲基氨基甲烷—盐酸溶液(pH 8.0)：称取 121.1 g 三羟甲基氨基甲烷(Tris)溶解于 800 mL 水中，用盐酸调 pH 至 8.0，加水定容至 1 000 mL。在 103.4 kPa(121℃)条件下灭菌 20 min。

5.6　TE 缓冲液(pH 8.0)：分别量取 10 mL 三羟甲基氨基甲烷—盐酸溶液(5.5)和 2 mL 乙二铵四乙酸二钠溶液(5.4)，加水定容至 1 000 mL。在 103.4 kPa(121℃)条件下灭菌 20 min。

5.7　50×TAE 缓冲液：称取 242.2 g 三羟甲基氨基甲烷(Tris)，先用 300 mL 水加热搅拌溶解后，加 100 mL 乙二铵四乙酸二钠溶液(5.4)，用冰乙酸调 pH 至 8.0，然后加水定容到 1 000 mL。使用时用水稀释成 1×TAE。

5.8　加样缓冲液：称取 250.0 mg 溴酚蓝，加 10 mL 水，在室温下溶解 12 h；称取 250.0 mg 二甲基苯腈蓝，用 10 mL 水溶解；称取 50.0 g 蔗糖，用 30 mL 水溶解。混合以上三种溶液，加水定容至 100 mL，在 4℃下保存。

5.9　DNA 分子量标准：可以清楚地区分 50 bp～1 000 bp 的 DNA 片段。

5.10　dNTPs 混合溶液：将浓度为 10 mmol/L 的 dATP、dTTP、dGTP、dCTP 四种脱氧核糖核苷酸溶液等体积混合。

5.11　Taq DNA 聚合酶及 PCR 反应缓冲液。

5.12　引物。

5.12.1　***Lectin* 基因**

Lec-F：5′-GCCCTCTACTCCACCCCCATCC-3′

Lec-R：5′-GCCCATCTGCAAGCCTTTTTGTG-3′

预期扩增片段大小为 118 bp。

5.12.2　**A5547-127 转化体特异性序列**

A5547-F：5′-CGCCATTATCGCCATTCC-3′

A5547-R：5′-GCGGTATTATCCCGTATTGA-3′

预期扩增片段大小为 317 bp。

5.13　引物溶液：用 TE 缓冲液(5.6)分别将上述引物稀释到 10 μmol/L。

5.14　石蜡油。

5.15　PCR 产物回收试剂盒。

5.16　DNA 提取试剂盒。

6　仪器

6.1　分析天平：感量 0.1 g 和 0.1 mg。

6.2　PCR 扩增仪：升降温速度>1.5℃/s，孔间温度差异<1.0℃。

6.3　电泳槽、电泳仪等电泳装置。

6.4　紫外透射仪。

6.5　凝胶成像系统或照相系统。

6.6　重蒸馏水发生器或超纯水仪。

6.7　其他相关仪器和设备。

7　操作步骤

7.1　抽样

按 NY/T 672 和 NY/T 673 的规定执行。

7.2 制样

按 NY/T 672 和 NY/T 673 的规定执行。

7.3 试样预处理

按 NY/T 674 的规定执行。

7.4 DNA 模板制备

按 NY/T 674 的规定执行，或使用经验证适用于大豆 DNA 提取与纯化的 DNA 提取试剂盒。

7.5 PCR 反应

7.5.1 试样 PCR 反应

7.5.1.1 每个试样 PCR 反应设置 3 次重复。

7.5.1.2 在 PCR 反应管中按表 1 依次加入反应试剂，混匀，再加 25 μL 石蜡油(有热盖设备的 PCR 仪可不加)。

表 1 PCR 检测反应体系

试　剂	终 浓 度	体　积
水		—
10×PCR 缓冲液	1×	2.5 μL
25 mmol/L 氯化镁溶液	2.5 mmol/L	2.5 μL
dNTPs 混合溶液(各 2.5 mmol/L)	各 0.2 mmol/L	2 μL
10 μmol/L 上游引物	0.4 μmol/L	1 μL
10 μmol/L 下游引物	0.4 μmol/L	1 μL
Taq 酶	0.05 U/μL	—
25 mg/L DNA 模板	2 mg/L	2.0 μL
总体积		25.0 μL

注 1：根据 Taq 酶的浓度确定其体积，并相应调整水的体积，使反应体系总体积达到 25.0 μL。如果 PCR 缓冲液中含有氯化镁，则不加氯化镁溶液，加等体积水。

注 2：大豆内标准基因 PCR 检测反应体系中，上、下游引物分别为 Lec-F 和 Lec-R；A5547 - 127 转化体 PCR 检测反应体系中，上、下游引物分别为 A5547 - F 和 A5547 - R。

7.5.1.3 将 PCR 管放在离心机上，500 g～3 000 g 离心 10 s，然后取出 PCR 管，放入 PCR 仪中。

7.5.1.4 进行 PCR 反应。反应程序为：95℃变性 7 min；94℃变性 30 s，58℃退火 30 s，72℃延伸 30 s，共进行 35 次循环；72℃延伸 7 min。

7.5.1.5 反应结束后取出 PCR 管，对 PCR 反应产物进行电泳检测。

7.5.2 对照 PCR 反应

在试样 PCR 反应的同时，应设置阴性对照、阳性对照和空白对照。

以非转基因大豆材料中提取的 DNA 作为阴性对照；以转基因大豆 A5547 - 127 质量分数为 0.1%～1.0%的大豆 DNA 作为阳性对照；以水作为空白对照。

各对照 PCR 反应体系中，除模板外，其余组分及 PCR 反应条件与 7.5.1 相同。

7.6 PCR 产物电泳检测

按 20 g/L 的质量浓度称取琼脂糖，加入 1×TAE 缓冲液中，加热溶解，配制成琼脂糖溶液。每 100 mL琼脂糖溶液中加入 5 μL EB 溶液，混匀，适当冷却后，将其倒入电泳板上，插上梳板，室温下凝固成凝胶后，放入 1×TAE 缓冲液中，垂直向上轻轻拔去梳板。取 12 μL PCR 产物与 3 μL 加样缓冲液混合后加入点样孔中，同时在其中一个点样孔中加入 DNA 分子量标准，接通电源在 2 V/cm～5 V/cm 条件下电泳检测。

7.7 凝胶成像分析

电泳结束后，取出琼脂糖凝胶，置于凝胶成像仪或紫外透射仪上成像。根据 DNA 分子量标准估计扩增条带的大小，将电泳结果形成电子文件存档或用照相系统拍照。如需通过序列分析确认 PCR 扩增片段是否为目的 DNA 片段，按照 7.8 和 7.9 的规定执行。

7.8 PCR 产物回收

按 PCR 产物回收试剂盒说明书，回收 PCR 扩增的 DNA 片段。

7.9 PCR 产物测序验证

将回收的 PCR 产物克隆测序，与耐除草剂大豆 A5547－127 转化体特异性序列（参见附录 A）进行比对，确定 PCR 扩增的 DNA 片段是否为目的 DNA 片段。

8 结果分析与表述

8.1 对照检测结果分析

阳性对照 PCR 反应中，*Lectin* 内标准基因和 A5547－127 转化体特异性序列均得到扩增，且扩增片段大小与预期片段大小一致，而阴性对照中仅扩增出 *Lectin* 基因片段，空白对照中没有任何扩增片段，表明 PCR 反应体系正常工作，否则重新检测。

8.2 样品检测结果分析和表述

8.2.1 *Lectin* 内标准基因和 A5547－127 转化体特异性序列均得到扩增，且扩增片段大小与预期片段大小一致，表明样品中检测出转基因耐除草剂大豆 A5547－127 转化体成分，表述为“样品中检测出转基因耐除草剂大豆 A5547－127 转化体成分，检测结果为阳性”。

8.2.2 *Lectin* 内标准基因片段得到扩增，且扩增片段大小与预期片段大小一致，而 A5547－127 转化体特异性序列未得到扩增，或扩增片段大小与预期片段大小不一致，表明样品中未检测出转基因耐除草剂大豆 A5547－127 转化体成分，表述为“样品中未检测出转基因耐除草剂大豆 A5547－127 转化体成分，检测结果为阴性”。

8.2.3 *Lectin* 内标准基因片段未得到扩增，或扩增片段大小与预期片段大小不一致，表明样品中未检测出大豆成分，表述为“样品中未检测出大豆成分，检测结果为阴性”。

附 录 A
(资料性附录)
转基因耐除草剂 A5547-127 转化体特异性序列

1 CGCCATTATC GCCATTCCGC CACGATCATT AAGGCTATGG CGGCCGCAAT
51 GGCGCCGCCA TATGAAACCC GCAATGCCAT CGCTATTTGG TGGCATTTTT
101 CCAAAAACCC GCAATGTCAT ACCGTCATCG TTGTCAGAAG TAAGTTGGCC
151 GCAGTGTTAT CACTCATGGT TATGGCAGCA ATGCATAATT CTCTTACTGT
201 CATGCCATCC GTAAGATGCT TTTCTGTGAC TGGTGAGTAC TCAACCAAGT
251 CATTCTGAGA ATAGTGTATG CGGCGACCGA GTTGCTCTTG CCCGGCGTCA
301 ATACGGGATA ATACCGC

注:划线部分为引物序列。

ICS 65.020
B 04

中华人民共和国国家标准

农业部1782号公告—1—2012

转基因植物及其产品成分检测 耐除草剂大豆356043及其衍生品种 定性PCR方法

Detection of genetically modified plants and derived products—Qualitative PCR method for herbicide-tolerant soybean 356043 and its derivates

2012-06-06发布 2012-09-01实施

中华人民共和国农业部 发布

前　言

本标准按照 GB/T 1.1—2009 给出的规则起草。

请注意本文件的某些内容可能涉及专利。本文件的发布机构不承担识别这些专利的责任。

本标准由中华人民共和国农业部提出。

本标准由全国农业转基因生物安全管理标准化技术委员会(SAC/TC 276)归口。

本标准起草单位:农业部科技发展中心、农业部环境保护科研监测所。

本标准主要起草人:杨殿林、宋贵文、修伟明、赵建宁、赵欣、李刚、张静妮、刘红梅、李飞武。

转基因植物及其产品成分检测
耐除草剂大豆 356043 及其衍生品种定性 PCR 方法

1 范围

本标准规定了转基因大豆 356043 转化体特异性的定性 PCR 检测方法。

本标准适用于转基因大豆 356043 及其衍生品种以及制品中 356043 转化体成分的定性 PCR 检测。

2 规范性引用文件

下列文件对于本文件的应用是必不可少的。凡是注日期的引用文件，仅注日期的版本适用于本文件。凡是不注日期的引用文件，其最新版本(包括所有的修改单)适用于本文件。

GB/T 6682 分析实验室用水规格和试验方法

NY/T 672 转基因植物及其产品检测 通用要求

NY/T 673 转基因植物及其产品检测 抽样

农业部 1485 号公告—4—2010 转基因植物及其产品成分检测 DNA 提取和纯化

3 术语和定义

下列术语和定义适用于本文件。

3.1

***Lectin* 基因 *Lectin* gene**

编码大豆凝集素的基因。

3.2

356043 转化体特异性序列 event-specific sequence of 356043

356043 外源插入片段 5′ 端与大豆基因组的连接区序列，包括大豆基因组的部分序列和 SCP1 启动子 5′ 端部分序列。

4 原理

根据转基因耐除草剂大豆 356043 转化体特异性序列设计特异性引物，对试样 DNA 进行 PCR 扩增。依据是否扩增获得预期 145 bp 的特异性 DNA 片段，判断样品中是否含有 356043 转化体成分。

5 试剂和材料

除非另有说明，仅使用分析纯试剂和重蒸馏水或符合 GB/T 6682 规定的一级水。

5.1 琼脂糖。

5.2 10 g/L 溴化乙锭溶液：称取 1.0 g 溴化乙锭(EB)，溶解于 100 mL 水中，避光保存。

注：溴化乙锭有致癌作用，配制和使用时应戴一次性手套操作并妥善处理废液。

5.3 10 mol/L 氢氧化钠溶液：在 160 mL 水中加入 80.0 g 氢氧化钠(NaOH)，溶解后再加水定容到 200 mL。

5.4 500 mmol/L 乙二铵四乙酸二钠溶液(pH 8.0)：称取 18.6 g 乙二铵四乙酸二钠($EDTA\text{-}Na_2$)，加入 70 mL 水中，再加入适量氢氧化钠溶液(5.3)，加热至完全溶解后，冷却至室温。用氢氧化钠溶液

(5.3)调 pH 至 8.0,加水定容至 100 mL。在 103.4 kPa(121℃)条件下灭菌20 min。

5.5 1 mol/L 三羟甲基氨基甲烷—盐酸溶液(pH 8.0):称取 121.1 g 三羟甲基氨基甲烷(Tris)溶解于 800 mL 水中,用盐酸(HCl)调 pH 至 8.0,加水定容至 1 000 mL。在 103.4 kPa(121℃)条件下灭菌 20 min。

5.6 TE 缓冲液(pH 8.0):分别量取 10 mL 三羟甲基氨基甲烷—盐酸溶液(5.5)和 2 mL 乙二铵四乙酸二钠溶液(5.4),加水定容至 1 000 mL。在 103.4 kPa(121℃)条件下灭菌 20 min。

5.7 50×TAE 缓冲液:称取 242.2 g 三羟甲基氨基甲烷(Tris),先用 500 mL 水加热搅拌溶解后,加入 100 mL 乙二铵四乙酸二钠溶液(5.4)。用冰乙酸调 pH 至 8.0,然后加水定容至 1 000 mL。使用时,用水稀释成 1×TAE。

5.8 加样缓冲液:称取 250.0 mg 溴酚蓝,加入 10 mL 水,在室温下溶解 12 h;称取 250.0 mg 二甲基苯腈蓝,加 10 mL 水溶解;称取 50.0 g 蔗糖,加 30 mL 水溶解。混合以上三种溶液,加水定容至 100 mL,在 4℃下保存。

5.9 DNA 分子量标准:可以清楚地区分 100 bp～1 000 bp 的 DNA 片段。

5.10 dNTPs 混合溶液:将浓度为 10 mmol/L 的 dATP、dTTP、dGTP、dCTP 四种脱氧核糖核苷酸溶液等体积混合。

5.11 Taq DNA 聚合酶、PCR 反应缓冲液及 25 mmol/L 氯化镁溶液。

5.12 *Lectin* 基因引物:

lectin-F:5′- GCCCTCTACTCCACCCCCATCC - 3′

lectin-R:5′- GCCCATCTGCAAGCCTTTTTGTG - 3′

预期扩增片段大小为 118 bp。

5.13 356043 转化体特异性序列引物:

356043 - F:5′- CTTTTGCCCGAGGTCGTTAG - 3′

356043 - R:5′- GCCCTTTGGTCTTCTGAGACTG - 3′

预期扩增片段大小为 145 bp(参见附录 A)。

5.14 引物溶液:用 TE 缓冲液(5.6)或水分别将上述引物稀释到 10 μmol/L。

5.15 石蜡油。

5.16 PCR 产物回收试剂盒。

5.17 DNA 提取试剂盒。

6 仪器

6.1 分析天平:感量 0.1 g 和 0.1 mg。

6.2 PCR 扩增仪。

6.3 电泳槽、电泳仪等电泳装置。

6.4 紫外透射仪。

6.5 凝胶成像系统或照相系统。

6.6 重蒸馏水发生器或纯水仪。

6.7 其他相关仪器和设备。

7 操作步骤

7.1 抽样

按 NY/T 672 和 NY/T 673 的规定执行。

7.2 制样

按 NY/T 672 和 NY/T 673 的规定执行。

7.3 试样预处理

按农业部 1485 号公告—4—2010 的规定执行。

7.4 DNA 模板制备

按农业部 1485 号公告—4—2010 的规定执行。

7.5 PCR 反应

7.5.1 试样 PCR 反应

7.5.1.1 每个试样 PCR 反应设置 3 次重复。

7.5.1.2 在 PCR 反应管中按表 1 依次加入反应试剂、混匀，再加 25 μL 石蜡油(有热盖设备的 PCR 仪可不加)。

表 1 PCR 检测反应体系

试 剂	终浓度	体 积
水		—
10×PCR 缓冲液	1×	2.5 μL
25 mmol/L 氯化镁溶液	1.5 mmol/L	1.5 μL
dNTPs 混合溶液(各 2.5 mmol/L)	各 0.2 mmol/L	2.0 μL
10 μmol/L 上游引物	0.4 μmol/L	1.0 μL
10 μmol/L 下游引物	0.4 μmol/L	1.0μL
Taq 酶	0.025 U/μL	—
25 mg/L DNA 模板	2 mg/L	2.0 μL
总体积		25.0 μL

注 1:"—"表示体积不确定。如果 PCR 缓冲液中含有氯化镁，则不加氯化镁溶液。根据 Taq 酶的浓度确定其体积，并相应调整水的体积，使反应体系总体积达到 25.0 μL。

注 2:大豆内标准基因 PCR 检测反应体系中，上、下游引物分别为 lectin-F 和 lectin-R；356043 转化体 PCR 检测反应体系中，上、下游引物分别为 356043-F 和 356043-R。

7.5.1.3 将 PCR 管放在离心机上，500 *g*～3 000 *g* 离心 10 s，然后取出 PCR 管，放入 PCR 扩增仪中。

7.5.1.4 进行 PCR 反应。反应程序为:94℃变性 3 min;94℃变性 30 s，58℃退火 30 s，72℃延伸 30 s，共进行 35 次循环;72℃延伸 5 min。

7.5.1.5 反应结束后取出 PCR 管，对 PCR 反应产物进行电泳检测。

7.5.2 对照 PCR 反应

在试样 PCR 反应的同时，应设置阴性对照、阳性对照和空白对照。

以非转基因大豆基因组 DNA 作为阴性对照;以转基因大豆 356043 质量分数为 0.1%～1.0%的大豆基因组 DNA 作为阳性对照;以水作为空白对照。

各对照 PCR 反应体系中，除模板外，其余组分及 PCR 反应条件与 7.5.1 相同。

7.6 PCR 产物电泳检测

按 20 g/L 的质量浓度称量琼脂糖，加入 1×TAE 缓冲液中，加热溶解，配制成琼脂糖溶液。每 100 mL琼脂糖溶液中加入 5 μL EB 溶液，混匀，稍适冷却后，将其倒入电泳板上，插上梳板，室温下凝固成凝胶后，放入 1×TAE 缓冲液中，垂直向上轻轻拔去梳板。取 12 μL PCR 产物与 3 μL 加样缓冲液混合后加入凝胶点样孔，同时在其中一个点样孔中加入 DNA 分子量标准，接通电源在 2 V/cm～5 V/cm 条件下电泳检测。

7.7 凝胶成像分析

电泳结束后，取出琼脂糖凝胶，置于凝胶成像系统或紫外透射仪上成像。根据 DNA 分子量标准估计扩增条带的大小，将电泳结果形成电子文件存档或用照相系统拍照。如需通过序列分析确认 PCR 扩增片段是否为目的 DNA 片段，按照 7.8 和 7.9 的规定执行。

7.8 PCR 产物回收

按 PCR 产物回收试剂盒的说明书，回收 PCR 扩增的 DNA 片段。

7.9 PCR 产物测序验证

将回收的 PCR 产物克隆测序，与耐除草剂大豆 356043 转化体特异性序列(参见附录 A)进行比对，确定 PCR 扩增的 DNA 片段是否为目的 DNA 片段。

8 结果分析与表述

8.1 对照检测结果分析

阳性对照的 PCR 反应中，*Lectin* 内标准基因和 356043 转化体特异性序列均得到扩增，且扩增片段大小与预期片段大小一致；而阴性对照中仅扩增出 *Lectin* 基因片段；空白对照中没有任何扩增片段。这表明 PCR 反应体系正常工作，否则重新检测。

8.2 样品检测结果分析和表述

8.2.1 *Lectin* 内标准基因和 356043 转化体特异性序列均得到扩增，且扩增片段大小与预期片段大小一致。这表明样品中检测出转基因耐除草剂大豆 356043 转化体成分，表述为“样品中检测出转基因耐除草剂大豆 356043 转化体成分，检测结果为阳性”。

8.2.2 *Lectin* 内标准基因片段得到扩增，且扩增片段大小与预期片段大小一致，而 356043 转化体特异性序列未得到扩增，或扩增片段大小与预期片段大小不一致。这表明样品中未检测出耐除草剂大豆 356043 转化体成分，表述为“样品中未检测出耐除草剂大豆 356043 转化体成分，检测结果为阴性”。

8.2.3 *Lectin* 内标准基因片段未得到扩增，或扩增片段大小与预期片段大小不一致。这表明样品中未检测出大豆成分，表述为“样品中未检测出大豆成分，检测结果为阴性”。

附　录　A
(资料性附录)
耐除草剂大豆 356043 转化体特异性序列

1 CTTTTGCCCG AGGTCGTTAG GTCGAATAGG CTAGGTTTAC GAAAAAGAGA
51 CTAAGGCCGC TCTAGAGATC CGTCAACATG GTGGAGCACG ACACTCTCGT
101 CTACTCCAAG AATATCAAAG ATACAGTCTC AGAAGACCAA AGGGC

注 1:划线部分为引物序列。

注 2:1～54 为大豆基因组部分序列;55～145 为 SCP1 启动子部分序列。

ICS 65.020
B 04

中华人民共和国国家标准

农业部 1782 号公告—4—2012

转基因植物及其产品成分检测 高油酸大豆 305423 及其衍生品种定性 PCR 方法

Detection of genetically modified plants and derived products—Qualitative PCR method for high oleic acid soybean 305423 and its derivates

2012-06-06 发布　　2012-09-01 实施

中华人民共和国农业部　发布

前　言

本标准按照 GB/T 1.1—2009 给出的规则起草。

请注意本文件的某些内容可能涉及专利。本文件的发布机构不承担识别这些专利的责任。

本标准由中华人民共和国农业部提出。

本标准由全国农业转基因生物安全管理标准化技术委员会(SAC/TC 276)归口。

本标准起草单位:农业部科技发展中心、中国农业科学院棉花研究所。

本标准主要起草人:张帅、宋贵文、崔金杰、雒珺瑜、赵欣、王春义、吕丽敏、李飞武。

转基因植物及其产品成分检测
高油酸大豆 305423 及其衍生品种定性 PCR 方法

1 范围

本标准规定了转基因高油酸大豆 305423 转化体特异性的定性 PCR 检测方法。

本标准适用于转基因高油酸大豆 305423 及其衍生品种以及制品中 305423 转化体成分的定性 PCR 检测。

2 规范性引用文件

下列文件对于本文件的应用是必不可少的。凡是注日期的引用文件，仅注日期的版本适用于本文件。凡是不注日期的引用文件，其最新版本(包括所有的修改单)适用于本文件。

GB/T 6682 分析实验室用水规格和试验方法

NY/T 672 转基因植物及其产品检测 通用要求

NY/T 673 转基因植物及其产品检测 抽样

农业部 1485 号公告—4—2010 转基因植物及其产品成分检测 DNA 提取和纯化

3 术语和定义

下列术语和定义适用于本文件。

3.1

***Lectin* 基因 *Lectin* gene**

编码大豆凝集素的基因。

3.2

305423 转化体特异性序列 event-specific sequence of 305423

305423 外源插入片段 3′端与大豆基因组的连接区序列，包括外源插入的大豆 KTi3(Kunitz 胰蛋白酶抑制剂 3 基因，Kunitz proteins inhibitor gene 3)启动子的部分序列和大豆基因组的部分序列。

4 原理

根据转基因高油酸大豆 305423 转化体特异性序列设计特异性引物，对试样 DNA 进行 PCR 扩增。依据是否扩增获得预期 235 bp 的特异性 DNA 片段，判断样品中是否含有 305423 转化体成分。

5 试剂和材料

除非另有说明，仅使用分析纯试剂和重蒸馏水或符合 GB/T 6682 规定的一级水。

5.1 琼脂糖。

5.2 10 g/L 溴化乙锭溶液：称取 1.0 g 溴化乙锭(EB)，溶解于 100 mL 水中，避光保存。

注：溴化乙锭有致癌作用，配制和使用时应戴一次性手套操作并妥善处理废液。

5.3 10 mol/L 氢氧化钠溶液：在 160 mL 水中加入 80.0 g 氢氧化钠(NaOH)，溶解后再加水定容至 200 mL。

5.4 500 mmol/L 乙二铵四乙酸二钠溶液(pH 8.0)：称取 18.6 g 乙二铵四乙酸二钠($EDTA-Na_2$)，加

入 70 mL 水中，再加入适量氢氧化钠溶液(5.3)，加热至完全溶解后，冷却至室温。用氢氧化钠溶液(5.3)调 pH 至 8.0，加水定容至 100 mL。在 103.4 kPa(121℃)条件下灭菌 20 min。

5.5　1 mol/L 三羟甲基氨基甲烷—盐酸溶液(pH 8.0)：称取 121.1 g 三羟甲基氨基甲烷(Tris)溶解于 800 mL 水中，用盐酸(HCl)调 pH 至 8.0，加水定容至 1 000 mL。在 103.4 kPa(121℃)条件下灭菌 20 min。

5.6　TE 缓冲液(pH 8.0)：分别量取 10 mL 三羟甲基氨基甲烷—盐酸溶液(5.5)和 2 mL 乙二铵四乙酸二钠溶液(5.4)溶液，加水定容至 1 000 mL。在 103.4 kPa(121℃)条件下灭菌 20 min。

5.7　50×TAE 缓冲液：称取 242.2 g 三羟甲基氨基甲烷(Tris)，先用 500 mL 水加热搅拌溶解后，加入 100 mL 乙二铵四乙酸二钠溶液(5.4)。用冰乙酸调 pH 至 8.0，然后加水定容至 1 000 mL。使用时，用水稀释成 1×TAE。

5.8　加样缓冲液：称取 250.0 mg 溴酚蓝，加入 10 mL 水，在室温下溶解 12 h；称取 250.0 mg 二甲基苯腈蓝，加 10 mL 水溶解；称取 50.0 g 蔗糖，加 30 mL 水溶解。混合以上三种溶液，加水定容至 100 mL，在 4℃下保存。

5.9　DNA 分子量标准：可以清楚地区分 100 bp～1 000 bp 的 DNA 片段。

5.10　dNTPs 混合溶液：将浓度为 10 mmol/L 的 dATP、dTTP、dGTP、dCTP 四种脱氧核糖核苷酸溶液等体积混合。

5.11　Taq DNA 聚合酶、PCR 反应缓冲液及 25 mmol/L 氯化镁溶液。

5.12　*Lectin* 基因引物：

Lectin - F：5′- GCCCTCTACTCCACCCCCATCC - 3′

Lectin - R：5′- GCCCATCTGCAAGCCTTTTTGTG - 3′

预期扩增片段大小为 118 bp。

5.13　305423 转化体特异性序列引物：

305423 - F：5′- CGTCAGGAATAAAGGAAGTACAGTA - 3′

305423 - R：5′- GCCCTAAAGGATGCGTATAGAGT - 3′

预期扩增片段大小为 235 bp(见附录 A)。

5.14　引物溶液：用 TE 缓冲液(5.6)或水分别将上述引物稀释到 10 μmol/L。

5.15　石蜡油。

5.16　PCR 产物回收试剂盒。

5.17　DNA 提取试剂盒。

6　仪器

6.1　分析天平：感量 0.1 g 和 0.1 mg。

6.2　PCR 扩增仪：升降温速度>1.5 ℃/s，孔间温度差异<1.0 ℃。

6.3　电泳槽、电泳仪等电泳装置。

6.4　紫外透射仪。

6.5　凝胶成像系统或照相系统。

6.6　重蒸馏水发生器或纯水仪。

6.7　其他相关仪器和设备。

7　操作步骤

7.1　抽样

按 NY/T 672 和 NY/T 673 的规定执行。

7.2 制样

按 NY/T 672 和 NY/T 673 的规定执行。

7.3 试样预处理

按农业部 1485 号公告—4—2010 的规定执行。

7.4 DNA 模板制备

按农业部 1485 号公告—4—2010 的规定执行。

7.5 PCR 反应

7.5.1 试样 PCR 反应

7.5.1.1 每个试样 PCR 反应设置 3 次重复。

7.5.1.2 在 PCR 反应管中按表 1 依次加入反应试剂，混匀，再加 25 μL 石蜡油(有热盖设备的 PCR 仪可不加)。

表 1 PCR 检测反应体系

试 剂	终浓度	体 积
水		—
10×PCR 缓冲液	1×	2.5 μL
25 mmol/L 氯化镁溶液	1.5 mmol/L	1.5 μL
dNTPs 混合溶液(各 2.5 mmol/L)	各 0.2 mmol/L	2.0 μL
10 μmol/L 上游引物	0.4 μmol/L	1.0 μL
10 μmol/L 下游引物	0.4 μmol/L	1.0 μL
Taq 酶	0.025 U/μL	—
25 mg/L DNA 模板	2 mg/L	2.0 μL
总体积		25.0 μL

注 1:"—"表示体系不确定。如果 PCR 缓冲液中含有氯化镁，则不加氯化镁溶液。根据 Taq 酶的浓度确定其体积，并相应调整水的体积，使反应体系总体积达到 25.0 μL。

注 2:大豆内标准基因 PCR 检测反应体系中，上、下游引物分别为 Lectin-F 和 Lectin-R；305423 转化体 PCR 检测反应体系中，上、下游引物分别为 305423-F 和 305423-R。

7.5.1.3 将 PCR 管放在离心机上，500 g～3 000 g 离心 10 s，然后取出 PCR 管，放入 PCR 仪中。

7.5.1.4 进行 PCR 反应。反应程序为：94℃变性 5 min；94℃变性 30 s，58℃退火 30 s，72℃延伸 30 s，共进行 35 次循环；72℃延伸 7 min。

7.5.1.5 反应结束后取出 PCR 管，对 PCR 反应产物进行电泳检测。

7.5.2 对照 PCR 反应

在试样 PCR 反应的同时，应设置阴性对照、阳性对照和空白对照。

以非转基因大豆基因组 DNA 作为阴性对照；以转基因大豆 305423 质量分数为 0.1%～1.0%的大豆基因组 DNA 作为阳性对照；以水作为空白对照。

各对照 PCR 反应体系中，除模板外，其余组分及 PCR 反应条件与 7.5.1 相同。

7.6 PCR 产物电泳检测

按 20 g/L 的质量浓度称量琼脂糖，加入 1×TAE 缓冲液中，加热溶解，配制成琼脂糖溶液。每 100 mL琼脂糖溶液中加入 5 μL EB 溶液，混匀。稍适冷却后，将其倒入电泳板上，插上梳板。室温下凝固成凝胶后，放入 1×TAE 缓冲液中，垂直向上轻轻拔去梳板。取 12 μL PCR 产物与 3 μL 加样缓冲液混合后加入凝胶点样孔。同时，在其中一个点样孔中加入 DNA 分子量标准，接通电源在 2 V/cm～

5 V/cm条件下电泳检测。

7.7 凝胶成像分析

电泳结束后，取出琼脂糖凝胶，置于凝胶成像仪上或紫外透射仪上成像。根据 DNA 分子量标准估计扩增条带的大小，将电泳结果形成电子文件存档或用照相系统拍照。如需通过序列分析确认 PCR 扩增片段是否为目的 DNA 片段，按照 7.8 和 7.9 的规定执行。

7.8 PCR 产物回收

按 PCR 产物回收试剂盒说明书，回收 PCR 扩增的 DNA 片段。

7.9 PCR 产物测序验证

将回收的 PCR 产物克隆测序，与高油酸大豆 305423 转化体特异性序列（参见附录 A）进行比对，确定 PCR 扩增的 DNA 片段是否为目的 DNA 片段。

8 结果分析与表述

8.1 对照检测结果分析

阳性对照的 PCR 反应中，*Lectin* 内标准基因和 305423 转化体特异性序列均得到扩增，且扩增片段大小与预期片段大小一致；而阴性对照中仅扩增出 *Lectin* 基因片段；空白对照中没有任何扩增片段。这表明 PCR 反应体系正常工作，否则重新检测。

8.2 样品检测结果分析和表述

8.2.1 *Lectin* 内标准基因和 305423 转化体特异性序列均得到扩增，且扩增片段大小与预期片段大小一致。这表明样品中检测出转基因高油酸大豆 305423 转化体成分，表述为“样品中检测出转基因高油酸大豆 305423 转化体成分，检测结果为阳性”。

8.2.2 *Lectin* 内标准基因片段得到扩增，且扩增片段大小与预期片段大小一致，而 305423 转化体特异性序列未得到扩增，或扩增片段大小与预期片段大小不一致。这表明样品中未检测出转基因高油酸大豆 305423 转化体成分，表述为“样品中未检测出转基因高油酸大豆 305423 转化体成分，检测结果为阴性”。

8.2.3 *Lectin* 内标准基因片段未得到扩增，或扩增片段大小与预期片段大小不一致。这表明样品中未检测出大豆成分，表述为“样品中未检测出大豆成分，检测结果为阴性”。

附 录 A
（资料性附录）
高油酸大豆 305423 转化体特异性序列

1 CGTCAGGAAT AAAGGAAGTA CAGTAGAATT TAAAGGTACT CTTTTTATAT
51 ATACCCGTGT TCTCTTTTTG GCTAGCTAGT GTTTTTTTCT CGACTTTTGT
101 ATGAAAATCA TTTGTGTCAA TAGTTTGTGT TATGTATTCA TTGGTCACAT
151 AAATCAACTT CCAAATTTCA ATATTAACTA TAGCAGCCAG GTTAGAAATT
201 CAGAATCATG TTACTCTATA CGCATCCTTT AGGGC

注 1：划线部分为引物序列。

注 2：1～81 为 KTi3 启动子部分序列；82～235 为大豆基因组序列。

ICS 65.020
B 04

中华人民共和国国家标准

农业部1782号公告—5—2012

转基因植物及其产品成分检测 耐除草剂大豆CV127及其衍生品种定性 PCR方法

Detection of genetically modified plants and derived products—Qualitative PCR method for herbicide-resistant soybean CV127 and its derivates

2012-06-06 发布　　　　2012-09-01 实施

中华人民共和国农业部 发布

前　　言

本标准按照 GB/T 1.1—2009 给出的规则起草。

请注意本文件的某些内容可能涉及专利。本文件的发布机构不承担识别这些专利的责任。

本标准由中华人民共和国农业部提出。

本标准由全国农业转基因生物安全管理标准化技术委员会(SAC/TC 276)归口。

本标准起草单位:农业部科技发展中心、天津市农业科学院中心实验室。

本标准主要起草人:王永、沈平、兰青阔、赵新、刘信、朱珠、郭永泽、程奕。

转基因植物及其产品成分检测
耐除草剂大豆 CV127 及其衍生品种定性 PCR 方法

1 范围

本标准规定了转基因耐除草剂大豆 CV127 转化体特异性的定性 PCR 检测方法。

本标准适用于转基因耐除草剂大豆 CV127 及其衍生品种以及制品中 CV127 转化体成分的定性 PCR 检测。

2 规范性引用文件

下列文件对于本文件的应用是必不可少的。凡是注日期的引用文件，仅注日期的版本适用于本文件。凡是不注日期的引用文件，其最新版本(包括所有的修改单)适用于本文件。

GB/T 6682 分析实验室用水规格和试验方法

NY/T 672 转基因植物及其产品检测 通用要求

NY/T 673 转基因植物及其产品检测 抽样

农业部 1485 号公告—4—2010 转基因植物及其产品成分检测 DNA 提取和纯化

3 术语和定义

下列术语和定义适用于本文件。

3.1

***Lectin* 基因 *Lectin* gene**

编码大豆凝集素的基因。

3.2

CV127 转化体特异性序列 event-specific sequence of CV127

CV127 外源插入片段 5′端与大豆基因组的连接区序列，包括来源于拟南芥基因组的部分序列和大豆基因组的部分序列。

4 原理

根据转基因耐除草剂大豆 CV127 转化体特异性序列设计特异性引物，对试样 DNA 进行 PCR 扩增。依据是否扩增获得预期 238 bp 的特异性 DNA 片段，判断样品中是否含有 CV127 转化体成分。

5 试剂和材料

除非另有说明，仅使用分析纯试剂和重蒸馏水或符合 GB/T 6682 规定的一级水。

5.1 琼脂糖。

5.2 10 g/L 溴化乙锭溶液：称取 1.0 g 溴化乙锭(EB)，溶解于 100 mL 水中，避光保存。

注：溴化乙锭有致癌作用，配制和使用时应戴一次性手套操作并妥善处理废液。

5.3 10 mol/L 氢氧化钠溶液：在 160 mL 水中加入 80.0 g 氢氧化钠(NaOH)，溶解后再加水定容至 200 mL。

5.4 500 mmol/L 乙二铵四乙酸二钠溶液(pH 8.0)：称取 18.6 g 乙二铵四乙酸二钠($EDTA-Na_2$)，加

入 70 mL 水中，再加入适量氢氧化钠溶液(5.3)，加热至完全溶解后，冷却至室温。用氢氧化钠溶液(5.3)调 pH 至 8.0，加水定容至 100 mL。在 103.4 kPa(121℃)条件下灭菌 20 min。

5.5　1 mol/L 三羟甲基氨基甲烷—盐酸溶液(pH 8.0)：称取 121.1 g 三羟甲基氨基甲烷(Tris)溶解于 800 mL 水中，用盐酸(HCl)调 pH 至 8.0，加水定容至 1 000 mL。在 103.4 kPa(121℃)条件下灭菌 20 min。

5.6　TE 缓冲液(pH 8.0)：分别量取 10 mL 三羟甲基氨基甲烷—盐酸溶液(5.5)和 2 mL 乙二铵四乙酸二钠溶液(5.4)溶液，加水定容至 1 000 mL。在 103.4 kPa(121℃)条件下灭菌 20 min。

5.7　50×TAE 缓冲液：称取 242.2 g 三羟甲基氨基甲烷(Tris)，先用 500 mL 水加热搅拌溶解后，加入 100 mL 乙二铵四乙酸二钠溶液(5.4)。用冰乙酸调 pH 至 8.0，然后加水定容至 1 000 mL。使用时，用水稀释成 1×TAE。

5.8　加样缓冲液：称取 250.0 mg 溴酚蓝，加入 10 mL 水，在室温下溶解 12 h；称取 250.0 mg 二甲基苯腈蓝，加 10 mL 水溶解；称取 50.0 g 蔗糖，加 30 mL 水溶解。混合以上三种溶液，加水定容至 100 mL，在 4℃下保存。

5.9　DNA 分子量标准：可以清楚地区分 100 bp～1 000 bp 的 DNA 片段。

5.10　dNTPs 混合溶液：将浓度为 10 mmol/L 的 dATP、dTTP、dGTP、dCTP 四种脱氧核糖核苷酸溶液等体积混合。

5.11　Taq DNA 聚合酶、PCR 反应缓冲液及 25 mmol/L 氯化镁溶液。

5.12　*Lectin* 基因引物：

Lectin - F：5′- GCCCTCTACTCCACCCCCATCC - 3′

Lectin - R：5′- GCCCATCTGCAAGCCTTTTTGTG - 3′

预期扩增片段大小为 118 bp。

5.13　CV127 转化体特异性序列引物：

127 - F：5′- CCTTCGCCGTTTAGTGTATAGG - 3′

127 - R：5′- AGCAGGTTCGTTTAAGGATGAA - 3′

预期扩增片段大小为 238 bp。

5.14　引物溶液：用 TE 缓冲液(5.6)或水分别将上述引物稀释到 10 μmol/L。

5.15　石蜡油。

5.16　PCR 产物回收试剂盒。

5.17　DNA 提取试剂盒。

6　仪器和设备

6.1　分析天平：感量 0.1 g 和 0.1 mg。

6.2　PCR 扩增仪：升降温速度＞1.5℃/s，孔间温度差异＜1.0℃。

6.3　电泳槽、电泳仪等电泳装置。

6.4　紫外透射仪。

6.5　凝胶成像系统或照相系统。

6.6　重蒸馏水发生器或纯水仪。

6.7　其他相关仪器和设备。

7　操作步骤

7.1　抽样

按 NY/T 672 和 NY/T 673 的规定执行。

7.2 制样

按 NY/T 672 和 NY/T 673 的规定执行。

7.3 试样预处理

按农业部 1485 号公告—4—2010 的规定执行。

7.4 DNA 模板制备

按农业部 1485 号公告—4—2010 的规定执行。

7.5 PCR 反应

7.5.1 试样 PCR 反应

7.5.1.1 每个试样 PCR 反应设置 3 次重复。

7.5.1.2 在 PCR 反应管中按表 1 依次加入反应试剂，混匀，再加 25 μL 石蜡油(有热盖设备的 PCR 仪可不加)。

表 1 PCR 检测反应体系

试 剂	终浓度	体 积
水		—
10×PCR 缓冲液	1×	2.5 μL
25 mmol/L 氯化镁溶液	1.5 mmol/L	1.5 μL
dNTPs 混合溶液(各 2.5 mmol/L)	各 0.2 mmol/L	2.0 μL
10 μmol/L 上游引物	0.4 μmol/L	1.0 μL
10 μmol/L 下游引物	0.4 μmol/L	1.0 μL
Taq 酶	0.025 U/μL	—
25 mg/L DNA 模板	2 mg/L	2.0 μL
总体积		25.0 μL

注 1:“—”表示体积不确定。如果 PCR 缓冲液中含有氯化镁，则不加氯化镁溶液。根据 Taq 酶的浓度确定其体积，并相应调整水的体积，使反应体系总体积达到 25.0 μL。

注 2:大豆内标准基因 PCR 检测反应体系中，上、下游引物分别为 Lectin - F 和 Lectin - R；CV127 转化体 PCR 检测反应体系中，上、下游引物分别为 127 - F 和 127 - R。

7.5.1.3 将 PCR 管放在离心机上，500 *g*～3 000 *g* 离心 10 s，然后取出 PCR 管，放入 PCR 仪中。

7.5.1.4 进行 PCR 反应。反应程序为：94℃变性 5 min；94℃变性 30 s，58 ℃退火 30 s，72℃延伸 30 s，共进行 35 次循环；72℃延伸 7 min。

7.5.1.5 反应结束后取出 PCR 管，对 PCR 反应产物进行电泳检测。

7.5.2 对照 PCR 反应

在试样 PCR 反应的同时，应设置阴性对照、阳性对照和空白对照。

以非转基因大豆基因组 DNA 作为阴性对照；以转基因大豆 CV127 质量分数为 0.1%～1.0%的大豆基因组 DNA 作为阳性对照；以水作为空白对照。

各对照 PCR 反应体系中，除模板外，其余组分及 PCR 反应条件与 7.5.1 相同。

7.6 PCR 产物电泳检测

按 20 g/L 的质量浓度称量琼脂糖，加入 1×TAE 缓冲液中，加热溶解，配制成琼脂糖溶液。每 100 mL琼脂糖溶液中加入 5 μL EB 溶液，混匀。稍适冷却后，将其倒入电泳板上，插上梳板。室温下凝固成凝胶后，放入 1×TAE 缓冲液中，垂直向上轻轻拔去梳板。取 12 μL PCR 产物与 3 μL 加样缓冲液混合后加入凝胶点样孔。同时，在其中一个点样孔中加入 DNA 分子量标准，接通电源在 2 V/cm～

5 V/cm条件下电泳检测。

7.7 凝胶成像分析

电泳结束后，取出琼脂糖凝胶，置于凝胶成像仪上或紫外透射仪上成像。根据 DNA 分子量标准估计扩增条带的大小，将电泳结果形成电子文件存档或用照相系统拍照。如需通过序列分析确认 PCR 扩增片段是否为目的 DNA 片段，按照 7.8 和 7.9 的规定执行。

7.8 PCR 产物回收

按 PCR 产物回收试剂盒说明书，回收 PCR 扩增的 DNA 片段。

7.9 PCR 产物测序验证

将回收的 PCR 产物克隆测序，与耐除草剂大豆 CV127 转化体特异性序列（参见附录 A）进行比对，确定 PCR 扩增的 DNA 片段是否为目的 DNA 片段。

8 结果分析与表述

8.1 对照检测结果分析

阳性对照的 PCR 反应中，*Lectin* 内标准基因和 CV127 转化体特异性序列均得到扩增，且扩增片段大小与预期片段大小一致；而阴性对照中仅扩增出 *Lectin* 基因片段；空白对照中没有任何扩增片段。这表明 PCR 反应体系正常工作，否则重新检测。

8.2 样品检测结果分析和表述

8.2.1 *Lectin* 内标准基因和 CV127 转化体特异性序列均得到扩增，且扩增片段大小与预期片段大小一致。这表明样品中检测出转基因耐除草剂大豆 CV127 转化体成分，表述为"样品中检测出转基因耐除草剂大豆 CV127 转化体成分，检测结果为阳性"。

8.2.2 *Lectin* 内标准基因片段得到扩增，且扩增片段大小与预期片段大小一致，而 CV127 转化体特异性序列未得到扩增，或扩增片段大小与预期片段大小不一致。这表明样品中未检测出转基因耐除草剂大豆 CV127 转化体成分，表述为"样品中未检测出转基因耐除草剂大豆 CV127 转化体成分，检测结果为阴性"。

8.2.3 *Lectin* 内标准基因片段未得到扩增，或扩增片段大小与预期片段大小不一致。这表明样品中未检测出大豆成分，表述为"样品中未检测出大豆成分，检测结果为阴性"。

附　录　A
(资料性附录)
耐除草剂大豆 CV127 转化体特异性序列

1 CCTTCGCCGT TTAGTGTATA GGAAAGCGCA AACTGATGTT TGGAAGCTTG
51 AAACGGCAAT AAAATATCAA AATCTTTATA TTAAAGCTGA ACAAAAGGGG
101 CCCTCCTTAT TTATCCCCTT AGTTTTTATT TTCATTTCTT TCTAATAAAG
151 GGGCAAACTA GTCTCGTAAT ATATTAGAGG TTAATTAAAT TTATATTCCT
201 CAAATAAAAC CCAATTTTCA TCCTTAAACG AACCTGCT

注 1:划线部分为引物序列。

注 2:1～201 为大豆基因组部分序列,202～238 为来源于拟南芥基因组的部分序列。

ICS 65.020.01
B 04

中 华 人 民 共 和 国 国 家 标 准

农业部 1861 号公告—2—2012

转基因植物及其产品成分检测 耐除草剂大豆 GTS 40-3-2 及其衍生品种定性 PCR 方法

Detection of genetically modified plants and derived products—Qualitative PCR method for herbicide-tolerant soybean GTS 40-3-2 and its derivates

2012-11-28 发布　　2013-01-01 实施

中华人民共和国农业部 发布

前　言

本标准按照 GB/T 1.1—2009 给出的规则起草。

请注意本文件的某些内容可能涉及专利。本文件的发布机构不承担识别这些专利的责任。

本标准由中华人民共和国农业部提出。

本标准由全国农业转基因生物安全管理标准化技术委员会(SAC/TC 276)归口。

本标准起草单位:农业部科技发展中心、四川省农业科学院分析测试中心、黑龙江省农业科学院、中国农业科学院生物技术研究所。

本标准主要起草人:刘勇、沈平、宋君、张瑞英、雷绍荣、金芜军、赵欣、张富丽、尹全、王东、刘文娟、常丽娟、关海涛、王伟威。

转基因植物及其产品成分检测
耐除草剂大豆 GTS 40-3-2 及其衍生品种定性 PCR 方法

1 范围

本标准规定了转基因耐除草剂大豆 GTS 40-3-2 转化体特异性的定性 PCR 检测方法。

本标准适用于转基因耐除草剂大豆 GTS 40-3-2 及其衍生品种，以及制品中 GTS 40-3-2 转化体成分的定性 PCR 检测。

2 规范性引用文件

下列文件对于本文件的应用是必不可少的。凡是注日期的引用文件，仅注日期的版本适用于本文件。凡是不注日期的引用文件，其最新版本(包括所有的修改单)适用于本文件。

GB/T 6682 分析实验室用水规格和试验方法

NY/T 672 转基因植物及其产品检测 通用要求

NY/T 673 转基因植物及其产品检测 抽样

农业部 1485 号公告—4—2010 转基因植物及其产品成分检测 DNA 提取和纯化

3 术语和定义

下列术语和定义适用于本文件。

3.1

***Lectin* 基因 *Lectin* gene**

编码大豆凝集素的基因。

3.2

GTS 40-3-2 转化体特异性序列 event-specific sequence of GTS 40-3-2

GTS 40-3-2 外源插入片段 5′端与大豆基因组的连接区序列，包括 CaMV35S 启动子部分序列和大豆基因组的部分序列。

4 原理

根据转基因耐除草剂大豆 GTS 40-3-2 转化体特异性序列设计特异性引物，对试样 DNA 进行 PCR 扩增。依据是否扩增获得预期 370 bp 的特异性 DNA 片段，判断样品中是否含有 GTS 40-3-2 转化体成分。

5 试剂和材料

除非另有说明，仅使用分析纯试剂和重蒸馏水或符合 GB/T 6682 规定的一级水。

5.1 琼脂糖。

5.2 10 g/L 溴化乙锭溶液：称取 1.0 g 溴化乙锭(EB)，溶解于 100 mL 水中，避光保存。

警告——溴化乙锭有致癌作用，配制和使用时应戴一次性手套操作并妥善处理废液。

5.3 10 mol/L 氢氧化钠溶液：在 160 mL 水中加入 80.0 g 氢氧化钠(NaOH)，溶解后再加水定容至 200 mL。

5.4 500 mmol/L 乙二铵四乙酸二钠溶液(pH 8.0):称取 18.6 g 乙二铵四乙酸二钠($EDTA\text{-}Na_2$),加入 70 mL 水中,再加入适量氢氧化钠溶液(5.3),加热至完全溶解后,冷却至室温,用氢氧化钠溶液(5.3)调 pH 至 8.0,加水定容至 100 mL。在 103.4 kPa(121℃)条件下灭菌20 min。

5.5 1mol/L 三羟甲基氨基甲烷—盐酸溶液(pH 8.0):称取 121.1 g 三羟甲基氨基甲烷(Tris)溶解于 800 mL 水中,用盐酸(HCl)调 pH 至 8.0,加水定容至 1 000 mL。在 103.4 kPa(121℃)条件下灭菌 20 min。

5.6 TE 缓冲液(pH 8.0):分别量取 10 mL 三羟甲基氨基甲烷—盐酸溶液(5.5)和 2 mL 乙二铵四乙酸二钠溶液(5.4),加水定容至 1 000 mL。在 103.4 kPa(121℃)条件下灭菌 20 min。

5.7 50×TAE 缓冲液:称取 242.2 g 三羟甲基氨基甲烷(Tris),先用 500 mL 水加热搅拌溶解后,加入 100 mL 乙二铵四乙酸二钠溶液(5.4),用冰乙酸调 pH 至 8.0,然后加水定容到 1 000 mL。使用时用水稀释成 1×TAE。

5.8 加样缓冲液:称取 250.0 mg 溴酚蓝,加入 10 mL 水,在室温下溶解 12 h;称取 250.0 mg 二甲基苯腈蓝,加 10 mL 水溶解;称取 50.0 g 蔗糖,加 30 mL 水溶解。混合以上三种溶液,加水定容至 100 mL,在 4℃下保存。

5.9 DNA 分子量标准:可以清楚地区分 100 bp~1 000 bp 的 DNA 片段。

5.10 dNTPs 混合溶液:将浓度为 10 mmol/L 的 dATP、dTTP、dGTP、dCTP 四种脱氧核糖核苷酸溶液等体积混合。

5.11 Taq DNA 聚合酶、PCR 反应缓冲液及 25 mmol/L 氯化镁溶液。

5.12 *Lectin* 基因引物:

Lectin-F:5′- GCCCTCTACTCCACCCCCATCC - 3′

Lectin-R:5′- GCCCATCTGCAAGCCTTTTTGTG - 3′

预期扩增片段大小为 118 bp。

5.13 GTS 40-3-2 转化体特异性序列引物:

GTS 40-3-2-F:5′- TTCAAACCCTTCAATTTAACCGAT - 3′

GTS 40-3-2-R:5′- AAGGATAGTGGGATTGTGCGTC - 3′

预期扩增片段大小为 370 bp(参见附录 A)。

5.14 引物溶液:用 TE 缓冲液(5.6)或水分别将上述引物稀释到 10 μmol/L。

5.15 石蜡油。

5.16 DNA 提取试剂盒。

5.17 定性 PCR 反应试剂盒。

5.18 PCR 产物回收试剂盒。

6 仪器和设备

6.1 分析天平:感量 0.1 g 和 0.1 mg。

6.2 PCR 扩增仪:升降温速度>1.5℃/s,孔间温度差异<1.0℃。

6.3 电泳槽、电泳仪等电泳装置。

6.4 紫外透射仪。

6.5 凝胶成像系统或照相系统。

6.6 重蒸馏水发生器或纯水仪。

6.7 其他相关仪器设备。

7 操作步骤

7.1 抽样

按 NY/T 672 和 NY/T 673 的规定执行。

7.2 制样

按 NY/T 672 和 NY/T 673 的规定执行。

7.3 试样预处理

按农业部 1485 号公告—4—2010 的规定执行。

7.4 DNA 模板制备

按农业部 1485 号公告—4—2010 的规定执行。

7.5 PCR 反应

7.5.1 试样 PCR 反应

7.5.1.1 每个试样 PCR 反应设置 3 次重复。

7.5.1.2 在 PCR 反应管中按表 1 依次加入反应试剂，混匀，再加 25 μL 石蜡油(有热盖设备的 PCR 仪可不加)。也可采用经验证的、等效的定性 PCR 反应试剂盒配制反应体系。

表 1 PCR 检测反应体系

试剂	终浓度	体积
水		—
10×PCR 缓冲液	1×	2.5 μL
25 mmol/L 氯化镁溶液	2.0 mmol/L	2.0 μL
dNTPs 混合溶液(各 2.5 mmol/L)	各 0.2 mmol/L	2.0 μL
10 μmol/L 上游引物	0.4 μmol/L	1.0 μL
10 μmol/L 下游引物	0.4 μmol/L	1.0 μL
Taq DNA 聚合酶	0.025 U/μL	—
25 mg/L DNA 模板	1 mg/L	1.0 μL
总体积		25.0 μL

"—"表示体积不确定，如果 PCR 缓冲液中含有氯化镁，则不加氯化镁溶液，根据 Taq 酶的浓度确定其体积，并相应调整水的体积，使反应体系总体积达到 25.0 μL。

注：大豆内标准基因 PCR 检测反应体系中，上下游引物分别为 Lectin-F 和 Lectin-R；GTS 40-3-2 转化体 PCR 检测反应体系中，上下游引物分别为 GTS 40-3-2-F 和 GTS 40-3-2-R。

7.5.1.3 将 PCR 管放在离心机上，500 g～3 000 g 离心 10 s，然后取出 PCR 管，放入 PCR 仪中。

7.5.1.4 进行 PCR 反应。反应程序为：95℃变性 5 min；94℃变性 30 s，58℃退火 30 s，72℃延伸 30 s，共进行 35 次循环；72℃延伸 7 min。

7.5.1.5 反应结束后取出 PCR 管，对 PCR 反应产物进行电泳检测。

7.5.2 对照 PCR 反应

在试样 PCR 反应的同时，应设置阴性对照、阳性对照和空白对照。

以非转基因大豆基因组 DNA 作为阴性对照；以转基因大豆 GTS 40-3-2 质量分数为 0.1%～1.0%的大豆基因组 DNA，或采用 GTS 40-3-2 转化体特异性序列与非转基因大豆基因组相比的拷贝数分数为 0.1%～1.0%的 DNA 溶液作为阳性对照；以水作为空白对照。

各对照 PCR 反应体系中，除模板外，其余组分及 PCR 反应条件与 7.5.1 相同。

7.6 PCR 产物电泳检测

按 20 g/L 的质量浓度称取琼脂糖，加入 1×TAE 缓冲液中，加热溶解，配制成琼脂糖溶液。每 100 mL琼脂糖溶液中加入 5 μL EB 溶液，混匀，稍适冷却后，将其倒入电泳板上，插上梳板，室温下凝固成凝胶后，放入 1×TAE 缓冲液中，垂直向上轻轻拔去梳板。取 12 μL PCR 产物与 3 μL 加样缓冲液混合后加入凝胶点样孔，同时，在其中一个点样孔中加入 DNA 分子量标准，接通电源在 2 V/cm～5 V/cm 条件下电泳检测。

7.7 凝胶成像分析

电泳结束后，取出琼脂糖凝胶，置于凝胶成像仪或紫外透射仪上成像。根据 DNA 分子量标准估计扩增条带的大小，将电泳结果形成电子文件存档或用照相系统拍照。如需通过序列分析确认 PCR 扩增片段是否为目的 DNA 片段，按照 7.8 和 7.9 的规定执行。

7.8 PCR 产物回收

按 PCR 产物回收试剂盒说明书，回收 PCR 扩增的 DNA 片段。

7.9 PCR 产物测序验证

将回收的 PCR 产物克隆测序，与耐除草剂大豆 GTS 40-3-2 转化体特异性序列(参见附录 A)进行比对，确定 PCR 扩增的 DNA 片段是否为目的 DNA 片段。

8 结果分析与表述

8.1 对照检测结果分析

阳性对照的 PCR 反应中，*Lectin* 内标准基因和 GTS 40-3-2 转化体特异性序列均得到扩增，且扩增片段大小与预期片段大小一致，而阴性对照中仅扩增出 *Lectin* 基因片段，空白对照中没有任何扩增片段，这表明 PCR 反应体系正常工作，否则重新检测。

8.2 样品检测结果分析和表述

8.2.1 *Lectin* 内标准基因和 GTS 40-3-2 转化体特异性序列均得到扩增，且扩增片段大小与预期片段大小一致，表明样品中检测出 GTS 40-3-2 转化体成分，表述为“样品中检测出转基因耐除草剂大豆 GTS 40-3-2 转化体成分，检测结果为阳性”。

8.2.2 *Lectin* 内标准基因片段得到扩增，且扩增片段大小与预期片段大小一致，而 GTS 40-3-2 转化体特异性序列未得到扩增，或扩增片段大小与预期片段大小不一致，表明样品中未检测出 GTS 40-3-2 转化体成分，表述为“样品中未检测出转基因耐除草剂大豆 GTS 40-3-2 转化体成分，检测结果为阴性”。

8.2.3 *Lectin* 内标准基因片段未得到扩增，或扩增片段大小与预期片段大小不一致，表明样品中未检测出大豆成分，表述为“样品中未检测出大豆成分，检测结果为阴性”。

9 检出限

本标准方法未确定绝对检测下限，相对检测下限为 1 g/kg(含预期 DNA 片段的样品/总样品)。

附 录 A
(资料性附录)
耐除草剂大豆 GTS 40-3-2 转化体特异性序列

1 TTCAAACCCT TCAATTTAAC CGATGCTAAT GAGTTATTTT TGCATGCTTT AATTTGTTTC
61 TATCAAATGT TTATTTTTTT TTACTAGAAA TAACTTATTG CATTTCATTC AAAATAAGAT
121 CATACATACA GGTTAAAATA AACATAGGGA ACCCAAATGG AAAAGGAAGG TGGCTCCTAC
181 AAATGCCATC ATTGCGATAA AGGAAAGGCT ATCGTTCAAG ATGCCTCTGC CGACAGTGGT
241 CCCAAAGATG GACCCCCACC CACGAGGAGC ATCGTGGAAA AAGAAGACGT TCCAACCACG
301 TCTTCAAAGC AAGTGGATTG ATGTGATATC TCCACTGACG TAAGGGATGA CGCACAATCC
361 CACTATCCTT

注 1:划线部分为 GTS 40-3-2-F 和 GTS 40-3-2-R 引物序列。
注 2:1～157 为大豆基因组序列,158～370 为转化载体序列。

ICS 65.020
B 04

中华人民共和国国家标准

农业部2031号公告—8—2013

转基因植物及其产品成分检测 大豆内标准基因定性PCR方法

Detection of genetically modified plants and derived products—Target-taxon-specific qualitative PCR method for soybean

2013-12-04 发布 2013-12-04 实施

中华人民共和国农业部 发布

前　言

本标准按照 GB/T 1.1—2009 给出的规则起草。

请注意本文件的某些内容可能涉及专利。本文件的发布机构不承担识别这些专利的责任。

本标准由中华人民共和国农业部提出。

本标准由全国农业转基因生物安全管理标准化技术委员会(SAC/TC 276)归口。

本标准起草单位:农业部科技发展中心、吉林省农业科学院。

本标准主要起草人:张明、宋贵文、李飞武、李葱葱、赵欣、董立明、闫伟、邢珍娟、宋新元、刘娜。

转基因植物及其产品成分检测
大豆内标准基因定性 PCR 方法

1 范围

本标准规定了大豆内标准基因 *Lectin* 的定性 PCR 检测方法。

本标准适用于转基因植物及其制品中大豆成分的定性 PCR 检测。

2 规范性引用文件

下列文件对于本文件的应用是必不可少的。凡是注日期的引用文件，仅注日期的版本适用于本文件。凡是不注日期的引用文件，其最新版本（包括所有的修改单）适用于本文件。

GB/T 6682 分析实验室用水规格和试验方法

NY/T 672 转基因植物及其产品检测 通用要求

农业部 2031 号公告—19—2013 转基因植物及其产品检测 抽样

农业部 1485 号公告—4—2010 转基因植物及其产品成分检测 DNA 提取和纯化

3 术语和定义

下列术语和定义适用于本文件。

3.1

***Lectin* 基因 *Lectin* gene**

编码大豆凝集素的基因。

4 原理

根据 *Lectin* 基因序列设计特异性引物及探针，对试样进行 PCR 扩增。依据是否扩增获得预期的 DNA 片段或典型的荧光扩增曲线，判断样品中是否含有大豆成分。

5 试剂和材料

除非另有说明，仅使用分析纯试剂和重蒸馏水或符合 GB/T 6682 规定的一级水。

5.1 琼脂糖。

5.2 10 g/L 溴化乙锭溶液：称取 1.0 g 溴化乙锭（EB），溶解于 100 mL 水中，避光保存。

警告——溴化乙锭有致癌作用，配制和使用时应戴一次性手套操作并妥善处理废液。

5.3 10 mol/L 氢氧化钠溶液：在 160 mL 水中加入 80.0 g 氢氧化钠（NaOH），溶解后，冷却至室温，再加水定容到 200 mL。

5.4 500 mmol/L 乙二铵四乙酸二钠溶液（pH 8.0）：称取 18.6 g 乙二铵四乙酸二钠（EDTA-Na_2），加入 70 mL 水中，再加入适量氢氧化钠溶液（5.3），加热至完全溶解后，冷却至室温，用氢氧化钠溶液（5.3）调 pH 至 8.0，加水定容至 100 mL。在 103.4 kPa（121℃）条件下灭菌 20 min。

5.5 1 mol/L 三羟甲基氨基甲烷—盐酸溶液（pH 8.0）：称取 121.1 g 三羟甲基氨基甲烷（Tris）溶解于 800 mL水中，用盐酸（HCl）调 pH 至 8.0，加水定容至 1 000 mL。在 103.4 kPa（121℃）条件下灭菌 20 min。

5.6 TE 缓冲液（pH 8.0）：分别量取 10 mL 三羟甲基氨基甲烷—盐酸溶液（5.5）和 2 mL 乙二铵四乙酸

二钠溶液(5.4),加水定容至1 000 mL。在103.4 kPa(121℃)条件下灭菌20 min。

5.7 50×TAE缓冲液:称取242.2 g三羟甲基氨基甲烷(Tris),先用500 mL水加热搅拌溶解后,加入100 mL乙二铵四乙酸二钠溶液(5.4),用冰乙酸调pH至8.0,然后加水定容到1 000 mL。使用时,用水稀释成1×TAE。

5.8 加样缓冲液:称取250.0 mg溴酚蓝,加入10 mL水,在室温下溶解12 h;称取250.0 mg二甲基苯腈蓝,加10 mL水溶解;称取50.0 g蔗糖,加30 mL水溶解。混合以上三种溶液,加水定容至100 mL,在4℃下保存。

5.9 DNA分子量标准:可以清楚地区分100 bp~1 000 bp的DNA片段。

5.10 dNTPs混合溶液:将浓度为10 mmol/L的dATP、dTTP、dGTP、dCTP四种脱氧核糖核苷酸溶液等体积混合。

5.11 Taq DNA聚合酶、PCR反应缓冲液及25 mmol/L氯化镁溶液。

5.12 *Lectin*基因普通PCR引物:

lec-1672F:5′-GGGTGAGGATAGGGTTCTCTG-3′;

lec-1881R:5′-GCGATCGAGTAGTGAGAGTCG-3′;

预期扩增片段大小210 bp(参见附录A)。

5.13 *Lectin*基因实时荧光PCR引物和探针:

lec-1215F:5′-GCCCTCTACTCCACCCCCA-3′;

lec-1332R:5′-GCCCATCTGCAAGCCTTTTT-3′;

lec-1269P:5′-AGCTTCGCCGCTTCCTTCAACTTCAC-3′。

注:探针的5′端标记荧光报告基团(如FAM、HEX等);3′端标记对应的荧光淬灭基团(如TAMRA、BHQ1等)。

预期扩增片段大小为118 bp(参见附录A)。

5.14 引物溶液:用TE缓冲液(pH 8.0)或水分别将引物稀释到10 μmol/L。

5.15 石蜡油。

5.16 DNA提取试剂盒。

5.17 定性PCR反应试剂盒。

5.18 实时荧光PCR反应试剂盒。

5.19 PCR产物回收试剂盒。

6 仪器和设备

6.1 分析天平:感量0.1 g和0.1 mg。

6.2 PCR扩增仪:升降温速度>1.5℃/s,孔间温度差异<1.0℃。

6.3 荧光定量PCR仪。

6.4 电泳槽、电泳仪等电泳装置。

6.5 紫外透射仪。

6.6 凝胶成像系统或照相系统。

6.7 重蒸馏水发生器或纯水仪。

6.8 其他相关仪器设备。

7 分析步骤

7.1 抽样

按NY/T 672和农业部2031号公告—19—2013的规定执行。

7.2 试样制备

按 NY/T 672 和农业部 2031 号公告—19—2013 的规定执行。

7.3 试样预处理

按农业部 1485 号公告—4—2010 的规定执行。

7.4 DNA 模板制备

按农业部 1485 号公告—4—2010 的规定执行。

7.5 PCR 反应

7.5.1 普通 PCR 方法

7.5.1.1 PCR 反应

7.5.1.1.1 试样 PCR 反应

7.5.1.1.1.1 每个试样 PCR 反应设置 3 次平行。

7.5.1.1.1.2 在 PCR 反应管中按表 1 依次加入反应试剂，混匀，再加 25 μL 石蜡油(有热盖功能的 PCR 仪可不加)。也可采用经验证的、等效的定性 PCR 反应试剂盒配制反应体系。

表 1 PCR 检测反应体系

试 剂	终浓度	体积
水		—
10×PCR 缓冲液	1×	2.5 μL
25 mmol/L 氯化镁溶液	1.5 mmol/L	1.5 μL
dNTPs 混合溶液(各 2.5 mmol/L)	各 0.2 mmol/L	2.0 μL
10 μmol/L lec-1672F	0.2 μmol/L	0.5 μL
10 μmol/L lec-1881R	0.2 μmol/L	0.5 μL
Taq DNA 聚合酶	0.025 U/μL	—
25 mg/L DNA 模板	2 mg/L	2.0 μL
总体积		25.0 μL
"—"表示体积不确定。如果 PCR 缓冲液中含有氯化镁，则不加氯化镁溶液，根据 Taq DNA 聚合酶的浓度确定其体积，并相应调整水的体积，使反应体系总体积达到 25.0 μL。		

7.5.1.1.1.3 将 PCR 管放在离心机上，500 *g*～3 000 *g* 离心 10 s，然后取出 PCR 管，放入 PCR 仪中。

7.5.1.1.1.4 进行 PCR 反应。反应程序为：94℃变性 5 min；94℃变性 30 s，58℃退火 30 s，72℃延伸 30 s，共进行 35 次循环；72℃延伸 7 min。

7.5.1.1.1.5 反应结束后取出 PCR 管，对 PCR 反应产物进行电泳检测。

7.5.1.1.2 对照 PCR 反应

在试样 PCR 反应的同时，应设置阴性对照、阳性对照和空白对照。

以大豆基因组 DNA 质量分数为 0.1%～1.0%的植物 DNA 作为阳性对照；以不含大豆基因组 DNA 的 DNA 样品(如鲑鱼精 DNA)作为阴性对照；以水作为空白对照。

各对照 PCR 反应体系中，除模板外，其余组分及 PCR 反应条件与 7.5.1.1.1 相同。

7.5.1.2 PCR 产物电泳检测

按 20 g/L 的质量浓度称量琼脂糖，加入 1×TAE 缓冲液中，加热溶解，配制成琼脂糖溶液。每 100 mL琼脂糖溶液中加入 5 μL EB 溶液，混匀。稍适冷却后，将其倒入电泳板上，插上梳板。室温下凝固成凝胶后，放入 1×TAE 缓冲液中，垂直向上轻轻拔去梳板。取 12 μL PCR 产物与 3 μL 加样缓冲液混合后加入凝胶点样孔，同时在其中一个点样孔中加入 DNA 分子量标准，接通电源在 2 V/cm～5 V/cm 条件下电泳检测。

7.5.1.3 **凝胶成像分析**

电泳结束后，取出琼脂糖凝胶，置于凝胶成像仪上或紫外透射仪上成像。根据 DNA 分子量标准估计扩增条带的大小，将电泳结果形成电子文件存档或用照相系统拍照。如需通过序列分析确认 PCR 扩增片段是否为目的 DNA 片段，按照 7.5.1.4 和 7.5.1.5 的规定执行。

7.5.1.4 **PCR 产物回收**

按 PCR 产物回收试剂盒说明书，回收 PCR 扩增的 DNA 片段。

7.5.1.5 **PCR 产物测序验证**

将回收的 PCR 产物克隆测序，与大豆内标准基因 *Lectin* 的核苷酸序列（参见附录 A）进行比对，确定 PCR 扩增的 DNA 片段是否为目的 DNA 片段。

7.5.2 **实时荧光 PCR 方法**

7.5.2.1 **试样 PCR 反应**

7.5.2.1.1 每个试样 PCR 反应设置 3 次平行。

7.5.2.1.2 在 PCR 反应管中按表 2 依次加入反应试剂，混匀。也可采用经验证的、等效的实时荧光 PCR 反应试剂盒配制反应体系。

7.5.2.1.3 将 PCR 管放在离心机上，500 *g*～3 000 *g* 离心 10 s，然后取出 PCR 管，放入 PCR 仪中。

7.5.2.1.4 运行实时荧光 PCR 反应。反应程序为 95℃、5 min；95℃、15 s，60℃、60 s，循环数 40；在第二阶段的退火延伸（60℃）时段收集荧光信号。

注：可根据仪器要求将反应参数做适当调整。

7.5.2.2 **对照 PCR 反应**

在试样 PCR 反应的同时，应设置阴性对照、阳性对照和空白对照。

以大豆基因组 DNA 质量分数为 0.1%～1.0%的植物 DNA 作为阳性对照；以不含大豆基因组 DNA 的 DNA 样品（如鲑鱼精 DNA）作为阴性对照；以水作为空白对照。

各对照 PCR 反应体系中，除模板外，其余组分及 PCR 反应条件与 7.5.2.1 相同。

表 2 实时荧光 PCR 反应体系

试剂	终浓度	体积
水		—
10×PCR 缓冲液	1×	2.5 μL
25 mmol/L 氯化镁溶液	2.5 mmol/L	2.5 μL
dNTPs 混合溶液（各 2.5 mmol/L）	各 0.2 mmol/L	2.0 μL
10 μmol/L lec-1215F	0.4 μmol/L	1.0 μL
10 μmol/L lec-1332R	0.4 μmol/L	1.0 μL
10 μmol/L lec-1269P	0.2 μmol/L	0.5 μL
Taq DNA 聚合酶	0.04 U/μL	—
25 mg/L DNA 模板	2 mg/L	2.0 μL
总体积		25.0 μL

"—"表示体积不确定。如果 PCR 缓冲液中含有氯化镁，则不加氯化镁溶液，根据 Taq DNA 聚合酶的浓度确定其体积，并相应调整水的体积，使反应体系总体积达到 25.0 μL。

8 结果分析与表述

8.1 普通 PCR 方法

8.1.1 **对照检测结果分析**

阳性对照 PCR 反应中，*Lectin* 基因特异性序列得到扩增，且扩增片段大小与预期片段大小一致，而阴性对照及空白对照中没有预期扩增片段，表明 PCR 反应体系正常工作。否则，重新检测。

8.1.2 样品检测结果分析和表述

8.1.2.1 *Lectin* 基因特异性序列得到扩增，且扩增片段大小与预期片段大小一致，表明样品中检测出大豆成分，表述为“样品中检测出大豆成分”。

8.1.2.2 *Lectin* 基因特异性序列未得到扩增，或扩增片段大小与预期片段大小不一致，表明样品中未检测出大豆成分，表述为“样品中未检测出大豆成分”。

8.2 实时荧光 PCR 方法

8.2.1 阈值设定

实时荧光 PCR 反应结束后，以 PCR 刚好进入指数期扩增来设置荧光信号阈值，并根据仪器噪声情况进行调整。

8.2.2 对照检测结果分析

阴性对照和空白对照无典型扩增曲线，荧光信号低于设定的阈值，而阳性对照出现典型扩增曲线，且 *Ct* 值小于或等于 36，表明反应体系工作正常。否则，重新检测。

8.2.3 样品检测结果分析和表述

8.2.3.1 *Lectin* 内标准基因出现典型扩增曲线，且 *Ct* 值小于或等于 36，表明样品中检测出大豆成分，表述为“样品中检测出大豆成分”。

8.2.3.2 *Lectin* 内标准基因无典型扩增曲线，荧光信号低于设定的阈值，表明样品中未检测出大豆成分，表述为“样品中未检测出大豆成分”。

8.2.3.3 *Lectin* 内标准基因出现典型扩增曲线，但 *Ct* 值在 36～40 之间，应进行重复实验。如重复实验结果符合 8.2.3.1 或 8.2.3.2 的情况，依照 8.2.3.1 或 8.2.3.2 进行判断；如重复实验内标准基因出现典型扩增曲线，但 *Ct* 值仍在 36～40 之间，表明样品中检测出大豆成分，表述为“样品中检测出大豆成分”。

9 检出限

本标准的普通 PCR 方法和实时荧光 PCR 方法的检出限均为 0.5 g/kg。

附　录　A
(资料性附录)
大豆内标准基因特异性序列

A.1　*Lectin* 基因普通 PCR 扩增产物核苷酸序列(Accession No. K00821)

1　GGGTGAGGAT AGGGTTCTCT GCTGCCACGG GACTCGACAT ACCTGGGGAA TCGCATGACG
61　TGCTTTCTTG GTCTTTTGCT TCCAATTTGC CACACGCTAG CAGTAACATT GATCCTTTGG
121　ATCTTACAAG CTTTGTGTTG CATGAGGCCA TCTAAATGTG ACAGATCGAA GGAAGAAAGT
181　GTAATAAGAC GACTCTCACT ACTCGATCGC

注:划线部分为普通 PCR 引物序列。

A.2　*Lectin* 基因实时荧光 PCR 扩增产物核苷酸序列(Accession No. K00821)

1　GCCCTCTACT CCACCCCCAT CCACATTTGG GACAAAGAAA CCGGTAGCGT TGCCAGCTTC
61　GCCGCTTCCT TCAACTTCAC CTTCTATGCC CCTGACACAA AAAGGCTTGC AGATGGGC

注:划线部分为实时荧光 PCR 引物序列;框内为探针序列。

ICS 65.020.01
B 04

中华人民共和国国家标准

农业部2122号公告—4—2014

转基因植物及其产品成分检测 耐除草剂和品质改良大豆MON87705及其衍生品种定性PCR方法

Detection of genetically modified plants and derived products—Qualitative PCR method for herbicide-tolerant and quality improved soybean MON87705 and its derivates

2014-07-07 发布　　2014-08-01 实施

中华人民共和国农业部 发布

前　言

本标准按照GB/T 1.1—2009给出的规则起草。

请注意本文件的某些内容可能涉及专利。本文件的发布机构不承担识别这些专利的责任。

本标准由中华人民共和国农业部提出。

本标准由全国农业转基因生物安全管理标准化技术委员会(SAC/TC 276)归口。

本标准起草单位:农业部科技发展中心、山东省农业科学院植物保护研究所、中国农业科学院生物技术研究所。

本标准主要起草人:路兴波、赵欣、孙红炜、宋贵文、李凡、章秋艳、杨淑珂、徐晓辉、高瑞、宛煜松。

转基因植物及其产品成分检测
耐除草剂和品质改良大豆 MON87705
及其衍生品种定性 PCR 方法

1 范围

本标准规定了转基因耐除草剂和品质改良大豆 MON87705 转化体特异性定性 PCR 检测方法。

本标准适用于转基因耐除草剂和品质改良大豆 MON87705 及其衍生品种，以及制品中 MON87705 转化体成分的定性 PCR 检测。

2 规范性引用文件

下列文件对于本文件的应用是必不可少的。凡是注日期的引用文件，仅注日期的版本适用于本文件。凡是不注日期的引用文件，其最新版本(包括所有的修改单)适用于本文件。

GB/T 6682 分析实验室用水规格和试验方法

农业部 1485 号公告—4—2010 转基因植物及其产品成分检测 DNA 提取和纯化

农业部 2031 号公告—8—2013 转基因植物及其产品成分检测 大豆内标准基因定性 PCR 方法

农业部 2031 号公告—19—2013 转基因植物及其产品成分检测 抽样

NY/T 672 转基因植物及其产品检测 通用要求

3 术语和定义

下列术语和定义适用于本文件。

3.1

***Lectin* 基因 *Lectin* gene**

编码大豆凝集素的基因，本文件中用作大豆内标准基因。

3.2

MON87705 转化体特异性序列 event-specific sequence of MON87705

外源插入片段 3′ 端与大豆基因组的连接区序列，包括外源插入片段 3′ 端部分序列和大豆基因组部分序列。

4 原理

根据耐除草剂和品质改良大豆 MON87705 转化体特异性序列设计特异性引物及探针，对试样进行 PCR 扩增。依据是否扩增获得预期的 DNA 片段，判断样品中是否含有 MON87705 转化体成分。

5 试剂和材料

除非另有说明，仅使用分析纯试剂和重蒸馏水或符合 GB/T 6682 规定的一级水。

5.1 琼脂糖。

5.2 10 g/L 溴化乙锭溶液：称取 1.0 g 溴化乙锭(EB)，溶解于 100 mL 水中，避光保存。

警告——溴化乙锭有致癌作用，配制和使用时应戴一次性手套操作并妥善处理废液。

5.3 10 mol/L 氢氧化钠溶液：在 160 mL 水中加入 80.0 g 氢氧化钠(NaOH)，溶解后，冷却至室温，再加水定容到 200 mL。

5.4 500 mmol/L 乙二铵四乙酸二钠溶液(pH 8.0):称取 18.6 g 乙二铵四乙酸二钠(EDTA-Na_2),加入 70 mL 水中,再加入适量氢氧化钠溶液(5.3),至完全溶解后,冷却至室温,用氢氧化钠溶液(5.3)调 pH 至 8.0,加水定容至 100 mL。在 103.4 kPa(121℃)条件下灭菌 20 min。

5.5 1 mol/L 三羟甲基氨基甲烷—盐酸溶液(pH 8.0):称取 121.1 g 三羟甲基氨基甲烷(Tris)溶解于 800 mL 水中,用盐酸(HCl)调 pH 至 8.0,加水定容至 1 000 mL。在 103.4 kPa(121℃)条件下灭菌 20 min。

5.6 TE 缓冲液(pH 8.0):分别量取 10 mL 三羟甲基氨基甲烷—盐酸溶液(5.5)和 2 mL 乙二铵四乙酸二钠溶液(5.4),加水定容至 1 000 mL。在 103.4 kPa(121℃)条件下灭菌 20 min。

5.7 50×TAE 缓冲液:称取 242.2 g 三羟甲基氨基甲烷(Tris),先用 500 mL 水加热搅拌溶解后,加入 100 mL 乙二铵四乙酸二钠溶液(5.4),用冰乙酸调 pH 至 8.0,然后加水定容到 1 000 mL。使用时,用水稀释成 1×TAE。

5.8 加样缓冲液:称取 250.0 mg 溴酚蓝,加入 10 mL 水,在室温下溶解 12 h;称取 250.0 mg 二甲基苯腈蓝,加 10 mL 水溶解;称取 50.0 g 蔗糖,加 30 mL 水溶解。混合以上 3 种溶液,加水定容至 100 mL,在 4℃下保存。

5.9 DNA 分子量标准:可以清楚地区分 100 bp～1 000 bp 的 DNA 片段。

5.10 dNTPs 混合溶液:将浓度为 10 mmol/L 的 dATP、dTTP、dGTP、dCTP4 种脱氧核糖核苷酸溶液等体积混合。

5.11 Taq DNA 聚合酶、PCR 反应缓冲液及 25 mmol/L 氯化镁溶液。

5.12 *Lectin* 基因引物:

lec-1672F:5′-GGGTGAGGATAGGGTTCTCTG-3′

lec-1881R:5′-GCGATCGAGTAGTGAGAGTCG-3′

预期扩增片段大小 210 bp。

5.13 MON87705 转化体特异性序列普通 PCR 引物:

MON87705-F:5′-CGCCAAATCGTGAAGTTTCTCATCT-3′

MON87705-R:5′-CAGTGATAACAACACCCTGAGTCT-3′

预期扩增片段大小为 318 bp(参见附录 A)。

5.14 引物溶液:用 TE 缓冲液(5.6)或水分别将上述引物或探针稀释到 10 μmol/L。

5.15 石蜡油。

5.16 DNA 提取试剂盒。

5.17 定性 PCR 反应试剂盒。

5.18 PCR 产物回收试剂盒。

6 主要仪器和设备

6.1 分析天平:感量 0.1 g 和 0.1 mg。

6.2 PCR 扩增仪:升降温速度>1.5℃/s,孔间温度差异<1.0℃。

6.3 电泳槽、电泳仪等电泳装置。

6.4 紫外透射仪。

6.5 凝胶成像系统或照相系统。

6.6 重蒸馏水发生器或纯水仪。

7 分析步骤

7.1 抽样

按农业部2031号公告—19—2013的规定执行。

7.2 试样制备

按NY/T 672和农业部2031号公告—19—2013的规定执行。

7.3 试样预处理

按农业部1485号公告—4—2010的规定执行。

7.4 DNA模板制备

按农业部1485号公告—4—2010的规定执行。

7.5 PCR反应

7.5.1 试样PCR反应

7.5.1.1 大豆内标准基因PCR反应

按农业部2031号公告—8—2013的规定执行。

7.5.1.2 转化体特异性序列PCR反应

7.5.1.2.1 每个试样PCR反应设置3次平行。

7.5.1.2.2 在PCR反应管中按表1依次加入反应试剂，混匀，再加25 μL石蜡油(有热盖功能的PCR仪可不加)。也可采用经验证的、等效的定性PCR反应试剂盒配制反应体系。

7.5.1.2.3 将PCR管放在离心机上，500 *g*～3 000 *g* 离心10 s，然后取出PCR管，放入PCR仪中。

表1 PCR检测反应体系

试剂	终浓度	体积
水		—
10×PCR缓冲液	1×	2.5 μL
25 mmol/L氯化镁溶液	1.5 mmol/L	1.5 μL
dNTPs混合溶液(各2.5 mmol/L)	各0.2 mmol/L	2.0 μL
10 μmol/L MON87705-F	0.4 μmol/L	1.0 μL
10 μmol/L MON87705-R	0.4 μmol/L	1.0 μL
Taq DNA聚合酶	0.025 U/μL	—
25 mg/L DNA模板	2 mg/L	2.0 μL
总体积		25.0 μL
"—"表示体积不确定。如果PCR缓冲液中含有氯化镁，则不加氯化镁溶液。根据Taq DNA聚合酶的浓度确定其体积，并相应调整水的体积，使反应体系总体积达到25.0 μL。		

7.5.1.2.4 进行PCR反应。反应程序为：95℃变性5 min；95℃变性30 s，58℃退火30 s，72℃延伸30 s，共进行35次循环；72℃延伸7 min。

7.5.1.2.5 反应结束后取出PCR管，对PCR反应产物进行电泳检测。

7.5.2 对照PCR反应

在试样PCR反应的同时，应设置阴性对照、阳性对照和空白对照。

以非转基因大豆基因组DNA作为阴性对照；以转基因大豆MON87705质量分数为0.1%～1.0%的大豆基因组DNA，或采用转基因大豆MON87705转化体特异性序列与非转基因大豆基因组相比的拷贝数分数为0.1%～1.0%的DNA溶液作为阳性对照；以水作为空白对照。

各对照PCR反应体系中，除模板外，其余组分及PCR反应条件与7.5.1.1和7.5.1.2相同。

7.6 PCR产物电泳检测

按20 g/L的质量浓度称量琼脂糖，加入1×TAE缓冲液中，加热溶解，配制成琼脂糖溶液。每100 mL琼脂糖溶液中加入5 μL EB溶液，混匀，稍适冷却后，将其倒入电泳板上，插上梳板，室温下凝固成凝胶后，放入1×TAE缓冲液中，垂直向上轻轻拔去梳板。取12 μL PCR产物与3 μL加样缓冲液混合后加入凝胶点样孔，同时在其中一个点样孔中加入DNA分子量标准，接通电源在2 V/cm～5 V/cm条件下电泳检测。

7.7 凝胶成像分析

电泳结束后，取出琼脂糖凝胶，置于凝胶成像仪上或紫外透射仪上成像。根据DNA分子量标准估计扩增条带的大小，将电泳结果形成电子文件存档或用照相系统拍照。如需通过序列分析确认PCR扩增片段是否为目的DNA片段，按照7.8和7.9的规定执行。

7.8 PCR产物回收

按PCR产物回收试剂盒说明书，回收PCR扩增的DNA片段。

7.9 PCR产物测序验证

将回收的PCR产物克隆测序，与转基因耐除草剂和品质改良大豆MON87705转化体特异性序列(参见附录A)进行比对，确定PCR扩增的DNA片段是否为目的DNA片段。

8 结果分析与表述

8.1 对照检测结果分析

阳性对照PCR反应中，*Lectin*内标准基因和MON87705转化体特异性序列得到扩增，且扩增片段大小与预期片段大小一致，而阴性对照中仅扩增出*Lectin*内标准基因片段，空白对照中没有预期扩增片段，表明PCR反应体系正常工作；否则，重新检测。

8.2 样品检测结果分析和表述

8.2.1 *Lectin*内标准基因和MON87705转化体特异性序列均得到扩增，且扩增片段大小与预期片段大小一致，表明样品中检测出转基因大豆MON87705转化体成分，表述为“样品中检测出转基因大豆MON87705转化体成分，检测结果为阳性”。

8.2.2 *Lectin*内标准基因片段得到扩增，且扩增片段大小与预期片段大小一致，而MON87705转化体特异性序列未得到扩增，或扩增片段大小与预期片段大小不一致，表明样品中未检测出转基因大豆MON87705转化体成分，表述为“样品中未检测出转基因大豆MON87705转化体成分，检测结果为阴性”。

8.2.3 *Lectin*内标准基因片段未得到扩增，或扩增片段大小与预期片段大小不一致，表明样品中未检出大豆成分，结果表述为“样品中未检测出大豆成分，检测结果为阴性”。

9 检出限

本标准方法的检出限为1 g/kg。

附 录 A
（资料性附录）
耐除草剂和品质改良大豆 MON87705 转化体特异性序列

```
1    CGCCAAATCG TGAAGTTTCT CATCTAAGCC CCCATTTGGA CGTGAATGTA GACACGTCGA
61   AATAAAGATT TCCGAATTAG AATAATTTGT TTATTGCTTT CGCCTATAAA TACGACGGAT
121  CGTAATTTGT CGTTTTATCA AAATGTACTT TCATTTTATA ATAACGCTGC GGACATCTAC
181  ATTTTTGAAT TGAAAAAAAA TTGGTAATTA CTCTTTCTTT TTCTCCATAT TGACCATCAT
241  ACTCATTGCT GATCCATGTA GATTTCCCGG ACATGAAGCC ATTTACAATT GAAGAGACTC
301  AGGGTGTTGT TATCACTG
```

注 1：划线部分分别为 MON87705－F 和 MON87705－R 引物序列。

注 2：1～293 为外源插入片段 3′端部分序列，294～318 为大豆基因组部分序列。

ICS 65.020.01
B 04

中华人民共和国国家标准

农业部 2122 号公告—5—2014

转基因植物及其产品成分检测 品质改良大豆 MON87769 及其衍生品种 定性 PCR 方法

Detection of genetically modified plants and derived products—Qualitative PCR method for quality improved soybean MON87769 and its derivates

2014-07-07 发布　　　　2014-08-01 实施

中华人民共和国农业部　发布

前　言

本标准按照 GB/T 1.1—2009 给出的规则起草。

请注意本文件的某些内容可能涉及专利。本文件的发布机构不承担识别这些专利的责任。

本标准由中华人民共和国农业部提出。

本标准由全国农业转基因生物安全管理标准化技术委员会(SAC/TC 276)归口。

本标准起草单位:农业部科技发展中心、天津市农业质量标准与检测技术研究所、吉林省农业科学院、中国农业科学院生物技术研究所。

本标准主要起草人:兰青阔、宋贵文、朱珠、沈平、王永、章秋艳、赵新、陈锐、李飞武、宛煜嵩。

转基因植物及其产品成分检测
品质改良大豆 MON87769 及其衍生品种定性 PCR 方法

1 范围

本标准规定了转基因品质改良大豆 MON87769 转化体特异性定性 PCR 检测方法。

本标准适用于转基因品质改良大豆 MON87769 及其衍生品种，以及制品中 MON87769 转化体成分的定性 PCR 检测。

2 规范性引用文件

下列文件对于本文件的应用是必不可少的。凡是注日期的引用文件，仅注日期的版本适用于本文件。凡是不注日期的引用文件，其最新版本(包括所有的修改单)适用于本文件。

GB/T 6682 分析实验室用水规格和试验方法

农业部 1485 号公告—4—2010 转基因植物及其产品成分检测 DNA 提取和纯化

农业部 2031 号公告—8—2013 转基因植物及其产品成分检测 大豆内标准基因定性 PCR 方法

农业部 2031 号公告—19—2013 转基因植物及其产品成分检测 抽样

NY/T 672 转基因植物及其产品检测 通用要求

3 术语和定义

下列术语和定义适用于本文件。

3.1

***Lectin* 基因 *Lectin* gene**

编码大豆凝集素的基因，在本文件中作为大豆的内标准基因。

3.2

MON87769 转化体特异性序列 event-specific sequence of MON87769

外源插入片段 3′端与大豆基因组的连接区序列，包括外源插入片段 3′端的部分序列和大豆基因组的部分序列。

4 原理

根据转基因品质改良大豆 MON87769 转化体特异性序列设计特异性引物，对试样进行 PCR 扩增。依据是否扩增获得预期的特异性 DNA 片段，判断样品中是否含有 MON87769 转化体成分。

5 试剂和材料

除非另有说明，仅使用分析纯试剂和重蒸馏水或符合 GB/T 6682 规定的一级水。

5.1 琼脂糖。

5.2 10 g/L 溴化乙锭溶液：称取 1.0 g 溴化乙锭(EB)，溶解于 100 mL 水中，避光保存。

警告——溴化乙锭有致癌作用，配制和使用时应戴一次性手套操作并妥善处理废液。

5.3 10 mol/L 氢氧化钠溶液：在 160 mL 水中加入 80.0 g 氢氧化钠(NaOH)，溶解后，冷却至室温，再加水定容到 200 mL。

5.4 500 mmol/L 乙二铵四乙酸二钠溶液(pH 8.0):称取 18.6 g 乙二铵四乙酸二钠($EDTA-Na_2$),加入 70 mL 水中,缓慢滴加氢氧化钠溶液(5.3)直至 $EDTA-Na_2$ 完全溶解,用氢氧化钠溶液(5.3)调 pH 至 8.0,加水定容至 100 mL。在 103.4 kPa(121℃)条件下灭菌 20 min。

5.5 1 mol/L 三羟甲基氨基甲烷—盐酸溶液(pH 8.0):称取 121.1 g 三羟甲基氨基甲烷(Tris)溶解于 800 mL 水中,用盐酸(HCl)调 pH 至 8.0,加水定容至 1 000 mL。在 103.4 kPa(121℃)条件下灭菌 20 min。

5.6 TE 缓冲液(pH 8.0):分别量取 10 mL 三羟甲基氨基甲烷—盐酸溶液(5.5)和 2 mL 乙二铵四乙酸二钠溶液(5.4),加水定容至 1 000 mL。在 103.4 kPa(121℃)条件下灭菌 20 min。

5.7 50×TAE 缓冲液:称取 242.2 g 三羟甲基氨基甲烷(Tris),先用 500 mL 水加热搅拌溶解后,加入 100 mL 乙二铵四乙酸二钠溶液(5.4),用冰乙酸调 pH 至 8.0,然后加水定容到 1 000 mL。使用时,用水稀释成 1×TAE。

5.8 加样缓冲液:称取 250.0 mg 溴酚蓝,加入 10 mL 水,在室温下溶解 12 h;称取 250.0 mg 二甲基苯腈蓝,加 10 mL 水溶解;称取 50.0 g 蔗糖,加 30 mL 水溶解。混合以上 3 种溶液,加水定容至 100 mL,在 4℃下保存。

5.9 DNA 分子量标准:可以清楚地区分 100 bp~1 000 bp 的 DNA 片段。

5.10 dNTPs 混合溶液:将浓度为 10 mmol/L 的 dATP、dTTP、dGTP、dCTP4 种脱氧核糖核苷酸溶液等体积混合。

5.11 Taq DNA 聚合酶、PCR 反应缓冲液及 25 mmol/L 氯化镁溶液。

5.12 *Lectin* 基因引物:

lec-1672F:5′-GGGTGAGGATAGGGTTCTCTG-3′

lec-1881R:5′-GCGATCGAGTAGTGAGAGTCG-3′

预期扩增片段大小 210 bp。

5.13 MON87769 转化体特异性序列引物:

MON87769-F:5′-CCGGACATGAAGCCATTTAC-3′

MON87769-R:5′-TCCTTGGAGGTCGTCTCATT-3′

预期扩增片段大小为 298 bp(参见附录 A)。

5.14 引物溶液:用 TE 缓冲液(5.6)或水分别将上述引物稀释到 10 μmol/L。

5.15 石蜡油。

5.16 DNA 提取试剂盒。

5.17 定性 PCR 反应试剂盒。

5.18 PCR 产物回收试剂盒。

6 主要仪器和设备

6.1 分析天平:感量 0.1 g 和 0.1 mg。

6.2 PCR 扩增仪:升降温速度>1.5℃/s,孔间温度差异<1.0℃。

6.3 电泳槽、电泳仪等电泳装置。

6.4 紫外透射仪。

6.5 凝胶成像系统或照相系统。

6.6 重蒸馏水发生器或纯水仪。

7 分析步骤

7.1 抽样

按 NY/T 672 和农业部 2031 号公告—19—2013 的规定执行。

7.2 试样制备

按 NY/T 672 和农业部 2031 号公告—19—2013 的规定执行。

7.3 试样预处理

按农业部 1485 号公告—4—2010 的规定执行。

7.4 DNA 模板制备

按农业部 1485 号公告—4—2010 的规定执行。

7.5 PCR 反应

7.5.1 试样 PCR 反应

7.5.1.1 大豆内标准基因 PCR 反应

按农业部 2031 号公告—8—2013 的规定执行。

7.5.1.2 转化体特异性序列 PCR 反应

7.5.1.2.1 每个试样 PCR 反应设置 3 次平行。

7.5.1.2.2 在 PCR 反应管中按表 1 依次加入反应试剂，混匀，再加 25 μL 石蜡油(有热盖功能的 PCR 仪可不加)。也可采用经验证的、等效的定性 PCR 反应试剂盒配制反应体系。

表 1 PCR 检测反应体系

试　　剂	终浓度	体积
水		—
10×PCR 缓冲液	1×	2.5 μL
25 mmol/L 氯化镁溶液	1.5 mmol/L	1.5 μL
dNTPs 混合溶液(各 2.5 mmol/L)	各 0.2 mmol/L	2.0 μL
10 μmol/L MON87769 - F	0.4 μmol/L	1.0 μL
10 μmol/L MON87769 - R	0.4 μmol/L	1.0 μL
Taq DNA 聚合酶	0.025 U/μL	—
25 mg/L DNA 模板	2 mg/L	2.0 μL
总体积		25.0 μL
"—"表示体积不确定。如果 PCR 缓冲液中含有氯化镁，则不加氯化镁溶液。根据 Taq DNA 聚合酶的浓度确定其体积，并相应调整水的体积，使反应体系总体积达到 25.0 μL。		

7.5.1.2.3 将 PCR 管放在离心机上，500 *g*～3 000 *g* 离心 10 s，然后取出 PCR 管，放入 PCR 仪中。

7.5.1.2.4 进行 PCR 反应。反应程序为：94℃变性 5 min；94℃变性 30 s，58℃退火 30 s，72℃延伸 30 s，共进行 35 次循环；72℃延伸 7 min。

7.5.1.2.5 反应结束后取出 PCR 管，对 PCR 反应产物进行电泳检测。

7.5.2 对照 PCR 反应

在试样 PCR 反应的同时，应设置阴性对照、阳性对照和空白对照。

以非转基因大豆基因组 DNA 作为阴性对照；以转基因大豆 MON87769 质量分数为 0.1%～1.0% 的大豆基因组 DNA，或采用 MON87769 转化体特异性序列与非转基因大豆基因组相比的拷贝数分数为 0.1%～1.0%的 DNA 溶液作为阳性对照；以水作为空白对照。

各对照 PCR 反应体系中，除模板外，其余组分及 PCR 反应条件与 7.5.1.1 和 7.5.1.2 相同。

7.6 PCR 产物电泳检测

按 20 g/L 的质量浓度称量琼脂糖，加入 1×TAE 缓冲液中，加热溶解，配制成琼脂糖溶液。每 100 mL 琼脂糖溶液中加入 5 μL EB 溶液，混匀，稍适冷却后，将其倒入电泳板上，插上梳板，室温下凝固成凝胶后，放入 1×TAE 缓冲液中，垂直向上轻轻拔去梳板。取 12 μL PCR 产物与 3 μL 加样缓冲液混合后加入凝胶点样孔，同时在其中一个点样孔中加入 DNA 分子量标准，接通电源在 2 V/cm～5 V/cm 条件下电泳检测。

7.7 凝胶成像分析

电泳结束后，取出琼脂糖凝胶，置于凝胶成像仪上或紫外透射仪上成像。根据 DNA 分子量标准估计扩增条带的大小，将电泳结果形成电子文件存档或用照相系统拍照。如需通过序列分析确认 PCR 扩增片段是否为目的 DNA 片段，按照 7.8 和 7.9 的规定执行。

7.8 PCR 产物回收

按 PCR 产物回收试剂盒说明书，回收 PCR 扩增的 DNA 片段。

7.9 PCR 产物测序验证

将回收的 PCR 产物克隆测序，与转基因品质改良大豆 MON87769 转化体特异性序列（参见附录 A）进行比对，确定 PCR 扩增的 DNA 片段是否为目的 DNA 片段。

8 结果分析与表述

8.1 对照检测结果分析

阳性对照 PCR 反应中，大豆内标准基因和 MON87769 转化体特异性序列得到扩增，且扩增片段大小与预期片段大小一致，而阴性对照中仅扩增出大豆内标准基因片段，空白对照中没有任何扩增片段，表明 PCR 反应体系正常工作；否则，重新检测。

8.2 样品检测结果分析和表述

8.2.1 大豆内标准基因和 MON87769 转化体特异性序列均得到扩增，且扩增片段大小与预期片段大小一致，表明样品中检测出 MON87769 转化体成分，表述为“样品中检测出转基因品质改良大豆 MON87769 转化体成分，检测结果为阳性”。

8.2.2 大豆内标准基因片段得到扩增，且扩增片段大小与预期片段大小一致，而 MON87769 转化体特异性序列未得到扩增，或扩增片段大小与预期片段大小不一致，表明样品中未检测出 MON87769 转化体成分，表述为“样品中未检测出转基因品质改良大豆 MON87769 转化体成分，检测结果为阴性”。

8.2.3 大豆内标准基因片段未得到扩增，或扩增片段大小与预期片段大小不一致，表明样品中未检出大豆成分，结果表述为“样品中未检出大豆成分，检测结果为阴性”。

9 检出限

本标准方法的检出限为 1 g/kg。

附 录 A

(资料性附录)

品质改良大豆 MON87769 转化体特异性序列

1 CCGGACATGA AGCCATTTAC AATTGACCAT CATACTCAAA ACTTCACGAG
51 CAACTTGCTA ATTTTGGAAA AGAGAAAGAA AAGACAAGTG TCGAGCATAC
101 ACTTTAGATG CAACAAGCCT TCATAATGGG CCATGAAGAT GGTTTCCAAA
151 AAGCTCTTTG CCAAATTCAA TTGCTTGCTT TTGAGGTAGA TTTAATGTTA
201 TTTGATTGTT TGAAGAATGT CAAGAATGGG GAGTTGGTAA GGGAGTCTCA
251 AATGGAGACT TTTGAAGAGG CTTCTGGAAA TGAGACGACC TCCAAGGA

注 1:划线部分为 MON87769-F 和 MON87769-R 引物序列。

注 2:1～26 为外源插入片段 3′端部分序列,27～298 为大豆基因组部分序列。

ICS 65.020.01
B 04

中华人民共和国国家标准

农业部2259号公告—6—2015

转基因植物及其产品成分检测 耐除草剂大豆MON87708及其衍生品种定性PCR方法

Detection of genetically modified plants and derived products—Qualitative PCR method for herbicide-tolerant soybean MON87708 and its derivates

2015-05-21 发布　　2015-08-01 实施

中华人民共和国农业部　发布

前　言

本标准按照 GB/T 1.1—2009 给出的规则起草。

请注意本文件的某些内容可能涉及专利。本文件的发布机构不承担识别这些专利的责任。

本标准由中华人民共和国农业部提出。

本标准由全国农业转基因生物安全管理标准化技术委员会(SAC/TC 276)归口。

本标准起草单位:农业部科技发展中心、天津市农业质量标准与检测技术研究所、吉林省农业科学院、黑龙江省农业科学院。

本标准主要起草人:王永、宋贵文、赵新、章秋艳、兰青阔、李飞武、朱珠、温洪涛、陈锐、李葱葱、张瑞英。

转基因植物及其产品成分检测
耐除草剂大豆 MON87708 及其衍生品种定性 PCR 方法

1 范围

本标准规定了转基因耐除草剂大豆 MON87708 转化体特异性定性 PCR 检测方法。

本标准适用于转基因耐除草剂大豆 MON87708 及其衍生品种，以及制品中 MON87708 转化体成分的定性 PCR 检测。

2 规范性引用文件

下列文件对于本文件的应用是必不可少的。凡是注日期的引用文件，仅注日期的版本适用于本文件。凡是不注日期的引用文件，其最新版本(包括所有的修改单)适用于本文件。

GB/T 6682 分析实验室用水规格和试验方法

农业部 1485 号公告—4—2010 转基因植物及其产品成分检测 DNA 提取和纯化

农业部 2031 号公告—8—2013 转基因植物及其产品成分检测 大豆内标准基因定性 PCR 方法

农业部 2031 号公告—19—2013 转基因植物及其产品成分检测 抽样

NY/T 672 转基因植物及其产品检测 通用要求

3 术语和定义

下列术语和定义适用于本文件。

3.1

***Lectin* 基因 *Lectin* gene**

编码大豆凝集素的基因，本标准中用作内标准基因。

3.2

MON87708 转化体特异性序列 event-specific sequence of MON87708

外源插入片段 3′ 端与大豆基因组的连接区序列，包括外源插入片段 3′ 端的部分序列和大豆基因组的部分序列。

4 原理

根据转基因耐除草剂大豆 MON87708 转化体特异性序列设计特异性引物及探针，对试样进行 PCR 扩增。依据是否扩增获得预期的特异性 DNA 片段或典型扩增曲线，判断样品中是否含有 MON87708 转化体成分。

5 试剂和材料

除非另有说明，仅使用分析纯试剂和重蒸馏水或符合 GB/T 6682 规定的一级水。

5.1 琼脂糖。

5.2 10 g/L 溴化乙锭溶液：称取 1.0 g 溴化乙锭(EB)，溶解于 100 mL 水中，避光保存。

警告——溴化乙锭有致癌作用，配制和使用时应戴一次性手套操作并妥善处理废液。

5.3 10 mol/L 氢氧化钠溶液：在 160 mL 水中加入 80.0 g 氢氧化钠(NaOH)，溶解后，冷却至室温，再加水定容到 200 mL。

5.4 500 mmol/L 乙二铵四乙酸二钠溶液(pH 8.0):称取 18.6 g 乙二铵四乙酸二钠(EDTA - Na_2),加入 70 mL 水中,缓慢滴加氢氧化钠溶液直至 EDTA - Na_2完全溶解,用氢氧化钠溶液调 pH 至 8.0,加水定容至 100 mL。在 103.4 kPa(121 ℃)条件下灭菌 20 min。

5.5 1 mol/L 三羟甲基氨基甲烷—盐酸溶液(pH 8.0):称取 121.1 g 三羟甲基氨基甲烷(Tris)溶解于 800 mL 水中,用盐酸(HCl)调 pH 至 8.0,加水定容至 1 000 mL。在 103.4 kPa(121℃)条件下灭菌 20 min。

5.6 TE 缓冲液(pH 8.0):分别量取 10 mL 三羟甲基氨基甲烷—盐酸溶液和 2 mL 乙二铵四乙酸二钠溶液溶液,加水定容至 1 000 mL。在 103.4 kPa(121℃)条件下灭菌 20 min。

5.7 50×TAE 缓冲液:称取 242.2 g 三羟甲基氨基甲烷(Tris),先用 500 mL 水加热搅拌溶解后,加入 100 mL 乙二铵四乙酸二钠溶液,用冰乙酸调 pH 至 8.0,然后加水定容到 1 000 mL。使用时用水稀释成 1×TAE。

5.8 加样缓冲液:称取 250.0 mg 溴酚蓝,加入 10 mL 水,在室温下溶解 12 h;称取 250.0 mg 二甲基苯腈蓝,加 10 mL 水溶解;称取 50.0 g 蔗糖,加 30 mL 水溶解。混合以上 3 种溶液,加水定容至 100 mL,在 4℃下保存。

5.9 DNA 分子量标准:可以清楚区分 100 bp~1 000 bp 的 DNA 片段。

5.10 dNTPs 混合溶液:将浓度为 10 mmol/L 的 dATP、dTTP、dGTP、dCTP 4 种脱氧核糖核苷酸溶液等体积混合。

5.11 Taq DNA 聚合酶、PCR 扩增缓冲液及 25 mmol/L 氯化镁溶液。

5.12 *Lectin* 基因引物

5.12.1 普通 PCR 方法引物:

lec - 1672F:5′- GGGTGAGGATAGGGTTCTCTG - 3′

lec - 1881R:5′- GCGATCGAGTAGTGAGAGTCG - 3′

预期扩增片段大小 210 bp。

5.12.2 实时荧光 PCR 方法引物/探针:

lec - 1215F:5′- GCCCTCTACTCCACCCCCA - 3′

lec - 1332R:5′- GCCCATCTGCAAGCCTTTTT - 3′

lec - 1269P:5′- AGCTTCGCCGCTTCCTTCAACTTCAC - 3′

预期扩增片段大小为 118 bp。

注:lec - 1269P 为 *Lectin* 基因的 TaqMan 探针,其 5′ 端标记荧光报告基团(如 FAM、HEX 等),3′ 端标记对应的淬灭基团(如 TAMRA、BHQ1 等)。

5.13 MON87708 转化体特异性序列引物

5.13.1 普通 PCR 方法引物:

MON87708 - F:5′- CCATCATACTCATTGCTGATCCA - 3′

MON87708 - R:5′- AGCCAATCAATCTCAGAACTGTC - 3′

预期扩增片段大小为 233 bp(参见附录 A)。

5.13.2 实时荧光 PCR 方法引物/探针:

MON87708 - QF:5′- TCATACTCATTGCTGATCCATGTAG - 3′

MON87708 - QR:5′- AGAACAAATTAACGAAAAGACAGAACG - 3′

MON87708 - P: 5′- TCCCGGACTTTAGCTCAAAATGCATGTA - 3′

预期扩增片段大小为 91 bp(参见附录 A)。

注:MON87708 - P 为 MON87708 转化体的 TaqMan 探针,其 5′ 端标记荧光报告基团(如 FAM、HEX 等),3′ 端标记对应的淬灭基团(如 TAMRA、BHQ1 等)。

5.14 引物溶液:用 TE 缓冲液或水分别将上述引物或探针稀释到 10 μmol/L。

5.15 石蜡油。

5.16 DNA 提取试剂盒。

5.17 定性 PCR 扩增试剂盒。

5.18 PCR 产物回收试剂盒。

5.19 实时荧光 PCR 试剂盒。

6 主要仪器和设备

6.1 分析天平:感量 0.1 g 和 0.1 mg。

6.2 PCR 扩增仪:升降温速度>1.5℃/s,孔间温度差异<1.0℃。

6.3 荧光定量 PCR 仪。

6.4 电泳槽、电泳仪等电泳装置。

6.5 紫外透射仪。

6.6 凝胶成像系统或照相系统。

7 分析步骤

7.1 抽样

按 NY/T 672 和农业部 2031 号公告—19—2013 的规定执行。

7.2 试样制备

按 NY/T 672 和农业部 2031 号公告—19—2013 的规定执行。

7.3 试样预处理

按农业部 1485 号公告—4—2010 的规定执行。

7.4 DNA 模板制备

按农业部 1485 号公告—4—2010 的规定执行。

7.5 PCR 扩增

7.5.1 普通 PCR 扩增

7.5.1.1 试样 PCR 扩增

7.5.1.1.1 大豆内标准基因 PCR 扩增

按农业部 2031 号公告—8—2013 的规定执行。

7.5.1.1.2 转化体特异性序列 PCR 扩增

7.5.1.1.2.1 每个试样 PCR 扩增设置 3 次平行。

7.5.1.1.2.2 在 PCR 扩增管中按表 1 依次加入反应试剂,混匀,再加 25 μL 石蜡油(有热盖功能的 PCR 仪可不加)。也可采用经验证的、等效的定性 PCR 试剂盒配制反应体系。

表 1 普通 PCR 检测反应体系

试 剂	终 浓 度	体 积
水		—
10×PCR 缓冲液	1×	2.5 μL
25 mmol/L 氯化镁溶液	1.5 mmol/L	1.5 μL
dNTPs 混合溶液(各 2.5 mmol/L)	各 0.2 mmol/L	2.0 μL

表 1 (续)

试　剂	终 浓 度	体　积
10 μmol/L 上游引物	0.5 μmol/L	1.25 μL
10 μmol/L 下游引物	0.5 μmol/L	1.25 μL
Taq DNA 聚合酶	0.025 U/μL	—
25 mg/L DNA 模板	2.0 mg/L	2.0 μL
总体积		25.0 μL
"—"表示体积不确定，如果 PCR 缓冲液中含有氯化镁，则不加氯化镁溶液，根据 Taq DNA 聚合酶的浓度确定其体积，并相应调整水的体积，使反应体系总体积达到 25.0 μL。 注：大豆内标准基因 PCR 检测反应体系中，上下游引物分别为 lec-1672F 和 lec-1881R；MON87708 转化体 PCR 检测反应体系中，上下游引物分别为 MON87708-F 和 MON87708-R。		

7.5.1.1.2.3　将 PCR 管放在离心机上，500 g～3 000 g 离心 10 s，然后取出 PCR 管，放入 PCR 仪中。

7.5.1.1.2.4　进行 PCR 扩增。反应程序为：94℃变性 5 min；94℃变性 30 s，60℃退火 30 s，72℃延伸 30 s，共进行 35 次循环；72℃延伸 7 min。

7.5.1.1.2.5　反应结束后取出 PCR 管，对 PCR 扩增产物进行电泳检测。

7.5.1.2　对照 PCR 扩增

在试样 PCR 扩增同时，应设置阴性对照、阳性对照和空白对照。

以非转基因大豆基因组 DNA 作为阴性对照；以转基因大豆 MON87708 质量分数为 0.1%～1.0% 的大豆基因组 DNA，或采用 MON87708 转化体特异性序列与非转基因大豆基因组相比的拷贝数分数为 0.1%～1.0%的 DNA 溶液作为阳性对照；以水作为空白对照。

除模板外，对照 PCR 扩增与 7.5.1.1 相同。

7.5.1.3　PCR 产物电泳检测

按 20 g/L 的质量浓度称量琼脂糖，加入 1×TAE 缓冲液中，加热溶解，配制成琼脂糖溶液。每 100 mL琼脂糖溶液中加入 5 μL EB 溶液，混匀，稍适冷却后，将其倒入电泳板上，插上梳板，室温下凝固成凝胶后，放入 1×TAE 缓冲液中，垂直向上轻轻拔去梳板。取 12 μL PCR 产物与 3 μL 加样缓冲液混合后加入凝胶点样孔，同时在其中一个点样孔中加入 DNA 分子量标准，接通电源在 2 V/cm～5 V/cm 条件下电泳检测。

7.5.1.4　凝胶成像分析

电泳结束后，取出琼脂糖凝胶，置于凝胶成像仪上或紫外透射仪上成像。根据 DNA 分子量标准估计扩增条带的大小，将电泳结果形成电子文件存档或用照相系统拍照。如需通过序列分析确认 PCR 扩增片段是否为目的 DNA 片段，按照 7.5.1.5 和 7.5.1.6 的规定执行。

7.5.1.5　PCR 产物回收

按 PCR 产物回收试剂盒说明书，回收 PCR 扩增的 DNA 片段。

7.5.1.6　PCR 产物测序验证

将回收的 PCR 产物克隆测序，与耐除草剂大豆 MON87708 转化体特异性序列(参见附录 A)进行比对，确定 PCR 扩增的 DNA 片段是否为目的 DNA 片段。

7.5.2　实时荧光 PCR 方法

7.5.2.1　试样 PCR 扩增

7.5.2.1.1　大豆内标准基因 PCR 扩增

按农业部 2031 号公告—8—2013 的规定执行。

7.5.2.1.2　转化体特异性序列 PCR 扩增

7.5.2.1.2.1　每个试样 PCR 设置 3 次平行。

7.5.2.1.2.2　在 PCR 管中按表 2 依次加入反应试剂，混匀。也可采用经验证的、等效的实时荧光 PCR 试剂盒配制反应体系。

7.5.2.1.2.3　将 PCR 管放在离心机上，500 *g*～3 000 *g* 离心 10 s，然后取出 PCR 管，放入 PCR 仪中。

7.5.2.1.2.4　运行实时荧光 PCR 扩增。反应程序为 95℃变性 10 min；95℃变性 15 s；60℃退火延伸 60 s，循环数 40；在第二阶段的退火延伸(60℃)时段收集荧光信号。

注：不同仪器可根据仪器要求将反应参数做适当调整。

表 2　实时荧光 PCR 检测反应体系

试　剂	终 浓 度	体　积
ddH_2O		—
10×PCR 缓冲液	1×	2.0 μL
25 mmol/L 氯化镁溶液	1.5 mmol/L	1.2 μL
10 mmol dNTPs	0.3 mmol/L	0.6 μL
10 μmol/L MON87708 - QF	0.3 μmol/L	0.6 μL
10 μmol/L MON87708 - QR	0.3 μmol/L	0.6 μL
10 μmol/L MON87708 - P	0.15 μmol/L	0.3 μL
Taq DNA 聚合酶	0.04 U/μL	—
25 mg/L DNA 模板	2.5 mg/L	2.0 μL
总体积		20 μL
"—"表示体积不确定。如果 PCR 缓冲液中含有氯化镁，则不加氯化镁溶液，根据 Taq 酶的浓度确定其体积，并相应调整水的体积，使反应体系总体积达到 25.0 μL。		

7.5.2.2　对照 PCR 扩增

在试样 PCR 扩增同时，应设置阴性对照、阳性对照和空白对照。

以非转基因大豆基因组 DNA 作为阴性对照；以转基因大豆 MON87708 质量分数为 0.1%～1.0% 的大豆基因组 DNA，或采用转基因大豆 MON87708 转化体特异性序列与非转基因大豆基因组相比的拷贝数分数为 0.1%～1.0%的 DNA 溶液作为阳性对照；以水作为空白对照。

除模板外，对照 PCR 扩增与 7.5.2.1 相同。

8　结果分析与表述

8.1　普通 PCR 法

8.1.1　对照检测结果分析

阳性对照 PCR 扩增中，*Lectin* 内标准基因和 MON87708 转化体特异性序列得到扩增，且扩增片段大小与预期片段大小一致，而阴性对照中仅扩增出 *Lectin* 内标准基因片段，空白对照中没有任何扩增片段，表明 PCR 扩增体系正常工作；否则，重新检测。

8.1.2　样品检测结果分析和表述

8.1.2.1　*Lectin* 内标准基因和 MON87708 转化体特异性序列均得到扩增，且扩增片段大小与预期片段大小一致，表明样品中检测出 MON87708 转化体成分，表述为"样品中检测出耐除草剂大豆 MON87708 转化体成分，检测结果为阳性"。

8.1.2.2　*Lectin* 内标准基因片段得到扩增，且扩增片段大小与预期片段大小一致，而 MON87708 转化体特异性序列未得到扩增，或扩增片段大小与预期片段大小不一致，表明样品中未检测出 MON87708 转化体成分，表述为"样品中未检测出耐除草剂大豆 MON87708 转化体成分，检测结果为阴性"。

8.1.2.3　*Lectin* 内标准基因片段未得到扩增，或扩增片段大小与预期片段大小不一致，表明样品中未检出大豆成分，结果表述为"样品中未检出大豆成分，检测结果为阴性"。

8.2 实时荧光 PCR 方法

8.2.1 阈值的设定

实时荧光 PCR 结束后，以 PCR 刚好进入指数期扩增来设置荧光信号阈值，并根据仪器噪声情况进行调整。

8.2.2 对照检测结果分析

阳性对照中，*Lectin* 内标准基因和 MON87708 转化体特异性序列均出现典型扩增曲线，且 *Ct* 值小于或等于 36；阴性对照中仅 *Lectin* 内标准基因出现典型扩增曲线，且 *Ct* 值小于或等于 36；空白对照无典型扩增曲线，以上结果表明反应体系工作正常；否则，重新检测。

8.2.3 样品检测结果分析和表述

8.2.3.1 *Lectin* 内标准基因和 MON87708 转化体特异性序列均出现典型扩增曲线，且 *Ct* 值小于或等于 36，表明样品中检测出 MON87708 转化体成分，表述为“样品中检测出转基因大豆 MON87708 转化体成分，检测结果为阳性”。

8.2.3.2 *Lectin* 内标准基因出现典型扩增曲线，且 *Ct* 值小于或等于 36，而 MON87708 转化体特异性序列无典型扩增曲线或 *Ct* 值大于 36，表明样品中未检测出 MON87708 转化体成分，表述为“样品中未检测出转基因大豆 MON87708 转化体成分，检测结果为阴性”。

8.2.3.3 *Lectin* 内标准基因未出现典型扩增曲线，表明样品中未检出大豆成分，结果表述为“样品中未检测出大豆成分，检测结果为阴性”。

9 检出限

9.1 普通 PCR 方法的检出限为 0.1%（含靶序列样品 DNA / 总样品 DNA）。

9.2 实时荧光 PCR 方法的检出限为 0.05%（含靶序列样品 DNA / 总样品 DNA）。

注：本标准的检出限是在 PCR 检测反应体系中加入 50 ng DNA 模板确定的。

附 录 A
(资料性附录)
耐除草剂大豆 MON87708 转化体特异性序列

A.1 MON87708 转化体普通 PCR 扩增产物核苷酸序列

```
  1 CCATCATACT CATTGCTGAT CCATGTAGAT TTCCCGGACT TTAGCTCAAA
 51 ATGCATGTAT TTATTAGCGT TCTGTCTTTT CGTTAATTTG TTCTCATCAT
101 AATATTGTGA CAAAAATATA GCTAGGAAAG CTTTCCATGC ATATTTTGTA
151 AGCAATGAAG TATATAGTGG ATGCAATGTC TCTATATATT CACTAGTCGA
201 GAAAATTGCG GACAGTTCTG AGATTGATTG GCT
```

注 1:划线部分为 MON87708 - F 和 MON87708 - R 引物序列位置。

注 2:1~38 为外源插入片段 3′端部分序列,39~233 为大豆基因组部分序列。

A.2 MON87708 转化体实时荧光 PCR 扩增产物核苷酸序列

```
  1 TCATACTCAT TGCTGATCCA TGTAGATTTC CCGGACTTTA GCTCAAAATG
 51 CATGTATTTA TTAGCGTTCT GTCTTTTCGT TAATTTGTTC T
```

注 1:划线部分为 MON87708 - QF 和 MON87708 - QR 引物序列;框内为 MON87708 - P 探针序列。

注 2:1~36 为外源插入片段 3′端部分序列,37~91 为大豆基因组部分序列。

ICS 65.020.01
B 04

中华人民共和国国家标准

农业部2259号公告—7—2015

转基因植物及其产品成分检测 抗虫大豆MON87701及其衍生品种定性PCR方法

Detection of genetically modified plants and derived products—Qualitative PCR method for insect-resistant soybean MON87701 and its derivates

2015-05-21 发布　　2015-08-01 实施

中华人民共和国农业部　发布

前 言

本标准按照 GB/T 1.1—2009 给出的规则起草。

请注意本文件的某些内容可能涉及专利。本文件的发布机构不承担识别这些专利的责任。

本标准由中华人民共和国农业部提出。

本标准由全国农业转基因生物安全管理标准化技术委员会(SAC/TC 276)归口。

本标准起草单位:农业部科技发展中心、黑龙江省农业科学院农产品质量安全研究所、天津市农业质量标准与检测技术研究所。

本标准主要起草人:张瑞英、宋贵文、温洪涛、沈平、关海涛、王伟威、丁一佳、黄盈莹、兰青阔。

转基因植物及其产品成分检测
抗虫大豆 MON87701 及其衍生品种定性 PCR 方法

1 范围

本标准规定了转基因抗虫大豆 MON87701 转化体特异性定性 PCR 检测方法。

本标准适用于转基因抗虫大豆 MON87701 及其衍生品种。

2 规范性引用文件

下列文件对于本文件的应用是必不可少的。凡是注日期的引用文件，仅注日期的版本适用于本文件。凡是不注日期的引用文件，其最新版本(包括所有的修改单)适用于本文件。

GB/T 6682 分析实验室用水规格和试验方法

农业部 1485 号公告—4—2010 转基因植物及其产品成分检测 DNA 提取和纯化

农业部 2031 号公告—8—2013 转基因植物及其产品成分检测 大豆内标准基因定性 PCR 方法

农业部 2031 号公告—19—2013 转基因植物及其产品成分检测 抽样

NY/T 672 转基因植物及其产品检测 通用要求

3 术语和定义

农业部 2031 号公告—8—2013 界定的以及下列术语和定义适用于本文件。

3.1

MON87701 转化体特异性序列 event-specific sequence of MON87701

外源插入片段 5′ 端与大豆基因组的连接区序列，包括外源插入片段 5′ 端的部分序列和大豆基因组的部分序列。

4 原理

根据抗虫大豆 MON87701 转化体特异性序列设计特异性引物及探针，对试样进行 PCR 扩增。依据是否扩增获得预期的 DNA 片段或典型扩增曲线，判断样品中是否含有 MON87701 转化体成分。

5 试剂和材料

除非另有说明，仅使用分析纯试剂和重蒸馏水或符合 GB/T 6682 规定的一级水。

5.1 琼脂糖。

5.2 10 g/L 溴化乙锭溶液：称取 1.0 g 溴化乙锭(EB)，溶解于 100 mL 水中，避光保存。

警告——溴化乙锭有致癌作用，配制和使用时应戴一次性手套操作并妥善处理废液。

5.3 10 mol/L 氢氧化钠溶液：在 160 mL 水中加入 80.0 g 氢氧化钠(NaOH)，溶解后，冷却至室温，再加水定容到 200 mL。

5.4 500 mmol/L 乙二铵四乙酸二钠溶液(pH 8.0)：称取 18.6 g 乙二铵四乙酸二钠($EDTA-Na_2$)，加入 70 mL 水中，缓慢滴加氢氧化钠溶液(5.3)直至 $EDTA-Na_2$ 完全溶解，用氢氧化钠溶液(5.3)调 pH 至 8.0，加水定容至 100 mL。在 103.4 kPa(121℃)条件下灭菌 20 min。

5.5 1 mol/L 三羟甲基氨基甲烷—盐酸溶液(pH 8.0)：称取 121.1 g 三羟甲基氨基甲烷(Tris)溶解于

800 mL水中，用盐酸(HCl)调 pH 至 8.0，加水定容至 1 000 mL。在 103.4 kPa(121℃)条件下灭菌 20 min。

5.6 TE 缓冲液(pH 8.0)：分别量取 10 mL 三羟甲基氨基甲烷—盐酸溶液(5.5)和 2 mL 乙二铵四乙酸二钠溶液(5.4)溶液，加水定容至 1 000 mL。在 103.4 kPa(121℃)条件下灭菌 20 min。

5.7 50×TAE 缓冲液：称取 242.2 g 三羟甲基氨基甲烷(Tris)，先用 500 mL 水加热搅拌溶解后，加入 100 mL 乙二铵四乙酸二钠溶液(5.4)，用冰乙酸调 pH 至 8.0，然后加水定容到 1 000 mL。使用时用水稀释成 1×TAE。

5.8 加样缓冲液：称取 250.0 mg 溴酚蓝，加入 10 mL 水，在室温下溶解 12 h；称取 250.0 mg 二甲基苯腈蓝，加 10 mL 水溶解；称取 50.0 g 蔗糖，加 30 mL 水溶解。混合以上 3 种溶液，加水定容至 100 mL，在 4℃下保存。

5.9 DNA 分子量标准：可以清楚区分 100 bp～1 000 bp 的 DNA 片段。

5.10 dNTPs 混合溶液：将浓度为 10 mmol/L 的 dATP、dTTP、dGTP、dCTP 4 种脱氧核糖核苷酸溶液等体积混合。

5.11 Taq DNA 聚合酶、PCR 扩增缓冲液及 25 mmol/L 氯化镁溶液。

5.12 ***Lectin* 基因引物**

5.12.1 普通 PCR 方法引物：

lec-1672F：5′-GGGTGAGGATAGGGTTCTCTG-3′

lec-1881R：5′-GCGATCGAGTAGTGAGAGTCG-3′

预期扩增片段大小 210 bp。

5.12.2 实时荧光 PCR 方法引物/探针：

lec-1215F：5′-GCCCTCTACTCCACCCCCA-3′

lec-1332R：5′-GCCCATCTGCAAGCCTTTTT-3′

lec-1269P：5′-AGCTTCGCCGCTTCCTTCAACTTCAC-3′

预期扩增片段大小为 118 bp。

注：lec-1269P 为*Lectin* 基因的 TaqMan 探针，探针的 5′ 端须标记荧光报告基团(FAM、HEX 等)，探针的 3′ 端标记对应的荧光报告基团(TAMRA、BHQ1 等)。

5.13 **MON87701 转化体特异性序列引物**

5.13.1 普通 PCR 方法引物：

MON87701-MF：5′-GCACGCTTAGTGTGTGTGTCAAAC-3′

MON87701-MR：5′-GGATCCGTCGACCTGCAGTTAAC-3′

预期扩增片段大小为 150 bp(参见附录 A)。

5.13.2 实时荧光 PCR 方法引物/探针：

MON87701-QF：5′-TGGTGATATGAAGATACATGCTTAGCAT-3′

MON87701-QR：5′-CGTTTCCCGCCTTCAGTTTAAAC-3′

MON87701-P：5′-TCAGTGTTTGACACACACACTAAGCGTGCC-3′

预期扩增片段大小为 89 bp(参见附录 A)。

注：MON87701-P 为 MON87701 转化体的 TaqMan 探针，探针的 5′ 端须标记荧光报告基团(FAM、HEX 等)，探针的 3′ 端标记对应的荧光报告基团(TAMRA、BHQ1 等)。

5.14 引物溶液：用 TE 缓冲液(5.6)或水分别将上述引物或探针稀释到 10 μmol/L。

5.15 石蜡油。

5.16 DNA 提取试剂盒。

5.17 定性 PCR 扩增试剂盒。

5.18 PCR 产物回收试剂盒。

5.19 实时荧光 PCR 试剂盒。

6 主要仪器和设备

6.1 分析天平:感量 0.1 g 和 0.1 mg。

6.2 PCR 扩增仪:升降温速度>1.5℃/s,孔间温度差异<1.0℃。

6.3 荧光定量 PCR 仪。

6.4 电泳槽、电泳仪等电泳装置。

6.5 紫外透射仪。

6.6 凝胶成像系统或照相系统。

7 分析步骤

7.1 抽样

按 NY/T 672 和农业部 2031 号公告—19—2013 的规定执行。

7.2 试样制备

按 NY/T 672 和农业部 2031 号公告—19—2013 的规定执行。

7.3 试样预处理

按农业部 1485 号公告—4—2010 的规定执行。

7.4 DNA 模板制备

按农业部 1485 号公告—4—2010 的规定执行。

7.5 PCR 扩增

7.5.1 普通 PCR 扩增

7.5.1.1 试样 PCR 扩增

7.5.1.1.1 大豆内标准基因 PCR 扩增

按农业部 2031 号公告—8—2013 中 7.5.1 的规定执行。

7.5.1.1.2 转化体特异性序列 PCR 扩增

7.5.1.1.2.1 每个试样 PCR 扩增设置 3 次平行。

7.5.1.1.2.2 在 PCR 扩增管中按表 1 依次加入反应试剂,混匀,再加 25 μL 石蜡油(有热盖功能的 PCR 仪可不加)。也可采用经验证的、等效的定性 PCR 试剂盒配制反应体系。

表 1 普通 PCR 检测反应体系

试 剂	终 浓 度	体 积
水		—
10×PCR 缓冲液	1×	2.5 μL
25 mmol/L 氯化镁溶液	1.5 mmol/L	1.5 μL
dNTPs 混合溶液(各 2.5 mmol/L)	各 0.2 mmol/L	2.0 μL
10 μmol/L MON87701 - MF	0.4 μmol/L	1.0 μL
10 μmol/L MON87701 - MR	0.4 μmol/L	1.0 μL
Taq DNA 聚合酶	0.025 U/μL	—
25 mg/L DNA 模板	2.0 mg/L	2.0 μL
总体积		25.0 μL
"—"表示体积不确定,如果 PCR 缓冲液中含有氯化镁,则不加氯化镁溶液,根据 Taq DNA 聚合酶的浓度确定其体积,并相应调整水的体积,使反应体系总体积达到 25.0 μL。		

7.5.1.1.2.3 将 PCR 管放在离心机上,500 *g*~3 000 *g* 离心 10 s,然后取出 PCR 管,放入 PCR 仪中。

7.5.1.1.2.4 进行 PCR 扩增。反应程序为:95℃变性 5 min;95℃变性 30 s,58℃退火 30 s,72℃延伸 30 s,共进行 35 次循环;72℃延伸 7 min。

7.5.1.1.2.5 反应结束后取出 PCR 管,对 PCR 扩增产物进行电泳检测。

7.5.1.2 对照 PCR 扩增

在试样 PCR 扩增的同时,应设置阴性对照、阳性对照和空白对照。

以非转基因大豆基因组 DNA 作为阴性对照;以转基因大豆 MON87701 质量分数为 0.1%～1.0% 的基因组 DNA,或采用 MON87701 转化体特异性序列与非转基因大豆基因组相比的拷贝数分数为 0.1%～1.0%的 DNA 溶液作为阳性对照;以水作为空白对照。

除 DNA 模板外,对照 PCR 扩增与 7.5.1.1 相同。

7.5.1.3 PCR 产物电泳检测

按 20 g/L 的质量浓度称量琼脂糖,加入 1×TAE 缓冲液中,加热溶解,配制成琼脂糖溶液。每 100 mL琼脂糖溶液中加入 5 μL EB 溶液,混匀,稍适冷却后,将其倒入电泳板上,插上梳板,室温下凝固成凝胶后,放入 1×TAE 缓冲液中,垂直向上轻轻拔去梳板。取 12 μL PCR 产物与 3 μL 加样缓冲液混合后加入凝胶点样孔,同时在其中一个点样孔中加入 DNA 分子量标准,接通电源在 2 V/cm～5 V/cm 条件下电泳检测。

7.5.1.4 凝胶成像分析

电泳结束后,取出琼脂糖凝胶,置于凝胶成像仪上或紫外透射仪上成像。根据 DNA 分子量标准估计扩增条带的大小,将电泳结果形成电子文件存档或用照相系统拍照。如需通过序列分析确认 PCR 扩增片段是否为目的 DNA 片段,按照 7.5.1.5 和 7.5.1.6 的规定执行。

7.5.1.5 PCR 产物回收

按 PCR 产物回收试剂盒说明书,回收 PCR 扩增的 DNA 片段。

7.5.1.6 PCR 产物测序验证

将回收的 PCR 产物克隆测序,与转基因大豆 MON87701 转化体特异性序列(参见附录 A)进行比对,确定 PCR 扩增的 DNA 片段是否为目的 DNA 片段。

7.5.2 实时荧光 PCR 方法

7.5.2.1 试样 PCR 扩增

7.5.2.1.1 大豆内标准基因 PCR 扩增

按农业部 2031 号公告—8—2013 中 7.5.2 的规定执行。

7.5.2.1.2 转化体特异性序列 PCR 扩增

7.5.2.1.2.1 每个试样 PCR 扩增设置 3 次重复。

7.5.2.1.2.2 在 PCR 扩增管中按表 2 依次加入反应试剂,混匀。也可采用经验证的、等效的实时荧光 PCR 扩增试剂盒配制反应体系。

7.5.2.1.2.3 将 PCR 管放在离心机上,500 *g*～3 000 *g* 离心 10 s,然后取出 PCR 管,放入 PCR 仪中。

7.5.2.1.2.4 运行实时荧光 PCR 扩增。反应程序为 95℃变性 5 min;95℃变性 15 s,60℃退火延伸 60 s,共进行 40 个循环;在第二阶段的退火延伸(60℃)时段收集荧光信号。

注:不同仪器可根据仪器要求将反应参数做适当调整。

表 2 实时荧光 PCR 扩增体系

试 剂	终 浓 度	体 积
ddH_2O		—
10×PCR 缓冲液	1×	2.0 μL
25 mmol/L 氯化镁溶液	2.5 mmol/L	2.0 μL

表 2（续）

试　剂	终 浓 度	体　积
10 mmol/L dNTPs	0.3 mmol/L	0.6 μL
10 μmol/L MON87701 - QF	0.6 μmol/L	1.2 μL
10 μmol/L MON87701 - QR	0.6 μmol/L	1.2 μL
10 μmol/L MON87701 - P	0.4 μmol/L	0.8 μL
Taq DNA 聚合酶	0.04 U/μL	—
25 mg/L DNA 模板	2.5 mg/L	2.0 μL
总体积		20 μL
“—”表示体积不确定。如果 PCR 缓冲液中含有氯化镁，则不加氯化镁溶液，根据 Taq 酶的浓度确定其体积，并相应调整水的体积，使反应体系总体积达到 20.0 μL。		

7.5.2.2　**对照 PCR 扩增**

在试样 PCR 扩增的同时，应设置阴性对照、阳性对照和空白对照。

以非转基因大豆基因组 DNA 作为阴性对照；以转基因大豆 MON87701 质量分数为 0.1%～1.0% 的基因组 DNA，或采用 MON87701 转化体特异性序列与非转基因大豆基因组相比的拷贝数分数为 0.1%～1.0%的 DNA 溶液作为阳性对照；以水作为空白对照。

除 DNA 模板外，对照 PCR 扩增与 7.5.2.1 相同。

8　结果分析与表述

8.1　普通 PCR 法

8.1.1　对照检测结果分析

阳性对照 PCR 中，*Lectin* 内标准基因和 MON87701 转化体特异性序列得到扩增，且扩增片段大小与预期片段大小一致；阴性对照中仅扩增出 *Lectin* 内标准基因片段；空白对照中没有预期扩增片段，以上结果表明 PCR 扩增体系正常工作；否则，重新检测。

8.1.2　样品检测结果分析和表述

8.1.2.1　*Lectin* 内标准基因和 MON87701 转化体特异性序列均得到扩增，且扩增片段大小与预期片段大小一致，表明样品中检测出转基因大豆 MON87701 转化体成分，表述为“样品中检测出转基因大豆 MON87701 转化体成分，检测结果为阳性”。

8.1.2.2　*Lectin* 内标准基因片段得到扩增，且扩增片段大小与预期片段大小一致，而 MON87701 转化体特异性序列未得到扩增，或扩增片段大小与预期片段大小不一致，表明样品中未检测出转基因大豆 MON87701 转化体成分，表述为“样品中未检测出转基因大豆 MON87701 转化体成分，检测结果为阴性”。

8.1.2.3　*Lectin* 内标准基因片段未得到扩增，或扩增片段大小与预期片段大小不一致，表明样品中未检出大豆成分，结果表述为“样品中未检测出大豆成分，检测结果为阴性”。

8.2　实时荧光 PCR 方法

8.2.1　基线与阈值的设定

实时荧光 PCR 扩增结束后，以 PCR 扩增刚好进入指数期扩增来设置荧光信号阈值，并根据仪器噪声情况进行调整。

8.2.2　对照检测结果分析

阳性对照 PCR 中，*Lectin* 内标准基因和 MON87701 转化体特异性序列均出现典型扩增曲线，且 *Ct* 值小于或等于 37；阴性对照中仅 *Lectin* 内标准基因出现典型扩增曲线，且 *Ct* 值小于或等于 36；空白对照中无典型扩增曲线，荧光信号低于设定的阈值，表明 PCR 检测反应体系工作正常。否则，重新检测。

8.2.3 样品检测结果分析和表述

8.2.3.1 *Lectin* 内标准基因和 MON87701 转化体特异性序列均出现典型扩增曲线，且 *Ct* 值小于或等于 37，表明样品中检测出 MON87701 转化体成分，表述为“样品中检测出转基因大豆 MON87701 转化体成分，检测结果为阳性”。

8.2.3.2 *Lectin* 内标准基因出现典型扩增曲线，且 *Ct* 值小于或等于 36，而 MON87701 转化体特异性序列无典型扩增曲线或 *Ct* 值大于 37，表明样品中未检测出 MON87701 转化体成分，表述为“样品中未检测出转基因大豆 MON87701 转化体成分，检测结果为阴性”。

8.2.3.3 *Lectin* 内标准基因未出现典型扩增曲线或 *Ct* 值大于 36，表明样品中未检出大豆成分，结果表述为“样品中未检测出大豆成分，检测结果为阴性”。

9 检出限

9.1 普通 PCR 方法的检出限为 0.1%（含靶序列样品 DNA/总样品 DNA）。

9.2 实时荧光 PCR 方法的检出限为 0.05%（含靶序列样品 DNA/总样品 DNA）。

注：本标准的检出限是在 PCR 检测反应体系中加入 50 ng DNA 模板确定的。

附 录 A
(资料性附录)
抗虫大豆 MON87701 转化体特异性序列

A.1 MON87701 转化体普通 PCR 扩增产物核苷酸序列

```
1    GCACGCTTAG TGTGTGTGTC AAACACTGAT AGTTTAAACT GAAGGCGGGA AACGACAATC
61   TGATCCCCAT CAAGCTTGAT ATCGAATTCC TGCAGCCCGG GGGATCCACT AGTTCTAGAG
121  CGGCCGCGTT AACTGCAGGT CGACGGATCC
```

注 1:划线部分为 MON87701 - MF 和 MON87701 - MR 引物序列。

注 2:1～2 为大豆基因组部分序列;3～16 为转化过程中发生的小的插入片段;17～150 为外源插入片段部分序列。

A.2 MON87701 转化体实时荧光 PCR 扩增产物核苷酸序列

```
1    TGGTGATATG AAGATACATG CTTAGCATGC CCCAGGCACG CTTAGTGTGT GTGTCAAACA
61   CTGATAGTTT AAACTGAAGG CGGGAAACG
```

注 1:划线部分为 MON87701 - QF 和 MON87701 - QR 引物序列,框内为 MON87701 - P 探针序列。

注 2:1～37 为大豆基因组部分序列,38～51 为转化过程中发生的小的插入片段,52～89 为外源插入片段部分序列。

ICS 65.020.01
B 04

中华人民共和国国家标准

农业部 2259 号公告—8—2015

转基因植物及其产品成分检测 耐除草剂大豆 FG72 及其衍生品种 定性 PCR 方法

Detection of genetically modified plants and derived products—Qualitative PCR method for herbicide-tolerant soybean FG72 and its derivates

2015-05-21 发布　　2015-08-01 实施

中华人民共和国农业部　发布

前　言

本标准按照 GB/T 1.1—2009 给出的规则起草。

请注意本文件的某些内容可能涉及专利。本文件的发布机构不承担识别这些专利的责任。

本标准由中华人民共和国农业部提出。

本标准由全国农业转基因生物安全管理标准化技术委员会(SAC/TC 276)归口。

本标准起草单位:农业部科技发展中心、农业部环境保护科研监测所。

本标准主要起草人:修伟明、宋贵文、杨殿林、沈平、赵建宁、李刚、王慧、赖欣、皇甫超河、张贵龙。

转基因植物及其产品成分检测
耐除草剂大豆 FG72 及其衍生品种定性 PCR 方法

1 范围

本标准规定了转基因耐除草剂大豆 FG72 转化体特异性定性 PCR 检测方法。

本标准适用于转基因耐除草剂大豆 FG72 及其衍生品种，以及制品中 FG72 转化体成分的定性 PCR 检测。

2 规范性引用文件

下列文件对于本文件的应用是必不可少的。凡是注日期的引用文件，仅注日期的版本适用于本文件。凡是不注日期的引用文件，其最新版本(包括所有的修改单)适用于本文件。

GB/T 6682 分析实验室用水规格和试验方法

农业部 1485 号公告—4—2010 转基因植物及其产品成分检测 DNA 提取和纯化

农业部 2031 号公告—8—2013 转基因植物及其产品成分检测 大豆内标准基因定性 PCR 方法

农业部 2031 号公告—19—2013 转基因植物及其产品成分检测 抽样

NY/T 672 转基因植物及其产品检测 通用要求

3 术语和定义

农业部 2031 号公告—8—2013 界定的以及下列术语和定义适用于本文件。

3.1

FG72 转化体特异性序列 event-specific sequence of FG72

FG72 外源插入片段 3′端与大豆基因组的连接区序列，包括转化载体部分序列和大豆基因组序列。

4 原理

根据转基因耐除草剂大豆 FG72 转化体特异性序列设计特异性引物，对试样进行 PCR 扩增。依据是否扩增获得预期的 DNA 片段，判断样品中是否含有 FG72 转化体成分。

5 试剂和材料

除非另有说明，仅使用分析纯试剂和重蒸馏水或符合 GB/T 6682 规定的一级水。

5.1 琼脂糖。

5.2 10 g/L 溴化乙锭溶液：称取 1.0 g 溴化乙锭(EB)，溶解于 100 mL 水中，避光保存。

警告——溴化乙锭有致癌作用，配制和使用时应戴一次性手套操作并妥善处理废液。

5.3 10 mol/L 氢氧化钠溶液：在 160 mL 水中加入 80.0 g 氢氧化钠(NaOH)，溶解后，冷却至室温，再加水定容到 200 mL。

5.4 500 mmol/L 乙二铵四乙酸二钠溶液(pH 8.0)：称取 18.6 g 乙二铵四乙酸二钠($EDTA-Na_2$)，加入 70 mL 水中，缓慢滴加氢氧化钠溶液直至 $EDTA-Na_2$完全溶解，用氢氧化钠溶液调 pH 至 8.0，加水定容至 100 mL。在 103.4 kPa(121℃)条件下灭菌20 min。

5.5 1 mol/L 三羟甲基氨基甲烷—盐酸溶液(pH 8.0)：称取 121.1 g 三羟甲基氨基甲烷(Tris)溶解于

800 mL 水中，用盐酸(HCl)调 pH 至 8.0，加水定容至 1 000 mL。在 103.4 kPa(121℃)条件下灭菌 20 min。

5.6 TE 缓冲液(pH 8.0)：分别量取 10 mL 三羟甲基氨基甲烷—盐酸溶液和 2 mL 乙二铵四乙酸二钠溶液，加水定容至 1 000 mL。在 103.4 kPa(121℃)条件下灭菌 20 min。

5.7 50×TAE 缓冲液：称取 242.2 g 三羟甲基氨基甲烷(Tris)，先用 500 mL 水加热搅拌溶解后，加入 100 mL 乙二铵四乙酸二钠溶液，用冰乙酸调 pH 至 8.0，然后加水定容至 1 000 mL。使用时用水稀释成 1×TAE。

5.8 加样缓冲液：称取 250.0 mg 溴酚蓝，加入 10 mL 水，在室温下溶解 12 h；称取 250.0 mg 二甲基苯腈蓝，加 10 mL 水溶解；称取 50.0 g 蔗糖，加 30 mL 水溶解。混合以上 3 种溶液，加水定容至 100 mL，在 4℃下保存。

5.9 DNA 分子量标准：可以清楚区分 100 bp～1 000 bp 的 DNA 片段。

5.10 dNTPs 混合溶液：将浓度为 10 mmol/L 的 dATP、dTTP、dGTP、dCTP 4 种脱氧核糖核苷酸溶液等体积混合。

5.11 Taq DNA 聚合酶、PCR 缓冲液及 25 mmol/L 氯化镁溶液。

5.12 *Lectin* 基因引物：

lec-1672F：5′-GGGTGAGGATAGGGTTCTCTG-3′

lec-1881R：5′-GCGATCGAGTAGTGAGAGTCG-3′

预期扩增片段大小 210 bp。

5.13 FG72 转化体特异性序列引物：

FG72-F：5′-TCGGGCTGCAGGAATTAATGT-3′

FG72-R：5′-TTTGGAGCAATAAACATGTGATAGC-3′

预期扩增片段大小为 150 bp(参见附录 A)。

5.14 引物溶液：用 TE 缓冲液或水分别将上述引物稀释到 10 μmol/L。

5.15 石蜡油。

5.16 DNA 提取试剂盒。

5.17 定性 PCR 试剂盒。

5.18 PCR 产物回收试剂盒。

6 主要仪器和设备

6.1 分析天平：感量 0.1 g 和 0.1 mg。

6.2 PCR 扩增仪：升降温速度>1.5℃/s，孔间温度差异<1.0℃。

6.3 电泳槽、电泳仪等电泳装置。

6.4 紫外透射仪。

6.5 凝胶成像系统或照相系统。

7 分析步骤

7.1 抽样

按 NY/T 672 和农业部 2031 号公告—19—2013 的规定执行。

7.2 试样制备

按 NY/T 672 和农业部 2031 号公告—19—2013 的规定执行。

7.3 试样预处理

按农业部 1485 号公告—4—2010 的规定执行。

7.4 DNA 模板制备

按农业部 1485 号公告—4—2010 的规定执行。

7.5 PCR 扩增

7.5.1 试样 PCR 扩增

7.5.1.1 大豆内标准基因 PCR 扩增

按农业部 2031 号公告—8—2013 中 7.5.1.1.1 的规定执行。

7.5.1.2 转化体特异性序列 PCR 扩增

7.5.1.2.1 每个试样 PCR 设置 3 次平行。

7.5.1.2.2 在 PCR 管中按表 1 依次加入反应试剂，混匀，再加 25 μL 石蜡油(有热盖功能的 PCR 仪可不加)。也可采用经验证的、等效的定性 PCR 试剂盒配制反应体系。

表 1 PCR 检测反应体系

试　剂	终浓度	体　积
水		—
10×PCR 缓冲液	1×	2.5 μL
25 mmol/L 氯化镁溶液	1.5 mmol/L	1.5 μL
dNTPs 混合溶液(各 2.5 mmol/L)	各 0.2 mmol/L	2.0 μL
10 μmol/L 上游引物 FG72 - F	0.4 μmol/L	1.0 μL
10 μmol/L 下游引物 FG72 - R	0.4 μmol/L	1.0 μL
Taq DNA 聚合酶	0.025 U/μL	—
25 mg/L DNA 模板	2 mg/L	2.0 μL
总体积		25.0 μL
"—"表示体积不确定。如果 PCR 缓冲液中含有氯化镁，则不加氯化镁溶液，根据 Taq DNA 聚合酶的浓度确定其体积，并相应调整水的体积，使反应体系总体积达到 25.0 μL。		

7.5.1.2.3 将 PCR 管放在离心机上，500 g～3 000 g 离心 10 s，然后取出 PCR 管，放入 PCR 扩增仪中。

7.5.1.2.4 进行 PCR 扩增。反应程序为：94℃变性 3 min；94℃变性 30 s，58℃退火 30 s，72℃延伸 30 s，共进行 35 次循环；72℃延伸 5 min。

7.5.1.2.5 PCR 结束后取出 PCR 管，对 PCR 扩增产物进行电泳检测。

7.5.2 对照 PCR 扩增

在试样 PCR 扩增的同时，应设置阴性对照、阳性对照和空白对照。

以非转基因大豆基因组 DNA 作为阴性对照；以含有转基因耐除草剂大豆 FG72 质量分数为 0.1%～1.0%的大豆基因组 DNA 作为阳性对照，或采用转基因耐除草剂大豆 FG72 转化体特异性序列与非转基因大豆基因组相比的拷贝数分数为 0.1%～1.0%的 DNA 溶液作为阳性对照；以水作为空白对照。

除 DNA 模板外，对照 PCR 扩增与 7.5.1 相同。

7.6 PCR 产物电泳检测

按 20 g/L 的质量浓度称量琼脂糖，加入 1×TAE 缓冲液中，加热溶解，配制成琼脂糖溶液。每 100 mL琼脂糖溶液中加入 5 μL EB 溶液，混匀，稍适冷却后，将其倒入电泳板上，插上梳板，室温下凝固成凝胶后，放入 1×TAE 缓冲液中，垂直向上轻轻拔去梳板。取 12 μL PCR 产物与 3 μL 加样缓冲液混合后加入凝胶点样孔，同时在其中一个点样孔中加入 DNA 分子量标准，接通电源在 2 V/cm～5 V/cm 条件下电泳检测。

7.7 凝胶成像分析

电泳结束后，取出琼脂糖凝胶，置于凝胶成像系统或紫外透射仪上成像。根据 DNA 分子量标准估计扩增条带的大小，将电泳结果形成电子文件存档或用照相系统拍照。如需通过序列分析确认 PCR 扩增片段是否为目的 DNA 片段，按照 7.8 和 7.9 的规定执行。

7.8 PCR 产物回收

按 PCR 产物回收试剂盒说明书，回收 PCR 扩增的 DNA 片段。

7.9 PCR 产物测序验证

将回收的 PCR 产物克隆测序，与耐除草剂大豆 FG72 转化体特异性序列（参见附录 A）进行比对，确定 PCR 扩增的 DNA 片段是否为目的 DNA 片段。

8 结果分析与表述

8.1 对照检测结果分析

阳性对照的 PCR 中，大豆内标准基因和 FG72 转化体特异性序列均得到扩增，且扩增片段大小与预期片段大小一致，而阴性对照中仅扩增出大豆内标准基因片段，空白对照中没有预期扩增片段，表明 PCR 检测反应体系正常工作；否则，重新检测。

8.2 样品检测结果分析和表述

8.2.1 大豆内标准基因和 FG72 转化体特异性序列均得到扩增，且扩增片段大小与预期片段大小一致，表明样品中检测出 FG72 转化体成分，表述为“样品中检测出转基因耐除草剂大豆 FG72 转化体成分，检测结果为阳性”。

8.2.2 大豆内标准基因片段得到扩增，且扩增片段大小与预期片段大小一致，而 FG72 转化体特异性序列未得到扩增，或扩增片段大小与预期片段大小不一致，表明样品中未检测出 FG72 转化体成分，表述为“样品中未检测出转基因耐除草剂大豆 FG72 转化体成分，检测结果为阴性”。

8.2.3 大豆内标准基因片段未得到扩增，或扩增片段大小与预期片段大小不一致，表明样品中未检测出大豆成分，结果表述为“样品中未检测出大豆成分，检测结果为阴性”。

9 检出限

本标准方法的检出限为 0.1%（含靶序列样品 DNA/总样品 DNA）。

注：本标准的检出限是在 PCR 检测反应体系中加入 50 ng DNA 模板确定的。

附　录　A
（资料性附录）
耐除草剂大豆 FG72 转化体特异性序列

1　TCGGGCTGCA GGAATTAATG TGGTTCATCC GTCTTTTTGT TAATGCGGTC

51　ATCAATACGT GCCTCAAAGA TTGCCAAATA GATTAATGTG GTTCATCTCC

101 CTATATGTTT TGCTTGTTGG ATTTTGCTAT CACATGTTTA TTGCTCCAAA

注 1：划线部分为引物序列。

注 2：1～42 为外源插入片段的部分载体序列，43～150 为大豆基因组部分序列。

第六部分　棉　　花

ICS 65.00
B 04

中华人民共和国国家标准

农业部1485号公告—1—2010

转基因植物及其产品成分检测 耐除草剂棉花MON1445及其衍生品种定性PCR方法

Detection of genetically modified plants and derived products—Qualitative PCR method for herbicide-tolerant cotton MON1445 and its derivates

2010-11-15 发布　　　　2011-01-01 实施

中华人民共和国农业部　发布

前　　言

本标准按照 GB/T 1.1—2009 给出的规则起草。

本标准由农业部科技教育司提出。

本标准由全国农业转基因生物安全管理标准化技术委员会(SAC/TC 276)归口。

本标准起草单位:农业部科技发展中心、山东省农业科学院、上海交通大学、中国农业科学院棉花研究所。

本标准主要起草人:孙红炜、宋贵文、路兴波、张大兵、沈平、杨立桃、韩伟、李萌、雒珺瑜。

转基因植物及其产品成分检测 耐除草剂棉花 MON1445 及其衍生品种定性 PCR 方法

1 范围

本标准规定了转基因耐除草剂棉花 MON1445 转化体特异性的定性 PCR 检测方法。

本标准适用于转基因耐除草剂棉花 MON1445 及其衍生品种，以及制品中 MON1445 转化体成分的定性 PCR 检测。

2 规范性引用文件

下列文件对于本文件的应用是必不可少的。凡是注日期的引用文件，仅注日期的版本适用于本文件。凡是不注日期的引用文件，其最新版本(包括所有的修改单)适用于本文件。

GB/T 6682 分析实验室用水规格和试验方法

NY/T 672 转基因植物及其产品检测 通用要求

NY/T 673 转基因植物及其产品检测 抽样

NY/T 674 转基因植物及其产品检测 DNA 提取和纯化

3 术语和定义

下列术语和定义适用于本文件。

3.1

***Sad1* 基因 *Sad1* gene**

编码棉花硬脂酰—酰基载体蛋白脱饱和酶(stearoyl-acyl carrier protein desaturase)的基因。

3.2

MON1445 转化体特异性序列 event-specific sequence of MON1445

转基因耐除草剂棉花 MON1445 的外源插入片段 3′端与棉花基因组的连接区序列，包括 Ori 3′端部分序列和棉花基因组的部分序列。

4 原理

根据转基因耐除草剂棉花 MON1445 转化体特异性序列设计特异性引物，对试样进行 PCR 扩增。依据是否扩增获得预期 99 bp 的特异性 DNA 片段，判断样品中是否含有 MON1445 转化体成分。

5 试剂和材料

除非另有说明，仅使用分析纯试剂和重蒸馏水或符合 GB/T 6682 规定的一级水。

5.1 琼脂糖。

5.2 10 g/L 溴化乙锭溶液：称取 1.0 g 溴化乙锭(EB)，溶于 100 mL 水中，避光保存。

注：溴化乙锭有致癌作用，配制和使用时宜戴一次性手套操作并妥善处理废液。

5.3 10 mol/L 氢氧化钠溶液：在 160 mL 水中加入 80.0 g 氢氧化钠(NaOH)，溶解后再加水定容至 200 mL。

5.4 500 mmol/L 乙二铵四乙酸二钠溶液(pH 8.0)：称取 18.6 g 乙二铵四乙酸二钠($EDTA-Na_2$)，加

入 70 mL 水中，再加入适量氢氧化钠溶液(5.3)，加热至完全溶解后，冷却至室温，再用氢氧化钠溶液(5.3)调 pH 至 8.0，加水定容至 100 mL。在 103.4 kPa(121℃)条件下灭菌 20 min。

5.5 1 mol/L 三羟甲基氨基甲烷—盐酸溶液(pH 8.0)：称取 121.1 g 三羟甲基氨基甲烷(Tris)溶解于 800 mL 水中，用盐酸(HCl)调 pH 至 8.0，加水定容至 1 000 mL。在 103.4 kPa(121℃)条件下灭菌 20 min。

5.6 TE 缓冲液(pH 8.0)：分别量取 10 mL 三羟甲基氨基甲烷—盐酸溶液(5.5)和 2 mL 乙二铵四乙酸二钠溶液(5.4)，加水定容至 1 000 mL。在 103.4 kPa(121℃)条件下灭菌 20 min。

5.7 50×TAE 缓冲液：称取 242.2 g 三羟甲基氨基甲烷(Tris)，先用 500 mL 水加热搅拌溶解后，加入 100 mL 乙二铵四乙酸二钠溶液(5.4)，用冰乙酸调 pH 至 8.0，然后加水定容到 1 000 mL。使用时，用水稀释成 1×TAE。

5.8 加样缓冲液：称取 250.0 mg 溴酚蓝，加 10 mL 水，在室温下溶解 12 h；称取 250.0 mg 二甲基苯腈蓝，加 10 mL 水溶解；称取 50.0 g 蔗糖，加 30 mL 水溶解。混合以上三种溶液，加水定容至 100 mL，在 4℃下保存。

5.9 1 mol/L 三羟甲基氨基甲烷—盐酸溶液(pH 7.5)：称取 121.1 g 三羟甲基氨基甲烷(Tris)溶解于 800 mL 水中，用盐酸(HCl)调 pH 至 7.5，加水定容至 1 000 mL。在 103.4 kPa(121℃)条件下灭菌 20 min。

5.10 平衡酚—氯仿—异戊醇溶液(25+24+1)。

5.11 氯仿—异戊醇溶液(24+1)。

5.12 5 mol/L 氯化钠溶液：称取 292.2 g 氯化钠，溶解于 800 mL 水中，加水定容至 1 000 mL，在 103.4 kPa(121℃)条件下灭菌 20 min。

5.13 10 mg/mL RNase A：称取 10 mg 胰 RNA 酶(RNase A)溶解于 987 μL 水中，然后加入 10 μL 三羟甲基氨基甲烷—盐酸溶液(5.9)和 3 μL 氯化钠溶液(5.12)，于 100℃水浴中保温 15 min，缓慢冷却至室温，分装成小份保存于−20℃。

5.14 异丙醇。

5.15 3 mol/L 乙酸钠(pH 5.6)：称取 408.3 g 三水乙酸钠溶解于 800 mL 水中，用冰乙酸调 pH 至 5.6，加水定容至 1 000 mL。在 103.4 kPa(121℃)条件下灭菌 20 min。

5.16 体积分数为 70%的乙醇溶液。

5.17 抽提缓冲液：在 600 mL 水中加入 69.3 g 葡萄糖，20 g 聚乙烯吡咯烷酮(PVP，K30)，1 g 二乙胺基二硫代甲酸钠(DIECA)，充分溶解，然后加入 100 mL 三羟甲基氨基甲烷—盐酸溶液(5.9)，10 mL 乙二铵四乙酸二钠溶液(5.4)，加水定容至 1 000 mL，4℃保存，使用时加入体积分数为 0.2%的 β-巯基乙醇。

5.18 裂解缓冲液：在 600 mL 水中加入 81.7 g 氯化钠，20 g 十六烷基三甲基溴化铵(CTAB)，20 g 聚乙烯吡咯烷酮(PVP，K30)，1 g 二乙胺基二硫代甲酸钠(DIECA)，充分溶解，然后加入 100 mL 三羟甲基氨基甲烷—盐酸溶液(5.9)，4 mL 乙二铵四乙酸二钠溶液(5.4)，加水定容至 1 000 mL，室温保存，使用时加入体积分数为 0.2%的 β-巯基乙醇。

5.19 DNA 分子量标准：可以清楚地区分 50 bp～1 000 bp 的 DNA 片段。

5.20 dNTPs 混合溶液：将浓度为 10 mmol/L 的 dATP、dTTP、dGTP、dCTP 四种脱氧核糖核苷酸溶液等体积混合。

5.21 Taq DNA 聚合酶及 PCR 反应缓冲液。

5.22 植物 DNA 提取试剂盒。

5.23 引物。

5.23.1 ***Sad1* 基因**

Sad1 - F：5′- CCAAAGGAGGTGCCTGTTCA - 3′

Sad1 - R：5′- TTGAGGTGAGTCAGAATGTTGTTC - 3′

预期扩增片段大小为 107 bp。

5.23.2 **MON1445 转化体特异性序列**

MON1445 - F：5′- AATGCTGGATTTTCTGCCTGTG - 3′

MON1445 - R：5′- TCCAAAAGTCATGCATCATTTCTCA - 3′

预期扩增片段大小为 99 bp。

5.24 引物溶液：用 TE 缓冲液(5.6)分别将上述引物稀释到 10 μmol/L。

5.25 石蜡油。

5.26 PCR 产物回收试剂盒。

6 仪器

6.1 分析天平：感量 0.1 g 和 0.1 mg。

6.2 PCR 扩增仪：升降温速度>1.5℃/s，孔间温度差异<1.0℃。

6.3 电泳槽、电泳仪等电泳装置。

6.4 紫外透射仪。

6.5 凝胶成像系统或照相系统。

6.6 重蒸馏水发生器或超纯水仪。

6.7 其他相关仪器和设备。

7 操作步骤

7.1 抽样

按 NY/T 672 和 NY/T 673 的规定执行。

7.2 制样

按 NY/T 672 和 NY/T 673 的规定执行。

7.3 试样预处理

按 NY/T 674 的规定执行。

7.4 DNA 模板制备

按 NY/T 674 的规定执行，或使用经验证适用于棉花 DNA 提取与纯化的植物 DNA 提取试剂盒，或按下述方法执行。DNA 模板制备时设置不加任何试样的空白对照。

称取 200 mg 经预处理的试样，在液氮中充分研磨后装入液氮预冷的 1.5 mL 或 2 mL 离心管中(不需研磨的试样直接加入)。加入 1 mL 预冷至 4℃的抽提缓冲液，剧烈摇动混匀后，在冰上静置 5 min，4℃条件下 10 000 *g* 离心 15 min，弃上清液。加入 600 μL 预热到 65℃的裂解缓冲液，充分重悬沉淀，在 65℃恒温保持 40 min，期间颠倒混匀 5 次。10 000 *g* 离心 10 min，取上清液转至另一新离心管中。加入 5 μL RNase A，37℃恒温保持 30 min。分别用等体积平衡酚—氯仿—异戊醇溶液和氯仿—异戊醇溶液各抽提一次。10 000 *g* 离心 10 min，取上清液转至另一新离心管中。加入 2/3 体积异丙醇，1/10 体积乙酸钠溶液，−20℃放置 2 h～3 h。在 4℃条件下，10 000 *g* 离心 15 min，弃上清液，用 70%乙醇溶液洗涤沉淀一次，倒出乙醇溶液，晾干沉淀。加入 50 μL TE 缓冲液溶解沉淀，所得溶液即为样品 DNA 溶液。

7.5 PCR 反应

7.5.1 试样 PCR 反应

7.5.1.1 每个试样 PCR 反应设置 3 次重复。

7.5.1.2　在 PCR 反应管中按表 1 依次加入反应试剂，混匀，再加 25 μL 石蜡油(有热盖设备的 PCR 仪可不加)。

表 1　PCR 检测反应体系

试　剂	终 浓 度	体　积
水		—
10×PCR 缓冲液	1×	2.5 μL
25 mmol/L 氯化镁溶液	2.5 mmol/L	2.5 μL
dNTPs 混合溶液(各 2.5 mmol/L)	各 0.2 mmol/L	2 μL
10 μmol/L 上游引物	0.4 μmol/L	1 μL
10 μmol/L 下游引物	0.4 μmol/L	1 μL
Taq 酶	0.05 U/μL	—
25 mg/L DNA 模板	2 mg/L	2.0 μL
总体积		25.0 μL

注 1：根据 Taq 酶的浓度确定其体积，并相应调整水的体积，使反应体系总体积达到 25.0 μL。如果 PCR 缓冲液中含有氯化镁，则不加氯化镁溶液，加等体积水。

注 2：棉花内标准基因 PCR 检测反应体系中，上、下游引物分别为 Sad1 - F 和 Sad1 - R；MON1445 转化体 PCR 检测反应体系中，上、下游引物分别为 MON1445 - F 和 MON1445 - R。

7.5.1.3　将 PCR 管放在离心机上，500 g～3 000 g 离心 10 s，然后取出 PCR 管，放入 PCR 仪中。

7.5.1.4　进行 PCR 反应。反应程序为：95℃变性 5 min；95℃变性 30 s，58℃退火 30 s，72℃延伸 30 s，共进行 35 次循环；72℃延伸 7 min。

7.5.1.5　反应结束后取出 PCR 管，对 PCR 反应产物进行电泳检测。

7.5.2　对照 PCR 反应

在试样 PCR 反应的同时，应设置阴性对照、阳性对照和空白对照。

以非转基因棉花材料提取的 DNA 作为阴性对照；以转基因棉花 MON1445 质量分数为 0.1%～1.0%的棉花 DNA 作为阳性对照；以水作为空白对照。

各对照 PCR 反应体系中，除模板外，其余组分及 PCR 反应条件与 7.5.1 相同。

7.6　PCR 产物电泳检测

按 20 g/L 的质量浓度称取琼脂糖，加入 1×TAE 缓冲液中，加热溶解，配制成琼脂糖溶液。每 100 mL琼脂糖溶液中加入 5 μL EB 溶液，混匀，稍适冷却后，将其倒入电泳板上，插上梳板，室温下凝固成凝胶后，放入 1×TAE 缓冲液中，垂直向上轻轻拔去梳板。取 12 μL PCR 产物与 3 μL 加样缓冲液混合后加入凝胶点样孔中，同时在其中一个点样孔中加入 DNA 分子量标准，接通电源在 2 V/cm～5 V/cm 条件下电泳检测。

7.7　凝胶成像分析

电泳结束后，取出琼脂糖凝胶，置于凝胶成像仪或紫外透射仪上成像。根据 DNA 分子量标准估计扩增条带的大小，将电泳结果形成电子文件存档或用照相系统拍照。如需通过序列分析确认 PCR 扩增片段是否为目的 DNA 片段，按照 7.8 和 7.9 的规定执行。

7.8　PCR 产物回收

按 PCR 产物回收试剂盒说明书，回收 PCR 扩增的 DNA 片段。

7.9　PCR 产物测序验证

将回收的 PCR 产物克隆测序，与耐除草剂棉花 MON1445 转化体特异性序列(参见附录 A)进行比对，确定 PCR 扩增的 DNA 片段是否为目的 DNA 片段。

8 结果分析与表述

8.1 对照检测结果分析

阳性对照 PCR 反应中，*Sad1* 内标准基因和 MON1445 转化体特异性序列均得到扩增，且扩增片段大小与预期片段大小一致，而阴性对照中仅扩增出 *Sad1* 基因片段，空白对照中没有任何扩增片段，表明 PCR 反应体系正常工作，否则重新检测。

8.2 样品检测结果分析和表述

8.2.1 *Sad1* 内标准基因和 MON1445 转化体特异性序列均得到扩增，且扩增片段大小与预期片段大小一致，表明样品中检测出转基因耐除草剂棉花 MON1445 转化体成分，表述为“样品中检测出转基因耐除草剂棉花 MON1445 转化体成分，检测结果为阳性”。

8.2.2 *Sad1* 内标准基因片段得到扩增，且扩增片段大小与预期片段大小一致，而 MON1445 转化体特异性序列未得到扩增，或扩增片段大小与预期片段大小不一致，表明样品中未检测出转基因耐除草剂棉花 MON1445 转化体成分，表述为“样品中未检测出转基因耐除草剂棉花 MON1445 转化体成分，检测结果为阴性”。

8.2.3 *Sad1* 内标准基因片段未得到扩增或扩增片段大小与预期片段大小不一致，表明样品中未检测出棉花成分，表述为“样品中未检测出棉花成分，检测结果为阴性”。

附 录 A
(资料性附录)
耐除草剂棉花 MON1445 转化体特异性序列

1 AATGCTGGAT TTTCTGCCTG TGGACAGCCC CTCAAATGTC AATAGGTGCG
51 CCCCTCAAAT GTCAATAGCT TGGCTGAGAA ATGATGCATG ACTTTTGGA

注:划线部分为耐除草剂棉花 MON1445 转化体特异性引物序列。

ICS 65.020.01
B 04

中华人民共和国国家标准

农业部1485号公告—10—2010

转基因植物及其产品成分检测 耐除草剂棉花LLcotton25及其衍生品种定性PCR方法

Detection of genetically modified plants and derived products—Qualitative PCR method for herbicide-tolerant cotton LLcotton25 and its derivates

2010-11-15 发布　　2011-01-01 实施

中华人民共和国农业部　发布

前　　言

本标准按照 GB/T 1.1—2009 给出的规则起草。

本标准由农业部科技教育司提出。

本标准由全国农业转基因生物安全管理标准化技术委员会(SAC/TC 276)归口。

本标准起草单位:农业部科技发展中心、中国农业科学院植物保护研究所。

本标准主要起草人:张永军、刘信、谢家建、厉建萌、李飞武。

转基因植物及其产品成分检测
耐除草剂棉花 LLcotton25 及其衍生品种定性 PCR 方法

1 范围

本标准规定了转基因耐除草剂棉花 LLcotton25 转化体特异性的定性 PCR 检测方法。

本标准适用于转基因耐除草剂棉花 LLcotton25 及其衍生品种，以及制品中 LLcotton25 转化体成分的定性 PCR 检测。

2 规范性引用文件

下列文件对于本文件的应用是必不可少的。凡是注日期的引用文件，仅注日期的版本适用于本文件。凡是不注日期的引用文件，其最新版本(包括所有的修改单)适用于本文件。

GB/T 6682 分析实验室用水规格和试验方法

NY/T 672 转基因植物及其产品检测 通用要求

NY/T 673 转基因植物及其产品检测 抽样

NY/T 674 转基因植物及其产品检测 DNA 提取和纯化

3 术语和定义

下列术语和定义适用于本文件。

3.1

***Sad1* 基因 *Sad1* gene**

编码棉花硬脂酰—酰基载体蛋白脱饱和酶(stearoyl-acyl carrier protein desaturase)的基因。

3.2

LLcotton25 转化体特异性序列 event-specific sequence of LLcotton25

外源插入片段 5′端与棉花基因组的连接区序列，包括棉花基因组的部分序列和 CaMV 35S 启动子部分序列。

4 原理

根据转基因耐除草剂棉花 LLcotton25 转化体特异性序列设计特异性引物，对试样进行 PCR 扩增。依据是否扩增获得预期 309 bp 的 DNA 片段，判断样品中是否含有 LLcotton25 转化体成分。

5 试剂和材料

除非另有说明，仅使用分析纯试剂和重蒸馏水或符合 GB/T 6682 规定的一级水。

5.1 琼脂糖。

5.2 10 g/L 溴化乙锭溶液：称取 1.0 g 的溴化乙锭(EB)，溶解于 100 mL 水中，避光保存。

注：溴化乙锭有致癌作用，配制和使用时宜戴一次性手套操作并妥善处理废液。

5.3 10 mol/L 氢氧化钠溶液：在 160 mL 水中加入 80.0 g 氢氧化钠(NaOH)，溶解后再加水定容至 200 mL。

5.4 500 mmol/L 乙二铵四乙酸二钠溶液(pH 8.0)：称取 18.6 g 乙二铵四乙酸二钠($EDTA\text{-}Na_2$)，加

入 70 mL 水中，再加入适量氢氧化钠溶液(5.3)，加热至完全溶解后，冷却至室温，用氢氧化钠溶液(5.3)调 pH 至 8.0，加水定容至 100 mL。在 103.4 kPa(121℃)条件下灭菌 20 min。

5.5 1 mol/L 三羟甲基氨基甲烷—盐酸溶液(pH 8.0)：称取 121.1 g 三羟甲基氨基甲烷(Tris)溶解于 800 mL 水中，用盐酸调 pH 至 8.0，加水定容至 1 000 mL。在 103.4 kPa(121℃)条件下灭菌 20 min。

5.6 TE 缓冲液(pH 8.0)：分别量取 10 mL 三羟甲基氨基甲烷—盐酸溶液(5.5)和 2 mL 乙二铵四乙酸二钠溶液(5.4)，加水定容至 1 000 mL。在 103.4 kPa(121℃)条件下灭菌 20 min。

5.7 50×TAE 缓冲液：称取 242.2 g 三羟甲基氨基甲烷(Tris)，先用 300 mL 水加热搅拌溶解后，加入 100 mL 乙二铵四乙酸二钠溶液(5.4)，用冰乙酸调 pH 至 8.0，然后加水定容至 1 000 mL。使用时用水稀释成 1×TAE。

5.8 加样缓冲液：称取 250.0 mg 溴酚蓝，加 10 mL 水，在室温下溶解 12 h；称取 250.0 mg 二甲基苯腈蓝，用 10 mL 水溶解；称取 50.0 g 蔗糖，用 30 mL 水溶解。混合以上 3 种溶液，加水定容至 100 mL，在 4℃下保存。

5.9 1 mol/L 三羟甲基氨基甲烷—盐酸溶液(pH 7.5)：称取 121.1 g 三羟甲基氨基甲烷(Tris)溶解于 800 mL 水中，用盐酸调 pH 至 7.5，用水定容至 1 000 mL。在 103.4 kPa(121℃)条件下灭菌 20 min。

5.10 苯酚—氯仿—异戊醇溶液(25+24+1)。

5.11 氯仿—异戊醇溶液(24+1)。

5.12 5 mol/L 氯化钠溶液：称取 292.2 g 氯化钠(NaCl)，溶解于 800 mL 水中，加水定容至 1 000 mL，在 103.4 kPa(121℃)条件下灭菌 20 min。

5.13 10 g/L RNase A：称取 10 mg 胰 RNA 酶(RNase A)溶解于 987 μL 水中，然后加入 10 μL 三羟甲基氨基甲烷—盐酸溶液(5.9)和 3 μL 氯化钠溶液(5.12)，于 100℃水浴中保温 15 min，缓慢冷却至室温，分装成小份保存于−20℃。

5.14 异丙醇。

5.15 3 mol/L 乙酸钠(pH 5.6)：称取 408.3 g 三水乙酸钠溶解于 800 mL 水中，用冰乙酸调 pH 至 5.6，用水定容至 1 000 mL。在 103.4 kPa(121℃)条件下灭菌 20 min。

5.16 体积分数为 70%的乙醇溶液。

5.17 抽提缓冲液：在 600 mL 水中加入 69.3 g 葡萄糖，20 g 聚乙烯吡咯烷酮(PVP，K30)，1 g 二乙胺基二硫代甲酸钠(DIECA)，充分溶解，然后加入 100 mL 三羟甲基氨基甲烷—盐酸溶液(5.9)，10 mL 乙二铵四乙酸二钠溶液(5.4)，加水定容至 1 000 mL，4℃保存，使用时加入体积分数为 0.2%的 β-巯基乙醇。

5.18 裂解缓冲液：在 600 mL 水中加入 81.7 g 氯化钠，20 g 十六烷基三甲基溴化铵(CTAB)，20 g 聚乙烯吡咯烷酮(PVP，K30)，1 g 二乙胺基二硫代甲酸钠(DIECA)，充分溶解，然后加入 100 mL 三羟甲基氨基甲烷—盐酸溶液(5.9)，4 mL 乙二铵四乙酸二钠溶液(5.4)，加水定容至 1 000 mL，室温保存，使用时加入体积分数为 0.2%的 β-巯基乙醇。

5.19 DNA 分子量标准：可以清楚地区分 50 bp～1 000 bp 的 DNA 片段。

5.20 dNTPs 混合溶液：将浓度为 10 mmol/L 的 dATP、dTTP、dGTP、dCTP 四种脱氧核糖核苷酸溶液等体积混合。

5.21 Taq DNA 聚合酶及 PCR 反应缓冲液。

5.22 植物 DNA 提取试剂盒。

5.23 引物。

5.23.1 ***SadI*** **基因**

s-F：5′-CCAAAGGAGGTGCCTGTTCA-3′

s-R：5′-TTGAGGTGAGTCAGAATGTTGTTC-3′

预期扩增片段大小为 107 bp。

5.23.2 **LLcotton25 转化体特异性序列**

25-F:5′-CAAGGAACTATTCAACTGAG-3′

25-R:5′-CAACCTGTCTGTTTGCTGAC-3′

预期扩增片段大小为 309 bp。

5.24 引物溶液:用 TE 缓冲液(5.6)分别将上述引物稀释到 10 μmol/L。

5.25 石蜡油。

5.26 PCR 产物回收试剂盒。

6 仪器

6.1 分析天平:感量 0.1 g 和 0.1 mg。

6.2 PCR 扩增仪:升降温速度>1.5℃/s,孔间温度差异<1.0℃。

6.3 电泳槽、电泳仪等电泳装置。

6.4 紫外透射仪。

6.5 凝胶成像系统或照相系统。

6.6 重蒸馏水发生器或超纯水仪。

6.7 其他相关仪器和设备。

7 操作步骤

7.1 抽样

按 NY/T 672 和 NY/T 673 的规定执行。

7.2 制样

按 NY/T 672 和 NY/T 673 的规定执行。

7.3 试样预处理

按 NY/T 674 的规定执行。

7.4 DNA 模板制备

按 NY/T 674 的规定制定,或使用经验证适用于棉花及其产品 DNA 提取与纯化的 DNA 提取试剂盒,或按下述方法执行。DNA 模板制备时设置不加任何试样的空白对照。

称取 200 mg 经预处理的试样,在液氮中充分研磨后装入液氮预冷的 1.5 mL 或 2 mL 离心管中(不需研磨的试样直接加入)。加入 1 mL 预冷至 4℃的抽提缓冲液,剧烈摇动混匀后,在冰上静置 5 min,4℃条件下 10 000 *g* 离心 15 min,弃上清液。加入 600 μL 预热到 65℃的裂解缓冲液,充分重悬沉淀,在 65℃恒温保持 40 min,期间颠倒混匀 5 次。10 000 *g* 离心 10 min,取上清液转至另一新离心管中。加入 5 μL RNase A,37℃恒温保持 30 min。分别用等体积苯酚—氯仿—异戊醇溶液和氯仿—异戊醇溶液各抽提一次。10 000 *g* 离心 10 min,取上清液转至另一新离心管中。加入 2/3 体积异丙醇和 1/10 体积乙酸钠溶液,−20℃放置 2 h~3 h。在 4℃条件下,10 000 *g* 离心 15 min,弃上清液,用体积分数为 70%的乙醇溶液洗涤沉淀一次,倒出乙醇溶液,晾干沉淀。加入 50 μL TE 缓冲液溶解沉淀,所得溶液即为样品 DNA 溶液。

7.5 PCR 反应

7.5.1 试样 PCR 反应

7.5.1.1 每个试样 PCR 反应设置 3 次重复。

7.5.1.2 在 PCR 反应管中按表 1 依次加入反应试剂,混匀,再加 25 μL 石蜡油(有热盖设备的 PCR 仪可不加)。

表 1 PCR 反应体系

试　　剂	终　浓　度	体　　积
水		—
10×PCR 缓冲液	1×	2.5 μL
25 mmol/L 氯化镁	1.5 mmol/L	1.5 μL
dNTPs 混合溶液(各 2.5 mmol/L)	各 0.2 mmol/L	2.0 μL
10 μmol/L 上游引物	0.4 μmol/L	1.0 μL
10 μmol/L 下游引物	0.4 μmol/L	1.0 μL
Taq 酶	0.025 U/μL	—
25 mg/L DNA 模板	2 mg/L	2.0 μL
总体积		25.0 μL

注 1:根据 Taq 酶的浓度确定其体积,并相应调整水的体积,使反应体系总体积达到 25.0 μL。如果 PCR 缓冲液中含有氯化镁,则不加氯化镁溶液,加等体积水。

注 2:棉花内标准基因 PCR 检测反应体系中,上、下游引物分别为 s-F 和 s-R;LLcotton25 转化体 PCR 检测反应体系中,上、下游引物分别为 25-F 和 25-R。

7.5.1.3 将 PCR 管放入离心机上,500 g～3 000 g 离心 10 s,然后取出 PCR 管,放入 PCR 仪中。

7.5.1.4 进行 PCR 反应。反应程序为:95℃变性 5 min;94℃变性 30 s,55℃退火 30 s,72℃延伸 30 s,共进行 35 次循环;72℃延伸 7 min。

7.5.1.5 反应结束后取出 PCR 管,对 PCR 反应产物进行电泳检测。

7.5.2 对照 PCR 反应

在试样 PCR 反应的同时,应设置阴性对照、阳性对照和空白对照。

以非转基因棉花材料中提取的 DNA 作为阴性对照;以转基因棉花 LLcotton25 质量分数为 0.1%～1.0%的棉花基因组 DNA 作为阳性对照板;以水作为空白对照。

各对照 PCR 反应体系中,除模板外,其余组分及 PCR 反应条件与 7.5.1 相同。

7.6 PCR 产物电泳检测

按 20 g/L 的质量浓度称取琼脂糖,加入 1×TAE 缓冲液中,加热溶解,配制成琼脂糖溶液。每 100 mL琼脂糖溶液中加入 5 μL EB 溶液,混匀,适当冷却后,将其倒入电泳板上,插上梳板,室温下凝固成凝胶后,放入 1×TAE 缓冲液中,垂直向上轻轻拔去梳板。取 12 μL PCR 产物与 3 μL 加样缓冲液混合后加入点样孔中,同时在其中一个点样孔中加入 DNA 分子量标准,接通电源在 2 V/cm～5 V/cm 条件下电泳检测。

7.7 凝胶成像分析

电泳结束后,取出琼脂糖凝胶,置于凝胶成像仪或紫外透射仪上成像。根据 DNA 分子量标准估计扩增条带的大小,将电泳结果形成电子文件存档或用照相系统拍照。如需通过序列分析确认 PCR 扩增片段是否为目的 DNA 片段,按照 7.8 和 7.9 的规定执行。

7.8 PCR 产物回收

按 PCR 产物回收试剂盒说明书,回收 PCR 扩增的 DNA 片段。

7.9 PCR 产物测序验证

将回收的 PCR 产物克隆测序,与 LLcotton25 转化体特异性序列(参见附录 A)进行比对,确定 PCR 扩增的 DNA 片段是否为目的 DNA 片段。

8 结果分析与表述

8.1 对照检测结果分析

阳性对照 PCR 反应中，*Sad1* 内标准基因和 LLcotton25 转化体特异性序列均得到扩增，且扩增片段大小与预期片段大小一致，而阴性对照中仅扩增出 *Sad1* 基因片段，空白对照中没有任何扩增片段，表明 PCR 反应体系正常工作，否则重新检测。

8.2 样品检测结果分析和表述

8.2.1 *Sad1* 内标准基因和 LLcotton25 转化体特异性序列均得到扩增，且扩增片段大小与预期片段大小一致，表明样品中检测出转基因耐除草剂棉花 LLcotton25 转化体成分，结果表述为“样品中检测出转基因耐除草剂棉花 LLcotton25 转化体成分，检测结果为阳性”。

8.2.2 *Sad1* 内标准基因片段得到扩增，且扩增片段大小与预期片段大小一致，而 LLcotton25 转化体特异性序列未得到扩增，或扩增片段大小与预期片段大小不一致，表明样品中未检测出转基因耐除草剂棉花 LLcotton25 转化体成分，结果表述为“样品中未检测出转基因耐除草剂棉花 LLcotton25 转化体成分，检测结果为阴性”。

8.2.3 *Sad1* 内标准基因片段未得到扩增，或扩增片段大小与预期片段大小不一致，表明样品中未检测出棉花成分，表述为“样品中未检测出棉花成分，检测结果为阴性”。

附　录　A
（资料性附录）
LLcotton25 转化体特异性序列

1 CAAGGAACTA TTCAACTGAG CTTAACAGTA CTCGGCCGTC GACCGCGGTA
51 CCCCGGAATT CCAATCCCAC AAAAATCTGA GCTTAACAGC ACAGTTGCTC
101 CTCTCAGAGC AGAATCGGGT ATTCAACACC CTCATATCAA CTACTACGTT
151 GTGTATAACG GTCCACATGC CGGTATATAC GATGACTGGG GTTGTACAAA
201 GGCGGCAACA AACGGCGTTC CCGGAGTTGC ACACAAGAAA TTTGCCACTA
251 TTACAGAGGC AAGAGCAGCA GCTGACGCGT ACACAACAAG TCAGCAAACA
301 GACAGGTTG

注：划线部分为引物序列。

ICS 65.020.01
B 04

中华人民共和国国家标准

农业部1485号公告—12—2010

转基因植物及其产品成分检测 耐除草剂棉花MON88913及其衍生品种 定性PCR方法

Detection of genetically modified plants and derived products—Qualitative PCR method for herbicide-tolerant cotton MON88913 and its derivates

2010-11-15发布　　2011-01-01实施

中华人民共和国农业部　发布

前　　言

本标准按照 GB/T 1.1—2009 给出的规则起草。

本标准由农业部科技教育司提出。

本标准由全国农业转基因生物安全管理标准化技术委员会(SAC/TC 276)归口。

本标准起草单位:农业部科技发展中心、山东省农业科学院、中国农业科学院棉花研究所。

本标准主要起草人:路兴波、沈平、武海斌、韩伟、宋贵文、李凡、王鹏、崔金杰。

转基因植物及其产品成分检测
耐除草剂棉花 MON88913 及其衍生品种定性 PCR 方法

1 范围

本标准规定了转基因耐除草剂棉花 MON88913 转化体特异性的定性 PCR 检测方法。

本标准适用于转基因耐除草剂棉花 MON88913 及其衍生品种，以及制品中 MON88913 转化体成分的定性 PCR 检测。

2 规范性引用文件

下列文件对于本文件的应用是必不可少的。凡是注日期的引用文件，仅注日期的版本适用于本文件。凡是不注日期的引用文件，其最新版本(包括所有的修改单)适用于本文件。

GB/T 6682 分析实验室用水规格和试验方法

NY/T 672 转基因植物及其产品检测 通用要求

NY/T 673 转基因植物及其产品检测 抽样

NY/T 674 转基因植物及其产品检测 DNA 提取和纯化

3 术语和定义

下列术语和定义适用于本文件。

3.1

***Sad1* 基因 *Sad1* gene**

编码棉花硬脂酰—酰基载体蛋白脱饱和酶(stearoyl-acyl carrier protein desaturase)的基因。

3.2

MON88913 转化体特异性序列 event-specific sequence of MON88913

转基因耐除草剂棉花 MON88913 的外源插入片段 3′端与棉花基因组的连接区序列，包括 3′端 E9 部分序列、质粒左边界序列和棉花基因组的部分序列。

4 原理

根据转基因耐除草剂棉花 MON88913 转化体特异性序列设计特异性引物，对试样进行 PCR 扩增。依据是否扩增获得预期 592 bp 的 DNA 片段，判断样品中是否含有 MON88913 转化体成分。

5 试剂和材料

除非另有说明，仅使用分析纯试剂和重蒸馏水或符合 GB/T 6682 规定的一级水。

5.1 琼脂糖。

5.2 10 g/L 溴化乙锭溶液：称取 1.0 g 溴化乙锭(EB)，溶于 100 mL 水中，避光保存。

注：溴化乙锭有致癌作用，配制和使用时宜戴一次性手套操作并妥善处理废液。

5.3 10 mol/L 氢氧化钠溶液：在 160 mL 水中加入 80.0 g 氢氧化钠(NaOH)，溶解后再加水定容至 200 mL。

5.4 500 mmol/L 乙二铵四乙酸二钠溶液(pH 8.0)：称取 18.6 g 乙二铵四乙酸二钠($EDTA\text{-}Na_2$)，加

入 70 mL 水中，再加入适量氢氧化钠溶液(5.3)，加热至完全溶解后，冷却至室温，再用氢氧化钠溶液(5.3)调 pH 至 8.0，加水定容至 100 mL。在 103.4 kPa(121℃)条件下灭菌 20 min。

5.5 1 mol/L 三羟甲基氨基甲烷—盐酸溶液(pH 8.0)：称取 121.1 g 三羟甲基氨基甲烷(Tris)溶解于 800 mL 水中，用盐酸(HCl)调 pH 至 8.0，加水定容至 1 000 mL。在 103.4 kPa(121℃)条件下灭菌 20 min。

5.6 TE 缓冲液(pH 8.0)：分别量取 10 mL 三羟甲基氨基甲烷—盐酸溶液(5.5)和 2 mL 乙二铵四乙酸二钠溶液(5.4)，加水定容至 1 000 mL。在 103.4 kPa(121℃)条件下灭菌 20 min。

5.7 50×TAE 缓冲液：称取 242.2 g 三羟甲基氨基甲烷(Tris)，先用 500 mL 水加热搅拌溶解后，加入 100 mL 乙二铵四乙酸二钠溶液(5.4)，用冰乙酸调 pH 至 8.0，然后加水定容到 1 000 mL。使用时用水稀释成 1×TAE。

5.8 加样缓冲液：称取 250.0 mg 溴酚蓝，加 10 mL 水，在室温下溶解 12 h；称取 250.0 mg 二甲基苯腈蓝，加 10 mL 水溶解；称取 50.0 g 蔗糖，加 30 mL 水溶解。混合以上 3 种溶液，加水定容至 100 mL，在 4℃下保存。

5.9 1 mol/L 三羟甲基氨基甲烷—盐酸溶液(pH 7.5)：称取 121.1 g 三羟甲基氨基甲烷(Tris)溶解于 800 mL 水中，用盐酸(HCl)调 pH 至 7.5，加水定容至 1 000 mL。在 103.4 kPa(121℃)条件下灭菌 20 min。

5.10 平衡酚—氯仿—异戊醇溶液(25+24+1)。

5.11 氯仿—异戊醇溶液(24+1)。

5.12 5 mol/L 氯化钠溶液：称取 292.2 g 氯化钠，溶解于 800 mL 水中，加水定容至 1 000 mL，在 103.4 kPa(121℃)条件下灭菌 20 min。

5.13 10 mg/mL RNase A：称取 10 mg 胰 RNA 酶(RNase A)溶解于 987 μL 水中，然后加入 10 μL 三羟甲基氨基甲烷—盐酸溶液(5.9)和 3 μL 氯化钠溶液(5.12)，于 100℃水浴中保温 15 min，缓慢冷却至室温，分装成小份保存于－20℃。

5.14 异丙醇。

5.15 3 mol/L 乙酸钠(pH 5.6)：称取 408.3 g 三水乙酸钠溶解于 800 mL 水中，用冰乙酸调 pH 至 5.6，加水定容至 1 000 mL。在 103.4 kPa(121℃)条件下灭菌 20 min。

5.16 体积分数为 70%的乙醇溶液。

5.17 抽提缓冲液：在 600 mL 水中加入 69.3 g 葡萄糖，20 g 聚乙烯吡咯烷酮(PVP，K30)，1 g 二乙胺基二硫代甲酸钠(DIECA)，充分溶解，然后加入 100 mL 三羟甲基氨基甲烷—盐酸溶液(5.9)，10 mL 乙二铵四乙酸二钠溶液(5.4)，加水定容至 1 000 mL，4℃保存，使用时加入体积分数为 0.2%的 β-巯基乙醇。

5.18 裂解缓冲液：在 600 mL 水中加入 81.7 g 氯化钠，20 g 十六烷基三甲基溴化铵(CTAB)，20 g 聚乙烯吡咯烷酮(PVP，K30)，1 g 二乙胺基二硫代甲酸钠(DIECA)，充分溶解，然后加入 100 mL 三羟甲基氨基甲烷—盐酸溶液(5.9)，4 mL 乙二铵四乙酸二钠溶液(5.4)，加水定容至 1 000 mL，室温保存，使用时加入体积分数为 0.2%的 β-巯基乙醇。

5.19 DNA 分子量标准：可以清楚地区分 100 bp～1 000 bp 的 DNA 片段。

5.20 dNTPs 混合溶液：将浓度为 10 mmol/L 的 dATP、dTTP、dGTP、dCTP 四种脱氧核糖核苷酸溶液等体积混合。

5.21 Taq DNA 聚合酶及 PCR 反应缓冲液。

5.22 植物 DNA 提取试剂盒。

5.23 引物。

5.23.1 ***Sad1* 基因**

Sad1 - F：5′- CCAAAGGAGGTGCCTGTTCA - 3′

Sad1 - R：5′- TTGAGGTGAGTCAGAATGTTGTTC - 3′

预期扩增片段大小为 107 bp。

5.23.2 **MON88913 转化体特异性序列**

MON88913 - F：5′- TGTTACTGAATACAAGTATGTCCTC - 3′

MON88913 - R：5′- AGAGAAGCGAGACCTACAAGC - 3′

预期扩增片段大小为 592 bp。

5.24 引物溶液：用 TE 缓冲液(5.6)分别将上述引物稀释到 10 μmol/L。

5.25 石蜡油。

5.26 PCR 产物回收试剂盒。

6 仪器

6.1 分析天平：感量 0.1 g 和 0.1 mg。

6.2 PCR 扩增仪：升降温速度>1.5℃/s，孔间温度差异<1.0℃。

6.3 电泳槽、电泳仪等电泳装置。

6.4 紫外透射仪。

6.5 凝胶成像系统或照相系统。

6.6 重蒸馏水发生器或超纯水仪。

6.7 其他相关仪器和设备。

7 操作步骤

7.1 抽样

按 NY/T 672 和 NY/T 673 的规定执行。

7.2 制样

按 NY/T 672 和 NY/T 673 的规定执行。

7.3 试样预处理

按 NY/T 674 的规定执行。

7.4 DNA 模板制备

按 NY/T 674 的规定执行，或使用经验证适用于棉花 DNA 提取与纯化的植物 DNA 提取试剂盒，或按下述方法执行。DNA 模板制备时设置不加任何试样的空白对照。

称取 200 mg 经预处理的试样，在液氮中充分研磨后装入液氮预冷的 1.5 mL 或 2 mL 离心管中(不需研磨的试样直接加入)。加入 1 mL 预冷至 4℃的抽提缓冲液，剧烈摇动混匀后，在冰上静置 5 min，4℃条件下 10 000 *g* 离心 15 min，弃上清液。加入 600 μL 预热到 65℃的裂解缓冲液，充分重悬沉淀，在 65℃恒温保持 40 min，期间颠倒混匀 5 次。10 000 *g* 离心 10 min，取上清液转至另一新离心管中。加入 5 μL RNase A，37℃恒温保持 30 min。分别用等体积平衡酚—氯仿—异戊醇溶液和氯仿—异戊醇溶液各抽提一次。10 000 *g* 离心 10 min，取上清液转至另一新离心管中。加入 2/3 体积异丙醇，1/10 体积乙酸钠溶液，−20℃放置 2 h～3 h。在 4℃条件下，10 000 *g* 离心 15 min，弃上清液，用 70%乙醇溶液洗涤沉淀一次，倒出乙醇溶液，晾干沉淀。加入 50 μL TE 缓冲液溶解沉淀，所得溶液即为样品 DNA 溶液。

7.5 PCR 反应

7.5.1 试样 PCR 反应

7.5.1.1 每个试样 PCR 反应设置 3 次重复。

7.5.1.2 在 PCR 反应管中按表 1 依次加入反应试剂，混匀，再加 25 μL 石蜡油(有热盖设备的 PCR 仪可不加)。

表 1 PCR 检测反应体系

试 剂	终 浓 度	体 积
水		—
10×PCR 缓冲液	1×	2.5 μL
25 mmol/L 氯化镁溶液	2.5 mmol/L	2.5 μL
dNTPs 混合溶液(各 2.5 mmol/L)	各 0.2 mmol/L	2 μL
10 μmol/L 上游引物	0.4 μmol/L	1 μL
10 μmol/L 下游引物	0.4 μmol/L	1 μL
Taq 酶	0.05 U/μL	—
25 mg/L DNA 模板	2 mg/L	2.0 μL
总体积		25.0 μL

注 1：根据 Taq 酶的浓度确定其体积，并相应调整水的体积，使反应体系总体积达到 25.0 μL。如果 PCR 缓冲液中含有氯化镁，则不加氯化镁溶液，加等体积水。

注 2：棉花内标准基因 PCR 检测反应体系中，上、下游引物分别为 Sad1-F 和 Sad1-R；MON88913 转化体特异性 PCR 检测反应体系中，上、下游引物分别为 MON88913-F 和 MON88913-R。

7.5.1.3 将 PCR 管放在离心机上，500 *g*～3 000 *g* 离心 10 s，然后取出 PCR 管，放入 PCR 仪中。

7.5.1.4 进行 PCR 反应。反应程序为：95℃变性 5 min；95℃变性 30 s，58℃退火 30 s，72℃延伸 45 s，共进行 38 次循环；72℃延伸 7 min。

7.5.1.5 反应结束后取出 PCR 管，对 PCR 反应产物进行电泳检测。

7.5.2 对照 PCR 反应

在试样 PCR 反应的同时，应设置阴性对照、阳性对照和空白对照。

以非转基因棉花材料提取的 DNA 作为阴性对照；以转基因棉花 MON88913 质量分数为 0.1%～1.0%的棉花 DNA 作为阳性对照；以水作为空白对照。

各对照 PCR 反应体系中，除模板外，其余组分及 PCR 反应条件与 7.5.1 相同。

7.6 PCR 产物电泳检测

按 20 g/L 的质量浓度称取琼脂糖，加入 1×TAE 缓冲液中，加热溶解，配制成琼脂糖溶液。每 100 mL琼脂糖溶液中加入 5 μL EB 溶液，混匀，稍适冷却后，将其倒入电泳板上，插上梳板，室温下凝固成凝胶后，放入 1×TAE 缓冲液中，垂直向上轻轻拔去梳板。取 12 μL PCR 产物与 3 μL 加样缓冲液混合后加入凝胶点样孔中，同时在其中一个点样孔中加入 DNA 分子量标准，接通电源在 2 V/cm～5 V/cm 条件下电泳检测。

7.7 凝胶成像分析

电泳结束后，取出琼脂糖凝胶，置于凝胶成像仪或紫外透射仪上成像。根据 DNA 分子量标准估计扩增条带的大小，将电泳结果形成电子文件存档或用照相系统拍照。如需通过序列分析确认 PCR 扩增片段是否为目的 DNA 片段，按照 7.8 和 7.9 的规定执行。

7.8 PCR 产物回收

按 PCR 产物回收试剂盒说明书，回收 PCR 扩增的 DNA 片段。

7.9 PCR 产物测序验证

将回收的 PCR 产物克隆测序，与耐除草剂棉花 MON88913 转化体特异性序列(参见附录 A)进行比对，确定 PCR 扩增的 DNA 片段是否为目的 DNA 片段。

8 结果分析与表述

8.1 对照样品结果分析

阳性对照 PCR 反应中，*Sad1* 内标准基因和 MON88913 转化体特异性序列均得到扩增，且扩增片段大小与预期片段大小一致，而阴性对照中仅扩增出 *Sad1* 基因片段，空白对照中没有任何扩增，表明 PCR 反应体系正常工作，否则重新检测。

8.2 样品检测结果分析和表述

8.2.1 *Sad1* 内标准基因和 MON88913 转化体特异性序列均得到扩增，且扩增片段大小与预期片段大小一致，表明试样中检测出转基因耐除草剂棉花 MON88913 转化体成分，表述为“样品中检测出转基因耐除草剂棉花 MON88913 转化体成分，检测结果为阳性”。

8.2.2 *Sad1* 内标准基因片段得到扩增，且扩增片段大小与预期片段大小一致，而 MON88913 转化体特异性序列未得到扩增，或扩增片段大小与预期片段大小不一致，表明试样中未检测出转基因耐除草剂棉花 MON88913 转化体成分，表述为“样品中未检测出转基因耐除草剂棉花 MON88913 转化体成分，检测结果为阴性”。

8.2.3 *Sad1* 内标准基因片段未得到扩增，或扩增片段大小与预期片段大小不一致，表明试样中未检测出棉花成分，表述为“样品中未检测出棉花成分，检测结果为阴性”。

附 录 A
(资料性附录)
耐除草剂棉花 MON88913 转化体特异性序列

1 TGTTACTGAA TACAAGTATG TCCTCTTGTG TTTTAGACAT TTATGAACTT
51 TCCTTTATGT AATTTTCCAG AATCCTTGTC AGATTCTAAT CATTGCTTTA
101 TAATTATAGT TATACTCATG GATTTGTAGT TGAGTATGAA AATATTTTTT
151 AATGCATTTT ATGACTTGCC AATTGATTGA CAACATGCAT CAATCGACCT
201 GCAGCCACTC GAGTGGAGGC CTCATCTAAG CCCCCATTTG GACGTGAATG
251 TAGACACGTC GAAATAAAGA TTTCCGAATT AGAATAATTT GTTTATTGCT
301 TTCGCCTATA AATACGACGG ATCGTAATTT GTCGTTTTAT CAAAATGTAC
351 TTTCATTTTA TAATAACGCT GCGGACATCT ACATTTTTGA ATTGAAAAAA
401 AATTGGTAAT TACTCTTTCT TTTTCTCCAT ATTGACCATC ATACTCATTG
451 CTGATCCATG TAGATTTCCC GGACATGAAG CCATTTACAA TTGAATATAT
501 ATTACAAAGC TATTTGCTTA TAACATATGC GAAAAATTTT GTACTATAAT
551 CAGGGGTAAA TTTAGGAGGG GGCTTGTAGG TCTCGCTTCT CT

注: 划线部分为耐除草剂棉花 MON88913 转化体特异性引物序列。

ICS 65.020.01
B 04

中华人民共和国国家标准

农业部1485号公告—13—2010

转基因植物及其产品成分检测 抗虫棉花MON15985及其衍生品种定性PCR方法

Detection of genetically modified plants and derived products—Qualitative PCR method for insect-resistant cotton MON15985 and its derivates

2010-11-15 发布　　　　2011-01-01 实施

中华人民共和国农业部 发布

前　言

本标准按照 GB/T 1.1—2009 给出的规则起草。

本标准由农业部科技教育司提出。

本标准由全国农业转基因生物安全管理标准化技术委员会(SAC/TC 276)归口。

本标准起草单位:农业部科技发展中心、上海交通大学。

本标准主要起草人:杨立桃、宋贵文、张大兵、赵欣、李飞武、师勇强。

转基因植物及其产品成分检测
抗虫棉花 MON15985 及其衍生品种定性 PCR 方法

1 范围

本标准规定了转基因抗虫棉花 MON15985 转化体特异性的定性 PCR 检测方法。

本标准适用于转基因抗虫棉花 MON15985 及其衍生品种，以及制品中 MON15985 转化体成分的定性 PCR 检测。

2 规范性引用文件

下列文件对于本文件的应用是必不可少的。凡是注日期的引用文件，仅注日期的版本适用于本文件。凡是不注日期的引用文件，其最新版本(包括所有的修改单)适用于本文件。

GB/T 6682 分析实验室用水规格和试验方法

NY/T 672 转基因植物及其产品检测 通用要求

NY/T 673 转基因植物及其产品检测 抽样

NY/T 674 转基因植物及其产品检测 DNA 提取和纯化

3 术语和定义

下列术语和定义适用于本文件。

3.1

***Sad1* 基因 *Sad1* gene**

编码棉花硬脂酰—酰基载体蛋白脱饱和酶(stearoyl-acyl carrier protein desaturase)的基因。

3.2

MON15985 转化体特异性序列 event-specific sequence of MON15985

外源插入片段 5′端与棉花基因组的连接区序列，包括外源插入载体 5′端 CaMV 35S 启动子序列和棉花基因组的部分序列。

4 原理

根据转基因抗虫棉花 MON15985 转化体特异性序列设计特异性引物，对试样进行 PCR 扩增。依据是否扩增获得预期 175 bp 的特异性 DNA 片段，判断样品中是否含有 MON15985 转化体成分。

5 试剂和材料

除非另有说明，仅使用分析纯试剂和重蒸馏水或 GB/T 6682 规定的一级水。

5.1 琼脂糖。

5.2 10 g/L 溴化乙锭溶液：称取 1.0 g 溴化乙锭(EB)，溶于 100 mL 水中，避光保存。

注：溴化乙锭有致癌作用，配制和使用时宜戴一次性手套操作并妥善处理废液。

5.3 10 mol/L 氢氧化钠溶液：在 160 mL 水中加入 80.0 g 氢氧化钠(NaOH)，溶解后再加水定容至 200 mL。

5.4 500 mmol/L 乙二铵四乙酸二钠溶液(pH 8.0)：称取 18.6 g 乙二铵四乙酸二钠($EDTA\text{-}Na_2$)，加

入 70 mL 水中，再加入适量氢氧化钠溶液(5.3)，加热至完全溶解后，冷却至室温，用氢氧化钠溶液(5.3)调 pH 至 8.0，加水定容至 100 mL。在 103.4 kPa(121℃)条件下灭菌 20 min。

5.5 1 mol/L 三羟甲基氨基甲烷—盐酸溶液(pH 8.0)：称取 121.1 g 三羟甲基氨基甲烷(Tris)溶解于 800 mL 水中，用盐酸调 pH 至 8.0，加水定容至 1 000 mL。在 103.4 kPa(121℃)条件下灭菌 20 min。

5.6 TE 缓冲液(pH 8.0)：分别量取 10 mL 三羟甲基氨基甲烷—盐酸溶液(5.5)和 2 mL 乙二铵四乙酸二钠溶液(5.4)，加水定容至 1 000 mL。在 103.4 kPa(121℃)条件下灭菌 20 min。

5.7 50×TAE 缓冲液：称取 242.2 g 三羟甲基氨基甲烷(Tris)，先用 300 mL 水加热搅拌溶解后，加 100 mL 乙二铵四乙酸二钠溶液(5.4)，用冰乙酸调 pH 至 8.0，然后加水定容到 1 000 mL。使用时用水稀释成 1×TAE。

5.8 加样缓冲液：称取 250.0 mg 溴酚蓝，加 10 mL 水，在室温下溶解 12 h；称取 250.0 mg 二甲基苯腈蓝，用 10 mL 水溶解；称取 50.0 g 蔗糖，用 30 mL 水溶解。混合以上 3 种溶液，加水定容至 100 mL，在 4℃下保存。

5.9 1 mol/L 三羟甲基氨基甲烷—盐酸溶液(pH 7.5)：称取 121.1 g 三羟甲基氨基甲烷(Tris)溶解于 800 mL 水中，用盐酸调 pH 至 7.5，用水定容至 1 000 mL。在 103.4 kPa(121℃)条件下灭菌 20 min。

5.10 平衡酚—氯仿—异戊醇溶液(25+24+1)。

5.11 氯仿—异戊醇溶液(24+1)。

5.12 5 mol/L 氯化钠溶液：称取 292.2 g 氯化钠(NaCl)，溶解于 800 mL 水中，加水定容至 1 000 mL，在 103.4 kPa(121℃)条件下灭菌 20 min。

5.13 10 g/L RNase A：称取 10 mg 胰 RNA 酶(RNase A)溶解于 987 μL 水中，然后加入 10 μL 三羟甲基氨基甲烷—盐酸溶液(5.9)和 3 μL 氯化钠(5.12)，于 100℃水浴中保温 15 min，缓慢冷却至室温，分装成小份保存于−20℃。

5.14 异丙醇。

5.15 3 mol/L 乙酸钠(pH 5.6)：称取 408.3 g 三水乙酸钠溶解于 800 mL 水中，用冰乙酸调 pH 至 5.6，用水定容至 1 000 mL。在 103.4 kPa(121℃)条件下灭菌 20 min。

5.16 体积分数为 70%的乙醇溶液。

5.17 抽提缓冲液：在 600 mL 水中加入 69.3 g 葡萄糖，20 g 聚乙烯吡咯烷酮(PVP，K30)，1 g 二乙胺基二硫代甲酸钠(DIECA)，充分溶解，然后加入 100 mL 三羟甲基氨基甲烷—盐酸溶液(5.9)，10 mL 乙二铵四乙酸二钠溶液(5.4)，加水定容至 1 000 mL，4℃保存，使用时加入体积分数为 0.2%的 β-巯基乙醇。

5.18 裂解缓冲液：在 600 mL 水中加入 81.7 g 氯化钠，20 g 十六烷基三甲基溴化铵(CTAB)，20 g 聚乙烯吡咯烷酮(PVP，K30)，1 g 二乙胺基二硫代甲酸钠(DIECA)，充分溶解，然后加入 100 mL 三羟甲基氨基甲烷—盐酸溶液(5.9)，4 mL 乙二铵四乙酸二钠溶液(5.4)，加水定容至 1 000 mL，室温保存，使用时加入体积分数为 0.2%的 β-巯基乙醇。

5.19 DNA 分子量标准：可以清楚地区分 50 bp～1 000 bp 的 DNA 片段。

5.20 dNTPs 混合溶液：将浓度为 10 mmol/L 的 dATP、dTTP、dGTP、dCTP 四种脱氧核糖核苷酸溶液等体积混合。

5.21 Taq DNA 聚合酶及 PCR 反应缓冲液。

5.22 植物 DNA 提取试剂盒。

5.23 引物。

5.23.1 ***Sad1* 基因**

Sad - F：5′- CCAAAGGAGGTGCCTGTTCA - 3′

Sad - R：5′- TTGAGGTGAGTCAGAATGTTGTTC - 3′

预期扩增片段大小为 107 bp。

5.23.2 **MON15985 转化体特异性序列**

15985-F:5′-ATTTGATGCACTATGTCTTCGTCTA-3′

15985-R:5′-CAATGGAATCCGAGGAGGT-3′

预期扩增片段大小为 175 bp。

5.24 引物溶液:用 TE 缓冲液(5.6)分别将上述引物稀释到 10 μmol/L。

5.25 石蜡油。

5.26 PCR 产物回收试剂盒。

6 仪器

6.1 分析天平:感量 0.1 g 和 0.1 mg。

6.2 PCR 扩增仪:升降温速度>1.5℃/s,孔间温度差异<1.0℃。

6.3 电泳槽、电泳仪等电泳装置。

6.4 紫外透射仪。

6.5 凝胶成像系统或照相系统。

6.6 重蒸馏水发生器或超纯水仪。

6.7 其他相关仪器和设备。

7 操作步骤

7.1 抽样

按 NY/T 672 和 NY/T 673 的规定执行。

7.2 制样

按 NY/T 672 和 NY/T 673 的规定执行。

7.3 试样预处理

按 NY/T 674 的规定执行。

7.4 DNA 模板制备

按 NY/T 674 的规定执行,或经验证适用于棉花及其产品 DNA 提取与纯化的植物 DNA 提取试剂盒,或按下述方法执行。DNA 模板制备时设置不加任何试样的空白对照。

称取 200 mg 经预处理的试样,在液氮中充分研磨后装入液氮预冷的 1.5 mL 或 2 mL 离心管中(不需研磨的试样直接加入)。加入 1 mL 预冷至 4℃的抽提缓冲液,剧烈摇动混匀后,在冰上静置 5 min,4℃条件下 10 000 *g* 离心 15 min,弃上清液。加入 600 μL 预热到 65℃的裂解缓冲液,充分重悬沉淀,在 65℃恒温保持 40 min,期间颠倒混匀 5 次。10 000 *g* 离心 10 min,取上清液转至另一新离心管中。加入 5 μL RNase A,37℃恒温保持 30 min。分别用等体积平衡酚—氯仿—异戊醇溶液和氯仿—异戊醇溶液各抽提一次。10 000 *g* 离心 10 min,取上清液转至另一新离心管中。加入 2/3 体积异丙醇,1/10 体积乙酸钠溶液,−20℃放置 2 h~3 h。在 4℃条件下,10 000 *g* 离心 15 min,弃上清液,用 70%乙醇溶液洗涤沉淀一次,倒出乙醇溶液,晾干沉淀。加入 50 μL TE 缓冲液溶解沉淀,所得溶液即为样品 DNA 溶液。

7.5 PCR 反应

7.5.1 试样 PCR 反应

7.5.1.1 每个试样 PCR 反应设置三次重复。

7.5.1.2 在 PCR 反应管中按表 1 依次加入反应试剂,混匀,再加 25 μL 石蜡油(有热盖设备的 PCR 仪可不加)。

表 1 PCR 检测反应体系

试 剂	终浓度	体 积
水		—
10×PCR 缓冲液	1×	2.5 μL
25 mmol/L 氯化镁溶液	2.5 mmol/L	2.5 μL
dNTPs 混合溶液(各 2.5 mmol/L)	各 0.2 mmol/L	2 μL
10 μmol/L 上游引物	0.4 μmol/L	1 μL
10 μmol/L 下游引物	0.4 μmol/L	1 μL
Taq 酶	0.05 U/μL	—
25 mg/L DNA 模板	2 mg/L	2.0 μL
总体积		25.0 μL

注 1:根据 Taq 酶的浓度确定其体积,并相应调整水的体积,使反应体系总体积达到 25.0 μL。如果 PCR 缓冲液中含有氯化镁,则不加氯化镁溶液,加等体积水。

注 2:棉花内标准基因 PCR 检测反应体系中,上、下游引物分别为 sad-F 和 sad-R;MON15985 转化体 PCR 检测反应体系中,上、下游引物分别为 15985-F 和 15985-R。

7.5.1.3 将 PCR 管放在离心机上,500 g～3 000 g 离心 10 s,然后取出 PCR 管,放入 PCR 仪中。

7.5.1.4 进行 PCR 反应。反应程序为:95℃变性 7 min;94℃变性 30 s,58℃退火 30 s,72℃延伸 30 s,共进行 35 次循环;72℃延伸 7 min。

7.5.1.5 反应结束后取出 PCR 管,对 PCR 反应产物进行电泳检测。

7.5.2 对照 PCR 反应

在试样 PCR 反应的同时,应设置阴性对照、阳性对照和空白对照。

以非转基因棉花材料中提取的 DNA 作为阴性对照;以转基因棉花 MON15985 质量分数为0.1%～1.0%的棉花 DNA 作为阳性对照;以水作为空白对照。

各对照 PCR 反应体系中,除模板外,其余组分及 PCR 反应条件与 7.5.1 相同。

7.6 PCR 产物电泳检测

按 20 g/L 的质量浓度称取琼脂糖,加入 1×TAE 缓冲液中,加热溶解,配制成琼脂糖溶液。每 100 mL琼脂糖溶液中加入 5 μL EB 溶液,混匀,适当冷却后,将其倒入电泳板上,插上梳板,室温下凝固成凝胶后,放入 1×TAE 缓冲液中,垂直向上轻轻拔去梳板。取 12 μL PCR 产物与 3 μL 加样缓冲液混合后加入点样孔中,同时在其中一个点样孔中加入 DNA 分子量标准,接通电源在 2 V/cm～5 V/cm 条件下电泳检测。

7.7 凝胶成像分析

电泳结束后,取出琼脂糖凝胶,置于凝胶成像仪或紫外透射仪上成像。根据 DNA 分子量标准估计扩增条带的大小,将电泳结果形成电子文件存档或用照相系统拍照。如需通过序列分析确认 PCR 扩增片段是否为目的 DNA 片段,按照 7.8 和 7.9 的规定执行。

7.8 PCR 产物回收

按 PCR 产物回收试剂盒说明书,回收 PCR 扩增的 DNA 片段。

7.9 PCR 产物的测序验证

将回收的 PCR 产物克隆测序,与抗虫棉花 MON15985 转化体特异性序列(参见附录 A)进行比对,确定 PCR 扩增的 DNA 片段是否为目的 DNA 片段。

8 结果分析与表述

8.1 对照检测结果分析

阳性对照 PCR 反应中,*Sad1* 内标准基因和 MON15985 转化体特异性序列均得到扩增,且扩增片段大小与预期片段大小一致，而阴性对照中仅扩增出 *Sad1* 基因片段，空白对照中没有任何扩增片段，表明 PCR 反应体系正常工作，否则重新检测。

8.2 样品检测结果分析和表述

8.2.1 *Sad1* 内标准基因和 MON15985 转化体特异性序列均得到扩增，且扩增片段大小与预期片段大小一致，表明样品中检测出转基因抗虫棉花 MON15985 转化体成分，表述为“样品中检测出转基因抗虫棉花 MON15985 转化体成分，检测结果为阳性”。

8.2.2 *Sad1* 内标准基因片段得到扩增，且扩增片段大小与预期片段大小一致，而 MON15985 转化体特异性序列未得到扩增，或扩增片段大小与预期片段大小不一致，表明样品中未检测出转基因抗虫棉花 MON15985 转化体成分，表述为“样品中未检测出转基因抗虫棉花 MON15985 转化体成分，检测结果为阴性”。

8.2.3 *Sad1* 内标准基因片段未得到扩增，或扩增片段大小与预期片段大小不一致，表明样品中未检测出棉花成分，表述为“样品中未检测出棉花成分，检测结果为阴性”。

附 录 A
(资料性附录)
抗虫棉花 MON15985 转化体特异性序列

1 ATTTGATGCA CTATGTCTTC GTCTATTTTT CAAACATACT GTTGGAAGAA
51 TTATGATTCA CGTGTTGTTT AAGATCAAAA AGTGCATGCC TAACTAATAC
101 TTATCAGAAA CAAATAATGC AATGAGTCAT ATCTCTATAA AGGGTAATAT
151 CCGGAAACCT CCTCGGATTC CATTG

注:划线部分为引物序列。

ICS 65.020.01
B 04

中华人民共和国国家标准

农业部1861号公告—6—2012

转基因植物及其产品成分检测 耐除草剂棉花GHB614及其衍生品种定性PCR方法

Detection of genetically modified plants and derived products—Qualitative PCR method for herbicide-tolerant cotton GHB614 and its derivates

2012-11-28 发布　　2013-01-01 实施

中华人民共和国农业部　发布

前　言

本标准按照 GB/T 1.1—2009 给出的规则起草。

请注意本文件的某些内容可能涉及专利。本文件的发布机构不承担识别这些专利的责任。

本标准由中华人民共和国农业部提出。

本标准由全国农业转基因生物安全管理标准化技术委员会(SAC/TC 276)归口。

本标准起草单位:农业部科技发展中心、中国农业科学院生物技术研究所、中国农业科学院棉花研究所。

本标准主要起草人:宛煜嵩、刘信、金芜军、张秀杰、崔金杰、赵欣、李允静。

转基因植物及其产品成分检测
耐除草剂棉花 GHB614 及其衍生品种定性 PCR 方法

1 范围

本标准规定了转基因耐除草剂棉花 GHB614 转化体特异性的定性 PCR 检测方法。

本标准适用于转基因耐除草剂棉花 GHB614 及其衍生品种，以及制品中 GHB614 转化体成分的定性 PCR 检测。

2 规范性引用文件

下列文件对于本文件的应用是必不可少的。凡是注日期的引用文件，仅注日期的版本适用于本文件。凡是不注日期的引用文件，其最新版本（包括所有的修改单）适用于本文件。

GB/T 6682 分析实验室用水规格和试验方法

NY/T 672 转基因植物及其产品检测 通用要求

NY/T 673 转基因植物及其产品检测 抽样

农业部 1485 号公告—4—2010 转基因植物及其产品检测 DNA 提取和纯化

3 术语和定义

下列术语和定义适用于本文件。

3.1

耐除草剂棉花 GHB614 herbicide-tolerant cotton GHB614

含有来源于玉米的 *2mepsps* 基因的耐除草剂转基因棉花，通过农杆菌介导转化获得，外源插入基因为单拷贝，外源插入片段 5′端与棉花基因组的连接区序列具有品种特异性。

3.2

***AdhC* 基因 *AdhC* gene**

编码棉花乙醇脱氢酶（alcohol dehydrogenase）的基因，在本标准中用作棉花内标准基因。

3.3

***Sad1* 基因 *Sad1* gene**

编码棉花硬脂酰—酰基载体蛋白脱饱和酶（stearoyl-acyl carrier protein desaturase）的基因，在本标准中用作内标准基因。

3.4

GHB614 转化体特异性序列 event-specific sequence of GHB614

GHB614 外源插入片段 5′端与棉花基因组的连接区序列，包括重组引入的 T-DNA 5′端部分序列和棉花基因组的部分序列。

4 原理

根据转基因耐除草剂棉花 GHB614 转化体特异性序列设计特异性引物，对试样 DNA 进行 PCR 扩增。依据是否扩增获得预期 120 bp 的特异性 DNA 片段，判断样品中是否含有 GHB614 转化体成分。

5 试剂和材料

除非另有说明,仅使用分析纯试剂和重蒸馏水或符合 GB/T 6682 规定的一级水。

5.1 琼脂糖。

5.2 10 g/L 溴化乙锭溶液:称取 1.0 g 溴化乙锭(EB),溶解于 100 mL 水中,避光保存。

警告——溴化乙锭有致癌作用,配制和使用时应戴一次性手套操作并妥善处理废液。

5.3 10 mol/L 氢氧化钠溶液:在 160 mL 水中加入 80.0 g 氢氧化钠(NaOH),溶解后再加水定容至 200 mL。

5.4 500 mmol/L 乙二铵四乙酸二钠溶液(pH 8.0):称取 18.6 g 乙二铵四乙酸二钠($EDTA\text{-}Na_2$),加入 70 mL 水中,再加入适量氢氧化钠溶液(5.3),加热至完全溶解后,冷却至室温,用氢氧化钠溶液(5.3)调 pH 至 8.0,加水定容至 100 mL。在 103.4 kPa(121℃)条件下灭菌 20 min。

5.5 1 mol/L 三羟甲基氨基甲烷—盐酸溶液(pH 8.0):称取 121.1 g 三羟甲基氨基甲烷(Tris)溶解于 800 mL 水中,用盐酸(HCl)调 pH 至 8.0,加水定容至 1 000 mL。在 103.4 kPa(121℃)条件下灭菌 20 min。

5.6 TE 缓冲液(pH 8.0):分别量取 10 mL 三羟甲基氨基甲烷—盐酸溶液(5.5)和 2 mL 乙二铵四乙酸二钠溶液(5.4)溶液,加水定容至 1 000 mL。在 103.4 kPa(121℃)条件下灭菌 20 min。

5.7 50×TAE 缓冲液:称取 242.2 g 三羟甲基氨基甲烷(Tris),先用 500 mL 水加热搅拌溶解后,加入 100 mL 乙二铵四乙酸二钠溶液(5.4),用冰乙酸调 pH 至 8.0,然后加水定容到 1 000 mL。使用时用水稀释成 1×TAE。

5.8 加样缓冲液:称取 250.0 mg 溴酚蓝,加入 10 mL 水,在室温下溶解 12 h;称取 250.0 mg 二甲基苯腈蓝,加 10 mL 水溶解;称取 50.0 g 蔗糖,加 30 mL 水溶解。混合以上 3 种溶液,加水定容至 100 mL,在 4℃下保存。

5.9 DNA 分子量标准:可以清楚地区分 100 bp~1 000 bp 的 DNA 片段。

5.10 dNTPs 混合溶液:将浓度为 10 mmol/L 的 dATP、dTTP、dGTP、dCTP 四种脱氧核糖核苷酸溶液等体积混合。

5.11 Taq DNA 聚合酶、PCR 反应缓冲液及 25 mmol/L 氯化镁溶液。

5.12 *AdhC* 基因引物:

ADHC-F:5′- TTCATGACGGGCATACTAGG - 3′

ADHC-R:5′- GTCGACATTTCGCAGCTAAG - 3′

预期扩增片段大小为 166 bp。

5.13 *Sad1* 基因引物:

Sad1 - F:5′- CCAAAGGAGGTGCCTGTTCA - 3′

Sad1 - R:5′- TTGAGGTGAGTCAGAATGTTGTTC - 3′

预期扩增片段大小为 107 bp。

5.14 GHB614 转化体特异性引物:

GHB614 - F:5′- CAAATACACTTGGAACGACTTCGT - 3′

GHB614 - R:5′- GCAGGCATGCAAGCTTTTAAA - 3′

预期扩增片段大小 120 bp(参见附录 A)。

5.15 引物溶液:用 TE 缓冲液(5.6)或水分别将上述引物稀释到 10 μmol/L。

5.16 石蜡油。

5.17 PCR 产物回收试剂盒。

5.18 DNA 提取试剂盒。

6 仪器和设备

6.1 分析天平：感量 0.1 g 和 0.1 mg。

6.2 PCR 扩增仪：升降温速度>1.5℃/s，孔间温度差异<1.0℃。

6.3 电泳槽、电泳仪等电泳装置。

6.4 紫外透射仪。

6.5 凝胶成像系统或照相系统。

6.6 重蒸馏水发生器或纯水仪。

6.7 其他相关仪器设备。

7 操作步骤

7.1 抽样

按 NY/T 672 和 NY/T 673 的规定执行。

7.2 制样

按 NY/T 672 和 NY/T 673 的规定执行。

7.3 试样预处理

按农业部 1485 号公告—4—2010 的规定执行。

7.4 DNA 模板制备

按农业部 1485 号公告—4—2010 的规定执行，或使用经验证适用于棉花 DNA 提取与纯化的 DNA 提取试剂盒。

7.5 PCR 反应

7.5.1 试样 PCR 反应

7.5.1.1 每个试样 PCR 反应设置 3 次重复。

7.5.1.2 在 PCR 反应管中按表 1 依次加入反应试剂，混匀，再加 25 μL 石蜡油（有热盖设备的 PCR 仪可不加）。

表 1 PCR 检测反应体系

试剂	终浓度	体积
水		—
10×PCR 缓冲液	1×	2.5 μL
25 mmol/L 氯化镁溶液	1.5 mmol/L	1.5 μL
dNTPs 混合溶液（各 2.5 mmol/L）	各 0.2 mmol/L	2.0 μL
10 μmol/L 上游引物	0.2 μmol/L	0.5 μL
10 μmol/L 下游引物	0.2 μmol/L	0.5 μL
Taq DNA 聚合酶	0.025 U/μL	—
25 mg/L DNA 模板	2 mg/L	2.0 μL
总体积		25.0 μL

“—”表示体积不确定。如果 PCR 缓冲液中含有氯化镁，则不加氯化镁溶液，根据 Taq 酶的浓度确定其体积，并相应调整水的体积，使反应体系总体积达到 25.0 μL。

注：棉花内标准基因 PCR 检测反应体系中，上下游引物分别为 ADHC-F 和 ADHC-R 或 SAD1-F 和 SAD1-R；GHB614 转化体 PCR 检测反应体系中，上下游引物分别为 GHB614-F 和 GHB614-R。

7.5.1.3 将 PCR 管放在离心机上，500 *g*～3 000 *g* 离心 10 s，然后取出 PCR 管，放入 PCR 仪中。

7.5.1.4 进行 PCR 反应。反应程序为:94℃变性 5 min;94℃变性 30 s,60℃退火 30 s,72℃延伸 30 s,共进行 35 次循环;72℃延伸 7 min。

7.5.1.5 反应结束后取出 PCR 管,对 PCR 反应产物进行电泳检测。

7.5.2 对照 PCR 反应

在试样 PCR 反应的同时,应设置阴性对照、阳性对照和空白对照。

以非转基因棉花基因组 DNA 作为阴性对照;以转基因棉花 GHB614 质量分数为 0.5%的棉花基因组 DNA 或含有适量拷贝数的 GHB614 转化体特异性序列和 DNA 和棉花内标准基因的质粒 DNA 序列作为阳性对照;以水作为空白对照。

各对照 PCR 反应体系中,除模板外,其余组分及 PCR 反应条件与 7.5.1 相同。

7.6 PCR 产物电泳检测

按 20 g/L 的质量浓度称量琼脂糖,加入 1×TAE 缓冲液中,加热溶解,配制成琼脂糖溶液。每 100 mL 琼脂糖溶液中加入 5 μL EB 溶液,混匀,稍适冷却后,将其倒入电泳板上,插上梳板,室温下凝固成凝胶后,放入 1×TAE 缓冲液中,垂直向上轻轻拔去梳板。取 12 μL PCR 产物与 3 μL 加样缓冲液混合后加入凝胶点样孔,同时在其中一个点样孔中加入 DNA 分子量标准,接通电源在 2 V/cm~5 V/cm 条件下电泳检测。

7.7 凝胶成像分析

电泳结束后,取出琼脂糖凝胶,置于凝胶成像仪上或紫外透射仪上成像。根据 DNA 分子量标准估计扩增条带的大小,将电泳结果形成电子文件存档或用照相系统拍照。如需通过序列分析确认 PCR 扩增片段是否为目的 DNA 片段,按照 7.8 和 7.9 的规定执行。

7.8 PCR 产物回收

按 PCR 产物回收试剂盒说明书,回收 PCR 扩增的 DNA 片段。

7.9 PCR 产物测序验证

将回收的 PCR 产物克隆测序,与转基因耐除草剂棉花 GHB614 转化体特异性序列(参见附录 A)进行比对,确定 PCR 扩增的 DNA 片段是否为目的 DNA 片段。

8 结果分析与表述

8.1 对照检测结果分析

阳性对照的 PCR 反应中,*AdhC* 或 *Sad1* 基因和 GHB614 转化体特异性序列均得到扩增,且扩增片段大小与预期片段大小一致,而阴性对照中仅扩增出 *AdhC* 或 *Sad1* 基因片段,空白对照没有任何扩增片段,表明 PCR 反应体系正常工作,否则重新检测。

8.2 样品检测结果分析和表述

8.2.1 *AdhC* 或 *Sad1* 基因和 GHB614 转化体特异性序列均得到扩增,且扩增片段大小与预期片段大小一致,表明样品中检测出转基因耐除草剂棉花 GHB614 转化体成分,表述为"样品中检测出转基因耐除草剂棉花 GHB614 转化体成分,检测结果为阳性"。

8.2.2 *AdhC* 或 *Sad1* 基因片段得到扩增,且扩增片段大小与预期片段大小一致,而 GHB614 转化体特异性序列未得到扩增,或扩增片段大小与预期片段大小不一致,表明样品中未检测出耐除草剂棉花 GHB614 转化体成分,表述为"样品中未检测出耐除草剂棉花 GHB614 转化体成分,检测结果为阴性"。

8.2.3 *AdhC* 或 *Sad1* 基因片段未得到扩增,或扩增片段大小与预期片段大小不一致,表明样品中未检测出棉花成分,表述为"样品中未检测出棉花成分,检测结果为阴性"。

附　录　A
（资料性附录）
耐除草剂棉花 GHB614 转化体特异性序列

1 CAAATACACT TGGAACGACT TCGTTTTAGG CTCCATGGCG ATCGCTACGT ATCTAGAATT
61 CCTGCAGGTC GAGTCGCGAC GTACGTTCGA ACAATTGGTT TTAAAAGCTT GCATGCCTGC

注 1：划线部分为引物序列。

注 2：1～32 为棉花基因组 5′侧翼序列；33～120 为重组引入的 T-DNA 5′端部分序列。

ICS 65.020.01
B 04

中华人民共和国国家标准

农业部1943号公告—1—2013

转基因植物及其产品成分检测 棉花内标准基因定性PCR方法

Detection of genetically modified plants and derived products—Target-taxon-specific qualitative PCR method for cotton

2013-05-23发布 2013-05-23实施

中华人民共和国农业部 发布

前　　言

本标准按照 GB/T 1.1—2009 给出的规则起草。

请注意本文件的某些内容可能涉及专利。本文件的发布机构不承担识别这些专利的责任。

本标准由中华人民共和国农业部提出。

本标准由全国农业转基因生物安全管理标准化技术委员会(SAC/TC 276)归口。

本标准起草单位:农业部科技发展中心、中国农业科学院植物保护研究所、上海交通大学、中国农业科学院棉花研究所。

本标准主要起草人:谢家建、刘信、苏长青、杨立桃、沈平、张帅、孙爻。

转基因植物及其产品成分检测
棉花内标准基因定性 PCR 方法

1 范围

本标准规定了棉花内标准基因 *ACP*、*Sad1* 的定性 PCR 检测方法。

本标准适用于转基因植物及其制品中棉花成分的定性 PCR 检测。

2 规范性引用文件

下列文件对于本文件的应用是必不可少的。凡是注日期的引用文件，仅注日期的版本适用于本文件。凡是不注日期的引用文件，其最新版本(包括所有的修改单)适用于本文件。

GB/T 6682 分析实验室用水规格和试验方法

NY/T 672 转基因植物及其产品检测 通用要求

NY/T 673 转基因植物及其产品检测 抽样

农业部 1485 号公告—4—2010 转基因植物及其产品成分检测 DNA 提取和纯化

3 术语和定义

下列术语和定义适用于本文件。

3.1

棉花 cotton plant

被子植物锦葵目(Malvales)、锦葵科(Malvaleae)、棉族(Gossypiceae)、棉属(*Gossypium*)植物，本标准中指异源四倍体栽培种陆地棉(*G. hirsutum*)和海岛棉(*G. barbadense*)。

3.2

***ACP* 基因 *ACP* gene**

编码棉花纤维特异性酰基载体蛋白(fiber-specific acyl carrier protein)的基因。在陆地棉和海岛棉中为 2 个拷贝。

3.3

***Sad1* 基因 *Sad1* gene**

编码棉花硬脂酰—酰基载体蛋白脱饱和酶(stearoyl-acyl carrier protein desaturase)的基因。在陆地棉和海岛棉中为 4 个拷贝。

4 原理

根据 *ACP*、*Sad1* 基因序列设计特异性引物及探针，对试样进行 PCR 扩增。依据是否扩增获得预期的 DNA 片段或典型的荧光扩增曲线，判断样品中是否含有棉花成分。

5 试剂和材料

除非另有说明，仅使用分析纯试剂和重蒸馏水或符合 GB/T 6682 规定的一级水。

5.1 琼脂糖。

5.2 10 g/L 溴化乙锭溶液：称取 1.0 g 溴化乙锭(EB)，溶解于 100 mL 水中，避光保存。

警告——溴化乙锭有致癌作用，配制和使用时应戴一次性手套操作并妥善处理废液。

5.3 10 mol/L 氢氧化钠溶液：在 160 mL 水中加入 80.0 g 氢氧化钠（NaOH），溶解后，冷却至室温，再加水定容到 200 mL。

5.4 500 mmol/L 乙二铵四乙酸二钠溶液（pH 8.0）：称取 18.6 g 乙二铵四乙酸二钠（EDTA-Na_2），加入 70 mL 水中，再加入适量氢氧化钠溶液（5.3），加热至完全溶解后，冷却至室温，用氢氧化钠溶液（5.3）调 pH 至 8.0，加水定容至 100 mL。在 103.4 kPa（121℃）条件下灭菌 20 min。

5.5 1 mol/L 三羟甲基氨基甲烷—盐酸溶液（pH 8.0）：称取 121.1 g 三羟甲基氨基甲烷（Tris）溶解于 800 mL 水中，用盐酸（HCl）调 pH 至 8.0，加水定容至 1 000 mL。在 103.4 kPa（121℃）条件下灭菌 20 min。

5.6 TE 缓冲液（pH 8.0）：分别量取 10 mL 三羟甲基氨基甲烷—盐酸溶液（5.5）和 2 mL 乙二铵四乙酸二钠溶液（5.4）溶液，加水定容至 1 000 mL。在 103.4 kPa（121℃）条件下灭菌 20 min。

5.7 50×TAE 缓冲液：称取 242.2 g 三羟甲基氨基甲烷（Tris），先用 500 mL 水加热搅拌溶解后，加入 100 mL 乙二铵四乙酸二钠溶液（5.4），用冰乙酸调 pH 至 8.0，然后加水定容到 1 000 mL。使用时用水稀释成 1×TAE。

5.8 加样缓冲液：称取 250.0 mg 溴酚蓝，加入 10 mL 水，在室温下溶解 12 h；称取 250.0 mg 二甲基苯腈蓝，加 10 mL 水溶解；称取 50.0 g 蔗糖，加 30 mL 水溶解。混合以上 3 种溶液，加水定容至 100 mL，在 4℃下保存。

5.9 DNA 分子量标准：可以清楚地区分 100 bp～1 000 bp 的 DNA 片段。

5.10 dNTPs 混合溶液：将浓度为 10 mmol/L 的 dATP、dTTP、dGTP、dCTP 四种脱氧核糖核苷酸溶液等体积混合。

5.11 Taq DNA 聚合酶、PCR 反应缓冲液及 25 mmol/L 氯化镁溶液。

5.12 石蜡油。

5.13 植物基因组 DNA 提取试剂盒。

5.14 定性 PCR 反应试剂盒。

5.15 实时荧光 PCR 反应试剂盒。

5.16 PCR 产物回收试剂盒。

5.17 引物和探针：见附录 A。

6 仪器和设备

6.1 分析天平：感量 0.1 g 和 0.1 mg。

6.2 PCR 扩增仪：升降温速度>1.5℃/s，孔间温度差异<1.0℃。

6.3 荧光定量 PCR 仪。

6.4 电泳槽、电泳仪等电泳装置。

6.5 紫外透射仪。

6.6 凝胶成像系统或照相系统。

6.7 重蒸馏水发生器或纯水仪。

6.8 其他相关仪器设备。

7 分析步骤

7.1 抽样

按 NY/T 672 和 NY/T 673 的规定执行。

7.2 **试样制备**

按 NY/T 672 和 NY/T 673 的规定执行。

7.3 **试样预处理**

按农业部 1485 号公告—4—2010 的规定执行。

7.4 **DNA 模板制备**

按农业部 1485 号公告—4—2010 的规定执行。

7.5 **PCR 方法**

7.5.1 **普通 PCR 方法**

7.5.1.1 **PCR 反应**

7.5.1.1.1 **试样 PCR 反应**

7.5.1.1.1.1 每个试样 PCR 反应设置 3 次平行。

7.5.1.1.1.2 在 PCR 反应管中按表 1 依次加入反应试剂，混匀，再加 25 μL 石蜡油(有热盖功能的 PCR 仪可不加)。也可采用经验证的、等效的定性 PCR 反应试剂盒配制反应体系。

表 1 PCR 检测反应体系

试 剂	终浓度	体积，μL
水		—
10×PCR 缓冲液	1×	2.5
25 mmol/L 氯化镁溶液	1.5 mmol/L	1.5
dNTPs 混合溶液(各 2.5 mmol/L)	各 0.2 mmol/L	2.0
10 μmol/L 上游引物	0.4 μmol/L	1.0
10 μmol/L 下游引物	0.4 μmol/L	1.0
Taq DNA 聚合酶	0.025 U/μL	—
25 mg/L DNA 模板	2 mg/L	2.0
总体积		25.0

"—"表示体积不确定。如果 PCR 缓冲液中含有氯化镁，则不加氯化镁溶液，根据 Taq DNA 聚合酶的浓度确定其体积，并相应调整水的体积，使反应体系总体积达到 25.0 μL。

注：*ACP* 基因 PCR 检测反应体系中，上下游引物分别是 ACP-F 和 ACP-R；*Sad1* 基因 PCR 检测反应体系中，上下游引物分别是 Sad1-F 和 Sad1-R。

7.5.1.1.1.3 将 PCR 管放在离心机上，500 *g*～3 000 *g* 离心 10 s，然后取出 PCR 管，放入 PCR 仪中。

7.5.1.1.1.4 进行 PCR 反应。反应程序为：94℃变性 5 min；94℃变性 30 s，56℃退火 30 s，72℃延伸 30 s，共进行 35 次循环；72℃延伸 2 min。

7.5.1.1.1.5 反应结束后取出 PCR 管，对 PCR 反应产物进行电泳检测。

7.5.1.1.2 **对照 PCR 反应**

在试样 PCR 反应的同时，应设置阳性对照、阴性对照和空白对照。

以棉花基因组 DNA 质量分数为 0.1%～1.0%的植物 DNA 作为阳性对照；以不含棉花基因组 DNA 的 DNA 样品(如鲑鱼精 DNA)为阴性对照；以水作为空白对照。

各对照 PCR 反应体系中，除模板外，其余组分及 PCR 反应条件与 7.5.1.1.1 相同。

7.5.1.2 **PCR 产物电泳检测**

按 20 g/L 的质量浓度称量琼脂糖，加入 1×TAE 缓冲液中，加热溶解，配制成琼脂糖溶液。每 100 mL 琼脂糖溶液中加入 5 μL EB 溶液，混匀，稍适冷却后，将其倒入电泳板上，插上梳板，室温下凝固成凝胶后，放入 1×TAE 缓冲液中，垂直向上轻轻拔去梳板。取 12 μL PCR 产物与 3 μL 加样缓冲液混合后加入凝胶点样孔，同时在其中一个点样孔中加入 DNA 分子量标准，接通电源在 2 V/cm～5 V/cm 条件下电泳检测。

7.5.1.3 凝胶成像分析

电泳结束后，取出琼脂糖凝胶，置于凝胶成像仪上或紫外透射仪上成像。根据 DNA 分子量标准估计扩增条带的大小，将电泳结果形成电子文件存档或用照相系统拍照。如需通过序列分析确认 PCR 扩增片段是否为目的 DNA 片段，按照 7.5.1.4 和 7.5.1.5 的规定执行。

7.5.1.4 **PCR 产物回收**

按 PCR 产物回收试剂盒说明书，回收 PCR 扩增的 DNA 片段。

7.5.1.5 **PCR 产物测序验证**

将回收的 PCR 产物克隆测序，与对应内标准基因的序列(参见附录 B)进行比对，确定 PCR 扩增的 DNA 片段是否为目的 DNA 片段。

7.5.2 实时荧光 **PCR** 方法

7.5.2.1 试样 **PCR** 反应

7.5.2.1.1 每个试样 PCR 反应设置 3 次平行。

7.5.2.1.2 在 PCR 反应管中按表 2 依次加入反应试剂，混匀。也可采用经验证的、等效的实时荧光 PCR 反应试剂盒配制反应体系。

表 2 实时荧光 **PCR** 反应体系

试　剂	终浓度	单样品体积，μL
水		—
10×PCR 缓冲液	1×	2.0
25 mmol/L 氯化镁溶液	2.5 mmol/L	2.0
dNTPs 混合溶液(各 2.5 mmol/L)	0.2 mmol/L	1.6
10 μmol/L 探针	0.2 μmol/L	0.4
10 μmol/L 正向引物	0.4 μmol/L	0.8
10 μmol/L 反向引物	0.4 μmol/L	0.8
Taq DNA 聚合酶	0.04 U/μL	—
25 mg/L DNA 模板	2.5 mg/L	2.0
总体积		20.0

“—”表示体积不确定。如果 PCR 缓冲液中含有氯化镁，则不加氯化镁溶液，根据 Taq DNA 聚合酶的浓度确定其体积，并相应调整水的体积，使反应体系总体积达到 20.0 μL。

注：*ACP* 基因 PCR 检测反应体系中，上下游引物分别是 ACP - QF 和 ACP - QR，探针为 ACP - QP；*Sad1* 基因 PCR 检测反应体系中，上下游引物分别是 Sad1 - QF 和 Sad1 - QR，探针为 Sad1 - QP。

7.5.2.1.3 将 PCR 管放在离心机上，500 *g*～3 000 *g* 离心 10 s，然后取出 PCR 管，放入 PCR 仪中。

7.5.2.1.4 运行实时荧光 PCR 反应。反应程序为 95℃、2 min；95℃、5 s，60℃、30 s，循环数 45；在第二阶段的退火延伸(60℃)时段收集荧光信号。

注：可根据仪器要求将反应参数作适当调整。

7.5.2.2 对照 **PCR** 反应

在试样 PCR 反应的同时，应设置阳性对照、阴性对照和空白对照。

以棉花基因组 DNA 质量分数为 0.1%～1.0%的植物 DNA 作为阳性对照；以不含棉花基因组 DNA 的 DNA 样品(如鲑鱼精 DNA)为阴性对照；以水作为空白对照。

各对照 PCR 反应体系中，除模板外，其余组分及 PCR 反应条件与 7.5.2.1 相同。

8 结果分析与表述

8.1 普通 **PCR** 方法

8.1.1 对照检测结果分析

阳性对照的 PCR 反应中，内标准基因的特异性序列得到扩增，且扩增片段大小与预期片段大小一致，而阴性对照及空白对照中没有预期扩增片段，表明 PCR 反应体系正常工作。否则，重新检测。

8.1.2 样品检测结果分析和表述

8.1.2.1 内标准基因特异性序列得到扩增，且扩增片段大小与预期片段大小一致，表明样品中检测出棉花成分，表述为“样品中检测出棉花成分”。

8.1.2.2 内标准基因特异性序列未得到扩增，或扩增片段大小与预期片段大小不一致，表明样品中未检测出棉花成分，表述为“样品中未检测出棉花成分”。

8.2 实时荧光 PCR 方法

8.2.1 阈值设定

实时荧光 PCR 反应结束后，以 PCR 刚好进入指数期扩增来设置荧光信号阈值，并根据仪器噪声情况进行调整。

8.2.2 对照检测结果分析

阴性对照和空白对照无典型扩增曲线，荧光信号低于设定的阈值，而阳性对照出现典型扩增曲线，且 Ct 值小于或等于 36，表明反应体系工作正常。否则，重新检测。

8.2.3 样品检测结果分析和表述

8.2.3.1 内标准基因出现典型扩增曲线，且 Ct 值小于或等于 36，表明样品中检测出棉花成分，表述为“样品中检测出棉花成分”。

8.2.3.2 内标准基因无典型扩增曲线，荧光信号低于设定的阈值，表明样品中未检测出棉花成分，表述为“样品中未检测出棉花成分”。

8.2.3.3 内标准基因出现典型扩增曲线，但 Ct 值在 36～40 之间，应进行重复实验。如重复实验结果符合 8.2.3.1 或 8.2.3.2 的情况，依照 8.2.3.1 或 8.2.3.2 进行判断；如重复实验内标准基因出现典型扩增曲线，但 Ct 值仍在 36～40 之间，表明样品中检测出棉花成分，表述为“样品中检测出棉花成分”。

9 检出限

本标准普通 PCR 方法的检测限为 1 g/kg，实时荧光 PCR 方法的检测限为 0.2 g/kg。

附　录　A
（规范性附录）
引 物 和 探 针

A.1　普通 PCR 方法引物

A.1.1　*ACP* 基因

ACP-F：5′-GTATATGGTTTCAGGTTGAG-3′

ACP-R：5′-GGTTTGCGGTCTAGTATGTG-3′

预期扩增片段大小为 210 bp。

A.1.2　*Sad1* 基因

Sad1-F：5′-TGGCCTCTAATCATTGTTATGATG-3′

Sad1-R：5′-TTGAGGTGAGTCAGAATGTTGTTC-3′

预期扩增片段大小 282 bp。

注：用 TE 缓冲液（pH 8.0）或水将引物稀释到 10 μmol/L。

A.2　实时荧光 PCR 方法引物和探针

A.2.1　*ACP* 基因

ACP-QF：5′-ATTGTGATGGGACTTGAGGAAGA-3′

ACP-QR：5′-CTTGAACAGTTGTGATGGATTGTG-3′

ACP-QP：5′-ATTGTCCTCTTCCACCGTGATTCCGAA-3′

预期扩增片段大小为 76 bp。

A.2.2　*Sad1* 基因

Sad1-QF：5′-CCAAAGGAGGTGCCTGTTCA-3′

Sad1-QR：5″-TTGAGGTGAGTCAGAATGTTGTTC-3′

Sad1-QP：5′-TCACCCACTCCATGCCGCCTCACA-3′

预期扩增片段大小为 107 bp。

注 1：探针的 5′ 端标记荧光报告基团（如 FAM、HEX 等），3′ 端标记 5′ 端荧光报告基团对应的荧光淬灭基团（如 TAMRA、BHQ1 等）。

注 2：用 TE 缓冲液（pH 8.0）或水将引物和探针稀释到 10 μmol/L。

附 录 B
(资料性附录)
棉花内标准基因特异性序列

B.1 *ACP* 基因特异性序列

1 GTATATGGTT TCAGGTTGAG ATTGTGATGG GACTTGAGGA AGAATTCGGA ATCACGGTGG
61 AAGAGGACAA TGCACAATCC ATCACAACTG TTCAAGATGC TGCAGAACTT ATTGAGAAGC
121 TGTGCAGTGA GAAAAGTGCC TAGAAAACAA GGATCGCAGT TGGTTGGTTT ATTTGCCGAT
181 ATTTGATATT CACATACTAG ACCGCAAACC

注:单下划线部分为普通 PCR 引物序列;双下划线部分为实时荧光 PCR 引物序列;框内为探针序列。

B.2 *Sad1* 基因特异性序列(Accession No. AJ132636)

1 TGGCCTCTAA TCATTGTTAT GATGAGATTT GAACTTTTAC AAATTATGAT ATTGTTGTCT
61 TTGAATCCTT GGTAATAATG ATGATGTATG AGTATGAGAA TGAAAGTAAT CCCAAAGTTG
121 GTTTATTTTT ACTGAACACA GAGAGGTTGG GAATCTGAAA AAGCCTTTCA CGCCTCCAAA
181 GGAGGTGCCT GTTCAGATCA CCCACTCCAT GCCGCCTCAC AAGATTGAGA TCTTTAAATC
241 TTTGGAGGGC TGGGCTGAGA ACAACATTCT GACTCACCTC AA

注 1:单下划线部分为普通 PCR 的正向引物序列;双下划线部分为实时荧光 PCR 引物序列;框内为探针序列。

注 2:普通 PCR 方法的反向引物和实时荧光 PCR 方法的反向引物相同。

ICS 65.020.01
B 04

中华人民共和国国家标准

农业部1943号公告—2—2013

转基因植物及其产品成分检测 转*cry1A*基因抗虫棉花构建特异性定性PCR方法

Detection of genetically modified plants and derived products—Construct-specific qualitative PCR method for transgenic *cry1A* gene cotton

2013-05-23 发布　　2013-05-23 实施

中华人民共和国农业部 发布

前　　言

本标准按照 GB/T 1.1—2009 给出的规则起草。

请注意本文件的某些内容可能涉及专利。本文件的发布机构不承担识别这些专利的责任。

本标准由中华人民共和国农业部提出。

本标准由全国农业转基因生物安全管理标准化技术委员会(SAC/TC 276)归口。

本标准起草单位:农业部科技发展中心、中国农业科学院植物保护研究所。

本标准主要起草人:谢家建、宋贵文、孙爻、赵欣。

转基因植物及其产品成分检测
转 *cry1A* 基因抗虫棉花构建特异性定性 PCR 方法

1 范围

本标准规定了棉花中 *cry1A* 基因构建特异性定性 PCR 检测方法。

本标准适用于棉花植株、棉籽及以棉花为唯一原料的产品中 CaMV 35S/ cry1A、cry1Ac/ 7S、cry1Ab/ cry1Ac/ 7S、cry1Aa/ 7S 和 cry1Ab/ cry1Ac/ 3′polyA 的构建特异性序列的定性 PCR 检测。

2 规范性引用文件

下列文件对于本文件的应用是必不可少的。凡是注日期的引用文件，仅注日期的版本适用于本文件。凡是不注日期的引用文件，其最新版本（包括所有的修改单）适用于本文件。

GB/ T 6682　分析实验室用水规格和试验方法

NY/ T 672　转基因植物及其产品检测　通用要求

NY/ T 673　转基因植物及其产品检测　抽样

农业部 1485 号公告—4—2010　转基因植物及其产品成分检测　DNA 提取和纯化

3 术语和定义

下列术语和定义适用于本文件。

3.1

***cry1A* 基因　*cry1A* gene**

来源于苏云金芽孢杆菌的 cry1A 类杀虫蛋白基因，本标准中是指 *cry1Aa* 基因、*cry1Ac* 基因和 *cry1Ab/ cry1Ac* 融合基因。

3.2

***cry1A* 基因表达框　*cry1A* gene expression cassette**

本标准中是指转基因抗虫棉花中的 P_{35S} - Ω - cry1Ab/ cry1Ac - 3′polyA 表达框、P_{35S} - cry1Ac - 7SUTR 表达框、P_{35S} - cry1Ab/ cry1Ac - 7SUTR 表达框和 P_{35S} - cry1Aa - 7SUTR 表达框。

3.3

P_{35S} - Ω - cry1Ab/ cry1Ac - 3'polyA 表达框　expression cassette of P_{35S} - Ω - cry1Ab/ cry1Ac - 3'polyA

中国专利 ZL 95119563.8 中的 *cry1Ab/ cry1Ac* 基因表达框，包括 CaMV 35S 启动子、Ω 序列、kozak 序列、*cry1Ab/ cry1Ac* 基因和 3'端非编码序列。

3.4

P_{35S} - cry1Ac - 7SUTR 表达框　expression cassette of P_{35S} - cry1Ac - 7SUTR

GenBank 登录号 GU583853 中的 *cry1Ac* 基因表达框，包括 CaMV 35S 启动子、*cry1Ac* 基因和终止子 7S UTR。

3.5

P_{35S} - cry1Ab/ cry1Ac - 7SUTR 表达框　expression cassette of P_{35S} - cry1Ab/ cry1Ac - 7SUTR

GenBank 登录号 GU583854 中的 *cry1Ab/ cry1Ac* 基因表达框，包括 CaMV 35S 启动子、*cry1Ab/ cry1Ac* 基因和终止子 7S UTR。

3.6

P_{35S}- cry1Aa - 7SUTR 表达框　expression cassette of P_{35S}- cry1Aa - 7SUTR

GenBank 登录号 GU583855 中的 *cry1Aa* 基因表达框，包括 CaMV 35S 启动子、*cry1Aa* 基因和终止子 7S UTR。

3.7

CaMV 35S/ cry1A 构建特异性序列　construct-specific sequence of CaMV 35S/ cry1A

P_{35S}- Ω - cry1Ab/ cry1Ac - 3'polyA 表达框、P_{35S}- cry1Ac - 7SUTR 表达框、P_{35S}- cry1Ab/ cry1Ac - 7SUTR 表达框和 P_{35S}- cry1Aa - 7SUTR 表达框中 CaMV 35S 启动子与 *cry1A* 基因的连接区序列。

3.8

cry1Ac/ 7S 构建特异性序列　construct-specific sequence of cry1Ac/ 7S

P_{35S}- cry1Ac - 7SUTR 表达框中 *cry1Ac* 基因与终止子 7S UTR 的连接区序列。

3.9

cry1Ab/ cry1Ac/ 7S 构建特异性序列　construct-specific sequence of cry1Ab/ cry1Ac/ 7S

P_{35S}- cry1Ab/ cry1Ac - 7SUTR 表达框中 *cry1Ab*/ *cry1Ac* 基因与终止子 7S UTR 的连接区序列。

3.10

cry1Aa/ 7S 构建特异性序列　construct-specific sequence of cry1Aa/ 7S

P_{35S}- cry1Aa - 7SUTR 表达框中 *cry1Aa* 基因与终止子 7S UTR 的连接区序列。

3.11

cry1Ab/ cry1Ac/ 3'polyA 构建特异性序列　construct-specific sequence of cry1Ab/ cry1Ac / 3'polyA

P_{35S}- Ω - cry1Ab/ cry1Ac - 3'polyA 表达框中 *cry1Ab*/ *cry1Ac* 基因与 3'端非编码序列的连接区序列。

4 原理

根据转 *cry1A* 基因棉花中 CaMV 35S/ cry1A、cry1Ac/ 7S、cry1Ab/ cry1Ac/ 7S、cry1Aa/ 7S 和 cry1Ab/ cry1Ac/ 3'polyA 的构建特异性序列设计特异性引物，对试样进行 PCR 扩增。依据是否扩增获得预期的 DNA 片段或典型的荧光扩增曲线，判断样品中是否含有 CaMV 35S/ cry1A、cry1Ac/ 7S、cry1Ab/ cry1Ac/ 7S、cry1Aa/ 7S 和 cry1Ab/ cry1Ac/ 3'polyA 的构建成分。

5 试剂和材料

除非另有说明，仅使用分析纯试剂和重蒸馏水或符合 GB/ T 6682 规定的一级水。

5.1 琼脂糖。

5.2 10 g/ L 溴化乙锭溶液：称取 1.0 g 溴化乙锭(EB)，溶解于 100 mL 水中，避光保存。

警告——溴化乙锭有致癌作用，配制和使用时应戴一次性手套操作并妥善处理废液。

5.3 10 mol/ L 氢氧化钠溶液：在 160 mL 水中加入 80.0 g 氢氧化钠(NaOH)，溶解后，冷却至室温，再加水定容到 200 mL。

5.4 500 mmol/ L 乙二铵四乙酸二钠溶液(pH 8.0)：称取 18.6 g 乙二铵四乙酸二钠($EDTA - Na_2$)，加入 70 mL 水中，再加入适量氢氧化钠溶液(5.3)，加热至完全溶解后，冷却至室温，用氢氧化钠溶液(5.3)调 pH 至 8.0，加水定容至 100 mL。在 103.4 kPa(121℃)条件下灭菌 20 min。

5.5 1 mol/ L 三羟甲基氨基甲烷—盐酸溶液(pH 8.0)：称取 121.1 g 三羟甲基氨基甲烷(Tris)溶解于 800 mL 水中，用盐酸(HCl)调 pH 至 8.0，加水定容至 1 000 mL。在 103.4 kPa(121℃)条件下灭菌 20 min。

5.6 TE 缓冲液(pH 8.0)：分别量取 10 mL 三羟甲基氨基甲烷—盐酸溶液(5.5)和 2 mL 乙二铵四乙酸

二钠溶液(5.4)溶液,加水定容至 1 000 mL。在 103.4 kPa(121℃)条件下灭菌 20 min。

5.7 50×TAE 缓冲液:称取 242.2 g 三羟甲基氨基甲烷(Tris),先用 500 mL 水加热搅拌溶解后,加入 100 mL 乙二铵四乙酸二钠溶液(5.4),用冰乙酸调 pH 至 8.0,然后加水定容到 1 000 mL。使用时用水稀释成 1×TAE。

5.8 加样缓冲液:称取 250.0 mg 溴酚蓝,加入 10 mL 水,在室温下溶解 12 h;称取 250.0 mg 二甲基苯腈蓝,加 10 mL 水溶解;称取 50.0 g 蔗糖,加 30 mL 水溶解。混合以上 3 种溶液,加水定容至 100 mL,在 4℃下保存。

5.9 DNA 分子量标准:可以清楚地区分 100 bp~1 000 bp 的 DNA 片段。

5.10 dNTPs 混合溶液:将浓度为 10 mmol/L 的 dATP、dTTP、dGTP、dCTP 四种脱氧核糖核苷酸溶液等体积混合。

5.11 Taq DNA 聚合酶、PCR 反应缓冲液及 25 mmol/L 氯化镁溶液。

5.12 石蜡油。

5.13 植物基因组 DNA 提取试剂盒。

5.14 定性 PCR 反应试剂盒。

5.15 实时荧光 PCR 反应试剂盒。

5.16 PCR 产物回收试剂盒。

5.17 引物和探针:见附录 A。

6 仪器和设备

6.1 分析天平:感量 0.1 g 和 0.1 mg。

6.2 PCR 扩增仪:升降温速度>1.5℃/s,孔间温度差异<1.0℃。

6.3 荧光定量 PCR 仪。

6.4 电泳槽、电泳仪等电泳装置。

6.5 紫外透射仪。

6.6 凝胶成像系统或照相系统。

6.7 重蒸馏水发生器或纯水仪。

6.8 其他相关仪器设备。

7 分析步骤

7.1 抽样

按 NY/T 672 和 NY/T 673 的规定执行。

7.2 试样制备

按 NY/T 672 和 NY/T 673 的规定执行。

7.3 试样预处理

按农业部 1485 号公告—4—2010 的规定执行。

7.4 DNA 模板制备

按农业部 1485 号公告—4—2010 的规定执行。

7.5 PCR 方法

7.5.1 普通 PCR 方法

7.5.1.1 PCR 反应

7.5.1.1.1 **试样 PCR 反应**

7.5.1.1.1.1 每个试样 PCR 反应设置 3 次平行。

7.5.1.1.1.2 在 PCR 反应管中按表 1 依次加入反应试剂，混匀，再加 25 μL 石蜡油(有热盖功能的 PCR 仪可不加)。也可采用经验证的、等效的定性 PCR 反应试剂盒配制反应体系。

表 1 PCR 检测反应体系

试　剂	终浓度	体积，μL
水		—
10×PCR 缓冲液	1×	2.5
25 mmol/L 氯化镁溶液	1.5 mmol/L	1.5
dNTPs 混合溶液(各 2.5 mmol/L)	各 0.2 mmol/L	2.0
10 μmol/L 上游引物	0.4 μmol/L	1.0
10 μmol/L 下游引物	0.4 μmol/L	1.0
Taq DNA 聚合酶	0.025 U/μL	—
25 mg/L DNA 模板	4 mg/L	4.0
总体积		25.0

"—"表示体积不确定。如果 PCR 缓冲液中含有氯化镁，则不加氯化镁溶液，根据 Taq DNA 聚合酶的浓度确定其体积，并相应调整水的体积，使反应体系总体积达到 25.0 μL。

注 1：构建特异性序列 PCR 检测体系中，CaMV 35S/cry1A 的上下游引物分别是 35S/cry1A-F 和 35S/cry1A-R；cry1Ac/7S 的上下游引物分别是 cry1Ac/7S-F 和 cry1A/7S-R；cry1Ab/cry1Ac/7S 的上下游引物分别是 cry1Ab/cry1Ac/7S-F 和 cry1A/7S-R；cry1Aa/7S 的上下游引物分别是 cry1Aa/7S-F 和 cry1A/7S-R；cry1Ab/cry1Ac/3'polyA 的上下游引物分别是 cry1Ab/cry1Ac/3'polyA-F 和 cry1Ab/cry1Ac/3'polyA-R。如在体系中同时检测 cry1Ac/7S、cry1Ab/cry1Ac/7S 和 cry1Aa/7S 构建特异性序列时可按照表中引物用量同时加入，并相应调整水的体积，使反应体系总体积达到 25.0 μL。

注 2：棉花内标准基因 *ACP* 基因 PCR 检测反应体系中，上下游引物分别是 ACP-F 和 ACP-R；*Sad1* 基因 PCR 检测反应体系中，上下游引物分别是 Sad1-F 和 Sad1-R。

7.5.1.1.1.3 将 PCR 管放在离心机上，500 *g*～3 000 *g* 离心 10 s，然后取出 PCR 管，放入 PCR 仪中。

7.5.1.1.1.4 进行 PCR 反应。反应程序为：94℃变性 5 min；94℃变性 30 s，56℃退火 30 s，72℃延伸 30 s，共进行 35 次循环；72℃延伸 2 min。

7.5.1.1.1.5 反应结束后取出 PCR 管，对 PCR 反应产物进行电泳检测。

7.5.1.1.2 **对照 PCR 反应**

在试样 PCR 反应的同时，应设置阳性对照、阴性对照和空白对照。

以含有对应构建特异性序列的转基因棉花质量分数为 0.2%～1.0%的棉花 DNA 作为阳性对照，或采用对应构建特异性序列与棉花基因组相比的拷贝数分数为 0.2%～1.0%的 DNA 溶液作为阳性对照；以非转基因棉花基因组 DNA 为阴性对照；以水作为空白对照。

各对照 PCR 反应体系中，除模板外，其余组分及 PCR 反应条件与 7.5.1.1.1 相同。

7.5.1.2 **PCR 产物电泳检测**

按 20 g/L 的质量浓度称量琼脂糖，加入 1×TAE 缓冲液中，加热溶解，配制成琼脂糖溶液。每 100 mL 琼脂糖溶液中加入 5 μL EB 溶液，混匀，稍适冷却后，将其倒入电泳板上，插上梳板，室温下凝固成凝胶后，放入 1×TAE 缓冲液中，垂直向上轻轻拔去梳板。取 12 μL PCR 产物与 3 μL 加样缓冲液混合后加入凝胶点样孔，同时在其中一个点样孔中加入 DNA 分子量标准，接通电源在 2 V/cm～5 V/cm 条件下电泳检测。

7.5.1.3 **凝胶成像分析**

电泳结束后，取出琼脂糖凝胶，置于凝胶成像仪上或紫外透射仪上成像。根据 DNA 分子量标准估计扩增条带的大小，将电泳结果形成电子文件存档或用照相系统拍照。如需通过序列分析确认 PCR 扩增片段是否为目的 DNA 片段，按照 7.5.1.4 和 7.5.1.5 的规定执行。

7.5.1.4 **PCR 产物回收**

按 PCR 产物回收试剂盒说明书进行操作，回收 PCR 扩增的 DNA 片段。

7.5.1.5 **PCR 产物测序验证**

将回收的 PCR 产物克隆测序，与对应 *cry1A* 基因构建特异性序列（参见附录 B）进行比对，确定 PCR 扩增的 DNA 片段是否为目的 DNA 片段。

7.5.2 **实时荧光 PCR 方法**

7.5.2.1 **试样 PCR 反应**

7.5.2.1.1 每个试样 PCR 反应设置 3 次平行。

7.5.2.1.2 在 PCR 反应管中按表 2 依次加入反应试剂，混匀。也可采用经验证的、等效的实时荧光 PCR 反应试剂盒配制反应体系。

表 2 实时荧光 PCR 反应体系

试　剂	终浓度	单样品体积，μL
水		—
10×PCR 缓冲液	1×	2.0
25 mmol/L $MgCl_2$	2.5 mmol/L	2.0
dNTPs(各 2.5 mmol/L)	0.2 mmol/L	1.6
10 μmol/L 探针	0.5 μmol/L	1.0
10 μmol/L 上游引物	0.5 μmol/L	1.0
10 μmol/L 下游引物	0.5 μmol/L	1.0
5 U/μL Taq 酶	0.04 U/μL	—
25 mg/L DNA 模板	5.0 mg/L	4.0
总体积		20.0

"—"表示体积不确定。如果 PCR 缓冲液中含有氯化镁，则不加氯化镁溶液，根据 Taq 酶的浓度确定其体积，并相应调整水的体积，使反应体系总体积达到 20.0 μL。

注 1：构建特异性序列 PCR 检测体系中，cry1Ac/7S 的上下游引物和探针分别是 cry1Ac/7S-QF、cry1A/7S-QR 和 cry1Ac/7S-QP；cry1Ab/cry1Ac/7S 的上下游引物和探针分别是 cry1Ab/cry1Ac/7S-QF、cry1Ab/cry1Ac/7S-QR 和 cry1Ab/cry1Ac/7S-QP；cry1Aa/7S 的上下游引物和探针分别是 cry1Aa/7S-QF、cry1A/7S-QR 和 cry1Aa/7S-QP。

注 2：棉花内标准基因 PCR 检测反应体系中，*ACP* 基因的上下游引物和探针分别是 ACP-QF、ACP-QR 和 ACP-QP；*Sad1* 基因的上下游引物和探针分别是 Sad1-QF、Sad1-QR 和 Sad1-QP。

7.5.2.1.3 将 PCR 管放在离心机上，500 *g*～3 000 *g* 离心 10 s，然后取出 PCR 管，放入 PCR 仪中。

7.5.2.1.4 运行实时荧光 PCR 反应。反应程序为 95℃、2 min；95℃、5 s，60℃、30 s，循环数 45；在第二阶段的退火延伸(60℃)时段收集荧光信号。

注：可根据仪器要求将反应参数作适当调整。

7.5.2.2 **对照 PCR 反应**

在试样 PCR 反应的同时，应设置阳性对照、阴性对照和空白对照。

以含有对应构建特异性序列的转基因棉花质量分数为 0.2%～1.0%的棉花 DNA 作为阳性对照，或采用对应构建特异性序列与棉花基因组相比的拷贝数分数为 0.2%～1.0%的 DNA 溶液作为阳性对照；以非转基因棉花基因组 DNA 为阴性对照；以水作为空白对照。

8 结果分析与表述

8.1 普通 PCR 方法

8.1.1 **对照检测结果分析**

阳性对照 PCR 反应中，棉花内标准基因和对应的 *cry1A* 构建特异性序列得到扩增，且扩增片段大小与预期片段大小一致，而阴性对照中仅扩增出棉花内标准基因片段，空白对照中没有预期扩增片段，表明 PCR 反应体系正常工作。否则，重新检测。

8.1.2 样品检测结果分析和表述

8.1.2.1 棉花内标准基因未得到扩增，或扩增片段大小与预期片段大小不一致，表明以棉花为唯一来源样品的检测 PCR 反应体系工作不正常，需重新进行 DNA 模版制备。

8.1.2.2 棉花内标准基因得到扩增，且扩增片段与预期片段大小一致；CaMV 35S/cry1A、cry1Ac/7S、cry1Ab/cry1Ac/7S、cry1Aa/7S 和 cry1Ab/cry1Ac/3'polyA 构建特异性序列中任何一个得到扩增，且扩增片段大小与预期片段大小一致，表明样品中检测出 *cry1A* 基因构建成分，结果表述为“样品中检测出×××(如 CaMV 35S/cry1A、cry1Ac/7S、cry1Ab/cry1Ac/7S、cry1Aa/7S 和 cry1Ab/cry1Ac/3'polyA)构建特异性序列，检测结果为阳性”。

8.1.2.3 棉花内标准基因得到扩增，且扩增片段与预期片段大小一致；但 CaMV 35S/cry1A、cry1Ac/7S、cry1Ab/cry1Ac/7S、cry1Aa/7S 和 cry1Ab/cry1Ac/3'polyA 构建特异性序列均未得到扩增，或扩增片段大小与预期片段大小不一致，表明样品中未检测出本标准附录中 *cry1A* 基因构建成分，结果表述为“样品中未检测出×××(如 CaMV 35S/cry1A、cry1Ac/7S、cry1Ab/cry1Ac/7S、cry1Aa/7S 和 cry1Ab/cry1Ac/3'polyA)构建特异性序列，检测结果为阴性”。

8.2 实时荧光 PCR 方法

8.2.1 阈值设定

实时荧光 PCR 反应结束后，以 PCR 刚好进入指数期扩增来设置荧光信号阈值，并根据仪器噪声情况进行调整。

8.2.2 对照检测结果分析

在内标准基因扩增时，空白对照无典型扩增曲线，阴性对照和阳性对照出现典型扩增曲线，且 Ct 值小于或等于 36。cry1Ac/7S、cry1Ab/cry1Ac/7S 和 cry1Aa/7S 构建特异性序列扩增时，空白对照和阴性对照无典型扩增曲线，阳性对照有典型扩增曲线，且 Ct 值小于或等于 36，表明反应体系工作正常。否则，重新检测。

8.2.3 样品检测结果分析和表述

8.2.3.1 棉花内标准基因无典型扩增曲线，表明以棉花为唯一来源样品的检测 PCR 反应体系工作不正常，需重新进行 DNA 模版制备。

8.2.3.2 棉花内标准基因出现典型扩增曲线，且 Ct 值小于或等于 36；同时 cry1Ac/7S、cry1Ab/cry1Ac/7S 和 cry1Aa/7S 构建特异性序列中任何一个出现典型扩增曲线，且 Ct 值小于或等于 36，表明样品中检测出 *cry1A* 基因构建成分，结果表述为“样品中检测出×××(如 cry1Ac/7S、cry1Ab/cry1Ac/7S 和 cry1Aa/7S)构建特异性序列，检测结果为阳性”。

8.2.3.3 棉花内标准基因出现典型扩增曲线，且 Ct 值小于或等于 36；但 cry1Ac/7S、cry1Ab/cry1Ac/7S 和 cry1Aa/7S 构建特异性序列均未出现典型扩增曲线，表明样品中未检测出 cry1Ac/7S、cry1Ab/cry1Ac/7S 和 cry1Aa/7S 构建特异性序列，结果表述为“样品中未检测出×××(如 cry1Ac/7S、cry1Ab/cry1Ac/7S 和 cry1Aa/7S)构建特异性序列，检测结果为阴性”。

8.2.3.4 棉花内标准基因、cry1Ac/7S、cry1Ab/cry1Ac/7S 和 cry1Aa/7S 构建特异性序列等参数出现典型扩增曲线，但 Ct 值在 36～40 之间，应进行重复实验。如重复实验结果符合 8.2.3.1～8.2.3.3 的情形，依照 8.2.3.1～8.2.3.3 进行判断。如重复实验检测参数出现典型扩增曲线，但检测 Ct 值仍在 36～40 之间，则判定样品检测出该参数，根据检出参数情况，参照 8.2.3.1～8.2.3.3 对样品进行操作和判断。

9 检出限

本标准普通 PCR 方法的检出限为 2 g/kg，实时荧光 PCR 方法的检出限为 0.25 g/kg。

附 录 A
（规范性附录）
引 物 和 探 针

A.1 普通 PCR 方法引物

A.1.1 CaMV 35S/cry1A 构建特异性序列

35S/cry1A-F:5′-ATCCTTCGCAAGACCCTTCC-3′

35S/cry1A-R:5′-AACTTCTGGGTTACTCAAGC-3′

预期扩增片段大小为 148 bp 或 194 bp。

A.1.2 cry1Ac/7S 构建特异性序列

cry1Ac/7S-F:5′-AGGGAACCTTCATCGTGG-3′

cry1A/7S-R:5′-TTTCCTCGCTCACTATGAGC-3′

预期扩增片段大小 183 bp。

A.1.3 cry1Ab/cry1Ac/7S 构建特异性序列

cry1Ab/cry1Ac/7S-F:5′-CATCTTCACTCGGTAACATCG-3′

cry1A/7S-R:5′-TTTCCTCGCTCACTATGAGC-3′

预期扩增片段大小 329 bp。

A.1.4 cry1Aa/7S 构建特异性序列

cry1Aa/7S-F:5′-CCAGATTAGCACCCTCAGAG-3′

cry1A/7S-R:5′-TTTCCTCGCTCACTATGAGC-3′

预期扩增片段大小 462 bp。

A.1.5 cry1Ab/cry1Ac/3'polyA 构建特异性序列

cry1Ab/cry1Ac/3'polyA-F:5′-GGTAACATCGTGGGTGTTAGA-3′

cry1Ab/cry1Ac/3'polyA-R:5′-TACAAGCAGAACAATGGCTT-3′

预期扩增片段大小 156 bp。

A.1.6 棉花内标准基因 *ACP* 基因

ACP-F:5′-GTATATGGTTTCAGGTTGAG-3′

ACP-R:5′-GGTTTGCGGTCTAGTATGTG-3′

预期扩增片段大小为 210 bp。

A.1.7 棉花内标准基因 *Sad1* 基因

Sad1-F:5′-TGGCCTCTAATCATTGTTATGATG-3′

Sad1-R:5′-TTGAGGTGAGTCAGAATGTTGTTC-3′

预期扩增片段大小 282 bp。

注：用 TE 缓冲液(pH 8.0)或水将引物稀释到 10 μmol/L。

A.2 实时荧光 PCR 方法引物和探针

A.2.1 cry1Ac/7S 构建特异性序列

cry1Ac/7S-QF :5′-ATCGAGATCGGTGAAACCGA-3′

cry1A/7S-QR:5′-TTGAAGACAAAGGACGGGAT-3′

cry1Ac/7S-QP:5′-TTCTCTTGATGGAGGAATAATGAG-3′

预期扩增片段大小为128 bp。

A.2.2 cry1Ab/cry1Ac/7S构建特异性序列

cry1Ab/cry1Ac/7S-QF:5′-CACCTCTACAAACCAGCTTGG-3′

cry1Ab/cry1Ac/7S-QR:5′-CGCTCACTATGAGCTATTACAGCA-3′

cry1Ab/cry1Ac/7S-QP:5′-GACAAATGTGACCGATTATCACTAAG-3′

预期扩增片段大小为176 bp。

A.2.3 cry1Aa/7S构建特异性序列

cry1Aa/7S-QF:5′-CTTCAGAACCGTCGGTTTCA-3′

cry1A/7S-QR:5′-TTGAAGACAAAGGACGGGAT-3′

cry1Aa/7S-QP:5′-CGAAGTTACCTTCGAGGCTGAG-3′

预期扩增片段大小为211 bp。

A.2.4 棉花内标准基因 *ACP* 基因

ACP-QF:5′-ATTGTGATGGGACTTGAGGAAGA-3′

ACP-QR:5′-CTTGAACAGTTGTGATGGATTGTG-3′

ACP-QP:5′-ATTGTCCTCTTCCACCGTGATTCCGAA-3′

预期扩增片段大小为76 bp。

A.2.5 棉花内标准基因 *Sad1* 基因

Sad1-QF:5′-CCAAAGGAGGTGCCTGTTCA-3′

Sad1-QR:5′-TTGAGGTGAGTCAGAATGTTGTTC-3′

Sad1-QP:5′-TCACCCACTCCATGCCGCCTCACA-3′

预期扩增片段大小为107 bp。

注1:探针的5′端标记荧光报告基团(如FAM、HEX等),3′端标记5′端荧光报告基团对应的荧光淬灭基团(如TAMRA、BHQ1等)。

注2:用TE缓冲液(pH 8.0)或水分别将引物和探针稀释到10 μmol/L。

附 录 B
（资料性附录）
转基因棉花 *cry1A* 基因构建特异性序列

B.1 CaMV 35S/cry1A 构建特异性序列

B.1.1 MON531 系列的 CaMV 35S/cry1A 构建特异性序列（来源于 GenBank 登录号 GU583853）

1 ATCCTTCGCA AGACCCTTCC TCTATATAAG GAAGTTCATT TCATTTGGAG AGGACACGCT
61 GACAAGCTGA CTCTAGCAGA TCTCCATGGA CAACAACCCA AACATCAACG AATGCATTCC
121 ATACAACTGC TTGAGTAACC CAGAAGTT

注：下划线部分为普通 PCR 引物序列。

B.1.2 GK 系列的 CaMV 35S/cry1A 构建特异性序列（来源于国家专利 ZL 95119563.8）

1 ATCCTTCGCA AGACCCTTCC TCTATATAAG GAAGTTCATT TCATTTGGAG AGGACACGCT
61 GAAATCACCT CTAGAGGATC CATCCTATTT TTACAACAAT TACCAACAAC AACAAACAAC
121 AAACAACATT ACAATTACTA TTTACAATAA CAATGGACTG CAGGCCATAC AACTGCTTGA
181 GTAACCCAGA AGTT

注：下划线部分为普通 PCR 引物序列。

B.2 cry1Ac/7S 构建特异性序列（来源于 GenBank 登录号 GU583853）

1 ATCGAGATCG GTGAAACCGA GGGAACCTTC ATCGTGGACA GCGTGGAGCT TCTCTTGATG
61 GAGGAATAAT GAGATCTAGA GGCCTGAATT CGAGCTCGGT ACCCGGGGAT CCCGTCCTTT
121 GTCTTCAATT TTGAGGGCTT TTTACTGAAT AAGTATGTAG TACTAAAATG TATGCTGTAA
181 TAGCTCATAG TGAGCGAGGA AA

注：下划线部分为普通 PCR 引物序列；双下划线部分为实时荧光定量 PCR 引物序列；框内为探针序列。

B.3 cry1Ab/cry1Ac/7S 构建特异性序列（来源于 GenBank 登录号 GU583854）

1 CATCTTCACT CGGTAACATC GTGGGTGTTA GAAACTTTAG TGGGACTGCA GGAGTGATTA
61 TCGACAGATT CGAGTTCATT CCAGTTACTG CAACACTCGA GGCTGAGTAC AACCTCGAAA
121 GAGCCCAGAA GGCTGTAATG CCCTCTTCAC CTCTACAAAC CAGCTTGGAC TCAAGACAAA
181 TGTGACCGAT TATCACTAAG ATCTAGAGGC CTGAATTCGA GCTCGGTACC CGGGGATCCC
241 GTCCTTTGTC TTCAATTTTG AGGGCTTTTT ACTGAATAAG TATGTAGTAC TAAAATGTAT
301 GCTGTAATAG CTCATAGTGA GCGAGGAAA

注：下划线部分为普通 PCR 引物序列；双下划线部分为实时荧光定量 PCR 引物序列；框内为探针序列。

B.4 cry1Aa/7S 构建特异性序列（来源于 GenBank 登录号 GU583855）

1 CCAGATTAGC ACCCTCAGAG TTAACATCAC TGCACCACTT TCTCAAAGAT ATCGTGTCAG
61 GATTCGTTAC GCATCTACCA CTAACTTGCA ATTCCACACC TCCATCGACG GAAGGCCTAT
121 CAATCAGGGT AACTTCTCCG CAACCATGTC AAGCGGCAGC AACTTGCAAT CCGGCAGCTT
181 CAGAACCGTC GGTTTCACTA CTCCTTTCAA CTTCTCTAAC GGATCAAGCG TTTTCACCCT

241 TAGCGCTCAT GTGTTCAATT CTGGCAATGA AGTGTACATT GACCGTATTG AGTTTGTGCC
301 TGCCGAAGTT ACCTTCGAGG CTGAGTACTG AAGATCTAGA GGCCTGAATT CGAGCTCGGT
361 ACCCGGGGAT CCCGTCCTTT GTCTTCAATT TTGAGGGCTT TTTACTGAAT AAGTATGTAG
421 TACTAAAATG TATGCTGTAA TAGCTCATAG TGAGCGAGGA AA

注:下划线部分为普通 PCR 引物序列;双下划线部分为实时荧光定量 PCR 引物序列;框内为探针序列。

B.5 cry1Ab/cry1Ac/3'polyA 构建特异性序列(来源于国家专利 ZL 95119563.8)

1 GGTAACATCG TGGGTGTTAG AAACTTTAGT GGGACTGCTG GAGTGATTAT CGACAGATTC
61 GAGTTCATTC CAGTTACTGC AACACTCGAG GCTGAGTAAG TAGGTGAGGT TAACTTTGAG
121 TATTATGGCA TTGGAAAAGC CATTGTTCTG CTTGTA

注:下划线部分为普通 PCR 引物序列。

ICS 65.020.01
B 04

中华人民共和国国家标准

农业部1943号公告—4—2013
代替农业部1485号公告—14—2010

转基因植物及其产品成分检测 抗虫转*Bt*基因棉花外源蛋白表达量检测技术规范

Detection of genetically modified plants and derived products—Technical specification for quantitative detection of exogenous proteins in *Bt* transgenic cotton

2013-05-23 发布　　　　2013-05-23 实施

中华人民共和国农业部　发布

前　言

本标准按照 GB/T 1.1—2009、GB/T 20001.4 给出的规则起草。

本标准代替农业部 1485 号公告—14—2010《转基因植物及其产品成分检测　抗虫转 *Bt* 基因棉花外源蛋白表达量检测技术规范》。本标准与农业部 1485 号公告—14—2010 相比，除编辑性修改外，主要技术变化如下：

——将"分析天平：感量 0.01 g"修订为"分析天平：感量 0.001 g"（见 4.1，2010 年版的 4.1）；

——将"阴性对照品种：海河流域为 HG-BR-8、长江流域为泗棉 3 号"修订为"阴性对照品种：非转 *Bt* 基因棉花对照品种"（见 5.1.2，2010 年版的 5.1.2）；

——将"阳性对照品种：黄河流域为中 45、长江流域为 GK19，或当地主栽抗虫转 *Bt* 基因棉花"修订为"阳性对照品种：转 *Bt* 基因抗虫棉花对照品种"（见 5.1.3，2010 年版的 5.1.3）；

——将"田间种植管理"与"试验设计"合并为"田间种植管理"（见 5.2，2010 年版的 5.2、6.1）；

——将"顶部倒数第三片完全展开叶片"修订为"顶部第一片完全展开叶"（见 6.2，2010 年版的 6.2）；

——将"试剂盒的定量限（Limit of quantification，LOQ）≤0.5 ng/g（鲜重）"修订为"试剂盒的定量限（Limit of quantification，LOQ）应不大于 0.1 ng"（见 7.1，2010 年版的 7.1）；

——将"称取 0.4 g 研磨后的试样于 7 mL 离心管，加入 4 mL 提取缓冲液"修订为"称取不少于 0.1 g（精确到 0.001 g）研磨后的试样粉末于适宜大小的离心管，按质量体积比 1∶10 加入提取缓冲液"（见 7.2，2010 年版的 7.2）；

——删除"注："，并将内容提到正文（见 7.2，2010 年版的 7.2）；

——将"标准回归方程 $Y=a+b\times \lg X$"修订为"标准回归方程 $Y=a+b\times X$"（见 7.4，2010 年版的 7.4）；

——将"$\omega=(a+b\times \lg X)\times N$"修订为"$\omega=(a+b\times X)\times N$"（见 7.5，2010 年版的 7.5）；

本标准由中华人民共和国农业部提出。

本标准由全国农业转基因生物安全管理标准化技术委员会（SAC/TC 276）归口。

本标准起草单位：农业部科技发展中心、四川省农业科学院、中国农业科学院棉花研究所、中国农业科学院植物保护研究所、农业部环境保护研究所。

本标准主要起草人：刘勇、李文龙、宋君、刘文娟、沈平、常丽娟、尹全、王东、张富丽、雷绍荣、吕丽敏、谢家建、修伟明。

本标准所代替标准的历次版本发布情况为：

——农业部 1485 号公告—14—2010。

转基因植物及其产品成分检测
抗虫转 *Bt* 基因棉花外源蛋白表达量检测技术规范

1 范围

本标准规定了田间条件下抗虫转 *Bt* 基因棉花不同生育期组织和器官中外源 Bt 杀虫蛋白表达的 ELISA 定量检测技术规范。

本标准适用于田间条件下抗虫转 *Bt* 基因棉花不同生育期组织和器官中外源 Bt 杀虫蛋白表达的 ELISA 定量检测。

2 规范性引用文件

下列文件对于本文件的应用是必不可少的。凡是注日期的引用文件，仅注日期的版本适用于本文件。凡是不注日期的引用文件，其最新版本(包括所有的修改单)适用于本文件。

GB 4407.1 经济作物种子 第 1 部分:纤维类

3 原理

在适宜生态区田间条件下种植受检棉花试验材料，分别抽取苗期、蕾期、铃期等关键生育期的棉花叶片、蕾、铃，采用酶联免疫方法(ELISA)检测外源 Bt 杀虫蛋白的表达量，判断受检棉花材料外源 Bt 杀虫蛋白表达水平。

4 仪器和设备

4.1 分析天平:感量 0.001 g。

4.2 酶标仪。

4.3 超低温冰箱。

4.4 其他相关仪器和设备。

5 试验方法

5.1 试验材料

5.1.1 受检棉花材料。

5.1.2 阴性对照品种:非转 *Bt* 基因棉花对照品种。

5.1.3 阳性对照品种:转 *Bt* 基因抗虫棉花对照品种。

5.1.4 种子应符合 GB 4407.1 的质量要求。

5.2 田间种植与管理

随机区组设计，三次重复，小区面积不小于 30 m^2。按当地常规播种时期、播种方式和播种量进行播种和管理。

5.3 资料记录

5.3.1 试验地名称与位置

记录试验所在地的名称、试验的具体地点、经纬度。绘制小区播种示意图。

5.3.2 气象资料

记录试验期间试验地降水(降水类型,日降水量以毫米表示)和温度(日平均温度、最高和最低温度、积温,以摄氏度表示)的资料。记录影响整个试验期间试验结果的恶劣气候因素,例如严重或长期的干旱、暴雨、冰雹等。

6 取样

在棉花苗期(4 片～6 片真叶)、蕾期(盛蕾期)和铃期(结铃盛期),每个小区随机取样 20 株。

苗期,每株取顶部第一片完全展开叶;蕾期,每株取顶部第一片完全展开叶和 1 个小蕾(直径 0.5 cm～0.7 cm);铃期,每株取顶部第一片完全展开叶和 1 个小铃(直径约 1.0 cm)。

每次取样后,将每个小区的叶片、蕾和铃分别单独置于保鲜袋内密封,放在保温箱中,迅速带回实验室检测或用液氮速冻后,放入－80℃超低温冰箱中保存并尽快检测。

7 外源 Bt 杀虫蛋白表达量检测

7.1 试剂盒的选择

根据待检目标蛋白的类型,选用经验证适用于棉花外源 Bt 杀虫蛋白检测的 ELISA 试剂盒,试剂盒的定量限(Limit of quantification,LOQ)应不大于 0.1 ng。

7.2 试样和试液制备

将每个小区采集的相同时期同一组织器官的试样作为一个样本,加液氮快速研磨成粉末。

称取不少于 0.1 g(精确到 0.001 g)研磨后的试样粉末于适宜大小的离心管,按质量体积比 1∶10 加入提取缓冲液,充分混匀后置于 4℃下震荡 12 h。4℃,8 000 *g* 离心 20 min,吸取 1 mL 上清液移入另一干净的离心管,待测。上清液可在 2℃～8℃贮存,时间不超过 24 h。

7.3 检测

按照 ELISA 试剂盒操作说明书,检测试样溶液中外源 Bt 杀虫蛋白含量,得到相应的光密度值(Optical density,OD)。

7.4 标准回归方程建立

将标准蛋白稀释成 6 个浓度梯度,与待测样品、阳性对照品种、阴性对照品种提取液和空白对照一起加入到酶标板内相应位置,阴性对照提取液检测值应小于标准曲线最低值,否则重新检测。符合要求后按 7.3 步骤进行检测,得到相应的光密度值(X)。根据标准蛋白浓度与光密度值的相关性建立标准回归方程 $Y=\mathrm{a}+\mathrm{b}\times X$,相关系数 $R^2\geqslant 0.98$。

7.5 结果计算

按式(1)计算蛋白含量。

$$\omega=(\mathrm{a}+\mathrm{b}\times X)\times N \qquad (1)$$

式中:

ω ——蛋白浓度,单位为纳克每克鲜重(ng/g 鲜重);

a ——截距;

b ——斜率;

X——光密度值;

N——稀释倍数。

计算结果保留两位有效数字。

采用统计学方法计算 3 个小区样本外源 Bt 杀虫蛋白含量平均值($\bar{\omega}$)和标准差(S)。外源 Bt 杀虫蛋白量值表述为($\bar{\omega}\pm S$)ng/g。

8 结果分析与表述

根据计算得到的受检材料和阳性对照品种(时期、组织器官)中外源 Bt 杀虫蛋白的含量,用方差分析的方法比较受检材料不同时期叶片中外源 Bt 杀虫蛋白含量和受检材料与阳性对照各器官中外源 Bt 杀虫蛋白的含量差异。结果表述为:受检材料(时期、组织器官)中外源 Bt 杀虫蛋白含量高(低)于阳性对照品种,差异达到(无)显著差异。

第七部分　油　　菜

ICS 67.050
X 04

中华人民共和国国家标准

农业部869号公告—4—2007

转基因植物及其产品成分检测 抗除草剂油菜MS1、RF1及其衍生品种定性PCR方法

**Detection of genetically modified plants and derived products
Qualitative PCR method for herbicide-tolerant rapeseed MS1,RF1 and their derivates**

2007-06-11 发布　　2007-08-01 实施

中华人民共和国农业部　发布

前　言

本标准由中华人民共和国农业部提出。

本标准归口全国农业转基因生物安全管理标准化技术委员会。

本标准起草单位:农业部科技发展中心、中国农业科学院油料作物研究所。

本标准主要起草人:卢长明、武玉花、宋贵文、吴刚、肖玲、沈平、刘培磊。

转基因植物及其产品成分检测
抗除草剂油菜 MS1、RF1 及其衍生品种定性 PCR 方法

1 范围

本标准规定了抗除草剂油菜 MS1、RF1 及衍生品种的转化体特异性定性 PCR 检测方法。

本标准适用于抗除草剂油菜 MS1、RF1 及其杂交种 MS1×RF1 等衍生品种和制品中 MS1、RF1 和 MS1×RF1 的定性 PCR 检测。

2 规范性引用文件

下列文件中的条款通过本标准的引用而成为本标准的条款。凡是注日期的引用文件，其随后所有的修改单(不包括勘误的内容)或修订版均不适用于本标准，然而，鼓励根据本标准达成协议的各方研究是否可使用这些文件的最新版本。凡是不注日期的引用文件，其最新版本适合于本标准。

NY/T 672 转基因植物及其产品检测 通用要求

NY/T 673 转基因植物及其产品检测 抽样

NY/T 674 转基因植物及其产品检测 DNA 提取和纯化

3 术语和定义

下列术语和定义适用于本标准。

3.1

***HMG I/Y* 基因 *HMG I/Y* gene**

高移动簇蛋白 I/Y(High Mobile Group Protein I/Y)基因。

3.2

PTA29 启动子 PTA29 promoter

来自烟草(*Nicotiana tabacum*)花药组织特异基因 *TA*29 的启动子。

3.3

3′g7 终止子 3′g7 terminator

来自土壤农杆菌(*Agrobacterium tumifaciens*)TL-DNA 基因 7 的终止子。

3.4

MS1 转化体 event MS1

通过农杆菌介导的遗传转化方法将外源基因 *bar*(抗除草剂草胺膦基因)和 *barnase*(核糖核酸酶基因)同时导入受体油菜品种 Drakkar，获得的一个抗草胺膦不育单株 B91-4。

3.5

RF1 转化体 event RF1

通过农杆菌介导的遗传转化方法将外源基因 *bar*(抗除草剂草胺膦基因)和 *barstar*(编码核糖核酸酶抑制物)同时导入受体油菜品种 Drakkar，获得的一个抗草胺膦可育单株 B93—101。

3.6

MS1 转化体特异性序列 event-specific sequence of MS1

MS1 外源插入片段 5′端与油菜基因组的连接区序列，包括 3′g7 终止子 3′端部分序列和油菜基因组

的部分序列。

3.7

RF1 转化体特异性序列　event-specific sequence of RF1

RF1 外源插入片段 5′端与油菜基因组的连接区序列，包括 3′g7 终止子 3′端部分序列和油菜基因组的部分序列。

3.8

杂交油菜 MS1×RF1　canola hybrid MS1×RF1

抗除草剂油菜不育系 MS1 和恢复系 RF1 杂交产生的 F_1 代。

4 原理

根据抗除草剂油菜 MS1 和 RF1 中 PTA29 启动子、MS1 转化体特异性序列、RF1 转化体特异性序列设计特异性引物，对试样进行 PCR 扩增。依据是否扩增获得 266 bp、194 bp、200 bp 的预期 DNA 片段，检测试样中是否含有 PTA29 启动子、MS1 和 RF1。

5 试剂和材料

除非另有说明，仅使用分析纯试剂和重蒸馏水。

5.1 琼脂糖

5.2 10 g/L 溴化乙锭溶液

称取 1.0 g 溴化乙锭(EB)，溶解于 100 mL 水中。

注：EB 有致癌作用，配制和使用时应戴一次性手套操作并妥善处理废液。

5.3 10 mol/L 氢氧化钠溶液

称取 80.0 g 氢氧化钠(NaOH)，加 160 mL 水溶解后，再加水定容到 200 mL。

5.4 500 mmol/L 乙二铵四乙酸二钠溶液(pH 8.0)

称取 18.6 g 乙二铵四乙酸二钠($EDTA\text{-}Na_2$)，加入 70 mL 水中，加入适量 NaOH 溶液(5.3)，加热溶解后，冷却至室温，再用 NaOH 溶液(5.3)调 pH 至 8.0，用水定容到 100 mL。在 103.4 kPa(121℃)条件下灭菌 20 min。

5.5 1 mol/L 三羟甲基氨基甲烷—盐酸溶液(pH 8.0)

称取 121.1 g 三羟甲基氨基甲烷(Tris)溶解于 800 mL 水中，用盐酸(HCl)调 pH 至 8.0，加水定容至 1 000 mL。在 103.4 kPa(121℃)条件下灭菌 20 min。

5.6 TE 缓冲液(pH 8.0)

分别量取 10 mL 三羟甲基氨基甲烷—盐酸溶液(5.5)和 2 mL 乙二铵四乙酸二钠溶液(5.4)溶液，加水定容至 1 000 mL。在 103.4 kPa(121℃)条件下灭菌 20 min。

5.7 50×TAE 缓冲液

称取 242.2 g 三羟甲基氨基甲烷，加入 300 mL 水加热搅拌溶解后，加入 100 mL 乙二铵四乙酸二钠溶液(5.4)，用冰乙酸调 pH 至 8.0，然后加水定容到 1 000 mL。使用时用水稀释成 1×TAE。

5.8 加样缓冲液

称取 250.0 mg 溴酚蓝，加入 10 mL 水，在室温下溶解 12 h；称取 250.0 mg 二甲基苯腈蓝，加 10 mL 水溶解；称取 50.0 g 蔗糖，加 30 mL 水溶解，混合三种溶液，加水定容至 100 mL，在 4℃下保存备用。

5.9 DNA 分子量标准

可以清楚地区分 50 bp～1 000 bp 的 DNA 片段。

5.10 dNTPs 混合溶液

将浓度为 10 mmol/L 的 dATP、dTTP、dGTP、dCTP 四种脱氧核糖核苷酸等体积混合。

5.11 Taq DNA 聚合酶(5 U/μL)及 PCR 反应缓冲液

5.12 引物

5.12.1 *HMGI/Y* 基因。

hmg-F:5′-TCCTTCCGTTTCCTCGCC-3′

hmg-R:5′-TTCCACGCCCTCTCCGCT-3′

预期扩增片段大小 206 bp。

5.12.2 PTA 29 启动子序列。

PTA29-F:5′-TAAGGTGGGTGGCTGGACTA-3′

PTA29-R:5′-ACTTGCACCACAAGGGCATA-3′

预期扩增片段大小为 266 bp。

5.12.3 MS1 转化体特异性序列。

MS1-F:5′-CGGTGAGTAATATTGTACGGCTAA-3′

MS1-R:5′-ATCTCTGGTTAAACATTCCATCTTTG-3′

预期扩增片段大小 194 bp。

5.12.4 RF1 转化体特异性序列。

RF1-F:5′-CCTGTGGTCTCAAGATGGATCA-3′

RF1-R:5′-GGTGACTACACGCGACTCAT-3′

预期扩增片段大小 200 bp。

5.13 引物溶液

用 TE 缓冲液(5.6)分别将上述引物稀释到 10 μmol/L。

5.14 石蜡油

5.15 PCR 产物回收试剂盒

6 仪器

6.1 重蒸馏水发生器或超纯水仪。

6.2 PCR 扩增仪。

6.3 电泳槽、电泳仪等电泳装置。

6.4 紫外透射仪。

6.5 凝胶成像系统或照相系统。

6.6 分析天平,感量 0.1 mg。

6.7 其他分子生物学实验仪器设备。

7 操作步骤

7.1 抽样

按 NY/T 672 和 NY/T 673 规定执行。

7.2 制样

按 NY/T 672 和 NY/T 673 规定执行。

7.3 试样预处理

按 NY/T 674 规定执行。

7.4 DNA 模板制备

按 NY/T 674 规定执行。

7.5 PCR 反应

7.5.1 试样 PCR 反应

7.5.1.1 每个试样 PCR 反应设置三次重复。

7.5.1.2 在 PCR 反应管中按表 1 依次加入反应试剂，用手指轻弹混匀，再加 50 μL 石蜡油(有热盖设备的 PCR 仪可以不加石蜡油)。

7.5.1.3 将 PCR 管在台式离心机上离心 10 s 后插入 PCR 仪中。

7.5.1.4 进行 PCR 反应。反应程序为：94℃变性 5 min；进行 35 次循环扩增反应(94℃变性 30 s，58℃退火 30 s，72℃延伸 45 s。根据不同型号的 PCR 仪，可将 PCR 反应的退火和延伸时间适当延长)；72℃延伸 7 min。

7.5.1.5 反应结束后取出 PCR 反应管，对 PCR 反应产物进行电泳检测。

表 1 PCR 反应体系

试 剂	终浓度	体 积
无菌水		31.75 μL
10×PCR 缓冲液	1×	5 μL
25 mmol/L 氯化镁溶液	2.5 mmol/L	5 μL
dNTPs 混合溶液	0.2 mmol/L	1 μL
10 μmol/L 上游引物	0.5 μmol/L	2.5 μL
10 μmol/L 下游引物	0.5 μmol/L	2.5 μL
5 U/μL Taq 酶	0.025 U/μL	0.25 μL
25 mg/L DNA 模板	1 mg/L	2.0 μL
总体积		50 μL

注 1：如果 10×PCR 缓冲液中含有氯化镁，则不加氯化镁溶液，加等体积无菌水；

注 2：油菜内标准基因 PCR 检测反应体系中，上、下游引物分别为 hmg-F 和 hmg-R；PTA29 启动子 PCR 检测反应体系中，上、下游引物分别为 PTA29-F 和 PTA29-R；MS1 转化体 PCR 检测反应体系中，上、下游引物分别为 MS1-F 和 MS1-R；RF1 转化体 PCR 检测反应体系中，上、下游引物分别为 RF1-F 和 RF1-R。

7.5.2 对照 PCR 反应

7.5.2.1 在试样 PCR 反应的同时，应设置阴性对照、阳性对照和空白对照。各对照 PCR 反应体系中，除模板外其余组分及 PCR 反应条件与 7.5.1 相同。

7.5.2.2 以非转基因油菜材料提取的 DNA 作为阴性对照 PCR 反应体系的模板。

7.5.2.3 用含 0.1%～1.0%抗除草剂杂交油菜 MS1×RF1 基因组 DNA 的样品作为阳性对照 PCR 反应体系的模板。

7.5.2.4 用无菌水作为空白对照 PCR 反应体系的模板。

7.6 PCR 产物电泳检测

按 20 g/L 的浓度称量琼脂糖加入 1×TAE 缓冲液中，加热溶解，配制琼脂糖溶液。按每 100 mL 琼脂糖溶液中加入 5 μL EB 溶液的比例加入 EB 溶液，混匀，稍适冷却后，将其倒入电泳板上，插上梳板，室温下凝固成凝胶后，放入 1×TAE 缓冲液中，垂直向上轻轻拔去梳板。取 7 μL PCR 产物与 3 μL 加样缓冲液混合后加入凝胶点样孔，同时在其中一个点样孔中加入 DNA 分子量标准，接通电源在2 V/cm～5 V/cm 条件下电泳。

7.7 凝胶成像分析

电泳结束后，取出琼脂糖凝胶，置于凝胶成像仪上或紫外透射仪上成像。根据 DNA 分子量标准估计扩增条带的大小，将电泳结果形成电子文件存档或用照相系统拍照。根据琼脂糖凝胶电泳结果，按照 8 的规定对 PCR 扩增结果进行分析。如需确认 PCR 扩增片段是否为目的 DNA 片段，按照 7.8 和 7.9 的规定执行。

7.8 PCR 产物回收

按 PCR 产物回收试剂盒说明书回收 PCR 扩增的 DNA 片段。

7.9 PCR 产物的测序验证

将回收的 PCR 产物克隆测序，并对测序结果进行比对和分析，确定 PCR 扩增的 DNA 片段是否为目的 DNA 片段。

8 结果分析与表述

8.1 对照样品结果分析

阳性对照的 PCR 反应中，*HMG I/Y* 内标准基因、基因表达调控元件 PTA29 启动子、MS1 转化体特异性序列和 RF1 转化体特异性序列均得到扩增，且扩增片段大小与预期片段大小一致，而在阴性对照中仅扩增出 *HMG I/Y* 基因片段，空白对照中没有任何扩增片段，表明 PCR 反应体系正常工作。否则重新检测。

8.2 试样检测结果分析和表述

8.2.1 *HMG I/Y* 内标准基因和基因表达调控元件 PTA29 启动子得到了扩增，且扩增片段大小与预期片段大小一致，结果分为 4 种情况：

a) MS1 转化体特异性序列得到了扩增，且扩增出的 DNA 片段大小与预期片段大小一致，RF1 转化体特异性序列未得到扩增，或扩增片段大小与预期不一致，表明该样品检出抗除草剂油菜 MS1 成分，表述为“试样中检测出抗除草剂油菜 MS1 成分，检测结果为阳性”。

b) RF1 转化体特异性序列得到了扩增，且扩增出的 DNA 片段大小与预期片段大小一致，MS1 转化体特异性序列未得到扩增，或扩增片段大小与预期不一致，表明该样品检出抗除草剂油菜 RF1 成分，表述为“试样中检测出抗除草剂油菜 RF1 成分，检测结果为阳性”。

c) MS1 转化体特异性序列和 RF1 转化体特异性序列均得到了扩增，且扩增出的 DNA 片段大小与预期片段大小一致，表明该样品检出抗除草剂油菜 MS1 和 RF1 成分。表述为“试样中检测出抗除草剂油菜 MS1 和 RF1 成分，检测结果为阳性”。如需确定试样是否含杂交油菜 MS1×RF1，需进一步单粒检测。如果单粒种子同时检测出抗除草剂油菜 MS1 和 RF1 成分，表明试样含杂交油菜 MS1×RF1。表述为“试样中检测出抗除草剂杂交油菜 MS1×RF1 成分，检测结果为阳性”。

d) MS1 转化体特异性序列和 RF1 转化体特异性序列没有得到扩增或扩增片段大小与预期不一致，表明该样品未检出抗除草剂油菜 MS1 和 RF1，表述为“试样中检测出 PTA29 启动子、未检测出抗除草剂油菜 MS1 和 RF1 成分”。

8.2.2 仅有 *HMG I/Y* 内标准基因片段得到扩增，表明未检测出抗除草剂油菜 MS1 和 RF1 成分，表述为“试样中未检测出抗除草剂油菜 MS1、RF1 成分，检测结果为阴性”。

8.2.3 *HMG I/Y* 内标准基因片段未得到扩增，或扩增片段大小与预期片段大小不一致，不作判定。

ICS 67.050
X 04

中华人民共和国国家标准

农业部869号公告—5—2007

转基因植物及其产品成分检测 抗除草剂油菜MS8、RF3及其衍生品种定性PCR方法

Detection of genetically modified plants and derived products Qualitative PCR method for herbicide-tolerant rapeseed MS8、PF3 and their derivates

2007-06-11 发布 2007-08-01 实施

中华人民共和国农业部 发布

前　言

本标准由中华人民共和国农业部提出。

本标准归口全国农业转基因生物安全管理标准化技术委员会。

本标准起草单位：农业部科技发展中心、中国农业科学院油料作物研究所。

本标准主要起草人：卢长明、武玉花、宋贵文、吴刚、肖玲、沈平、连庆。

转基因植物及其产品成分检测 抗除草剂油菜 MS8、RF3 及其衍生品种定性 PCR 方法

1 范围

本标准规定了抗除草剂油菜MS8、RF3及衍生品种的转化体特异性定性PCR检测方法。

本标准适用于抗除草剂油菜MS8、RF3及其杂交种MS8×RF3等衍生品种和制品中MS8、RF3和MS8×RF3的定性PCR检测。

2 规范性引用文件

下列文件中的条款通过本标准的引用而成为本标准的条款。凡是注日期的引用文件,其随后所有的修改单(不包括勘误的内容)或修订版均不适用于本标准,然而,鼓励根据本标准达成协议的各方研究是否可使用这些文件的最新版本。凡是不注日期的引用文件,其最新版本适合于本标准。

NY/T 672 转基因植物及其产品检测 通用要求

NY/T 673 转基因植物及其产品检测 抽样

NY/T 674 转基因植物及其产品检测 DNA提取和纯化

3 术语和定义

下列术语和定义适用于本标准。

3.1

***HMG I/Y* 基因 *HMG I/Y* gene**

高移动簇蛋白I/Y(High Mobile Group Protein I/Y)基因。

3.2

PTA29 启动子 *PTA29 promoter*

来自烟草(*Nicotiana tabacum*)花药组织特异基因*TA29*的启动子。

3.3

3′g 7 终止子 3′g 7 terminator

来自土壤农杆菌(*Agrobacterium tumifaciens*)TL-DNA基因7的终止子。

3.4

MS8 转化体 event MS8

通过农杆菌介导的遗传转化方法将外源基因*bar*(抗除草剂草胺膦基因)和*barnase*(核糖核酸酶基因)同时导入受体油菜品种Drakkar,获得的一个抗草胺膦不育单株。

3.5

RF3 转化体 event RF3

通过农杆菌介导的遗传转化方法将外源基因*bar*(抗除草剂草胺膦基因)和*barstar*(编码核糖核酸酶抑制物基因)同时导入受体油菜品种Drakkar,获得的一个抗草胺膦可育单株。

3.6

MS8 转化体特异性序列 event-specific sequence of MS8

MS8外源插入片段5′端与油菜基因组的连接区序列,包括3′g7终止子3′端部分序列和油菜基因组

的部分序列。

3.7

RF3 转化体特异性序列　event-specific sequence of RF3

RF3 外源插入片段 5′端与油菜基因组的连接区序列，包括 3′g7 终止子 3′端部分序列和油菜基因组的部分序列。

3.8

杂交油菜 MS8×RF3　canola hybrid MS8×RF3

油菜雄性不育系 MS8 和育性恢复系 RF3 杂交产生的 F_1代。

4　原理

根据抗除草剂油菜 MS8 和 RF3 中 PTA29 启动子、MS8 转化体特异性序列、RF3 转化体特异性序列设计特异性引物，对试样进行 PCR 扩增。依据是否扩增获得 266 bp、159 bp、284 bp 的预期 DNA 片段，检测试样中是否含有 PTA29 启动子、抗除草剂油菜 MS8、RF3。

5　试剂和材料

除非另有说明，仅使用分析纯试剂和重蒸馏水。

5.1　琼脂糖

5.2　10g/L 溴化乙锭(EB)溶液

称取 1.0 g 溴化乙锭(EB)，溶解于 100 mL 水中。

注：EB 有致癌作用，配制和使用时应戴一次性手套操作并妥善处理废液。

5.3　10 mol/L 氢氧化钠溶液

称取 80.0 g 氢氧化钠(NaOH)，加 160 mL 水溶解后，再加水定容到 200 mL。

5.4　500 mmol/L 乙二铵四乙酸二钠溶液(pH8.0)

称取 18.6 g 乙二铵四乙酸二钠($EDTA\text{-}Na_2$)，加入 70 mL 水中，加入适量氢氧化钠溶液(5.3)，加热溶解后，冷却至室温，再用氢氧化钠溶液(5.3)调 pH 至 8.0，用水定容到 100 mL。在 103.4 kPa(121℃)条件下灭菌 20 min。

5.5　1 mol/L 三羟甲基氨基甲烷—盐酸溶液(pH8.0)

称取 121.1 g 三羟甲基氨基甲烷(Tris)溶解于 800 mL 水中，用盐酸(HCl)调 pH 至 8.0，用水定容至 1 000 mL。在 103.4 kPa(121℃)条件下灭菌 20 min。

5.6　TE 缓冲液(pH8.0)

分别量取 10 mL 三羟甲基氨基甲烷—盐酸溶液(5.5)和 2 mL 乙二铵四乙酸二钠溶液(5.4)，加水定容至 1 000 mL。在 103.4 kPa(121℃)条件下灭菌 20 min。

5.7　50×TAE 缓冲液

称取 242.2 g 三羟甲基氨基甲烷，加入 300 mL 水加热搅拌溶解后，加入 100 mL 乙二铵四乙酸二钠溶液(5.4)，用冰乙酸调 pH 至 8.0，然后加水定容到 1 000 mL。使用时用水稀释成 1×TAE。

5.8　加样缓冲液

称取 250.0 mg 溴酚蓝，加入 10 mL 水，在室温下溶解 12 h；称取 250.0 mg 二甲基苯腈蓝，加 10 mL 水溶解；称取 50.0 g 蔗糖，加 30 mL 水溶解，混合三种溶液，加水定容至 100 mL，在 4℃下保存备用。

5.9　DNA 分子量标准

可以清楚地区分 50 bp～1 000 bp 的 DNA 片段。

5.10　dNTPs 混合溶液

将浓度为 10 mmol/L 的 dATP、dTTP、dGTP、dCTP 四种脱氧核糖核苷酸等体积混合。

5.11 Taq DNA 聚合酶(5 U/μL)及 PCR 反应缓冲液

5.12 引物

5.12.1 *HMG I/Y* 基因。

hmg-F:5′-TCCTTCCGTTTCCTCGCC-3′

hmg-R:5′-TTCCACGCCCTCTCCGCT-3′

预期扩增片段大小 206 bp。

5.12.2 PTA29 启动子序列。

PTA29-F:5′-TAAGGTGGGTGGCTGGACTA-3′

PTA29-R:5′-ACTTGCACCACAAGGGCATA-3′

预期扩增片段大小为 266 bp。

5.12.3 MS8 转化体特异性序列。

RMS8-F:5′-CCTTTTCTTATCGACCATGTACTC-3′

RMS8-R:5′-AATTTTAAAAACTTGTGGGATGCT-3′

预期扩增片段大小 159 bp。

5.12.4 RF3 转化体特异性序列。

Rrf3-F:5′-CAATAACTTTGTTGGGCTTATGG-3′

Rrf3-R:5′-CTCGTCTCGGACCTCCGAAAACC-3′

预期扩增片段大小 284 bp。

5.13 引物溶液

用 TE 缓冲液(5.6)分别将上述引物稀释到 10 μmol/L。

5.14 石蜡油

5.15 PCR 产物回收试剂盒

6 仪器

6.1 重蒸馏水发生器或超纯水仪。

6.2 PCR 扩增仪。

6.3 电泳槽、电泳仪等电泳装置。

6.4 紫外透射仪。

6.5 凝胶成像系统或照相系统。

6.6 分析天平,感量 0.1 mg。

6.7 其他分子生物学实验仪器设备。

7 操作步骤

7.1 抽样

按 NY/T 672 和 NY/T 673 规定执行。

7.2 制样

按 NY/T 672 和 NY/T 673 规定执行。

7.3 试样预处理

按 NY/T 674 规定执行。

7.4 DNA 模板制备

按 NY/T 674 规定执行。

7.5 **PCR 反应**

7.5.1 **试样 PCR 反应**

7.5.1.1 每个试样 PCR 反应设置 3 次重复。

7.5.1.2 在 PCR 反应管中按表 1 依次加入反应试剂，用手指轻弹混匀，再加 50 μL 石蜡油（有热盖设备的 PCR 仪可以不加石蜡油）。

7.5.1.3 将 PCR 管在台式离心机上离心 10 s 后插入 PCR 仪中，进行 PCR 反应。

7.5.1.4 检测 MS8 转化体反应程序为：94℃变性 5 min；进行 35 次循环扩增反应（94℃变性 30 s，56℃退火 30 s，72℃延伸 45 s）；72℃延伸 7 min。

7.5.1.5 检测 RF3 转化体反应程序为：94℃变性 5 min；进行 35 次循环扩增反应（94℃变性 30 s，61℃退火 30 s，72℃延伸 45 s）；72℃延伸 7 min。

7.5.1.6 检测 PTA29 启动子和内标准基因 *HMG I/Y* 的反应程序为：94℃变性 5 min；进行 35 次循环扩增反应（94℃变性 30 s，58℃退火 30 s，72℃延伸 45 s）；72℃延伸 7 min。

7.5.1.7 根据不同型号的 PCR 仪，可将 PCR 反应的退火和延伸时间适当延长。反应结束后取出 PCR 反应管，对 PCR 反应产物进行电泳检测。

表 1 PCR 反应体系

试 剂	终 浓 度	单样品体积
无菌水		31.75 μL
10×PCR 缓冲液	1×	5 μL
25 mmol/L 氯化镁溶液	2.5 mmol/L	5 μL
dNTPs 混合溶液	0.2 mmol/L	1 μL
10 μmol/L 上游引物	0.5 μmol/L	2.5 μL
10 μmol/L 下游引物	0.5 μmol/L	2.5 μL
5 U/μL Taq 酶（热启动）	0.025 U/μL	0.25 μL
25 g/L DNA 模板	1 g/L	2.0 μL
总体积		50 μL

注 1：如果 10×PCR 缓冲液中含有氯化镁，则不加氯化镁溶液，用无菌水补齐；

注 2：油菜内标准基因 PCR 检测反应体系中，上、下游引物分别为 hmg-F 和 hmg-R；PTA29 启动子 PCR 检测反应体系中，上、下游引物分别为 PTA29-F 和 PTA29-R；MS8 转化体 PCR 检测反应体系中，上、下游引物分别为 RMS8-F 和 RMS8-R；RF3 转化体 PCR 检测反应体系中，上、下游引物分别为 Rrf3-F 和 Rrf3-R。

7.5.2 **对照 PCR 反应**

7.5.2.1 在试样 PCR 反应的同时，应设置阴性对照、阳性对照和空白对照。各对照 PCR 反应体系中，除模板外其余组分及 PCR 反应条件与 7.5.1 相同。

7.5.2.2 以非转基因油菜材料提取的 DNA 作为阴性对照 PCR 反应体系的模板。

7.5.2.3 用含 0.1%～1.0%抗除草剂杂交油菜 MS8×RF3 基因组 DNA 的样品作为阳性对照 PCR 反应体系的模板。

7.5.2.4 用无菌水作为空白对照 PCR 反应体系的模板。

7.6 **PCR 产物电泳检测**

按 20 g/L 的浓度称量琼脂糖加入 1×TAE 缓冲液中，加热将其溶解，配制琼脂糖溶液，然后按每 100 mL 琼脂糖溶液中加入 5 μL EB 溶液的比例加入 EB 溶液，混匀，稍适冷却后，将其倒入电泳板上，插上梳板，室温下凝固成凝胶后，放入 1×TAE 缓冲液中，垂直向上轻轻拔去梳板。吸取 7 μL PCR 产物与3 μL加样缓冲液混合后加入凝胶点样孔，同时在其中一个点样孔中加入DNA分子量标准，接通电源在2 V/cm～5 V/cm条件下电泳。

7.7 凝胶成像分析

电泳结束后，取出琼脂糖凝胶，置于凝胶成像仪上或紫外透射仪上成像。根据DNA分子量标准估计扩增条带的大小，将电泳结果形成电子文件存档或用照相系统拍照。根据琼脂糖凝胶电泳结果，按照8的规定对PCR扩增结果进行分析。如需确认PCR扩增片段是否为目的DNA片段，按照7.8和7.9的规定执行。

7.8 PCR产物回收

按PCR产物回收试剂盒说明书回收PCR扩增的DNA片段。

7.9 PCR产物的测序验证

将回收的PCR产物克隆测序，并对测序结果进行比对和分析，确定PCR扩增的DNA片段是否为目的DNA片段。

8 结果分析与表述

8.1 对照样品结果分析

阳性对照的PCR反应中，*HMG I/Y*内标准基因、基因表达调控元件PTA29启动子、MS8转化体特异性序列和RF3转化体特异性序列均得到扩增，且扩增片段大小与预期片段大小一致，而在阴性对照中仅扩增出*HMG I/Y*基因片段，空白对照中没有任何扩增片段，表明PCR反应体系正常工作。否则重新检测。

8.2 试样检测结果分析和表述

8.2.1 *HMG I/Y*内标准基因和基因表达调控元件PTA29启动子得到了扩增，且扩增片段大小与预期片段大小一致，结果分为4种情况：

a) MS8转化体特异性序列得到了扩增，且扩增出的DNA片段大小与预期片段大小一致，RF3转化体特异性序列未得到扩增，或扩增片段大小与预期不一致，表明该样品检出抗除草剂油菜MS8成分，表述为"试样中检测出抗除草剂油菜MS8成分，检测结果为阳性"。

b) RF3转化体特异性序列得到了扩增，且扩增出的DNA片段大小与预期片段大小一致，MS8转化体特异性序列未得到扩增，或扩增片段大小与预期不一致，表明该样品检出抗除草剂油菜RF3成分，表述为"试样中检测出抗除草剂油菜RF3成分，检测结果为阳性"。

c) MS8转化体特异性序列和RF3转化体特异性序列均得到了扩增，且扩增出的DNA片段大小与预期片段大小一致，表明该样品检出抗除草剂油菜MS8和RF3成分。表述为"试样中检测出抗除草剂油菜MS8和RF3成分，检测结果为阳性"。如需确定试样是否含杂交油菜MS8×RF3，需进一步单粒检测。如果单粒种子同时检测出抗除草剂油菜MS8和RF3成分，表明试样含杂交油菜MS8×RF3。表述为"试样中检测出抗除草剂杂交油菜MS8×RF3成分，检测结果为阳性"。

d) MS8转化体特异性序列和RF3转化体特异性序列没有得到扩增或扩增片段大小与预期不一致，表明该样品未检出抗除草剂油菜MS8和RF3，表述为"试样中检测出PTA29启动子、未检测出抗除草剂油菜MS8和RF3成分"。

8.2.2 仅有*HMG I/Y*内标准基因片段得到扩增，表明未检测出抗除草剂油菜MS8和RF3成分，表述为"试样中未检测出抗除草剂油菜MS8、RF3成分，检测结果为阴性"。

8.2.3 *HMG I/Y*内标准基因片段未得到扩增，或扩增片段大小与预期片段大小不一致，不作判定。

ICS 67.050
X 04

中华人民共和国国家标准

农业部 869 号公告—6—2007

转基因植物及其产品成分检测 抗除草剂油菜 MS1、RF2 及其衍生品种 定性 PCR 方法

Detection of genetically modified plants and derived products Qualitative PCR method for herbicide-tolerant rapeseed MS1,RF2 and their derivates

2007-06-11 发布　　2007-08-01 实施

中华人民共和国农业部　发布

前　　言

本标准由中华人民共和国农业部提出。

本标准归口全国农业转基因生物安全管理标准化技术委员会。

本标准起草单位：农业部科技发展中心、中国农业科学院油料作物研究所。

本标准主要起草人：卢长明、武玉花、宋贵文、吴刚、肖玲、沈平、刘培磊。

转基因植物及其产品成分检测
抗除草剂油菜 MS1、RF2 及其衍生品种定性 PCR 方法

1 范围

本标准规定了抗除草剂油菜 MS1、RF2 及衍生品种的转化体特异性定性 PCR 检测方法。

本标准适用于抗除草剂油菜 MS1、RF2 及其杂交种 MS1×RF2 等衍生品种和制品中 MS1、RF2 和 MS1×RF2 的定性 PCR 检测。

2 规范性引用文件

下列文件中的条款通过本标准的引用而成为本标准的条款。凡是注日期的引用文件，其随后所有的修改单（不包括勘误的内容）或修订版均不适用于本标准，然而，鼓励根据本标准达成协议的各方研究是否可使用这些文件的最新版本。凡是不注日期的引用文件，其最新版本适合于本标准。

NY/T 672 转基因植物及其产品检测 通用要求

NY/T 673 转基因植物及其产品检测 抽样

NY/T 674 转基因植物及其产品检测 DNA 提取和纯化

3 术语和定义

下列术语和定义适用于本标准。

3.1

***HMG I/Y* 基因 *HMG I/Y* gene**

高移动簇蛋白 I/Y(High Mobile Group Protein I/Y)基因。

3.2

PTA 29 启动子 PTA 29 promoter

来自烟草(*Nicotiana tabacum*)花药组织特异基因 *TA* 29 的启动子。

3.3

3′g 7 终止子 3′g 7 terminator

来自土壤农杆菌(*Agrobacterium tumifaciens*)TL-DNA 基因 7 的终止子。

3.4

MS1 转化体 event MS1

通过农杆菌介导的遗传转化方法将外源基因 *bar*(抗除草剂草胺膦基因)和 *barnase*(核糖核酸酶基因)同时导入受体油菜品种 Drakkar，获得的一个抗草胺膦不育单株 B91-4。

3.5

RF2 转化体 event RF2

通过农杆菌介导的遗传转化方法将外源基因 *bar*(抗除草剂草胺膦基因)和 *barstar*(编码核糖核酸酶抑制物基因)同时导入受体油菜品种 Drakkar，获得一个抗草胺膦可育单株 B94-2。

3.6

MS1 转化体特异性序列 event-specific sequence of MS1

MS1 外源插入片段 5′端与油菜基因组的连接区序列，包括 3′g 7 终止子 3′端部分序列和油菜基因

组的部分序列。

3.7

RF2转化体特异性序列　event-specific sequence of RF2

RF2外源插入片段5′端与油菜基因组的连接区序列，包括3′g7终止子3′端部分序列和油菜基因组的部分序列。

3.8

杂交油菜MS1×RF2　canola hybrid MS1×RF2

抗除草剂油菜不育系MS1和恢复系RF2杂交产生的F_1代。

4　原理

根据抗除草剂油菜MS1和RF2中PTA29启动子、MS1转化体特异性序列、RF2转化体特异性序列设计特异性引物，对试样进行PCR扩增。依据是否扩增获得266 bp、194 bp、200 bp的预期DNA片段，检测试样中是否含有PTA29启动子、抗除草剂油菜MS1和RF2。

5　试剂和材料

除非另有说明，仅使用分析纯试剂和重蒸馏水。

5.1　琼脂糖

5.2　10 g/L溴化乙锭(EB)溶液

称取1.0 g溴化乙锭(EB)，溶解于100 mL水中。

注：EB有致癌作用，配制和使用时应戴一次性手套操作并妥善处理废液。

5.3　10 mol/L氢氧化钠溶液

称取80.0 g氢氧化钠(NaOH)，加160 mL水溶解后，再加水定容到200 mL。

5.4　500 mmol/L乙二铵四乙酸二钠溶液(pH8.0)

称取18.6 g乙二铵四乙酸二钠(EDTA-Na_2)，加入70 mL水中，加入适量氢氧化钠溶液(5.3)，加热溶解后，冷却至室温，再用氢氧化钠溶液调pH至8.0，用水定容到100 mL。在103.4 kPa(121℃)条件下灭菌20 min。

5.5　1 mol/L三羟甲基氨基甲烷—盐酸溶液(pH8.0)

称取121.1 g三羟甲基氨基甲烷(Tris)溶解于800 mL水中，用盐酸(HCl)调pH至8.0，加水定容至1 000 mL。在103.4 kPa(121℃)条件下灭菌20 min。

5.6　TE缓冲液(pH8.0)

分别量取10 mL三羟甲基氨基甲烷—盐酸溶液(5.5)和2 mL乙二铵四乙酸二钠溶液(5.4)，加水定容至1 000 mL。在103.4 kPa(121℃)条件下灭菌20 min。

5.7　50×TAE缓冲液

称取242.2 g三羟甲基氨基甲烷，加入300 mL水加热搅拌溶解后，加入100 mL乙二铵四乙酸二钠溶液(5.4)，用冰乙酸调pH至8.0，然后加水定容到1 000 mL。使用时用水稀释成1×TAE。

5.8　加样缓冲液

称取250.0 mg溴酚蓝，加入10 mL水，在室温下溶解12 h；称取250.0 mg二甲基苯腈蓝，加10 mL水溶解；称取50.0 g蔗糖，加30 mL水溶解，混合三种溶液，加水定容至100 mL，在4℃下保存备用。

5.9　DNA分子量标准

可以清楚地区分50 bp～1 000 bp的DNA片段。

5.10　dNTPs混合溶液

将浓度为10 mmol/L的dATP、dTTP、dGTP、dCTP四种脱氧核糖核苷酸的等体积混合。

5.11 Taq DNA 聚合酶(5 U/μL)及 PCR 反应缓冲液

5.12 引物

5.12.1 *HMG I/Y* 基因。

hmg-F:5′-TCCTTCCGTTTCCTCGCC-3′

hmg-R:5′-TTCCACGCCCTCTCCGCT-3′

预期扩增片段大小206 bp。

5.12.2 PTA29启动子序列。

PTA29-F:5′-TAAGGTGGGTGGCTGGACTA-3′

PTA29-R:5′-ACTTGCACCACAAGGGCATA-3′

预期扩增片段大小为266 bp。

5.12.3 MS1转化体特异性序列。

MS1-F:5′-CGGTGAGTAATATTGTACGGCTAA-3′

MS1-R:5′-ATCTCTGGTTAAACATTCCATCTTTG-3′

预期扩增片段大小194 bp。

5.12.4 RF2转化体特异性序列。

RF2-F:5′-TTGGTGGACCCTTGAGGAAAC-3′

RF2-R:5′-CCATCTAATAGGGTGAGACAAT-3′

预期扩增片段大小200 bp。

5.13 引物溶液

用TE缓冲液(5.6)分别将上述引物稀释到10 μmol/L。

5.14 石蜡油

5.15 PCR 产物回收试剂盒

6 仪器

6.1 重蒸馏水发生器或超纯水仪。

6.2 PCR扩增仪。

6.3 电泳槽、电泳仪等电泳装置。

6.4 紫外透射仪。

6.5 凝胶成像系统或照相系统。

6.6 分析天平,感量0.1 mg。

6.7 其他分子生物学实验仪器设备。

7 操作步骤

7.1 抽样

按NY/T 672和NY/T 673规定执行。

7.2 制样

按NY/T 672和NY/T 673规定执行。

7.3 试样预处理

按NY/T 674规定执行。

7.4 DNA 模板制备

按NY/T 674规定执行。

7.5 **PCR 反应**

7.5.1 **试样 PCR 反应**

7.5.1.1 每个试样 PCR 反应设置 3 次重复。

7.5.1.2 在 PCR 反应管中按表 1 依次加入反应试剂，用手指轻弹混匀，再加 50 μL 石蜡油(有热盖设备的 PCR 仪可以不加石蜡油)。

7.5.1.3 将 PCR 管在台式离心机上离心 10 s 后插入 PCR 仪中。

7.5.1.4 进行 PCR 反应。反应程序为：94℃变性 5 min；进行 35 次循环扩增反应(94℃变性 30 s，58℃退火 30 s，72℃延伸 45 s。根据不同型号的 PCR 仪，可将 PCR 反应的退火和延伸时间适当延长)；72℃延伸 7 min。

7.5.1.5 反应结束后取出 PCR 反应管，对 PCR 反应产物进行电泳检测。

表 1 PCR 反应体系

试　剂	终 浓 度	单样品体积
无菌水		31.75 μL
10×PCR 缓冲液	1×	5 μL
25 mmol/L 氯化镁溶液	2.5 mmol/L	5 μL
dNTPs 混合溶液	0.2 mmol/L	1 μL
10 μmol/L 上游引物	0.5 μmol/L	2.5 μL
10 μmol/L 下游引物	0.5 μmol/L	2.5 μL
5 U/μL Taq 酶(热启动)	0.025 U/μL	0.25 μL
25 g/L DNA 模板	1 g/L	2.0 μL
总体积		50 μL
如果 10×PCR 缓冲液中含有氯化镁，则不加氯化镁溶液，加等体积无菌水。 油菜内标准基因 PCR 检测反应体系中，上、下游引物分别为 hmg-F 和 *hmg*-R；PTA29 启动子 PCR 检测反应体系中，上、下游引物分别为 PTA29-F 和 PTA29-R；MS1 转化体 PCR 检测反应体系中，上、下游引物分别为 MS1-F 和MS1-R；RF2 转化体 PCR 检测反应体系中，上、下游引物分别为 RF2-F 和 RF2-R。		

7.5.2 **对照 PCR 反应**

7.5.2.1 在试样 PCR 反应的同时，应设置阴性对照、阳性对照和空白对照。各对照 PCR 反应体系中，除模板外其余组分及 PCR 反应条件与 7.5.1 相同。

7.5.2.2 用非转基因油菜材料提取的 DNA 作为阴性对照 PCR 反应体系的模板。

7.5.2.3 用含 0.1%～1%抗除草剂杂交油菜 MS1×RF2 基因组 DNA 的样品作为阳性对照 PCR 反应体系的模板。

7.5.2.4 用无菌水作为空白对照 PCR 反应体系的模板。

7.6 **PCR 产物电泳检测**

按 20 g/L 的浓度称量琼脂糖加入 1×TAE 缓冲液中，加热将其溶解，配制琼脂糖溶液。按每 100 mL琼脂糖溶液中加入 5 μL EB 溶液的比例加入 EB 溶液，混匀，稍适冷却后，将其倒入电泳板上，插上梳板，室温下凝固成凝胶后，放入 1×TAE 缓冲液中，垂直向上轻轻拔去梳板。吸取 7 μL PCR 产物与3 μL加样缓冲液混合后加入凝胶点样孔，同时在其中一个点样孔中加入 DNA 分子量标准，接通电源在 2 V/cm～5 V/cm 条件下电泳。

7.7 **凝胶成像分析**

电泳结束后，取出琼脂糖凝胶，置于凝胶成像仪上或紫外透射仪上成像。根据 DNA 分子量标准估计扩增条带的大小，将电泳结果形成电子文件存档或用照相系统拍照。根据琼脂糖凝胶电泳结果，按照 8 的规定对 PCR 扩增结果进行分析。如需确认 PCR 扩增片段是否为目的 DNA 片段，按照 7.8 和 7.9 的规定执行。

7.8 PCR 产物回收

按 PCR 产物回收试剂盒说明书回收 PCR 扩增的 DNA 片段。

7.9 PCR 产物的测序验证

将回收的 PCR 产物克隆测序，并对测序结果进行比对和分析，确定 PCR 扩增的 DNA 片段是否为目的 DNA 片段。

8 结果分析与表述

8.1 对照样品结果分析

阳性对照的 PCR 反应中，*HMG I/Y* 内标准基因、基因表达调控元件 PTA29 启动子、MS1 转化体特异性序列和 RF2 转化体特异性序列均得到扩增，且扩增片段大小与预期片段大小一致，而在阴性对照中仅扩增出 *HMG I/Y* 基因片段，空白对照中没有任何扩增片段，表明 PCR 反应体系正常工作。否则重新检测。

8.2 试样检测结果分析和表述

8.2.1 *HMG I/Y* 内标准基因和基因表达调控元件 PTA29 启动子均得到了扩增，且扩增片段大小与预期片段大小一致，结果分为 4 种情况：

a) MS1 转化体特异性序列得到了扩增，且扩增出的 DNA 片段大小与预期片段大小一致，RF2 转化体特异性序列未得到扩增，或扩增片段大小与预期不一致，表明该样品检出抗除草剂油菜 MS1 成分，表述为“试样中检测出抗除草剂油菜 MS1 成分，检测结果为阳性”。

b) RF2 转化体特异性序列得到了扩增，且扩增出的 DNA 片段大小与预期片段大小一致，MS1 转化体特异性序列未得到扩增，或扩增片段大小与预期不一致，表明该样品检出抗除草剂油菜 RF2 成分，表述为“试样中检测出抗除草剂油菜 RF2 成分，检测结果为阳性”。

c) MS1 转化体特异性序列和 RF2 转化体特异性序列均得到了扩增，且扩增出的 DNA 片段大小与预期片段大小一致，表明该样品检出抗除草剂油菜 MS1 和 RF2 成分。表述为“试样中检测出抗除草剂油菜 MS1 和 RF2 成分，检测结果为阳性”。如需确定试样是否含杂交油菜 MS1×RF2，需进一步单粒检测。如果单粒种子同时检测出抗除草剂油菜 MS1 和 RF2 成分，表明试样含杂交油菜 MS1×RF2。表述为“试样中检测出抗除草剂杂交油菜 MS1×RF2 成分，检测结果为阳性”。

d) MS1 转化体特异性序列和 RF2 转化体特异性序列没有得到扩增或扩增片段大小与预期不一致，表明该样品未检出抗除草剂油菜 MS1 和 RF2，表述为“试样中检测出 PTA29 启动子、未检测出抗除草剂油菜 MS1 和 RF2 成分”。

8.2.2 仅有 *HMG I/Y* 内标准基因片段得到扩增，表明未检测出抗除草剂油菜 MS1 和 RF2 成分，表述为“试样中未检测出抗除草剂油菜 MS1、RF2 成分，检测结果为阴性”。

8.2.3 *HMG I/Y* 内标准基因片段未得到扩增，或扩增片段大小与预期片段大小不一致，不作判定。

ICS 67.050
X 04

中华人民共和国国家标准

农业部869号公告—11—2007

转基因植物及其产品成分检测 抗除草剂油菜GT73及其衍生品种 定性PCR方法

Detection of genetically modified plants and derived products Qualitative PCR method for herbicide-tolerant canola GT73 and its derivates

2007-06-11 发布　　　　2007-08-01 实施

中华人民共和国农业部　发布

前　　言

本标准由中华人民共和国农业部提出。

本标准归口全国农业转基因生物安全管理标准化技术委员会。

本标准起草单位:农业部科技发展中心、吉林省农业科学院、上海出入境检验检疫局、上海交通大学、上海市农业科学院、香港基因晶片开发有限公司。

本标准主要起草人:张明、厉建萌、潘良文、杨立桃、李飞武、刘乐庭、刘信、潘爱虎、付仲文、李葱葱。

转基因植物及其产品成分检测
抗除草剂油菜GT73及其衍生品种定性PCR方法

1 范围

本标准规定了转基因抗除草剂油菜GT73的转化体特异性定性PCR检测方法。

本标准适用于转基因抗除草剂油菜GT73及其衍生品种，以及制品中GT73的定性PCR检测。

2 规范性引用文件

下列文件中的条款通过本标准的引用而成为本标准的条款。凡是注明日期的引用文件，其随后所有的修改单(不包括勘误的内容)或修订版均不适用于本标准，然而，鼓励根据本标准达成协议的各方研究是否可使用这些文件的最新版本。凡是不注明日期的引用文件，其最新版本适合于本标准。

NY/T 672 转基因植物及其产品检测 通用要求

NY/T 673 转基因植物及其产品检测 抽样

NY/T 674 转基因植物及其产品检测 DNA提取和纯化

3 术语和定义

下列术语和定义适用于本标准。

3.1

***HMG I/Y* 基因 *HMG I/Y* gene**

编码高移动簇蛋白I/Y(high mobile group protein I/Y)的基因。

3.2

E 9 3′终止子 E 9 3′terminator

来源于豌豆二磷酸核酮糖羧化酶基因的终止子。

3.3

GT 73转化体特异性序列 event-specific sequence of GT 73

外源插入片段3′端与油菜基因组的连接区序列，包括E 9 3′终止子部分序列和油菜基因组的部分序列。

4 原理

根据转基因耐除草剂玉米GT 73转化体特异性序列设计特异性引物，对试样进行PCR扩增。依据是否扩增获得预期204 bp的DNA片段，检测试样中是否含有GT 73。

5 试剂和材料

除非另有说明，仅使用分析纯试剂和重蒸馏水。

5.1 琼脂糖。

5.2 10 g/L溴化乙锭溶液：称取1.0 g溴化乙锭(EB)，溶于100 mL水中。

注：EB有致癌作用，配制和使用时应戴一次性手套操作并妥善处理废液。

5.3 10 mol/L氢氧化钠溶液：称取80.0 g氢氧化钠(NaOH)，先用160 mL水溶解后，再加水定容至

200 mL。

5.4 500 mmol/L 乙二铵四乙酸二钠溶液(pH 8.0):称取 18.6 g 乙二铵四乙酸二钠(EDTA - Na_2),加入 70 mL 水中,再加入适量氢氧化钠溶液(5.3),加热至完全溶解后,冷却至室温,用氢氧化钠溶液(5.3)调 pH 至 8.0,加水定容至 100 mL。在 103.4 kPa(121℃)条件下灭菌 20 min。

5.5 1 mol/L 三羟甲基氨基甲烷—盐酸溶液(pH 8.0):称取 121.1 g 三羟甲基氨基甲烷(Tris)溶解于 800 mL 水中,用盐酸调 pH 至 8.0,加水定容至 1 000 mL。在 103.4 kPa(121℃)条件下灭菌 20 min。

5.6 TE 缓冲液(pH 8.0):分别量取 10 mL 三羟甲基氨基甲烷—盐酸溶液(5.5)和 2 mL 乙二铵四乙酸二钠溶液(5.4),加水定容至 1 000 mL。在 103.4 kPa(121℃)条件下灭菌 20 min。

5.7 50×TAE 缓冲液:称取 242.2 g 三羟甲基氨基甲烷,先用 300 mL 水加热搅拌溶解后,加 100 mL 乙二铵四乙酸二钠溶液(5.4),用冰乙酸调 pH 至 8.0,然后加水定容至 1 000 mL。使用时用水稀释成 1×TAE。

5.8 加样缓冲液:称取 250.0 mg 溴酚蓝,加 10 mL 水,在室温下溶解 12 h;称取 250.0 mg 二甲基苯腈蓝,用 10 mL 水溶解;称取 50.0 g 蔗糖,用 30 mL 水溶解,混合三种溶液,加水定容至 100 mL,在 4℃下保存。

5.9 DNA 分子量标准:能够清楚地区分 50 bp~1 000 bp 的 DNA 片段。

5.10 dNTPs 混合溶液:将浓度为 10 mmol/L 的 dATP、dTTP、dGTP、dCTP 四种脱氧核糖核苷酸等体积混合。

5.11 Taq DNA 聚合酶(5 u/μL)及 PCR 反应缓冲液。

5.12 引物。

5.12.1 *HMG I/Y* 基因。

hmg - F:5′- TCCTTCCGTTTCCTCGCC - 3′;

hmg - R:5′- TTCCACGCCCTCTCCGCT - 3′;

预期扩增片段大小为 206 bp。

5.12.2 GT 73 转化体特异性序列。

GT 73 - F:5′- AATAACGCTGCGGACATCTA - 3′;

GT 73 - R:5′- CAGCAACATTCTCTGTCAACAA - 3′;

预期扩增片段大小为 204 bp。

5.13 引物溶液:用 TE 缓冲液(5.6)分别将上述引物稀释到 10 μmol/L。

5.14 石蜡油。

5.15 PCR 产物回收试剂盒。

6 仪器

6.1 分析天平,感量 0.1 mg。

6.2 PCR 扩增仪。

6.3 电泳槽、电泳仪等电泳装置。

6.4 紫外透射仪。

6.5 凝胶成像系统或照相系统。

6.6 重蒸馏水发生器或超纯水仪。

6.7 其他分子生物学实验室仪器设备。

7 操作步骤

7.1 抽样

按NY/T 672和NY/T 673规定执行。

7.2 制样

按NY/T 672和NY/T 673规定执行。

7.3 试样预处理

按NY/T 674规定执行。

7.4 DNA模板制备

按NY/T 674规定执行。

7.5 PCR反应

7.5.1 试样PCR反应

7.5.1.1 每个试样PCR反应设置3次重复。

7.5.1.2 在PCR反应管中按表1依次加入反应试剂，用手指轻弹混匀，再加约50 μL石蜡油(有热盖设备的PCR仪可以不加)。

7.5.1.3 将PCR管在台式离心机上离心10 s后插入PCR仪中。

7.5.1.4 进行PCR反应。反应程序为：94℃变性5 min；进行35次循环扩增反应(94℃变性30 s，59℃退火30 s，72℃延伸40 s。根据不同型号的PCR仪，可将PCR反应的退火和延伸时间适当延长)；72℃延伸7 min。

7.5.1.5 反应结束后取出PCR反应管，对PCR反应产物进行电泳检测。

表1 PCR检测反应体系

试剂	终浓度	体积
无菌水		31.75 μL
10×PCR缓冲液	1×	5 μL
25 mmol/L氯化镁溶液	2.5 mmol/L	5 μL
dNTPs混合溶液	0.2 mmol/L	1 μL
10 μmol/L上游引物	0.5 μmol/L	2.5 μL
10 μmol/L下游引物	0.5 μmol/L	2.5 μL
5 u/μL Taq酶	0.025 u/μL	0.25 μL
25 mg/L DNA模板	1 mg/L	2.0 μL
总体积		50 μL

注1：如果PCR缓冲液中含有氯化镁，则不加氯化镁溶液，加等体积无菌水。

注2：油菜内标准基因PCR检测反应体系中，上、下游引物分别为hmg-F和hmg-R；转基因油菜GT 73转化体PCR检测反应体系中，上、下游引物分别为GT 73-F和GT 73-R。

7.5.2 对照PCR反应

7.5.2.1 在试样PCR反应的同时，应设置阴性对照、阳性对照和空白对照。上述各对照PCR反应体系中，除模板外其余组分及PCR反应条件与7.5.1相同。

7.5.2.2 以非转基因油菜DNA作为阴性对照PCR反应体系的模板。

7.5.2.3 以GT 73含量为0.1%～1%的油菜中提取的DNA作为阳性对照PCR反应体系的模板。

7.5.2.4 以无菌水作为空白对照PCR反应体系的模板。

7.6 PCR产物电泳检测

按20 g/L的浓度称取琼脂糖加入1×TAE缓冲液中，加热溶解，配制成琼脂糖溶液。按每100 mL琼脂糖溶液中加入5 μL EB溶液的比例加入EB溶液，混匀，稍适冷却后，将其倒入电泳板上，插上梳板,室温下凝固成凝胶后,放入 1×TAE 缓冲液中,垂直向上轻轻拔去梳板。取 7 μL PCR 产物与 3 μL 加样缓冲液混合后加入凝胶点样孔中,同时在其中一个点样孔中加入 DNA 分子量标准,接通电源在 2 V/cm～5 V/cm 条件下电泳。

7.7 凝胶成像分析

电泳结束后,取出琼脂糖凝胶,置于凝胶成像仪上或紫外透射仪上成像。根据 DNA 分子量标准估计扩增条带的大小,将电泳结果形成电子文件存档或用照相系统拍照。根据琼脂糖凝胶电泳结果,按照 8 的规定对 PCR 扩增结果进行分析。如需确认 PCR 扩增片段是否为目的 DNA 片段,按照 7.8 和 7.9 的规定执行。

7.8 PCR 产物回收

按 PCR 产物回收试剂盒说明书回收 PCR 扩增的 DNA 片段。

7.9 PCR 产物测序验证

将回收的 PCR 产物克隆测序,确定 PCR 扩增的 DNA 片段是否为目的 DNA 片段。

8 结果分析与表述

8.1 对照样品结果分析

阳性对照 PCR 反应中,*HMG I/Y* 内标准基因、转化体特异性序列均得到了扩增,且扩增片段大小与预期片段大小一致,而阴性对照中仅扩增出 *HMG I/Y* 基因片段,空白对照中没有任何扩增片段,表明 PCR 反应体系正常工作,否则重新检测。

8.2 试样检测结果分析和表述

a) *HMG I/Y* 内标准基因、转化体特异性序列均得到了扩增,且扩增片段大小与预期片段大小一致,表明试样中检测出转基因油菜GT 73,表述为"试样中检测出转基因抗除草剂油菜 GT 73,检测结果为阳性"。

b) *HMG I/Y* 内标准基因片段得到扩增,且扩增片段大小与预期片段大小一致,而转化体特异性序列未得到扩增,或扩增片段大小与预期片段大小不一致,表明试样中未检测出转基因油菜 GT 73,表述为"试样中未检测出转基因抗除草剂油菜 GT 73,检测结果为阴性"。

c) *HMG I/Y* 内标准基因片段未得到扩增,或扩增片段大小与预期片段大小不一致,不作判定。

ICS 65.020
B 04

中华人民共和国国家标准

农业部953号公告—3—2007

转基因植物及其产品成分检测 耐除草剂油菜T45及其衍生品种定性PCR方法

Detection of genetically modified plants and derived products Qualitative PCR method for herbicide-tolerant canola T45 and its derivates

2007-12-18 发布 2008-03-01 实施

中华人民共和国农业部 发布

前　　言

本标准由农业部科技教育司提出。

本标准由全国农业转基因生物安全管理标准化技术委员会归口。

本标准起草单位:农业部科技发展中心、上海交通大学、上海市农业科学院。

本标准主要起草人:杨立桃、沈平、张大兵、潘爱虎、厉建萌。

本标准为首次发布。

转基因植物及其产品成分检测
耐除草剂油菜T45及其衍生品种定性PCR方法

1 范围

本标准规定了转基因耐除草剂油菜T45转化体特异性定性PCR检测方法。

本标准适用于转基因耐除草剂油菜T45及其衍生品种，以及制品中T45的定性PCR检测。

2 规范性引用文件

下列文件中的条款通过本标准的引用而成为本标准的条款。凡是注日期的引用文件，其随后所有的修改单(不包括勘误的内容)或修订版均不适用于本标准，然而，鼓励根据本标准达成协议的各方研究是否可使用这些文件的最新版本。凡是不注明日期的引用文件，其最新版本适合于本标准。

NY/T 672　转基因植物及其产品检测　通用要求

NY/T 673　转基因植物及其产品检测　抽样

NY/T 674　转基因植物及其产品检测　DNA提取和纯化

3 术语和定义

下列术语和定义适用于本标准。

3.1

***HMG I/Y* 基因　*HMG I/Y* gene**

编码高移动簇蛋白I/Y的基因。

3.2

T45转化体特异性序列　event-specific sequence of T45

外源插入片段5′端与油菜基因组的连接区序列，包括CaMV 35S启动子5′端部分序列和油菜基因组的部分序列。

4 原理

根据转基因耐除草剂油菜T45转化体特异性序列设计特异性引物，对试样进行PCR扩增。依据是否扩增获得预期233 bp的特异性DNA片段，判断试样中是否含有转基因耐除草剂油菜T45。

5 试剂和材料

除非另有说明，仅使用分析纯试剂和重蒸馏水。

5.1　琼脂糖。

5.2　10 g/L溴化乙锭溶液：称取1.0 g溴化乙锭(EB)，溶于100 mL水中。

注：溴化乙锭有致癌作用，配制和使用时应戴一次性手套操作并妥善处理废液。

5.3　10 mol/L氢氧化钠溶液：称取氢氧化钠(NaOH)80.0 g，先用160 mL水溶解后，再加水定容到200 mL。

5.4　500 mmol/L乙二铵四乙酸二钠溶液(pH 8.0)：称取18.6 g乙二铵四乙酸二钠(EDTA-Na_2)，加入70 mL水中，再加入适量氢氧化钠溶液(5.3)，加热至完全溶解后，冷却至室温，用氢氧化钠溶液(5.3)

调 pH 至 8.0，加水定容至 100 mL。在 103.4 kPa (121℃)条件下灭菌20 min。

5.5　1 mol/L 三羟甲基氨基甲烷—盐酸溶液(pH 8.0)：称取 121.1 g 三羟甲基氨基甲烷(Tris)溶解于 800 mL 水中，用盐酸调 pH 至 8.0，加水定容至 1 000 mL。在 103.4 kPa (121℃)条件下灭菌 20 min。

5.6　TE 缓冲液(pH 8.0)：分别量取 10 mL 三羟甲基氨基甲烷—盐酸溶液(5.5)和 2 mL 乙二铵四乙酸二钠溶液(5.4)，加水定容至 1 000 mL。在 103.4 kPa(121℃)条件下灭菌 20 min。

5.7　50×TAE 缓冲液：称取 242.2 g 三羟甲基氨基甲烷(Tris)，先用 300 mL 水加热搅拌溶解后，加 100 mL 乙二铵四乙酸二钠溶液(5.4)，用冰乙酸调 pH 至 8.0，然后加水定容到 1 000 mL。使用时用水稀释成 1×TAE 缓冲液。

5.8　加样缓冲液：称取 250.0 mg 溴酚蓝，加 10 mL 水，在室温下溶解 12 h；称取 250.0 mg 二甲基苯腈蓝，用 10 mL 水溶解；称取 50.0 g 蔗糖，用 30 mL 水溶解，混合三种溶液，加水定容至 100 mL，在 4℃下保存。

5.9　DNA 分子量标准：可以清楚地区分 50 bp～1 000 bp 的 DNA 片段。

5.10　dNTPs 混合溶液：将浓度为 10 mmol/L 的 dATP、dTTP、dGTP、dCTP 四种脱氧核糖核苷酸溶液等体积混合。

5.11　Taq DNA 聚合酶(5 U/μL)及 PCR 反应缓冲液。

5.12　引物。

5.12.1　*HMG I/Y* 基因。

hmg - F：5′- TCCTTCCGTTTCCTCGCC - 3′；

hmg - R：5′- TTCCACGCCCTCTCCGCT - 3′；

预期扩增片段大小 206 bp。

5.12.2　T45 转化体特异性序列。

T45 - F：5′- TCCCATTTATTTACGGTCAC - 3′；

T45 - R：5′- CCATGGGAATTCATTTACAA - 3′；

预期扩增片段大小为 233 bp。

5.13　引物溶液。

用 TE 缓冲液(5.6)分别将上述引物稀释到 10 μmol/L。

5.14　石蜡油。

5.15　PCR 产物回收试剂盒。

6　仪器

6.1　分析天平，感量 0.1 mg。

6.2　PCR 扩增仪。

6.3　电泳槽、电泳仪等电泳装置。

6.4　紫外透射仪。

6.5　凝胶成像系统或照相系统。

6.6　重蒸馏水发生器或超纯水仪。

6.7　其他分子生物学实验室仪器设备。

7　操作步骤

7.1　抽样

按 NY/T 672 和 NY/T 673 规定执行。

7.2 制样

按 NY/T 672 和 NY/T 673 规定执行。

7.3 试样预处理

按 NY/T 674 规定执行。

7.4 DNA 模板制备

按 NY/T 674 规定执行。

7.5 PCR 反应

7.5.1 试样 PCR 反应

7.5.1.1 每个试样 PCR 反应设置 3 次重复。

7.5.1.2 在 PCR 反应管中按表 1 依次加入反应试剂，用手指轻弹混匀，再加 50 μL 石蜡油(有热盖设备的 PCR 仪可不加)。

7.5.1.3 将 PCR 管放入台式离心机中离心 10 s 后插入 PCR 仪中。

7.5.1.4 运行 PCR 反应。反应程序为:95℃变性 5 min;进行 35 次循环扩增反应(94℃变性 30 s,58℃退火 30 s,72℃延伸 30 s。根据不同型号的 PCR 仪，可将 PCR 反应的退火和延伸时间适当调整);72℃延伸 7 min。

7.5.1.5 反应结束后取出 PCR 反应管，对 PCR 反应产物进行电泳检测。

表 1 PCR 检测反应体系

试　剂	终浓度	体　积
无菌水		31.75 μL
10×PCR 缓冲液	1×	5 μL
25 mmol/L 氯化镁溶液	2.5 mmol/L	5 μL
dNTPs	0.2 mmol/L	1 μL
10 μmol/L 上游引物	0.5 μmol/L	2.5 μL
10 μmol/L 下游引物	0.5 μmol/L	2.5 μL
5 U/μL Taq 酶	0.025 U/μL	0.25 μL
25 mg/L DNA 模板	1 mg/L	2.0 μL
总体积		50 μL

注 1:如果 PCR 缓冲液中含有氯化镁，则不加氯化镁溶液，加等体积无菌水。

注 2:油菜内标准基因 PCR 检测反应体系中，上下游引物分别为 hmg-F 和 hmg-R;转基因油菜 T45 转化体 PCR 检测反应体系中，上下游引物分别为 T45-F 和 T45-R。

7.5.2 对照 PCR 反应

在试样 PCR 反应的同时，应设置阴性对照、阳性对照和空白对照，各对照 PCR 反应体系中，除模板外其余组分及 PCR 反应条件与 7.5.1 相同。以非转基因油菜材料中提取的 DNA 作为阴性对照 PCR 反应体系的模板;以 T45 油菜 DNA 含量为 0.1%~1.0%的油菜 DNA 作为阳性对照 PCR 反应体系的模板;空白对照中用无菌水代替 PCR 反应体系模板。

7.6 PCR 产物电泳检测

按 20 g/L 的浓度称取琼脂糖，加入 1×TAE 缓冲液中，加热溶解，配制成琼脂糖溶液。按每 100 mL琼脂糖溶液中加入 5 μL EB 溶液的比例加入 EB 溶液，混匀，稍适冷却后，将其倒入电泳板上，插上梳板，室温下凝固成凝胶后，放入 1×TAE 缓冲液中，垂直向上轻轻拔去梳板。取 7 μL PCR 产物与 3 μL加样缓冲液混合后加入点样孔中，同时在其中一个点样孔中加入 DNA 分子量标准，接通电源在 2 V/cm~5 V/cm 条件下电泳。

7.7 凝胶成像分析

电泳结束后，取出琼脂糖凝胶，置于凝胶成像仪或紫外透射仪上成像。根据DNA分子量标准估计扩增条带的大小，将电泳结果形成电子文件存档或用照相系统拍照。根据琼脂糖凝胶电泳结果，按照8的规定对PCR扩增结果进行分析。如需确认PCR扩增片段是否为目的DNA片段，按照7.8和7.9的规定执行。

7.8 PCR产物回收

按PCR产物回收试剂盒说明书回收PCR扩增的DNA片段。

7.9 PCR产物的测序验证

将回收的PCR产物克隆测序，确定PCR扩增的DNA片段是否为目的DNA片段。

8 结果分析与表述

8.1 对照样品结果分析

阳性对照PCR反应中，*HMG I/Y*内标准基因和转化体特异性序列均得到扩增，且扩增片段大小与预期片段大小一致，而阴性对照中仅扩增出*HMG I/Y*基因片段，空白对照中没有任何扩增片段，表明PCR反应体系正常工作，否则重新检测。

8.2 试样检测结果分析和表述

a) *HMG I/Y*内标准基因和转化体特异性序列均得到扩增，且扩增片段大小与预期片段大小一致，表明试样中检测出转基因耐除草剂油菜T 45，表述为"试样中检测出转基因耐除草剂油菜T 45，检测结果为阳性"。

b) *HMG I/Y*内标准基因片段得到扩增，且扩增片段大小与预期片段大小一致，而转化体特异性序列未得到扩增，或扩增片段大小与预期片段大小不一致，表明试样中未检测出转基因耐除草剂油菜T 45，表述为"试样中未检测出转基因耐除草剂油菜T 45，检测结果为阴性"。

c) *HMG I/Y*内标准基因片段未得到扩增，或扩增片段大小与预期片段大小不一致，表明试样中未检测出油菜成分，表述为"试样中未检测出油菜成分，检测结果为阴性"。

ICS 65.020
B 04

中 华 人 民 共 和 国 国 家 标 准

农业部953号公告—4—2007

转基因植物及其产品成分检测 耐除草剂油菜Oxy-235及其衍生品种定性PCR方法

Detection of genetically modified plants and derived products Qualitative PCR method for herbicide-tolerant canola Oxy-235 and its derivates

2007-12-18 发布 2008-03-01 实施

中华人民共和国农业部 发布

前　言

本标准由农业部科技教育司提出。

本标准由全国农业转基因生物安全管理标准化技术委员会归口。

本标准起草单位:农业部科技发展中心、上海交通大学、上海市农业科学院。

本标准主要起草人:杨立桃、宋贵文、张大兵、潘爱虎、刘信。

本标准为首次发布。

转基因植物及其产品成分检测
耐除草剂油菜 Oxy-235 及其衍生品种定性 PCR 方法

1 范围

本标准规定了转基因耐除草剂油菜 Oxy-235 转化体特异性定性 PCR 检测方法。

本标准适用于转基因耐除草剂油菜 Oxy-235 及其衍生品种，以及制品中 Oxy-235 的定性 PCR 检测。

2 规范性引用文件

下列文件中的条款通过本标准的引用而成为本标准的条款。凡是注日期的引用文件，其随后所有的修改单(不包括勘误的内容)或修订版均不适用于本标准，然而，鼓励根据本标准达成协议的各方研究是否可使用这些文件的最新版本。凡是不注明日期的引用文件，其最新版本适合于本标准。

NY/T 672 转基因植物及其产品检测 通用要求

NY/T 673 转基因植物及其产品检测 抽样

NY/T 674 转基因植物及其产品检测 DNA 提取和纯化

3 术语和定义

下列术语和定义适用于本标准。

3.1

***HMG I/Y* 基因 *HMG I/Y* gene**

编码高移动簇蛋白 I/Y 的基因。

3.2

Oxy-235 转化体特异性序列 event-specific sequence of Oxy-235

外源插入片段 5′端与油菜基因组的连接区序列，包括 CaMV 35 S 启动子 5′端部分序列和油菜基因组的部分序列。

4 原理

根据转基因耐除草剂油菜 Oxy-235 转化体特异性序列设计特异性引物，对试样进行 PCR 扩增。依据是否扩增获得预期 331 bp 的特异性 DNA 片段，判断试样中是否含有转基因耐除草剂油菜 Oxy-235。

5 试剂和材料

除非另有说明，仅使用分析纯试剂和重蒸馏水。

5.1 琼脂糖。

5.2 10 g/L 溴化乙锭溶液：称取 1.0 g 溴化乙锭(EB)，溶于 100 mL 水中。

注：溴化乙锭有致癌作用，配制和使用时应戴一次性手套操作并妥善处理废液。

5.3 10 mol/L 氢氧化钠溶液：称取氢氧化钠(NaOH)80.0 g，先用 160 mL 水溶解后，再加水定容到 200 mL。

5.4 500 mmol/L 乙二铵四乙酸二钠溶液(pH8.0):称取 18.6 g 乙二铵四乙酸二钠(EDTA - Na_2),加入 70 mL 水中,再加入适量氢氧化钠溶液(5.3),加热至完全溶解后,冷却至室温,用氢氧化钠溶液(5.3)调 pH 至 8.0,加水定容至 100 mL。在 103.4 kPa(121℃)条件下灭菌 20 min。

5.5 1 mol/L 三羟甲基氨基甲烷—盐酸溶液(pH8.0):称取 121.1 g 三羟甲基氨基甲烷(Tris)溶解于 800 mL 水中,用盐酸调 pH 至 8.0,加水定容至 1 000 mL。在 103.4 kPa(121℃)条件下灭菌 20 min。

5.6 TE 缓冲液(pH8.0):分别量取 10 mL 三羟甲基氨基甲烷—盐酸溶液(5.5)和 2 mL 乙二铵四乙酸二钠溶液(5.4),加水定容至 1 000 mL。在 103.4 kPa(121℃)条件下灭菌 20 min。

5.7 50×TAE 缓冲液:称取 242.2 g 三羟甲基氨基甲烷(Tris),先用 300 mL 水加热搅拌溶解后,加 100 mL 乙二铵四乙酸二钠溶液(5.4),用冰乙酸调 pH 至 8.0,然后加水定容到 1 000 mL。使用时用水稀释成 1×TAE 缓冲液。

5.8 加样缓冲液:称取 250.0 mg 溴酚蓝,加 10 mL 水,在室温下溶解 12 h;称取 250.0 mg 二甲基苯腈蓝,用 10 mL 水溶解;称取 50.0 g 蔗糖,用 30 mL 水溶解,混合三种溶液,加水定容至 100 mL,在 4℃下保存。

5.9 DNA 分子量标准:可以清楚地区分 50 bp～1 000 bp 的 DNA 片段。

5.10 dNTPs 混合溶液:将浓度为 10 mmol/L 的 dATP、dTTP、dGTP、dCTP 四种脱氧核糖核苷酸溶液等体积混合。

5.11 Taq DNA 聚合酶(5 U/μL)及 PCR 反应缓冲液。

5.12 引物。

5.12.1 *HMG I/Y* 基因。

hmg - F:5′- TCCTTCCGTTTCCTCGCC - 3′;

hmg - R:5′- TTCCACGCCCTCTCCGCT - 3′;

预期扩增片段大小 206 bp。

5.12.2 Oxy - 235 转化体特异性序列。

Oxy - 235 - F:5′- TTTGTTTATTGCTTTCGCC - 3′;

Oxy - 235 - R:5′- CCAGGGGATTCAGTTGGA - 3′;

预期扩增片段大小为 331 bp。

5.13 引物溶液。

用 TE 缓冲液(5.6)分别将上述引物稀释到 10 μmol/L。

5.14 石蜡油。

5.15 PCR 产物回收试剂盒。

6 仪器

6.1 分析天平,感量 0.1 mg。

6.2 PCR 扩增仪。

6.3 电泳槽、电泳仪等电泳装置。

6.4 紫外透射仪。

6.5 凝胶成像系统或照相系统。

6.6 重蒸馏水发生器或超纯水仪。

6.7 其他分子生物学实验室仪器设备。

7 操作步骤

7.1 抽样

按 NY/T 672 和 NY/T 673 规定执行。

7.2 制样

按 NY/T 672 和 NY/T 673 规定执行。

7.3 试样预处理

按 NY/T 674 规定执行。

7.4 DNA 模板制备

按 NY/T 674 规定执行。

7.5 PCR 反应

7.5.1 试样 PCR 反应

7.5.1.1 每个试样 PCR 反应设置 3 次重复。

7.5.1.2 在 PCR 反应管中按表 1 依次加入反应试剂，用手指轻弹混匀，再加 50 μL 石蜡油(有热盖设备的 PCR 仪可不加)。

7.5.1.3 将 PCR 管放入台式离心机中离心 10 s 后插入 PCR 仪中。

7.5.1.4 运行 PCR 反应。反应程序为：95℃变性 5 min；进行 35 次循环扩增反应[94℃变性 30 s，52℃(Oxy-235 转化体特异性序列)或 58℃(HMG I/Y)退火 30 s，72℃延伸 30 s。根据不同型号的 PCR 仪，可将 PCR 反应的退火和延伸时间适当调整]；72℃延伸 7 min。

7.5.1.5 反应结束后取出 PCR 反应管，对 PCR 反应产物进行电泳检测。

表 1 PCR 检测反应体系

试剂	终浓度	体积
无菌水		31.75 μL
10×PCR 缓冲液	1×	5 μL
25 mmol/L 氯化镁溶液	2.5 mmol/L	5 μL
dNTPs	0.2 mmol/L	1 μL
10 μmol/L 上游引物	0.5 μmol/L	2.5 μL
10 μmol/L 下游引物	0.5 μmol/L	2.5 μL
5 U/μL Taq 酶	0.025 U/μL	0.25 μL
25 mg/L DNA 模板	1 mg/L	2.0 μL
总体积		50 μL

注 1：如果 PCR 缓冲液中含有氯化镁，则不加氯化镁溶液，加等体积无菌水。

注 2：油菜内标准基因 PCR 检测反应体系中，上下游引物分别为 hmg-F 和 hmg-R；转基因油菜 Oxy-235 转化体 PCR 检测反应体系中，上下游引物分别为 Oxy-235-F 和 Oxy-235-R。

7.5.2 对照 PCR 反应

在试样 PCR 反应的同时，应设置阴性对照、阳性对照和空白对照，各对照 PCR 反应体系中，除模板外其余组分及 PCR 反应条件与 7.5.1 相同。以非转基因油菜材料中提取的 DNA 作为阴性对照 PCR 反应体系的模板；以 Oxy-235 油菜 DNA 含量为 0.1%～1.0%的油菜 DNA 作为阳性对照 PCR 反应体系的模板；空白对照中用无菌水代替 PCR 反应体系模板。

7.6 PCR 产物电泳检测

按 20 g/L 的浓度称取琼脂糖，加入 1×TAE 缓冲液中，加热溶解，配制成琼脂糖溶液。按每 100 mL琼脂糖溶液中加入 5 μL EB 溶液的比例加入 EB 溶液，混匀，稍适冷却后，将其倒入电泳板上，插上梳板，室温下凝固成凝胶后，放入 1×TAE 缓冲液中，垂直向上轻轻拔去梳板。取 7 μL PCR 产物与 3 μL加样缓冲液混合后加入点样孔中，同时在其中一个点样孔中加入 DNA 分子量标准，接通电源在 2 V/cm～5 V/cm 条件下电泳。

7.7 凝胶成像分析

电泳结束后，取出琼脂糖凝胶，置于凝胶成像仪或紫外透射仪上成像。根据DNA分子量标准估计扩增条带的大小，将电泳结果形成电子文件存档或用照相系统拍照。根据琼脂糖凝胶电泳结果，按照8的规定对PCR扩增结果进行分析。如需确认PCR扩增片段是否为目的DNA片段，按照7.8和7.9的规定执行。

7.8 PCR产物回收

按PCR产物回收试剂盒说明书回收PCR扩增的DNA片段。

7.9 PCR产物的测序验证

将回收的PCR产物克隆测序，确定PCR扩增的DNA片段是否为目的DNA片段。

8 结果分析与表述

8.1 对照样品结果分析

阳性对照PCR反应中，*HMG I/Y* 内标准基因和转化体特异性序列均得到扩增，且扩增片段大小与预期片段大小一致，而阴性对照中仅扩增出 *HMG I/Y* 基因片段，空白对照中没有任何扩增片段，表明PCR反应体系正常工作，否则重新检测。

8.2 试样检测结果分析和表述

a) *HMG I/Y* 内标准基因和转化体特异性序列均得到扩增，且扩增片段大小与预期片段大小一致，表明试样中检测出转基因耐除草剂油菜Oxy-235，表述为“试样中检测出转基因耐除草剂油菜Oxy-235，检测结果为阳性”。

b) *HMG I/Y* 内标准基因片段得到扩增，且扩增片段大小与预期片段大小一致，而转化体特异性序列未得到扩增，或扩增片段大小与预期片段大小不一致，表明试样中未检测出转基因耐除草剂油菜Oxy-235，表述为“试样中未检测出转基因耐除草剂油菜Oxy-235，检测结果为阴性”。

c) *HMG I/Y* 内标准基因片段未得到扩增，或扩增片段大小与预期片段大小不一致，表明试样中未检测出油菜成分，表述为“试样中未检测出油菜成分，检测结果为阴性”。

ICS 65.020.01
B 04

中华人民共和国国家标准

农业部1193号公告—2—2009

转基因植物及其产品成分检测 耐除草剂油菜Topas19/2及其衍生品种 定性PCR方法

Detection of genetically modified plants and derived products Qualitative PCR method for herbicide-tolerant rapeseed Topas 19/2 and its derivates

2009-04-23 发布　　2009-04-23 实施

中华人民共和国农业部　发布

前　　言

本标准由农业部科技教育司提出。

本标准由全国农业转基因生物安全管理标准化技术委员会归口。

本标准起草单位：农业部科技发展中心、中国农业科学院油料作物研究所。

本标准主要起草人：卢长明、刘信、武玉花、吴刚、雷绍荣、肖玲、厉建萌。

转基因植物及其产品成分检测
耐除草剂油菜 Topas 19/2 及其衍生品种定性 PCR 方法

1 范围

本标准规定了转基因耐除草剂油菜 Topas 19/2 转化体特异性定性 PCR 检测方法。

本标准适用于转基因耐除草剂油菜 Topas 19/2 及其衍生品种，以及制品中 Topas 19/2 的定性 PCR 检测。

2 规范性引用文件

下列文件中的条款通过本标准的引用而成为本标准的条款。凡是注明日期的引用文件，其随后所有的修改单(不包括勘误的内容)或修订版均不适用于本标准，然而，鼓励根据本标准达成协议的各方研究是否可使用这些文件的最新版本。凡是不注明日期的引用文件，其最新版本适合于本标准。

NY/T 672 转基因植物及其产品检测 通用要求

NY/T 673 转基因植物及其产品检测 抽样

NY/T 674 转基因植物及其产品检测 DNA 提取和纯化

3 术语和定义

下列术语和定义适用于本标准。

3.1

***HMG I/Y* 基因 *HMG I/Y* gene**

编码高移动簇蛋白 I/Y(High Mobile Group Protein I/Y)的基因。

3.2

Topas 19/2 转化体特异性序列 event-specific sequence of Topas 19/2

Topas 19/2 外源插入片段 3′-端与油菜基因组的连接区序列，包括 Nos 启动子 5′-端部分序列和油菜基因组的部分序列。

4 原理

根据耐除草剂油菜 Topas 19/2 转化体特异性序列设计特异性引物，对试样 DNA 进行 PCR 扩增。依据是否扩增获得 110 bp 的预期 DNA 片段，判断样品中是否含有 Topas19/2 转化体成分。

5 试剂和材料

使用分析纯试剂和重蒸馏水。

5.1 琼脂糖。

5.2 10 g/L 溴化乙锭溶液：称取 1.0 g 溴化乙锭(EB)，溶解于 100 mL 水中。

注：EB 有致癌作用，配制和使用时应戴一次性手套操作并妥善处理废液。

5.3 10 mol/L 氢氧化钠溶液：称取 80.0 g 氢氧化钠(NaOH)，加 160 mL 水溶解后，再加水定容到 200 mL。

5.4 500 mmol/L 乙二铵四乙酸二钠溶液(pH 8.0)：称取 18.6 g 乙二铵四乙酸二钠($EDTA\text{-}Na_2$)，加

入70 mL水中，加入适量氢氧化钠溶液(5.3)，加热溶解后，冷却至室温，再用氢氧化钠溶液(5.3)调pH至8.0，用水定容到100 mL。在103.4 kPa(121℃)条件下灭菌20 min。

5.5 1 mol/L三羟甲基氨基甲烷-盐酸溶液(pH 8.0)：称取121.1 g三羟甲基氨基甲烷(Tris)溶解于800 mL水中，用盐酸(HCl)调pH至8.0，加水定容至1 000 mL。在103.4 kPa(121℃)条件下灭菌20 min。

5.6 TE缓冲液(pH 8.0)：分别量取10 mL三羟甲基氨基甲烷—盐酸溶液(5.5)和2 mL乙二铵四乙酸二钠溶液(5.4)溶液，加水定容至1 000 mL。在103.4 kPa(121℃)条件下灭菌20 min。

5.7 50×TAE缓冲液：称取242.2 g三羟甲基氨基甲烷，加入300 mL水加热搅拌溶解后，加入100 mL乙二铵四乙酸二钠溶液(5.4)，用冰乙酸调pH至8.0，然后加水定容到1 000 mL。使用时用水稀释成1×TAE。

5.8 加样缓冲液：称取250.0 mg溴酚蓝，加入10 mL水，在室温下溶解12 h；称取250.0 mg二甲基苯腈蓝，加10 mL水溶解；称取50.0 g蔗糖，加30 mL水溶解，混合三种溶液，加水定容至100 mL，在4℃下保存备用。

5.9 DNA分子量标准：可以清楚的区分50 bp～1 000 bp的DNA片段。

5.10 dNTPs混合溶液：将浓度为10 mmol/L的dATP、dTTP、dGTP、dCTP四种脱氧核糖核苷酸等体积混合。

5.11 Taq DNA聚合酶(5 U/μL)及PCR反应缓冲液。

5.12 引物。

5.12.1 ***HMG I/Y*** **基因**

HMG-F：5′-TCCTTCCGTTTCCTCGCC-3′

HMG-R：5′-TTCCACGCCCTCTCCGCT-3′

预期扩增片段大小为206 bp。

5.12.2 **Topas 19/2转化体特异性序列**

Topas-F：5′-AGTTCCAAACGTAAAACGGCTT-3′

Topas-R：5′-CGGCCTTAATCCCACCCCAG-3′

预期扩增片段大小为110 bp。

5.13 **引物溶液**

用TE缓冲液(5.6)分别将上述引物稀释到10 μmol/L。

5.14 PCR产物回收试剂盒。

6 仪器

6.1 重蒸馏水发生器或超纯水仪。

6.2 PCR扩增仪：升降温速度>1.5℃/s，孔间温度差异<1℃，带有防蒸发热盖。

6.3 电泳槽、电泳仪等电泳装置。

6.4 紫外透射仪。

6.5 凝胶成像系统或照相系统。

6.6 分析天平，感量0.1 mg。

6.7 其他相关仪器设备。

7 操作步骤

7.1 抽样

按 NY/T 672 和 NY/T 673 规定执行。

7.2 **制样**

按 NY/T 672 和 NY/T 673 规定执行。

7.3 **试样预处理**

按 NY/T 674 规定执行。

7.4 **DNA 模板制备**

按 NY/T 674 规定执行。

7.5 **PCR 反应**

7.5.1 **试样 PCR 反应**

7.5.1.1 每个试样 PCR 反应设置 3 次重复。

7.5.1.2 在 PCR 反应管中按表 1 依次加入反应试剂，用手指轻弹混匀。

7.5.1.3 将 PCR 管在台式离心机上离心 10 s 后插入 PCR 仪中。

7.5.1.4 进行 PCR 反应。反应程序为：94℃变性 5 min；94℃变性 30 s，60℃退火 30 s，72℃延伸 30 s，共进行 35 次循环；72℃延伸 7 min。

7.5.1.5 反应结束后取出 PCR 反应管，对 PCR 反应产物进行电泳检测。

表 1 PCR 反应体系

试　剂	终 浓 度	体　积
重蒸馏水		34.25 μL
10×RCR 缓冲液	1×	5 μL
25 mmol/L 氯化镁溶液	2.5 mmol/L	5 μL
10 mmol/L dNTPs 混合溶液	0.2 mmol/L	1 μL
10 μmol/L 上游引物	0.25 μmol/L	1.25 μL
10 μmol/L 下游引物	0.25 μmol/L	1.25 μL
5 U/μL Taq 酶	0.025 U/μL	0.25 μL
25 mg/L DNA 模板	1 mg/L	2.0 μL
总体积		50 μL

注 1：如果 10×PCR 缓冲液中含有氯化镁，则不加氯化镁溶液，加等体积重蒸馏水。

注 2：油菜内标准基因 PCR 检测反应体系中，上、下游引物分别为 HMG-F 和 HMG-R；Topas 19/2 转化体 PCR 检测反应体系中，上、下游引物分别为 Topas-F 和 Topas-R。

7.5.2 **对照 PCR 反应**

在试样 PCR 反应的同时，应设置阴性对照、阳性对照和空白对照。以非转基因油菜材料提取的 DNA 作为阴性对照 PCR 反应体系的模板；以耐除草剂油菜 Topas 19/2 含量为 0.1%～1.0%的油菜基因组 DNA 作为阳性对照 PCR 反应体系的模板；空白对照中用重蒸馏水代替 PCR 反应体系模板。各对照 PCR 反应体系中，除模板外，其余组分及 PCR 反应条件与 7.5.1 相同。

7.6 **PCR 产物电泳检测**

按 20 g/L 的浓度称量琼脂糖加入 1×TAE 缓冲液中，加热溶解，配制成琼脂糖溶液。每 100 mL 琼脂糖溶液中加入 5 μL EB 溶液，混匀，稍适冷却后，将其倒入电泳板上，插上梳板，室温下凝固成凝胶后，放入 1×TAE 缓冲液中，垂直向上轻轻拔去梳板。取 7 μL PCR 产物与 3 μL 加样缓冲液混合后加入凝胶点样孔，同时在其中一个点样孔中加入 DNA 分子量标准，接通电源在 2 V/cm～5 V/cm 条件下电泳。

7.7 **凝胶成像分析**

电泳结束后，取出琼脂糖凝胶，置于凝胶成像仪上或紫外透射仪上成像。根据 DNA 分子量标准估计扩增条带的大小，将电泳结果形成电子文件存档或用照相系统拍照。根据琼脂糖凝胶电泳结果，按照

8 的规定对 PCR 扩增结果进行分析。如需通过序列分析确认 PCR 扩增片段是否为目的 DNA 片段，按照 7.8 和 7.9 的规定执行。

7.8 PCR 产物回收

按 PCR 产物回收试剂盒说明书回收 PCR 扩增的 DNA 片段。

7.9 PCR 产物的测序验证

将回收的 PCR 产物克隆测序，确定 PCR 扩增的 DNA 片段是否为目的 DNA 片段。

8 结果分析与表述

8.1 对照检测结果分析

阳性对照的 PCR 反应中，*HMG I/Y* 内标准基因和 Topas 19/2 转化体特异性序列均得到扩增，且扩增片段大小与预期片段大小一致，而阴性对照中仅扩增出 *HMG I/Y* 基因片段，空白对照中除引物二聚体外没有其他扩增片段，表明 PCR 反应体系正常工作，否则重新检测。

8.2 样品检测结果分析和表述

a） *HMG I/Y* 内标准基因和 Topas 19/2 转化体特异性序列均得到了扩增，且扩增片段大小与预期片段大小一致，表明试样中检出转基因耐除草剂油菜 Topas 19/2，表述为"样品中检测出转基因耐除草剂油菜 Topas 19/2 转化体成分，检测结果为阳性"。

b） *HMG I/Y* 内标准基因片段得到扩增，且扩增片段大小与预期片段大小一致，而 Topas 19/2 转化体特异性序列未得到扩增，或扩增片段大小与预期片段大小不一致，表明试样中未检出耐除草剂油菜 Topas 19/2，表述为"样品中未检测出耐除草剂油菜 Topas 19/2 转化体成分，检测结果为阴性"。

c） *HMG I/Y* 内标准基因片段未得到扩增，或扩增片段大小与预期片段大小不一致，表明试样中未检测出甘蓝型油菜成分，表述为"样品中未检测出甘蓝型油菜成分，检测结果为阴性"。

ICS 65.020
B 04

中华人民共和国国家标准

农业部2031号公告—9—2013

转基因植物及其产品成分检测 油菜内标准基因定性PCR方法

Detection of genetically modified plants and derived products—Target-taxon-specific qualitative PCR method for rapeseed

2013-12-04发布 2013-12-04实施

中华人民共和国农业部 发布

前　言

本标准按照GB/T 1.1—2009给出的规则起草。

请注意本文件的某些内容可能涉及专利。本文件的发布机构不承担识别这些专利的责任。

本标准由中华人民共和国农业部提出。

本标准由全国农业转基因生物安全管理标准化技术委员会(SAC/TC 276)归口。

本标准起草单位:农业部科技发展中心、中国农业科学院油料作物研究所、上海交通大学。

本标准主要起草人:卢长明、刘信、武玉花、吴刚、沈平、杨立桃、张大兵。

转基因植物及其产品成分检测
油菜内标准基因定性 PCR 方法

1 范围

本标准规定了油菜内标准基因 *HMG I/Y*、*CruA* 的定性 PCR 检测方法。

本标准适用于转基因植物及其制品中油菜成分的定性 PCR 检测。

2 规范性引用文件

下列文件对于本文件的应用是必不可少的。凡是注日期的引用文件，仅注日期的版本适用于本文件。凡是不注日期的引用文件，其最新版本(包括所有的修改单)适用于本文件。

GB/T 6682 分析实验室用水规格和试验方法

NY/T 672 转基因植物及其产品检测 通用要求

农业部 2031 号公告—19—2013 转基因植物及其产品检测 抽样

农业部 1485 号公告—4—2010 转基因植物及其产品成分检测 DNA 提取和纯化

3 术语和定义

下列术语和定义适用于本文件。

3.1

***HMG I/Y* 基因 high mobile group protein *I/Y* gene**

编码高移动簇蛋白 I/Y 的基因。

3.2

***CruA* 基因 cruciferin*A* gene**

编码储藏蛋白芸薹素的基因。

4 原理

根据 *HMG I/Y*、*CruA* 基因序列设计特异性引物及探针，对试样 DNA 进行 PCR 扩增。依据是否扩增获得预期的特异性 DNA 片段或典型的扩增曲线，判断样品中是否含油菜成分。

5 试剂和材料

除非另有说明，仅使用分析纯试剂和符合 GB/T 6682 规定的一级水。

5.1 琼脂糖。

5.2 10 g/L 溴化乙锭溶液：称取 1.0 g 溴化乙锭(EB)，溶解于 100 mL 水中，避光保存。

警告——溴化乙锭有致癌作用，配制和使用时应戴一次性手套操作并妥善处理废液。

5.3 10 mol/L 氢氧化钠溶液：在 160 mL 水中加入 80.0 g 氢氧化钠(NaOH)，溶解后，冷却至室温，再加水定容到 200 mL。

5.4 500 mmol/L 乙二铵四乙酸二钠溶液(pH 8.0)：称取 18.6 g 乙二铵四乙酸二钠($EDTA-Na_2$)，加入 70 mL 水中，再加入适量氢氧化钠溶液(5.3)，加热至完全溶解后，冷却至室温，用氢氧化钠溶液(5.3)调 pH 至 8.0，加水定容至 100 mL。在 103.4 kPa(121℃)条件下灭菌 20 min。

5.5 1 mol/L 三羟甲基氨基甲烷—盐酸溶液(pH 8.0):称取121.1 g三羟甲基氨基甲烷(Tris)溶解于800 mL水中,用盐酸(HCl)调pH至8.0,加水定容至1 000 mL。在103.4 kPa(121℃)条件下灭菌20 min。

5.6 TE缓冲液(pH 8.0):分别量取10 mL三羟甲基氨基甲烷—盐酸溶液(5.5)和2 mL乙二铵四乙酸二钠溶液(5.4),加水定容至1 000 mL。在103.4 kPa(121℃)条件下灭菌20 min。

5.7 50×TAE缓冲液:称取242.2 g三羟甲基氨基甲烷(Tris),先用500 mL水加热搅拌溶解后,加入100 mL乙二铵四乙酸二钠溶液(5.4),用冰乙酸调pH至8.0,然后加水定容到1 000 mL。使用时,用水稀释成1×TAE。

5.8 加样缓冲液:称取250.0 mg溴酚蓝,加入10 mL水,在室温下溶解12 h;称取250.0 mg二甲基苯腈蓝,加10 mL水溶解;称取50.0 g蔗糖,加30 mL水溶解。混合以上三种溶液,加水定容至100 mL,在4℃下保存。

5.9 DNA分子量标准:可以清楚地区分100 bp~1 000 bp的DNA片段。

5.10 dNTPs混合溶液:将浓度为10 mmol/L的dATP、dTTP、dGTP、dCTP四种脱氧核糖核苷酸溶液等体积混合。

5.11 Taq DNA聚合酶、PCR反应缓冲液及25 mmol/L氯化镁溶液。

5.12 石蜡油。

5.13 DNA提取试剂盒。

5.14 定性PCR反应试剂盒。

5.15 实时荧光PCR反应试剂盒。

5.16 PCR产物回收试剂盒。

5.17 引物和探针:见附录A。

6 仪器

6.1 分析天平:感量0.1 g和0.1 mg。

6.2 PCR扩增仪:升降温速度>1.5℃/s,孔间温度差异<1.0℃。

6.3 荧光定量PCR仪。

6.4 电泳槽、电泳仪等电泳装置。

6.5 紫外透射仪。

6.6 凝胶成像系统或照相系统。

6.7 重蒸馏水发生器或纯水仪。

6.8 其他相关仪器设备。

7 分析步骤

7.1 抽样

按NY/T 672和农业部2031号公告—19—2013的规定执行。

7.2 制样

按NY/T 672和农业部2031号公告—19—2013的规定执行。

7.3 试样预处理

按农业部1485号公告—4—2010的规定执行。

7.4 DNA模板制备

按农业部1485号公告—4—2010的规定执行。

7.5 PCR反应

7.5.1 普通PCR方法

7.5.1.1 PCR反应

7.5.1.1.1 试样PCR反应

7.5.1.1.1.1 每个试样PCR反应设置3次平行。

7.5.1.1.1.2 在PCR反应管中按表1依次加入反应试剂，混匀，再加25 μL石蜡油（有热盖功能的PCR仪可不加）。也可采用经验证的、等效的定性PCR反应试剂盒配制反应体系。

表1 PCR检测反应体系

试　　剂	终浓度	体积
水		—
10×PCR缓冲液	1×	2.5 μL
25 mmol/L氯化镁溶液	1.5 mmol/L	1.5 μL
dNTPs混合溶液（各2.5 mmol/L）	各0.2 mmol/L	2.0 μL
10 μmol/L上游引物	0.2 μmol/L	0.5 μL
10 μmol/L下游引物	0.2 μmol/L	0.5 μL
Taq DNA聚合酶	0.025 U/μL	—
25 mg/L DNA模板	2 mg/L	2.0 μL
总体积		25.0 μL

"—"表示体积不确定。如果PCR缓冲液中含有氯化镁，则不加氯化镁溶液，根据Taq DNA聚合酶的浓度确定其体积，并相应调整水的体积，使反应体系总体积达到25.0 μL。

注：内标基因*HMG I/Y*基因PCR检测反应体系中，上、下游引物分别是hmg-F和hmg-R；*CruA*基因PCR检测反应体系中，上、下游引物分别是CruAF398和CruAR547。

7.5.1.1.1.3 将PCR管放在离心机上，500 *g*～3 000 *g*离心10 s，然后取出PCR管，放入PCR扩增仪中。

7.5.1.1.1.4 进行PCR反应。反应程序为：94℃变性5 min；94℃变性30 s，58℃退火30 s，72℃延伸30 s，共进行35次循环；72℃延伸2 min。

7.5.1.1.1.5 反应结束后取出PCR管，对PCR反应产物进行电泳检测。

7.5.1.1.2 对照PCR反应

在试样PCR反应的同时，应设置阴性对照、阳性对照和空白对照。

根据样品特性或检测目的，以油菜基因组DNA质量分数为0.1%～1.0%的植物DNA作为阳性对照；以不含油菜基因组DNA的DNA样品（如鲑鱼精DNA）为阴性对照；以水作为空白对照。

各对照PCR反应体系中，除模板外，其余组分及PCR反应条件与7.5.1.1.1相同。

7.5.1.2 PCR产物电泳检测

按20 g/L的质量浓度称量琼脂糖，加入1×TAE缓冲液中，加热溶解，配制成琼脂糖溶液。每100 mL琼脂糖溶液中加入5 μL EB溶液，混匀。稍适冷却后，将其倒入电泳板上，插上梳板。室温下凝固成凝胶后，放入1×TAE缓冲液中，垂直向上轻轻拔去梳板。取12 μL PCR产物与3 μL加样缓冲液混合后加入凝胶点样孔，同时在其中一个点样孔中加入DNA分子量标准，接通电源在2 V/cm～5 V/cm条件下电泳检测。

7.5.1.3 凝胶成像分析

电泳结束后，取出琼脂糖凝胶，置于凝胶成像仪上或紫外透射仪上成像。根据DNA分子量标准估计扩增条带的大小，将电泳结果形成电子文件存档或用照相系统拍照。如需通过序列分析确认PCR扩增片段是否为目的DNA片段，按照7.5.1.4和7.5.1.5的规定执行。

7.5.1.4 **PCR 产物回收**

按 PCR 产物回收试剂盒说明书，回收 PCR 扩增的 DNA 片段。

7.5.1.5 **PCR 产物测序验证**

将回收的 PCR 产物克隆测序，与油菜内标准基因的序列(参见附录 B)进行比对，确定 PCR 扩增的 DNA 片段是否为目的 DNA 片段。

7.5.2 **实时荧光 PCR 方法**

7.5.2.1 **试样 PCR 反应**

7.5.2.1.1 每个试样 PCR 反应设置 3 次平行。

7.5.2.1.2 在 PCR 反应管中按表 2 依次加入反应试剂，混匀。也可采用经验证的、等效的实时荧光 PCR 反应试剂盒配制反应体系。

7.5.2.1.3 将 PCR 管放在离心机上，500 *g*～3 000 *g* 离心 10 s，然后取出 PCR 管，放入 PCR 扩增仪中。

7.5.2.1.4 运行实时荧光 PCR 反应。反应程序为：95℃、5 min；95℃、15 s，60℃、1 min，循环数 40；在第二阶段的退火延伸(60℃)时段收集荧光信号。

注：不同仪器可根据仪器要求将反应参数作适当调整。

表 2 实时荧光 PCR 反应体系

试剂	终浓度	体积
水		—
10×PCR 缓冲液	1×	2.0 μL
25 mmol/L $MgCl_2$	4.5 mmol/L	3.6 μL
10 mmol/L dNTPs	0.3 mmol/L	0.6 μL
10 μmol/L 探针	0.2 μmol/L	0.4 μL
10 μmol/L 上游引物	0.4 μmol/L	0.8 μL
10 μmol/L 下游引物	0.4 μmol/L	0.8 μL
Taq DNA 聚合酶	0.04 U/μL	—
25 ng/μL DNA 模板	2 ng/μL	2.0 μL
总体积		20 μL

"—"表示体积不确定。如果 PCR 缓冲液中含有氯化镁，则不加氯化镁溶液，根据 Taq DNA 聚合酶的浓度确定其体积，并相应调整水的体积，使反应体系总体积达到 20.0 μL。

注：*HMG I/Y* 基因 PCR 检测反应体系中，上、下游引物和探针分别是 qhmg-F、qhmg-R 和 qhmg-P；*CruA* 基因 PCR 检测反应体系中，上、下游引物和探针分别是 qCruAF、qCruAR 和 qCruAP。

7.5.2.2 **对照 PCR 反应**

在试样 PCR 反应的同时，应设置阳性对照、阴性对照和空白对照。

以含有油菜基因组 DNA 的质量分数为 0.1%～1.0%的 DNA 作为阳性对照；以不含油菜基因组 DNA 的 DNA 样品(如鲑鱼精 DNA)为阴性对照；以水作为空白对照。

各对照 PCR 反应体系中，除模板外，其余组分及 PCR 反应条件与 7.5.2.1 相同。

8 结果分析与表述

8.1 普通 PCR 方法

8.1.1 对照检测结果分析

阳性对照的 PCR 反应中，内标准基因的特异性序列得到扩增，且扩增片段大小与预期片段大小一致，而阴性对照及空白对照中除引物二聚体外没有任何扩增片段，表明 PCR 反应体系正常工作。否则，重新检测。

8.1.2 样品检测结果分析和表述

8.1.2.1 内标准基因特异性序列得到扩增，且扩增片段大小与预期片段大小一致，表明样品中检测出油菜成分，表述为“样品中检测出油菜成分”。

8.1.2.2 内标准基因特异性序列未得到扩增，或扩增片段大小与预期片段大小不一致，表明样品中未检测出油菜成分，表述为“样品中未检测出油菜成分”。

8.2 实时荧光 PCR 方法

8.2.1 阈值设定

实时荧光 PCR 反应结束后，以 PCR 刚好进入指数期扩增来设置荧光信号阈值，并根据仪器噪声情况进行调整。

8.2.2 对照检测结果分析

阴性对照和空白对照无典型扩增曲线，荧光信号低于设定的阈值；而阳性对照出现典型扩增曲线，且 *Ct* 值小于或等于 36，表明反应体系工作正常。否则，重新检测。

8.2.3 样品检测结果分析和表述

8.2.3.1 内标准基因出现典型扩增曲线，且 *Ct* 值小于或等于 36，表明样品中检测出油菜成分，表述为“样品中检测出油菜成分”。

8.2.3.2 内标准基因无典型扩增曲线，荧光信号低于设定的阈值，表明样品中未检测出油菜成分，表述为“样品中未检测出油菜成分”。

8.2.3.3 内标准基因出现典型扩增曲线，但 *Ct* 值在 36～40 之间，应进行重复实验。如重复实验结果符合 8.2.3.1 或 8.2.3.2 的情况，依照 8.2.3.1 或 8.2.3.2 进行判断；如重复实验内标准基因出现典型扩增曲线，但 *Ct* 值仍在 36～40 之间，表明样品中检测出油菜成分，表述为“样品中检测出油菜成分”。

9 检出限

9.1 普通 PCR 方法的检测限为 0.5 g/kg。

9.2 实时荧光 PCR 方法的检测限为 0.1 g/kg。

附 录 A
(规范性附录)
引 物 和 探 针

A.1 普通PCR方法引物

A.1.1 *HMG I/Y* 基因

hmg-F:5′-TCCTTCCGTTTCCTCGCC-3′;

hmg-R:5′-TTCCACGCCCTCTCCGCT-3′;

预期扩增片段大小为206 bp。

A.1.2 *CruA* 基因

CruAF398:5′-GGCCAGGGCTTCCGTGAT-3′;

CruAR547:5′-CTGGTGGCTGGCTAAATCGA-3′;

预期扩增片段大小为151 bp。

注:用TE缓冲液(pH 8.0)或双蒸水分别将下列引物稀释到10 μmol/L。

A.2 实时荧光PCR方法引物/探针

A.2.1 *HMG I/Y* 基因

qhmg-F:5′-GGTCGTCCTCCTAAGGCGAAAG-3′;

qhmg-R:5′-CTTCTTCGGCGGTCGTCCAC-3′;

qhmg-P:5′-CGGAGCCACTCGGTGCCGCAACTT-3′;

预期扩增片段大小为99 bp。

A.2.2 *CruA* 基因

qCruAF:5′-GGCCAGGGTTTCCGTGAT-3′;

qCruAR:5′-CCGTCGTTGTAGAACCATTGG-3′;

qCruAP:5′-AGTCCTTATGTGCTCCACTTTCTGGTGCA-3′;

预期扩增片段大小为101 bp。

注1:探针的5′端标记荧光报告基团(如FAM、HEX等),3′端标记荧光淬灭基团(如TAMRA、BHQ1等)。

注2:用TE缓冲液(pH 8.0)或水分别将引物和探针稀释到10 μmol/L。

附 录 B
（资料性附录）
油菜内标准基因特异性序列

B.1 *HMG I/Y* 基因特异性序列(Accession No. AF127919)

B.1.1 *HMG I/Y* 基因普通 PCR 扩增产物核苷酸序列

1 tccttccgtt tcctcgccga ggcctagagg tcgtcctcct aaggcgaaag
51 gaccttcctc ggaggtggag acgaaagttg cggcaccgag tggctccggg
101 aggccacgtg gacgaccgcc gaagaagcag aagacggaat ccgaggcggt
151 taaagccgat gttgaacctg cggaggctcc ggctggggag cggagagggc
201 gtggaa

B.1.2 *HMG I/Y* 基因实时荧光 PCR 扩增产物核苷酸序列

1 ggtcgtcctc ctaaggcgaa aggaccttcc tcggaggtgg agacgaaagt
51 tgcggcaccg agtggctccg ggaggccacg tggacgaccg ccgaagaag

注：划线部分为引物序列；框内为探针序列。

B.2 *CruA* 基因特异性序列(Accession No. X14555)

B.2.1 *CruA* 基因普通 PCR 扩增产物核苷酸序列

1 ggccagggct tccgtgatat gcaccagaaa gtggagcaca taaggactgg
51 ggacaccatc gctacacatc ccggtgtagc ccaatggttc tacaacgacg
101 gaaaccaacc acttgtcatc gtttccgtcc tcgatttagc cagccaccag

B.2.2 *CruA* 基因实时荧光 PCR 扩增产物核苷酸序列

1 ggccagggtt tccgtgatat gcaccagaaa gtggagcaca taaggactgg
51 ggacaccatc gctacacatc ccggtgtagc ccaatggttc tacaacgacg
101 g

注：划线部分为引物序列；框内为探针序列。

ICS 65.020.01
B 04

中华人民共和国国家标准

农业部 2259 号公告—9—2015

转基因植物及其产品成分检测 耐除草剂油菜 MON88302 及其衍生品种 定性 PCR 方法

Detection of genetically modified plants and derived products—Qualitative PCR method for herbicide-tolerant rapeseed MON88302 and its derivates

2015-05-21 发布　　　　2015-08-01 实施

中华人民共和国农业部　发布

前　言

本标准按照 GB/T 1.1—2009 给出的规则起草。

请注意本文件的某些内容可能涉及专利。本文件的发布机构不承担识别这些专利的责任。

本标准由中华人民共和国农业部提出。

本标准由全国农业转基因生物安全管理标准化技术委员会(SAC/TC 276)归口。

本标准起草单位：农业部科技发展中心、安徽省农业科学院水稻研究所、浙江省农业科学院。

本标准主要起草人：杨剑波、沈平、马卉、宋贵文、李莉、汪秀峰、魏鹏程、徐俊峰、倪大虎、陆徐忠、李浩、秦瑞英、陈笑芸。

转基因植物及其产品成分检测
耐除草剂油菜 MON88302 及其衍生品种定性 PCR 方法

1 范围

本标准规定了转基因耐除草剂油菜 MON88302 转化体特异性定性 PCR 检测方法。

本标准适用于转基因耐除草剂油菜 MON88302 及其衍生品种，以及制品中 MON88302 转化体成分的定性 PCR 检测。

2 规范性引用文件

下列文件对于本文件的应用是必不可少的。凡是注日期的引用文件，仅注日期的版本适用于本文件。凡是不注日期的引用文件，其最新版本(包括所有的修改单)适用于本文件。

GB/T 6682 分析实验室用水规格和试验方法

农业部 1485 号公告—4—2010 转基因植物及其产品成分检测 DNA 提取和纯化

农业部 2031 号公告—9—2013 转基因植物及其产品成分检测 油菜内标准基因定性 PCR 方法

农业部 2031 号公告—19—2013 转基因植物及其产品成分检测 抽样

NY/T 672 转基因植物及其产品检测 通用要求

3 术语和定义

农业部 2031 号公告—9—2013 界定的以及下列术语和定义适用于本文件。

3.1

MON88302 转化体特异性序列 event-specific sequence of MON88302

MON88302 外源插入片段 5′ 端与油菜基因组的连接区序列，包括油菜基因组序列与转化载体部分序列。

4 原理

根据转基因耐除草剂油菜 MON88302 转化体特异性序列设计特异性引物，对试样进行 PCR 扩增。依据是否扩增获得预期的 DNA 片段，判断样品中是否含有 MON88302 转化体成分。

5 试剂和材料

除非另有说明，仅使用分析纯试剂和重蒸馏水或符合 GB/T 6682 规定的一级水。

5.1 琼脂糖。

5.2 10 g/L 溴化乙锭溶液：称取 1.0 g 溴化乙锭(EB)，溶解于 100 mL 水中，避光保存。

警告——溴化乙锭有致癌作用，配制和使用时应戴一次性手套操作并妥善处理废液。

5.3 10 mol/L 氢氧化钠溶液：在 160 mL 水中加入 80.0 g 氢氧化钠(NaOH)，溶解后，冷却至室温，再加水定容到 200 mL。

5.4 500 mmol/L 乙二铵四乙酸二钠溶液(pH 8.0)：称取 18.6 g 乙二铵四乙酸二钠(EDTA - Na_2)，加入 70 mL 水中，缓慢滴加氢氧化钠溶液(5.3)直至 EDTA - Na_2完全溶解，用氢氧化钠溶液(5.3)调 pH 至 8.0，加水定容至 100 mL。在 103.4 kPa(121℃)条件下灭菌 20 min。

5.5 1 mol/L 三羟甲基氨基甲烷—盐酸溶液(pH 8.0):称取 121.1 g 三羟甲基氨基甲烷(Tris)溶解于 800 mL水中,用盐酸(HCl)调 pH 至 8.0,加水定容至 1 000 mL。在 103.4 kPa(121℃)条件下灭菌 20 min。

5.6 TE 缓冲液(pH 8.0):分别量取 10 mL 三羟甲基氨基甲烷—盐酸溶液(5.5)和 2 mL 乙二铵四乙酸二钠溶液(5.4)溶液,加水定容至 1 000 mL。在 103.4 kPa(121℃)条件下灭菌 20 min。

5.7 50×TAE 缓冲液:称取 242.2 g 三羟甲基氨基甲烷(Tris),先用 500 mL 水加热搅拌溶解后,加入 100 mL 乙二铵四乙酸二钠溶液(5.4),用冰乙酸调 pH 至 8.0,然后加水定容到 1 000 mL。使用时用水稀释成 1×TAE。

5.8 加样缓冲液:称取 250.0 mg 溴酚蓝,加入 10 mL 水,在室温下溶解 12 h;称取 250.0 mg 二甲基苯腈蓝,加 10 mL 水溶解;称取 50.0 g 蔗糖,加 30 mL 水溶解。混合以上 3 种溶液,加水定容至 100 mL,在 4℃下保存。

5.9 DNA 分子量标准:可以清楚区分 100 bp~1 000 bp 的 DNA 片段。

5.10 dNTPs 混合溶液:将浓度为 10 mmol/L 的 dATP、dTTP、dGTP、dCTP 4 种脱氧核糖核苷酸溶液等体积混合。

5.11 Taq DNA 聚合酶、PCR 扩增缓冲液及 25 mmol/L 氯化镁溶液。

5.12 *HMG I/Y* 基因引物:

hmg-F:5′-TCCTTCCGTTTCCTCGCC-3′

hmg-R:5′-TTCCACGCCCTCTCCGCT-3′

预期扩增片段大小 206 bp。

5.13 *CruA* 基因引物:

CruAF398:5′-GGCCAGGGCTTCCGTGAT-3′

CruAR547:5′-CTGGTGGCTGGCTAAATCGA-3′

预期扩增片段大小为 150 bp。

5.14 MON88302 转化体特异性序列引物:

MON88302-F:5′-CTCCTCAAGTTGTACAGTCTTGAAGAGA-3′

MON88302-R:5′-CAGGACCTGCAGAAGCTTGATAAC-3′

预期扩增片段大小为 246 bp(参见附录 A)。

5.15 引物溶液:用 TE 缓冲液(5.6)或水分别将上述引物稀释到 10 μmol/L。

5.16 石蜡油。

5.17 DNA 提取试剂盒。

5.18 定性 PCR 试剂盒。

5.19 PCR 产物回收试剂盒。

6 主要仪器和设备

6.1 分析天平:感量 0.1 g 和 0.1 mg。

6.2 PCR 扩增仪:升降温速度>1.5℃/s,孔间温度差异<1.0℃。

6.3 电泳槽、电泳仪等电泳装置。

6.4 紫外透射仪。

6.5 凝胶成像系统或照相系统。

7 分析步骤

7.1 抽样

按 NY/T 672 和农业部 2031 号公告—19—2013 的规定执行。

7.2 试样制备

按 NY/T 672 和农业部 2031 号公告—19—2013 的规定执行。

7.3 试样预处理

按农业部 1485 号公告—4—2010 的规定执行。

7.4 DNA 模板制备

按农业部 1485 号公告—4—2010 的规定执行。

7.5 PCR 扩增

7.5.1 试样 PCR 扩增

7.5.1.1 油菜内标准基因 PCR 扩增

按农业部 2031 号公告—9—2013 中 5.1.1.1 的规定执行。

7.5.1.2 转化体特异性序列 PCR 扩增

7.5.1.2.1 每个试样 PCR 扩增设置 3 次平行。

7.5.1.2.2 在 PCR 反管中按表 1 依次加入反应试剂，混匀，再加 25 μL 石蜡油(有热盖功能的 PCR 仪可不加)。也可采用经验证的、等效的定性 PCR 试剂盒配制反应体系。

表 1 PCR 检测反应体系

试 剂	终浓度	体 积
水		—
10×PCR 缓冲液	1×	2.5 μL
25 mmol/L 氯化镁溶液	1.5 mmol/L	1.5 μL
dNTPs 混合溶液(各 2.5 mmol/L)	各 0.2 mmol/L	2.0 μL
10 μmol/L MON88302 - F	0.2 μmol/L	0.5 μL
10 μmol/L MON88302 - R	0.2 μmol/L	0.5 μL
Taq DNA 聚合酶	0.025 U/μL	—
25 mg/L DNA 模板	2 mg/L	2.0 μL
总体积		25.0 μL
"—"表示体积不确定，如果 PCR 缓冲液中含有氯化镁，则不加氯化镁溶液，根据 Taq DNA 聚合酶的浓度确定其体积，并相应调整水的体积，使反应体系总体积达到 25.0 μL。		

7.5.1.2.3 将 PCR 管放在离心机上，500 g～3 000 g 离心 10 s，然后取出 PCR 管，放入 PCR 仪中。

7.5.1.2.4 进行 PCR 扩增。反应程序为：95℃变性 5 min；95℃变性 30 s，60℃退火 30 s，72℃延伸 30 s，共进行 35 次循环；72℃延伸 7 min。

7.5.1.2.5 反应结束后取出 PCR 管，对 PCR 扩增产物进行电泳检测。

7.5.2 对照 PCR 扩增

在试样 PCR 扩增的同时，应设置阴性对照、阳性对照和空白对照。

以非转基因油菜基因组 DNA 作为阴性对照；以转基因油菜 MON88302 质量分数为 0.1%～1.0% 的油菜基因组 DNA，或采用 MON88302 转化体特异性序列与非转基因油菜基因组相比的拷贝数分数为 0.1%～1.0%的 DNA 溶液作为阳性对照；以水作为空白对照。

除模板外，对照 PCR 扩增与 7.5.1 相同。

7.6 PCR 产物电泳检测

按 20 g/L 的质量浓度称量琼脂糖，加入 1×TAE 缓冲液中，加热溶解，配制成琼脂糖溶液。每 100 mL琼脂糖溶液中加入 5 μL EB 溶液，混匀，稍适冷却后，将其倒入电泳板上，插上梳板，室温下凝固成凝胶后，放入 1×TAE 缓冲液中，垂直向上轻轻拔去梳板。取 12 μL PCR 产物与 3 μL 加样缓冲液混合后加入凝胶点样孔，同时在其中一个点样孔中加入DNA分子量标准，接通电源在2 V/cm～5 V/cm条件下电泳检测。

7.7 凝胶成像分析

电泳结束后，取出琼脂糖凝胶，置于凝胶成像仪上或紫外透射仪上成像。根据DNA分子量标准估计扩增条带的大小，将电泳结果形成电子文件存档或用照相系统拍照。如需通过序列分析确认PCR扩增片段是否为目的DNA片段，按照7.8和7.9的规定执行。

7.8 PCR产物回收

按PCR产物回收试剂盒说明书，回收PCR扩增的DNA片段。

7.9 PCR产物测序验证

将回收的PCR产物克隆测序，与转基因耐除草剂油菜MON88302转化体特异性序列(参见附录A)进行比对，确定PCR扩增的DNA片段是否为目的DNA片段。

8 结果分析与表述

8.1 对照检测结果分析

阳性对照PCR中，油菜内标准基因和MON88302转化体特异性序列得到扩增，且扩增片段大小与预期片段大小一致，而阴性对照中仅扩增出油菜内标准基因片段，空白对照中没有预期扩增片段，表明PCR扩增体系正常工作；否则，重新检测。

8.2 样品检测结果分析和表述

8.2.1 油菜内标准基因和MON88302转化体特异性序列均得到扩增，且扩增片段大小与预期片段大小一致，表明样品中检测出MON88302转化体成分，表述为“样品中检测出转基因耐除草剂油菜MON88302转化体成分，检测结果为阳性”。

8.2.2 油菜内标准基因片段得到扩增，且扩增片段大小与预期片段大小一致，而MON88302转化体特异性序列未得到扩增，或扩增片段大小与预期片段大小不一致，表明样品中未检测出MON88302转化体成分，表述为“样品中未检测出转基因耐除草剂油菜MON88302转化体成分，检测结果为阴性”。

8.2.3 油菜内标准基因片段未得到扩增，或扩增片段大小与预期片段大小不一致，表明样品中未检出油菜成分，结果表述为“样品中未检测出油菜成分，检测结果为阴性”。

9 检出限

本标准方法的检出限为0.1%(含靶序列样品DNA/总样品DNA)。

注：本标准的检出限是在PCR检测反应体系中加入50 ng DNA模板确定的。

附 录 A
（资料性附录）
耐除草剂油菜 MON88302 转化体特异性序列

1 CTCCTCAAGT TGTACAGTCT TGAAGAGATT GTAACACACG GTTTCCTACA TTTAAATACT
61 TAATTAATGT CTCAGTATTT GTATTATCAG TTCCTTGAAC CTTATTTTAT AGTGCACAAA
121 ACCTTTTAGT CATCATGTTG TACCACTTCA AACACTGATA GTTTAAACTG AAGGCGGGAA
181 ACGACAATCT GATCCCCATC AAGCTCTAGC TAGAGCGGCC GCGTTATCAA GCTTCTGCAG
241 GTCCTG

注 1：划线部分为 MON88302 - F 和 MON88302 - R 引物序列。

注 2：1～147 为油菜基因组部分序列，148～246 为外源插入片段部分序列。